中 国 国 家 标 准 汇 编

2013 年修订-8

中国标准出版社　编

中国标准出版社
北　京

图书在版编目(CIP)数据

中国国家标准汇编:2013年修订.8/中国标准出版社编.—北京:中国标准出版社,2014.9

ISBN 978-7-5066-7627-4

Ⅰ.①中… Ⅱ.①中… Ⅲ.①国家标准-汇编-中国-2013 Ⅳ.①T-652.1

中国版本图书馆CIP数据核字(2014)第186706号

中 国 标 准 出 版 社 出 版 发 行
北京市朝阳区和平里西街甲2号(100029)
北京市西城区三里河北街16号(100045)

网址 www.spc.net.cn
总编室:(010)64275323 发行中心:(010)51780235
读者服务部:(010)68523946
中国标准出版社秦皇岛印刷厂印刷
各地新华书店经销

*

开本 880×1230 1/16 印张 33.25 字数 1 029 千字
2014年9月第一版 2014年9月第一次印刷

*

定价 220.00 元

出 版 说 明

1.《中国国家标准汇编》是一部大型综合性国家标准全集。自1983年起，按国家标准顺序号以精装本、平装本两种装帧形式陆续分册汇编出版。它在一定程度上反映了我国建国以来标准化事业发展的基本情况和主要成就，是各级标准化管理机构，工矿企事业单位，农林牧副渔系统，科研、设计、教学等部门必不可少的工具书。

2.《中国国家标准汇编》收入我国每年正式发布的全部国家标准，分为"制定"卷和"修订"卷两种编辑版本。

"制定"卷收入上一年度我国发布的、新制定的国家标准，顺延前年度标准编号分成若干分册，封面和书脊上注明"20××年制定"字样及分册号，分册号一直连续。各分册中的标准是按照标准编号顺序连续排列的，如有标准顺序号缺号的，除特殊情况注明外，暂为空号。

"修订"卷收入上一年度我国发布的、被修订的国家标准，视篇幅分设若干分册，但与"制定"卷分册号无关联，仅在封面和书脊上注明"20××年修订-1，-2，-3，……"字样。"修订"卷各分册中的标准，仍按标准编号顺序排列（但不连续）；如有遗漏的，均在当年最后一分册中补齐。需提请读者注意的是，个别非顺延前年度标准编号的新制定的国家标准没有收入在"制定"卷中，而是收入在"修订"卷中。

读者配套购买《中国国家标准汇编》"制定"卷和"修订"卷则可收齐由我社出版的上一年度我国制定和修订的全部国家标准。

3. 由于读者需求的变化，自1996年起，《中国国家标准汇编》仅出版精装本。

4. 2013年我国制修订国家标准共1 979项。本分册为"2013年修订-8"，收入新制修订的国家标准40项。

中国标准出版社

2014年8月

目　　录

ICS 23.080
J 71

中华人民共和国国家标准

GB/T 7785—2013
代替 GB/T 7785—1987

往复泵分类和名词术语

Classification and vocabulary for reciprocating pump

2013-09-18 发布　　2014-06-01 实施

中华人民共和国国家质量监督检验检疫总局
中国国家标准化管理委员会　发布

前　言

本标准按照 GB/T 1.1—2009 给出的规则起草。

本标准代替 GB/T 7785—1987《往复泵分类和名词术语》。

本标准与 GB/T 7785—1987 相比，除编辑性修改外主要技术变化如下：

——增加机械隔膜泵、液压隔膜泵、气动隔膜泵（见 3.2.3.1～3.2.3.3）；

——修改径向泵（见 3.3.6，1987 年版 2.3.6）；

——增加增压器（见 3.5.2.2）；

——增加增压泵（见 3.6.6）；

——增加化肥泵（见 3.6.7）；

——增加注浆泵（见 3.6.8）；

——增加调剖泵（见 3.6.9）；

——增加压裂泵（见 3.6.10）；

——增加油泵（见 3.7.2）；

——增加杂质泵（见 3.7.3）；

——增加乳化液泵（见 3.7.5）；

——增加余隙容积/内部容积、容积排量、几何容积排量（见 4.2.13.1～4.2.13.3）；

——增加阀座流速、阀的过流速度（见 4.2.23、4.2.24）；

——增加截面面积（见 4.2.25）；

——增加滑流（见 4.3.3）；

——增加安全阀设定压力、安全阀的积聚压力（满压）、安全阀复位压力、安全阀背压（见 4.3.4.11～4.3.4.14）；

——增加压力脉冲、充气压力（见 4.3.4.15、4.3.4.16）。

本标准由中国机械工业联合会提出。

本标准由全国泵标准化技术委员会（SAC/TC 211）归口。

本标准主要起草单位：合肥通用机械研究院、浙江工业大学。

本标准主要起草人：薛胜雄、陈正文、张生昌、王永强、韩彩红、张的、巴胜富、苏吉鑫。

本标准所代替标准的历次版本发布情况为：

——GB/T 7785—1987。

往复泵分类和名词术语

1 范围

本标准规定了往复泵常用的分类和名词术语。

本标准适用于往复泵的设计、制造、贸易、制定其他相关标准、编写有关技术文件与报告、编写或翻译书籍文献、教材、样本以及进行技术交流。

2 基础术语

2.1

往复泵 reciprocating pump

往复泵是通过工作腔内元件(活塞,柱塞,隔膜,波纹管等)的往复位移来改变工作腔内容积,从而使被输送流体按确定的流量排出的一种机械。元件往复位移的能量来源于各种原动机。工作腔的进、出口及与大气相通的部位,由隔离元件来控制。

3 分类术语

3.1 按活塞(柱塞)数目分

3.1.1

单联泵 simplex pump

只有一个或相当于一个活塞(柱塞)的泵。

3.1.2

双联泵 duplex pump

有两个或相当于两个活塞(柱塞)的泵。

3.1.3

三联泵 triplex pump

有三个或相当于三个活塞(柱塞)的泵。

3.1.4

多联泵 multiplex pump

有四个以上或相当于四个以上活塞(柱塞)的泵。多联泵也可按实际活塞(柱塞)的数目分别命名为四联泵(quadruplex pump)、五联泵(quintuplex pump)、六联泵(sextuplex pump)、七联泵(septuplex pump)、九联泵(nonuplex pump)。

3.2 按工作原理及液力端结构特点分

3.2.1

活塞泵 piston pump

工作腔内做直线往复位移的元件上有密封件的泵。

3.2.2

柱塞泵 plunger pump

工作腔内做直线往复位移的元件上无密封件,但在不动件上有密封件的泵。

3.2.3

隔膜泵　diaphragm pump

借助于隔膜组成工作腔，以隔膜周期弹性变形来代替活塞(柱塞)的往复运动的泵。

3.2.3.1

机械隔膜泵　mechanically actuated diaphragm pump

隔膜的周期性挠曲变形是通过机械直接驱动来实现的隔膜泵。

3.2.3.2

液压隔膜泵　hydraulically actuated diaphragm pump

隔膜的周期性挠曲变形是通过液压介质动力驱动来实现的隔膜泵。

3.2.3.3

气动隔膜泵　pneumatically actuated diaphragm pump

隔膜的周期性挠曲变形是通过压缩空气动力驱动来实现的隔膜泵。

3.2.4

油隔离泵　pump that the handling fluid separated by oil

在工作腔(油隔离罐)内借助于被输送液体与油的密度差形成自然分界面的上、下波动来代替隔膜泵中弹性元件作用的泵。

3.2.5

单作用泵　single acting pump

工作腔内的位移元件(活塞，柱塞等)每往复运动一次，吸入和排出液体各一次的泵。

3.2.6

双作用泵　double acting pump

工作腔内的位移元件(活塞，柱塞等)每往复运动一次，吸入和排出液体各两次的泵。

3.2.7

差动活塞泵　differential piston pump

工作腔内的位移元件(活塞)每往复运动一次，一次吸入的液体分两次排出的泵。

3.2.8

单缸泵　single cylinder pump

有一个或相当于一个工作腔的泵。

3.2.9

双缸泵　twin (two) cylinder pump

有两个或相当于两个工作腔，且工作腔内位移元件(活塞、柱塞等)行程容积相等，相位角相错180°(或90°)，两个工作腔的进口前和出口后分别设有共同的分流器和集流器的泵。

3.2.10

三缸泵　three cylinder pump

有三个或相当于三个工作腔，且工作腔内位移元件(活塞、柱塞等)行程容积相等，相位角相错120°，三个工作腔的进口前和出口后分别设有共同的分流器和集流器的泵。

3.2.11

多缸泵　multi-cylinder pump

有四个以上或相当于四个以上工作腔，且工作腔内位移元件(活塞、柱塞等)行程容积相等，相位角相错为圆周角除以缸数的商，各个工作腔的进口前和出口后分别设有共同的分流器和集流器的泵。

3.3　按活塞(柱塞)轴线布置分

3.3.1

卧式泵　horizontal pump

各活塞(柱塞)轴线都是水平布置的泵。

3.3.2

立式泵　vertical pump

各活塞(柱塞)轴线都是竖直布置的泵。

3.3.3

角式泵　angle pump

各活塞(柱塞)轴线互成一定角度布置的泵。

3.3.3.1

V 型泵　V-type pump

每两个活塞(柱塞)为一组,其轴线互成"V"型布置的泵。

3.3.3.2

Y 型泵　Y-type pump

每三个活塞(柱塞)为一组,其轴线彼此成"Y"形布置的泵。

3.3.4

对置式泵　opposed pump

每两个活塞(柱塞)为一组,其轴线在同一直线上且对称布置在传动端两侧的泵。

3.3.5

轴向泵　axial pump

各活塞(柱塞)轴线都与传动端主轴旋转轴线平行的泵。

3.3.6

径向泵　radial pump

各活塞(柱塞)轴线都与传动主轴旋转轴线垂直、轴线夹角均布的泵。

3.4　按传动端结构分

3.4.1

曲柄泵　crank pump

传动端为曲柄连杆机构的泵。

3.4.2

无曲柄泵　uncrank pump

传动端为摆盘机构的泵。

3.4.3

偏心轴泵　eccentric shaft pump

传动端主轴为偏心轴(轮)的泵。

3.5　按驱动方式分

3.5.1

机动泵　power pump

用独立的旋转式原动机(包括电动机、内燃机、汽轮机等)驱动的泵。

3.5.1.1

电动泵　motor pump

电动机驱动的泵。

3.5.2

直动泵　direct acting pump

液力端活塞(柱塞)与动力端(气缸)活塞用同一个活塞杆连接,轴线在同一直线上,并经此活塞杆把动力端工作介质的能量传递给液力端被输送流体的泵。动力端工作介质可以是蒸汽、压缩气体(通常是空气)或有压液体。

3.5.2.1

蒸汽泵　steam pump

以蒸汽为动力端工作介质的直动泵。

3.5.2.2

增压器　supercharger

其输入能量通过活塞、柱塞机构由工作流体形成高压流体的直动泵。

其油压与水压之比同活塞面积和柱塞面积之比一致。

3.5.3

手动泵　hand pump

人力驱动的泵。

3.6　按主要用途分

3.6.1

计量泵　metering pump

能够通过流量(或行程长度)调节机构(或设备),按流量(或相对行程长度)指示机构(或设备)上的指示值精确地进行调节和输送流体的泵。

3.6.1.1

柱塞计量泵　plunger metering pump

工作腔内做直线往复位移的原件是柱塞(活塞)的计量泵。

3.6.1.2

隔膜计量泵　diaphragm metering pump

工作腔内做周期性挠曲变形的元件是薄膜状弹性元件的计量泵。

3.6.1.2.1

机械隔膜计量泵　mechanically actuated diaphragm metering pump

隔膜的周期性挠曲变形是由机械直接驱动的计量泵。

3.6.1.2.2

液压隔膜计量泵　hydraulically actuated diaphragm metering pump

隔膜的周期性挠曲变形是由液压介质动力直接驱动的计量泵。

3.6.1.3

波纹管计量泵　bellows metering pump

工作腔内做周期性挠曲变形的元件是波纹管的计量泵。

3.6.1.4

手调计量泵　metering pump with manual adjustment

借助人力来调节行程长度(或流量)的计量泵。

3.6.1.5

电控计量泵　metering pump with electric stroke actuators

通过电、气信号,借助电动伺服系统装置来调节行程长度(或流量)的计量泵。

3.6.1.6

气控计量泵　metering pump with pneumatic control actuators

借助气动伺服装置来调节行程长度(或流量)的计量泵。

3.6.2

试压泵　test pump

专门用于容器、管路、阀门等进行液压试验的泵。

3.6.2.1

手动试压泵　hand operating test pump

人力驱动的试压泵。

3.6.2.2

电动试压泵　motor test pump

电动机驱动的试压泵。

3.6.3

船用泵　pump for marine pumping

用于输送船舶上各种介质的泵。

3.6.4

清洗机用泵　pump for cleaning units

与清洗机配套用来提供压力清洗液的泵。

3.6.5

注水泵　water injecting pump

向油田、煤层中注水的泵。

3.6.6

增压泵　booster pump

用于流程中加压的泵。

3.6.7

化肥泵　chemical fertilizer pump

化肥生产过程中的甲胺泵(一甲泵、二甲泵)、液氨泵成套泵机组。

3.6.8

注浆泵　polymer injection pump

向油田采油浇注浆料混合物的往复泵。

3.6.9

调剖泵　profile control pump

向油田采油注调剖剂的往复泵。

3.6.10

压裂泵　fracturing pump

向油田采油注压裂液的往复泵。

3.7　按输送介质分

3.7.1

清水泵　water pump

输送清水或类似清水的泵。

3.7.2

油泵　oil pump

用于输送油类的泵。

3.7.3

杂质泵　impurity pump

用于输送泥浆、纸浆、矿渣浆、煤浆、纤维浆等液固混合介质的泵。

3.7.4

泥浆泵　slurry pump

输送泥浆的泵。

3.7.5

乳化液泵　emulsion pump

向煤矿井下输送乳化液的泵。

3.8　按泵的排出压力分

3.8.1

低压泵　low pressure pump

泵的排出压力低于 1.6 MPa 的泵。

3.8.2

中压泵　middling pressure pump

泵的排出压力为 1.6 MPa～10 MPa 的泵。

3.8.3

高压泵　high pressure pump

泵的排出压力高于 10 MPa～100 MPa 的泵。

3.8.4

超高压泵　ultr-high pressure pump

泵的排出压力高于 100 MPa 的泵。

3.9　按泵速分

3.9.1

低速泵　low speed pump

泵速低于 100 r/min 的泵。

3.9.2

中速泵　middling speed pump

泵速在 100 r/min～550 r/min 的泵。

3.9.3

高速泵　high speed pump

泵速高于 550 r/min 的泵。

4　设计、性能术语

4.1　工况、条件

4.1.1

实际工况　operating condition

泵在实际运行中的工作状况。

实际工况包括性能参数、被输送流体状况和泵操作环境状况，其中，性能参数包含内容如下：

a) 对机动泵：泵的流量(Q)、排出压力(p_d)、吸入压力(p_s)、额定泵速(n)；

b) 对蒸汽泵：泵的流量(Q)、排出压力(p_d)、吸入压力(p_s)、泵速(n)、进汽压力(p_{ss})、排汽压力(p_{ds})；

c) 对计量泵：泵的流量(Q)、排出压力(p_d)、吸入压力(p_s)、泵速(n)、行程长度(S)或相对行程长度(S_{re})、计量精度(E)。

被输送流体的状况包含内容为温度、密度、黏度、理化性质及含杂质量等。

泵操作环境状况包含内容为温度、湿度、大气压值、易燃、易爆、剧毒、雨淋等。

4.1.2

额定工况　rated operating condition

设计规定的泵应达到的工作状况。

额定工况包括性能参数、设计规定该泵允许输送流体的状况和设计规定该泵允许的操作环境状况，其中，性能参数包含内容如下：

a) 对机动泵：泵的额定流量(Q_r)、额定排出压力(p_{dr})、额定吸入压力(p_{sr})、泵速(n_r)；

b) 对蒸汽泵：泵的额定流量(Q_r)、额定排出压力(p_{dr})、额定吸入压力(p_{sr})、额定泵速(n_r)、进汽压力(p_{ssr})、排汽压力(p_{dsr})；

c) 对计量泵：泵的额定流量(Q_r)、额定排出压力(p_{dr})、额定吸入压力(p_{sr})、额定泵速(n_r)、额定调节范围(C_{nr})、额定计量精度(E_r)。

设计规定该泵允许输送流体的状况包含内容为温度、密度、黏度、理化性质及含杂质的量等。

设计规定该泵允许的操作环境状况包含内容为温度、湿度、大气压值、易燃、易爆、剧毒、雨淋等。

4.1.3

额定条件　rated condition

为观察或考核实际工况中某一个(或几个)性能与运行参数的运行值而把其余的性能与运行参数按允许使用换算式换算到额定工况下的值(同时把要观察或考核的参数也做相应的换算)。

4.2 结构、参数

4.2.1

工作腔　working chamber

位移元件(活塞、柱塞等)和弹性元件(隔膜、波纹管等)在其中做往复位移或周期性挠曲变形，从而能直接改变其中容积的密闭空腔。该空腔与大气相通的部位由隔离元件(泵阀、密封等)来控制并保证被输送流体由进口至出口的单向流动。

4.2.2

活塞(柱塞)直径 D (mm)　diameter of piston (plunger)

在工作腔内参与行程容积构成并做直线往复运动的元件截面直径。

4.2.3

活塞杆直径 d (mm)　diameter of piston rod

与活塞连接并参与行程容积构成的那部分活塞杆截面直径。

4.2.4

吸入行程　suction stroke

当工作腔内吸入流体时，位移元件(活塞、柱塞等)在工作腔内的运动过程。

4.2.5

排出行程　discharge stroke

当工作腔排出液体时，位移元件(活塞、柱塞等)在工作腔内的运动过程。

4.2.6

下死点　lower dead-center

在吸入行程时，位移元件（活塞、柱塞等）运动到吸入行程终点那一瞬间的位置。

4.2.7

上死点　upper dead-center

在排出行程时，位移元件（活塞、柱塞等）运动到排出行程终点那一瞬间的位置。

4.2.8

初始相位　starting phase

位移元件（活塞、柱塞等）在工作腔内做往复运动的始点，通常指下死点。

4.2.9

相位　phase

位移元件（活塞、柱塞等）在工作腔内做往复运动的每一个周期内，离开初始相位的位置。

4.2.10

初始相位角　starting phase angle

对曲柄泵，对应初始相位的曲柄转角。

4.2.11

相位角　phase angle

对曲柄泵，对应相位的曲柄转角。

4.2.12

行程长度 S（mm）　length of stroke

位移元件（活塞、柱塞等）在工作腔内做往复运动时，上、下两死点间的距离。

4.2.13

行程容积 $\overline{V}_s$（m^3）　volume of stroke

位移元件（活塞、柱塞等）在工作腔内每往复运动一次，在隔离元件控制下，不考虑任何容积损失时工作腔内被吸入（或排出）的流体计算体积。数值上按式（1）、式（2）计算：

对单作用泵 $\overline{V}_s = AS$，单位为立方米（m^3）　…………………………（1）

对双作用泵 $\overline{V}_s = (2A - A_s)S$，单位为立方米（$m^3$）　…………………（2）

式中：

$A = \frac{\pi}{4}D^2$——活塞（柱塞）截面面积，单位为平方米（m^2）；

$A_s = \frac{\pi}{4}\lambda^2$——活塞杆截面面积，单位为平方米（$m^2$）。

4.2.13.1

余隙容积/内部容积 V_{int}（m^3）　clearance volume/ internal volume

排出冲程到达上死点时液缸剩余容积。

4.2.13.2

容积排量 V_{sw}（m^3）　swept volume

柱塞、活塞或隔膜运动单个冲程所经过的体积。

4.2.13.3

几何容积排量 V_g（m^3）　geometric displacement volume

一个冲程或一个循环的容积排量。

4.2.14

活塞（柱塞）个数 Z　number of pistons (plungers)

一台泵中参与行程容积构成的活塞（柱塞）个数。

4.2.15

连杆长 l (mm)　length of connecting rod

连杆大小头两孔轴线间的距离。

4.2.16

曲柄半径 R (mm)　radius of crank

机动泵中曲轴颈轴线与曲轴旋转轴线间的距离，数值上 $R=S/2$。

4.2.17

连杆比 λ　radio of the radius of crank to the length of connecting rod

曲柄半径与连杆长之比值，$\lambda=R/l$。

4.2.18

程径比 φ　radio of the length of stroke to the diameter of piston (plunger)

行程长度与活塞(柱塞)直径之比值，$\varphi=S/D$。

4.2.19

泵速 n (min^{-1})　pump speed

位移元件(活塞、柱塞等)每分钟往复(双行程)次数。对机动泵，泵速数值上等于主轴的每分钟转数(r/min)。

4.2.20

额定泵速 n_r (min^{-1})　rated pump speed

设计规定该泵应达到的最高泵速公称值。

4.2.21

活塞(柱塞)速度 V (m/s)　velocity of piston (plunger)

位移元件(活塞、柱塞等)在工作腔做直线往复运动的平均速度，$V=ns/30$。

4.2.22

活塞(柱塞)瞬时速度 $\overline{V}_{mo}$ (m/s)　momentary piston (plunger) velocity

位移元件(活塞、柱塞等)在工作腔做直线往复运动时，其位移对时间的导数。对机动泵(曲柄泵)可近似认为：

$$\overline{V}_{mo}=R_u(\sin\psi+\frac{\lambda}{2}\sin\psi)$$

式中：

ψ——曲柄转角；

ω——$\pi n/30$，曲柄转角速度，单位为弧度每秒(rad/s)。

4.2.23

阀座流速 U_{vst} (m/s)　valve seat velocity

规定条件下，流体通过阀座的平均速度。

4.2.24

阀的过流速度 U_{vsp} (m/s)　valve spill velocity

流体流过阀的过流面的平均速度。

4.2.25　截面面积

4.2.25.1

阀座面积 A_{vst} (m^2)　valve seat area

阀座总的过流面积。

4.2.25.2

阀过流面积 A_{vsp}(m^2)　valve spill area

阀组总的过流面积,等于阀座孔周长与阀(阀芯或阀板)升程的乘积。

4.3 性能参数

4.3.1 流量

4.3.1.1

泵的理论流量 Q_t(m^3/s)　theoretical pump capacity

不考虑任何容积损失，按泵的主要结构参数和泵速计算的流量。

$$Q_t = ASnZ\ (K - A_t/A)/60, m^3/s;$$

式中：

$A=\frac{\pi}{4}D^2$——活塞(柱塞)截面面积,单位为平方米(m^2)；

$A_t=\frac{\pi}{4}d^2$——活塞杆截面面积,单位为平方米(m^2)；

K　　　——作用数。

对单作用泵 $K=1, A_t=0, Q_t=ASnZ/60$,单位为立方米每秒(m^3/s)；

对双作用泵 $K=2, A_t>0, Q_t=ASnZ(2-A_t/A)/60$,单位为立方米每秒($m^3/s$)。

4.3.1.2

泵的流量 Q (m^3/s)　pump capacity

单位时间内从泵的出口排到管路中去的流体体积,包括液体及液体中夹带的气体,在特殊情况下还包括液体中夹带的固体颗粒。

4.3.1.3

泵的额定流量 Q_r(m^3/s)　rated pump capacity

在额定条件下,设计规定该泵在正常运行时应从泵出口节流阀排出来的流量公称值。

4.3.2

容积系数 K_v　volumetric coefficient

在额定条件下,泵的流量与泵的理论流量的比值,用百分数表示,$K_v=Q/Q_t\times100\%$。

4.3.3

滑流 Q_{sl}(m^3/h)　slip flow

因内部间隙泄漏而损失的流量。滑流不含因流体的压缩性而产生的流量损失。

4.3.4 压力

4.3.4.1

泵的排出压力 p_d(MPa)　discharge pump pressure

泵出口轴线与出口截面交点处的流体静压力(绝对压力)的积分平均值。

4.3.4.2

泵的额定排出压力 p_{dr}(MPa)　rated discharge pump pressure

在额定条件下,设计规定该泵的正常运行时允许承受的最高排出压力的公称值。

4.3.4.3

泵的吸入压力 p_s(MPa)　suction pump pressure

泵入口轴线与入口截面交点处的流体静压力(绝对压力)的积分平均值。

4.3.4.4

泵的额定吸入压力 p_{sr}(MPa)　rated suction pump pressure

在额定条件下,设计规定该泵的正常运行时允许承受的最低吸入压力(绝对压力)的公称值。

4.3.4.5

泵的压差 p（MPa） differential pump pressure

泵的排出压力与吸入压力之差，$p=p_d-p_s$。

4.3.4.6

进汽压力 p_{is}（MPa） steam inlet pressure

蒸汽泵动力端（气缸）入口轴线与入口截面交点处的静蒸汽压力（绝对压力）的积分平均值。

4.3.4.7

额定进汽压力 p_{isr}（MPa） rated steam inlet pressure

蒸汽泵在额定条件下设计规定该泵正常运行时允许承受的最高进汽压力公称值。

4.3.4.8

排汽压力 p_{es}（MPa） steam exhaust pressure

蒸汽泵动力端（气缸）出口轴线与出口截面交点处的静蒸汽压力（绝对压力）的积分平均值。

4.3.4.9

额定排汽压力 p_{esr}（MPa） rated steam exhaust pressure

蒸汽泵在额定条件下设计规定该泵正常运行时的排汽压力公称值。

4.3.4.10

净汽压力 p_{ns}（MPa） net steam pressure

蒸汽泵进汽压力与排汽压力之差，$p_{ns}=p_{is}-p_{es}$。

4.3.4.11

安全阀设定压力 $P_{rv,set}$（MPa） relief valve set pressure

安全阀开启时泵的出口处压力。

4.3.4.12

安全阀的排放压力 $P_{rv,a}$（MPa） relief valve accumulation pressure

安全阀通过泵的全部流量时泵的出口压力。

4.3.4.13

安全阀的回座压力 $P_{rv,rs}$（MPa） relief valve reseat pressure

通过泵的全部流量后，安全阀关闭时泵的出口处压力。

4.3.4.14

安全阀背压压力 $P_{rv,b}$（MPa） relief valve back pressure

当安全阀关闭时，其出口处的压力。

4.3.4.15

压力脉冲 $P_{pul,x}$ pressure pulsation

给定点X处压力的脉动，通常引用为相对一个平均值的变化大小。

4.3.4.16

充气压力 P_d pre-charge pressure

脉冲气体缓冲器（稳压器）在开始工作之前气体的压力。

4.3.5 压头

4.3.5.1

流体摩擦阻力损失压头 h_f（m） head of fluid frictional losses

克服流体从吸入池至泵入口这段管路系统流体摩擦阻力损失所需的流体静压头。

4.3.5.2

静吸入压头 h_s(m)　static suction head

泵处于入口倒灌状态下运行时,从吸入池液面至泵入口轴线这段竖直距离的流体静压头。

4.3.5.3

静吸上高度 h_l(m)　static suction lift

泵处于入口吸上状态下运行时,从泵入口轴线至吸入池液面这段竖直距离的流体静压头。

4.3.5.4

速度头 h_v(m)　velocity head

使流体从静止状态运动至泵入口轴线与入口截面交点处的平均流速所需的流体静压头。

4.3.5.5

加速度头 h_a(m)　acceleration head

克服管道系统中因流速不均匀(脉动)而产生质量惯性影响所需的流体静压头。对吸入管路可按下式估算:

$$h_a = \frac{L_s V_s n C}{3.28 g k}$$

式中:

L_s ——吸入管路长度,单位为米(m);

V_s ——吸入管中流体的平均速度,单位为米每秒(m/s),$V_s = Q/A_s$;

A_s ——吸入管内径截面面积,单位为平方米(m^2);

g ——重力加速度,单位为米每二次方秒(m/s^2);

C ——与泵型式有关的系数,当连杆比 $\lambda = 1/6$ 时,可按下述选取:

双联单作用泵	$C = 0.200$
双联双作用泵	$C = 0.115$
三联单作用或双作用泵	$C = 0.066$
五联单作用或双作用泵	$C = 0.040$
七联单作用或双作用泵	$C = 0.028$
九联单作用或双作用泵	$C = 0.022$

k——为避免在吸入管路中出现严重干扰,附加的系数:

对清水	$k = 1.4$
对石油、热油	$k = 2.5$
对液体中含气较多时	$k = 1.0$

4.3.5.6

有效净正吸入压力 $NPSH_a$(m)　net positive suction head available

泵入口处流体所具有的超过该流体输送温度下饱和蒸汽压的能量,由泵的安装条件确定。

a. 对开式系统

当泵处于入口吸上状态下运行时

$$NPSH_a = 10^6 (p_a - p_v)/\rho g - (h_f + h_a + h_l)$$

当泵处于入口倒灌状态下运行时

$$NPSH_a = h_s + 10^6 (p_a - p_v)/\rho g - (h_f + h_a)$$

b. 对闭式系统

$$NPSH_a = h_s - (h_f + h_a)$$

式中:

p_a ——泵安装运行处的大气压(绝对压力),单位为兆帕(MPa);

p_v ——在输送温度下的流体饱和蒸汽压力(绝对压力),单位为兆帕(MPa);

ρ ——被输送流体的密度,单位为千克每立方米(kg/m^3);

g ——重力加速度,单位为米每二次方秒(m/s^2)。

4.3.5.7

必须的净正吸入压头 $NPSH_r$(m) net positive suction head required

在额定条件下,泵制造厂通过试验确定的泵正常运行时所需要的静正吸入压头(不包括加速度头)。

4.3.5.8

最大的吸上高度 $h_{l\,max}$(m) maximum suction lift

对开式系统:在额定条件下泵正常运行时该泵能从吸入池液面提升流体的最大高度,即从泵入口轴线至吸入池液面最大安装高度。

$$h_{l\,max}=10^6(p_a-p_v)\rho g-(h_f+h_a+NPSH_r)$$

式中:

p_a ——泵安装运行处的大气压(绝对压力),单位为兆帕(MPa);

p_v ——在输送温度下的流体饱和蒸汽压力(绝对压力),单位为兆帕(MPa);

ρ ——被输送流体的密度,单位为千克每立方米(kg/m^3);

g ——重力加速度,单位为米每二次方秒(m/s^2)。

4.3.5.9

最小静吸入压头 $h_{s\,min}$(m) minimum static suction head

在额定条件下,泵正常运行时必须的吸入压力最小值。

a) 对开式系统且泵处于入口倒灌状态下运行时

$$h_{s\,min}=(h_f+h_a+NPSH_r)+10^6(p_v-p_a)/\rho g$$

b) 对闭式系统且为饱和流体时

$$h_{s\,min}=h_f+h_a+NPSH_r$$

式中:

p_a ——泵安装运行处的大气压(绝对压力),单位为兆帕(MPa);

p_v ——在输送温度下的流体饱和蒸汽压力(绝对压力),单位为兆帕(MPa);

ρ ——被输送流体的密度,单位为千克每立方米(kg/m^3);

g ——重力加速度,单位为千克每二次方秒(kg/s^2)。

4.3.6 力

4.3.6.1

活塞(柱塞)力 F_p(N) piston (plunger) load

位移元件(活塞、柱塞)在工作腔内处于排出行程时,被输送流体作用在其截面面积上的计算载荷。

$$F_p=AP_d$$

式中:

$A=\frac{\pi}{4}D^2$——活塞(柱塞)截面面积,单位为平方米(m^2)。

4.3.6.2

额定活塞(柱塞)力 F_{pr}(N) rated piston (plunger) load

设计规定泵正常运行时允许承受的最大活塞(柱塞)力的公称值。

$$F_{pr}=AP_{dr}$$

式中:

$A=\frac{\pi}{4}D^2$——活塞(柱塞)截面面积,单位为平方米(m^2)。

4.3.6.3

综合活塞(柱塞)力 F_{pm}(N) multiple piston (plunger) load

位移元件(活塞、柱塞等)在工作腔内做直线往复运动周期内,被输送流体作用在其截面面积上的力、往复运动元件的惯性力以及对位移元件导向、密封所产生的机械摩擦力的代数和。

4.3.6.4

净活塞(柱塞)杆力 F_r(N) net piston rod load

对双作用泵:位移元件(活塞、柱塞等)在工作腔内处于排出行程时,被输送流体作用在活塞杆截面面积上的计算载荷。

$$F_r = AP_d - (A - A_r)p_s - A_r p_a$$

式中:

$A = \frac{\pi}{4}D^2$——活塞(柱塞)截面面积,单位为平方米(m^2);

$A_r = \frac{\pi}{4}d^2$——活塞杆截面面积,单位为平方米(m^2);

p_a ——泵安装运行处的大气压(绝对压力),单位为兆帕(MPa)。

4.3.7 功率

4.3.7.1

泵的输出功率 p_{out}(kW) pump power output

泵传给排出流体的功率。

$$p_{out} = 10^3 pQ, \text{单位为千瓦(kW)}$$

式中:

p ——泵的压差,单位为兆帕(MPa);

Q ——泵的流量,单位为立方米每秒(m^3/s),可近似地把泵出口节流阀后排出来的流量代入上式计算。

4.3.7.2

泵的输入功率 p_{in}(kW) pump power input

泵传动端(包括内部减速机构或外部减速机)输入轴所接受的功率,数值上等于原动机的输出功率。

4.3.7.3

泵的额定输入功率 p_{ir}(kW) rated pump power input

额定条件下泵正常运行时所需输入功率的工程值。

4.3.7.4

原动机输入功率 p_{dr}(kW) driver power input

泵原动机接受的功率。

4.3.8 效率

4.3.8.1

泵的效率 η pump efficiency

泵的输出功率与泵原动机输出功率之比值,用百分数表示,$\eta = p_{out}/p_{in} \times 100\%$。

4.3.8.2

泵的机组功率 η_{ov} pump overall efficiency

泵的输出功率与泵原动机输入功率之比值,用百分数表示,$\eta_{ov} = p_{out}/p_{dr} \times 100\%$。

4.4 性能、曲线

4.4.1

泵的性能　pump performance

在泵的额定吸入压力、泵速和流体输送温度条件下：

对机动泵是泵的流量、输入功率、效率与泵压差之间的关系；

对蒸汽泵是泵的流量、输出功率、容积系数与泵压差之间的关系。

4.4.2

泵的调节性能　pump adjustable performance

在泵的额定排出压力、泵速和流体输送温度条件下：

对机动泵是泵的流量、输入功率、效率与泵速之间的关系；

对蒸汽泵是泵的流量、输出功率、容积系数与泵速之间的关系。

4.4.3

泵的吸入性能　pump suction performance

在泵的额定排出压力、泵速和流体输送温度条件下：

对机动泵是泵的流量、输入功率、效率与泵的净正吸入压头之间的关系并确定必须的净正吸入压头 $NPSH_r$；

对蒸汽泵是泵的流量、输出功率、容积系数与泵的净正吸入压头之间的关系并确定必须的净正吸入压头 $NPSH_r$。

4.4.4

泵的性能曲线　pump performance curve

表示泵性能的曲线图。

4.4.5

泵的调节性能曲线　pump adjustable performance curve

表示泵的调节性能的曲线图。

4.4.6

泵的吸入性能曲线　pump suction performance curve

表示泵的吸入性能的曲线图。

4.5 计量泵参数、性能

4.5.1

最大行程长度 S_{max}(m)　maximum length of stroke

具有行程长度调节机构的计量泵的行程长度允许调节的最大值。

4.5.2

相对行程长度 S_{re}　relative length of stroke

具有行程长度调节机构的计量泵的任一行程长度与最大行程长度的比值，用百分数表示：

$$S_{re} = S/S_{max} \times 100\%$$

4.5.3

额定行程长度 S_r(m)　rated length of stroke

设计规定具有行程长度调节机构的计量泵允许调节的最大行程长度公称值。

4.5.4

单个流量测量值 Q_i(m^3/s)　single measuring capacity

在额定条件下，在任意相对行程长度处单位时间内所测得的从泵出口截流阀后排出来的流体体积。

4.5.5

最大流量 Q_{max}(m³/s) maximum mean capacity

在额定条件下,在最大行程长度处所测得的单个流量测量值的算术平均值。

$$Q_{max}=\frac{1}{K}\sum_{i=1}^{K}Q_i\text{,单位为立方米每秒(m}^3\text{/s)}$$

式中:

K——单个流量测量值的个数;

Q_i——在额定条件下,最大行程长度处测得的一个流量测量值,单位为立方米每秒(m^3/s)。

4.5.6

流量标定曲线 calibration capacity curve

在额定条件下,采用数理统计回归运算方法,把对应于各个相对行程长度处所测得的多个单个流量测量值回归成一条在泵实际运行时用以对照进行流量(或相对行程长度)调节的流量与相对行程长度之间的关系曲线(通常是一条直线)。

$$Q_c=K_cS_{re}+Q_{cs}$$

式中:

Q_c——流量标定曲线上任何一点的流量值,单位为立方米每秒(m^3/s);

Q_{cs}——流量标定曲线在纵坐标上的截距,单位为立方米每秒(m^3/s);

K_c——流量标定曲线的斜率。

4.5.7

标定流量 Q_c(m³/s) calibrational capacity

流量标定曲线上任何一点的流量值。

4.5.8

线性度 E_l linearity

在额定条件下,在任何一相对行程长度处,连续测得多个单个流量测量值与对应的标定流量之差相对最大流量的比值,用百分数表示:

$$E_l=(Q_i-Q_c)/Q_{max}\times100\%$$

4.5.9

稳定性精度 E_s steady-state accuracy

在额定条件下,在同一相对行程长度处,连续测得多个单个流量测量值对最大流量的相对极限误差,用百分数表示:

$$E_s=\pm\frac{1}{2}(Q_{i\,max}-Q_{i\,min})Q_{i\,max}\times100\%$$

式中:

$Q_{i\,max}$——同一相对行程长度处,连续测得的单个流量测量值中最大值,单位为立方米每秒(m^3/s);

$Q_{i\,min}$——同一相对行程长度处,连续测得的单个流量测量值中最小值,单位为立方米每秒(m^3/s)。

4.5.10

复现性精度 E_{ra} repetitive accuracy

在额定条件、同一相对行程长度处,但是经过调节行程长度并在其他相对行程长度处测得单个流量测量值后,又调回到原处而保持其他条件不变,这样非连续测得的同一相对行程长度下的多个单个流量测量值对最大流量的相对极限误差,用百分数表示:

$$E_s=\pm\frac{1}{2}(Q_{i\,max}-Q_{i\,min})Q_{i\,max}\times100\%$$

式中：

$Q_{i\,max}$——同一相对行程长度处，经过行程长度调节后，又回到原处非连续测得的单个流量测量值总的最大值，单位为立方米每秒(m^3/s)；

$Q_{i\,min}$——同一相对行程长度处，经过行程长度调节后，又回到原处非连续测得的单个流量测量值总的最小值，单位为立方米每秒(m^3/s)。

4.5.11

计量精度 E　metering accuracy

在额定条件下所测得的线性度、稳定性精度和复现性精度的总称，用百分数表示。

4.5.12

额定计量精度 E_r　rated metering accuracy

设计规定在额定条件下和最大行程长度处该泵正常运行时应达到的计量精度最低公称值，用百分数表示。

4.5.13

调节范围 C_R　capacity adjustable range

在额定条件下，并在保证各组相对行程长度处所得的线性度、稳定性精度和复现性精度不低于额定计量精度的前提下，该计量泵的流量(或相对行程长度)可调节的最大范围，用百分数表示。

4.5.14

额定调节范围 C_{Rr}　rated capacity adjustable range

设计规定在额定条件下，泵正常运行时可达到的最大调节范围的公称值，用百分数表示。

4.5.15

标定曲线　calibration curve

在额定条件下，泵正常运行时把流量标定曲线和计量精度与相对行程长度的关系曲线画在同一曲线图上的综合曲线图。

附 录 A
（资料性附录）
标准名词术语与不采用的同义语对照表

标准名词术语			不采用的同义词	备注
名称	量的符号	单位符号	名称	
泵速	n	min^{-1}	往复次数、冲次、转数	
泵的理论流量	Q_t	m^3/s	泵的排量、泵的理论排量	
泵的流量	Q	m^3/s	泵的排量	
泵的额定流量	Q_r	m^3/s	泵的额定排量	注意定义中“节流阀后排出来的”概念
容积系数	K_v		容积效率	
泵的排出压力	p_d	MPa	泵的出口压力 泵的工作压力 泵的压力	注意定义中“积分平均值”概念
泵的额定排出压力	p_{dr}	MPa	泵的额定出口压力 泵的额定工作压力 泵的额定压力	
泵的吸入压力	p_s	MPa	泵的入口压力 泵的吸上压力	注意定义中“积分平均值”概念
泵的额定吸入压力	P_{sr}	MPa	泵的额定入口压力 泵的额定吸上压力	
泵的压差	p	MPa	泵的全压力 泵的总压力 泵的压力	
净压头	h_s	m	倒灌(水)头	
净吸上高度	h_l	m	吸上高度 吸上真空高度 几何吸上高度	
有效的净正吸入压力	$NPSH_a$	m	有效的汽蚀余量汽管余量	注意:h_s 计入
必须的净正吸入压头	$NPSH_r$	m	必须的汽蚀余量	注意:h_s 不计入
最大吸上高度	$h_{l\,max}$	m	最大吸上真空高度	
最小净吸入压头	$h_{s\,min}$	m	最小倒灌(水)头	
泵的输出功率	P_{out}	kW	泵的有效功率	
泵的输入功率	P_{in}	kW	泵的轴功率	注意:包括减速机的功率消耗
泵的额定输入功率	P_{ir}	kW	泵的额定轴功率	

索 引

以汉语拼音字母为序

以英文字母为序

A

B

C

D

E

F

G

H

I

L

M

N

O

P

R

S

T

ICS 79.060.99
B 70

中华人民共和国国家标准

GB/T 7911—2013
代替 GB/T 7911—1999

热固性树脂浸渍纸高压装饰层积板(HPL)

High-pressure decorative laminates—Sheets made from thermosetting resins

2013-12-31 发布　　2014-06-22 实施

中华人民共和国国家质量监督检验检疫总局
中国国家标准化管理委员会　发布

前　言

本标准按照 GB/T 1.1—2009 给出的规则起草。

本标准代替 GB/T 7911—1999《热固性树脂浸渍纸高压装饰层积板(HPL)》。本标准与 GB/T 7911—1999 相比主要技术变化如下：

——增加了产品按使用场合的分类；

——修改了产品等级的分类，取消了原来的一等品级别；对表面耐磨性能、抗小球冲击性能和耐划痕性能进行了分级；

——删除了方正度指标；增加了直角度指标；

——增加了抗小球冲击、耐水蒸气、表面耐湿热、耐光色牢度、弯曲弹性模量、弯曲强度指标和试验方法；

——增加了甲醛释放量指标和试验方法。

请注意本文件的某些内容可能涉及专利。本文件的发布机构不承担识别这些专利的责任。

本标准由国家林业局提出。

本标准由全国人造板标准化技术委员会(SAC/TC 198)归口。

本标准起草单位：中国林业科学研究院木材工业研究所、河南永威安防股份有限公司、山东光华板材有限公司、江西省产品质量监督检测院、山东齐峰特种纸业股份有限公司、书香门地(上海)新材料科技有限公司、常州市威德达耐火板有限公司、常州市天润木业有限公司。

本标准主要起草人：付跃进、李旸、胡生辉、胡国华、任玉良、朱玉国、龙昌玉、李学峰、卜立新、朱晓东、孙学民。

本标准所代替标准的历次版本发布情况为：

——GB/T 7911.1～7911.13—1987、GB/T 7911—1999。

热固性树脂浸渍纸
高压装饰层积板(HPL)

1 范围

本标准规定了热固性树脂浸渍纸高压装饰层积板的术语和定义、分类、要求、检验方法、检验规则以及标志、包装、运输和贮存。

本标准适用于热固性树脂浸渍纸高压装饰层积板。

2 规范性引用文件

下列文件对于本文件的应用是必不可少的。凡是注日期的引用文件,仅注日期的版本适用于本文件。凡是不注日期的引用文件,其最新版本(包括所有的修改单)适用于本文件。

GB/T 2406.2 塑料 用氧指数法测定燃烧行为 第2部分:室温试验

GB/T 2408 塑料 燃烧性能的测定 水平法和垂直法

GB/T 2828.1—2012 计数抽样检验程序 第1部分:按接收质量限(AQL)检索的逐批检验抽样计划

GB/T 9341—2008 塑料 弯曲性能的测定

GB/T 15102—2006 浸渍胶膜纸饰面人造板

GB/T 17657—1999 人造板及饰面人造板理化性能试验方法

GB/T 18102 浸渍纸层压木质地板

GB/T 18259—2009 人造板及其表面装饰术语

GB 18580 室内装饰装修材料 人造板及其制品中甲醛释放限量

GB/T 19367—2009 人造板的尺寸测定

GB 50222 建筑内部装修设计防火规范

LY/T 1700—2007 地采暖用木质地板

3 术语和定义

GB/T 18259—2009 界定的以及下列术语和定义适用于本文件。为便于使用,以下重复列出GB/T 18259—2009 中出现的某些术语和定义。

3.1

热固性树脂浸渍纸高压装饰层积板 high-pressure decorative laminates—sheet made from thermosetting resins;HPL

用氨基树脂(主要是三聚氰胺树脂)浸渍的表层纸、装饰纸和用酚醛树脂浸渍的底层纸,层积后在高压下热压而成的一种装饰材料。简称高压装饰板(HPL)。

注:改写 GB/T 18259—2009,定义 2.2.4.51。

3.2

干花 frosting mark

白花

高压装饰板、树脂浸渍纸贴面人造板表面存在的不透明白色花斑。

[GB/T 18259—2009,定义 2.2.4.59]

3.3

湿花 water mark

水迹

高压装饰板、树脂浸渍纸贴面人造板表面存在的雾状痕迹。

[GB/T 18259—2009,定义 2.2.4.60]

3.4

污斑 spots,dirt and similar surface defects

原纸中的尘埃、印刷时出现的油墨迹,以及加工过程中杂物对表面造成的板面斑痕。

[GB/T 18259—2009,定义 2.2.4.63]

3.5

边缘缺损 edges and corner breakage

因机械或人为操作不当所造成的人造板四角或边缘部分缺失或损伤的现象。

[GB/T 18259—2009,定义 2.1.74]

3.6

鼓泡 blisters

由于胶合失效造成板内出现空穴并在表面局部凸起的缺陷。

[GB/T 18259—2009,定义 2.1.73]

3.7

分层 delamination

基材自身、胶膜纸自身或胶膜纸和基材之间的分离现象。

[GB/T 18259—2009,定义 2.2.4.71]

3.8

缺角值 value of broken corner

四角缺损的长度,以缺损至角顶点的最大长度计算,单位为毫米。

4 分类

4.1 按材料类型分:

S 型——普通高压装饰板;

P 型——后成型高压装饰板;

F 型——有一定滞燃性能的高压装饰板。

4.2 按板材类型分:

CGS——抗倍特(compact)普通型板;

CGF——抗倍特(compact)阻燃普通型板;

HDS——平面承重型板;

HDF——平面承重阻燃型板;

HGS——平面普通型板;

HGF——平面普通阻燃型板;

HGP——平面普通后成型板;

VGS——立面普通板;

VGF——立面普通阻燃板;

VGP——立面普通后成型板;

VLS——立面非承重型板。

4.3 按板材厚度分：

薄型板——厚度在 2 mm 以下为薄型，只有一个装饰面，应与基材复合后使用；

厚型板——厚度在 2 mm 以上(含 2 mm)的为厚型，单饰面或双饰面，可单独使用或支撑后使用。

5 类别与典型应用

类别与典型应用见表 1。

表 1 类别与典型应用

按特性要求	材料类型	等级			按板材类型	主要用途
		耐磨性	抗冲击性	耐划痕性		
在特殊环境中立面或平面使用的厚板，需要有特别高的抗冲击强度和耐磨性	抗倍特 S 或 F 型	3	—	3	CGS 和 CGF	门、隔段、墙、各类建筑用和运输用自承重部件
很高的表面耐磨性、高抗冲击性能、很高的耐划痕性能	S 或 F 型	4	3	4	HDS 或 HDF	实验室台面、电脑房地板
高表面耐磨性、高抗冲击性、高耐划痕性	S、F 或 P 型	3	3	3	HGS、HGF 或 HGP	厨房工作台面、餐馆桌、酒店桌、承重门、墙面装饰、公共交通工具内墙
高表面耐磨性、中等抗冲击性、高耐划痕性	S、F 或 P 型	3	2	3	—	办公室平面用板(电脑桌)和浴室家具
中等表面耐磨性、中等抗冲击性、中等耐划痕性	S、F 或 P 型	2	2	2	VGS、VGF 或 VGP	厨房、办公室立面、浴室家具、墙面装饰、架子
低表面耐磨性、中等抗冲击性和耐划痕性	S、F 或 P 型	—	2	2	—	厨房、展厅等需要特殊装饰效果的立面
低表面耐磨性和耐划痕性、中等抗冲击性	S 型	1	2	1	VLS	橱柜可见板面

6 要求

6.1 规格尺寸及偏差

6.1.1 长度通常为 1 830 mm 和 2 440 mm，宽度通常为 915 mm 和 1 220 mm，厚度通常为 0.5 mm、0.8 mm、1.0 mm、1.2 mm、2.0 mm、12.0 mm 和 18.0 mm 等。

6.1.2 经供需双方协议可以生产其他规格的热固性树脂浸渍纸高压装饰层积板。

6.1.3 尺寸偏差应符合表 2 规定。

表 2 尺寸偏差

单位为毫米

项目		允许偏差
厚度	$0.5 \leqslant d \leqslant 1.0$	±0.10
	$1.0 < d \leqslant 2.0$	±0.15
	$2.0 < d \leqslant 2.5$	±0.18
	$2.5 < d \leqslant 3.0$	±0.20
	$3.0 < d \leqslant 4.0$	±0.25
	$4.0 < d \leqslant 5.0$	±0.30
	$5.0 < d$	依照协议
长度		$^{+10}_{0}$
宽度		$^{+10}_{0}$
注：d 为公称厚度。		

6.1.4 平整度、边缘直度和直角度应符合表 3 的要求。

表 3 平整度、边缘直度和直角度要求

项目		要求
平整度	单饰面高压装饰板	$d<2.0$ mm，最大翘曲值 120 mm；2.0 mm$\leqslant d<5.0$ mm，最大翘曲值 50 mm
	双饰面高压装饰板	2.0 mm$\leqslant d<5.0$ mm，最大翘曲值 10 mm；$d\geqslant5.0$ mm，最大翘曲值 5 mm
边缘直度		≤1.0 mm/m
直角度		≤1.0 mm/m
注：厚度≥5.0 mm 的单饰面高压装饰板，其最大翘曲值由供需双方协商。		

6.2 外观质量

根据产品的外观质量分为优等品和合格品。外观质量要求应符合表 4 规定。

表 4 装饰面外观质量要求

缺陷名称	优等品	合格品
干花、湿花	不允许	总面积不超过板面的 5%
纤维、发状物	不允许	最大长度≤10 mm/m^2(1 个或多个的总和)
划痕	不允许	最大长度≤10 mm/m^2(1 个或多个的总和)
压痕	不允许	平均直径<15 mm，允许 4 个/块 15 mm≤压痕直径≤30 mm，允许 2 个/块 两种缺陷同时存在时，允许 4 个/块
污斑	不允许	最大面积≤1.0 mm^2/m^2，污染总面积可为单个污斑面积或数量不等的污染点面积之和

表 4（续）

缺陷名称	优等品	合格品
颜色与图案	无明显差异	
表面光泽	无明显差异	
边缘缺损	不允许	每边边缘缺损长度之和≤20 mm
缺角	不允许	缺角值≤3 mm，允许 1 处/块；缺角值≤1.5 mm，允许 2 处/块

6.3 理化性能

6.3.1 耐磨性能、抗小球冲击、耐划痕理化性能分级要求见表 5。

6.3.2 根据板材特性和不同使用的场合，理化性能应符合表 5 规定。

表 5 理化性能要求

测试项目	测试内容	单位	不同材料类型指标值									
			HDS HDF	HGS	HGP	HGF	VGS	VGP	VGF	VLS	CGS	CGF
耐磨性能		等级	见表 1 和表 7									
耐沸水	质量增加率	%（最大值）	质量增加率见图 1									
	厚度增加率	%（最大值）	厚度增加率见图 2									
	外观	等级（不低于）	4	4	3	4	4	3	4	3	4	4
耐干热（180 ℃）	外观光泽	等级（不低于）	3	3	3	3	—	—	—	—	3	3
	其他		4	4	4	4	—	—	—	—	4	4
耐湿热		等级（不低于）	5	5	4	5	5	4	5	4	5	5
耐水蒸气		等级（不低于）	4	4	3	4	4	3	4	3	4	4
尺寸稳定性		%（最大值）（纵）	见图 3									
		%（最大值）（横）										
抗小球冲击		等级	见表 1 和表 8									
抗大球冲击	落球高度	cm（最小值）	可协商而定								100	100
	凹痕直径	mm（最大值）									10	10
耐开裂性（2 mm 以下薄板）		等级（不低于）	4	4	4	4	3	3	3	3	—	—
耐划痕		等级	见表 1 和表 8									
耐污染		等级（不低于）	4	4	3	4	4	3	4	4	4	4
耐光色牢度		灰度卡等级	4-5	4-5	4-5	4-5	4-5	4-5	4-5	4-5	4-5	4-5

表 5（续）

测试项目	测试内容	单位	不同材料类型指标值									
			HDS HDF	HGS	HGP	HGF	VGS	VGP	VGF	VLS	CGS	CGF
	耐香烟灼烧	等级(不低于)	3	3	3	3	—	—	—	—	3	3
	后成型性能	mm(最大值)	—	—	15	—	—	10	—	—	—	—
	耐龟裂性能	等级(不低于)	—	—	—	—	—	—	—	—	4	4
	弯曲弹性模量	MPa(最小值)	—	—	—	—	—	—	—	—	10 000	9 000
	弯曲强度	MPa(最小值)	—	—	—	—	—	—	—	—	100	80
	抗拉强度	MPa(最小值)	—	—	—	—	—	—	—	—	70	60
	甲醛释放量	—	按照 GB 18580 中 E_1 级规定									
	防静电性能	Ω	$1.0\times10^5 \sim 1.0\times10^{10}$									
	滞燃性能[a]	级	按 GB 50222 中相应要求									
	耐老化性能	—	无开裂									

注 1：耐龟裂性能仅对密实板要求。

注 2：防静电性能、滞燃性能和耐老化性能仅在有特殊要求时测定。

[a] 只对 F 型材料要求。

耐沸水项目的质量增加率计算按照图 1 所示进行。

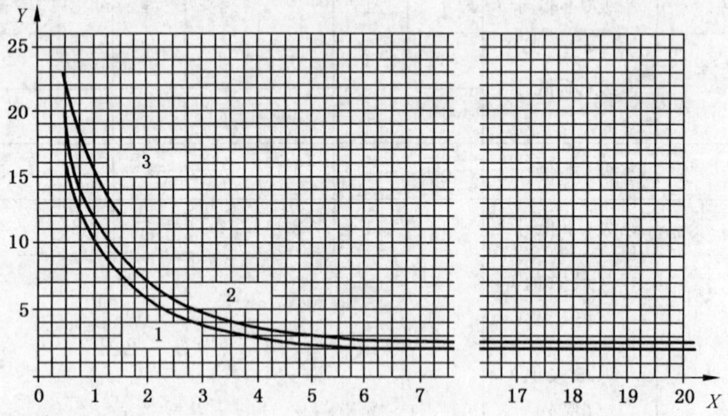

说明：

X ——厚度，单位为毫米(mm)；

Y ——质量增加百分率，%；

1 ——S 型；

2 ——F 型；

3 ——P 型。

图 1　耐沸水性能：质量增加百分率

耐沸水项目的厚度增加率计算按照图 2 所示进行。

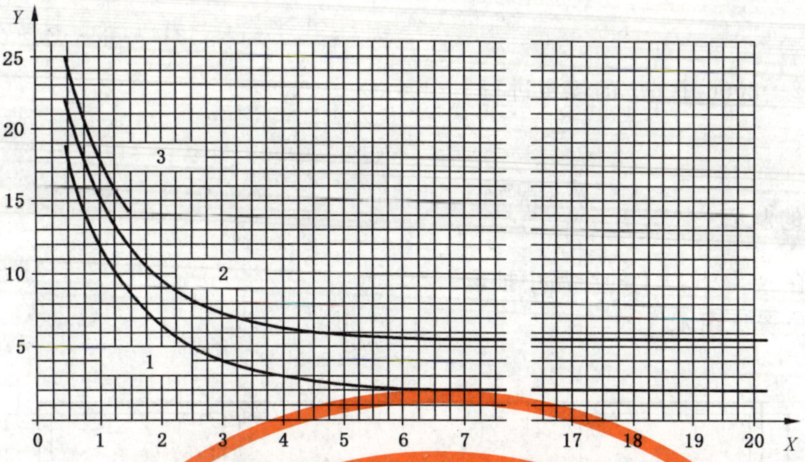

说明：

X ——厚度，单位为毫米(mm)；

Y ——质量增加百分率，%；

1 ——S 型；

2 ——F 型；

3 ——P 型。

图 2　耐沸水性能：厚度增加百分率

尺寸稳定性项目检测的计算按图 3 所示进行。

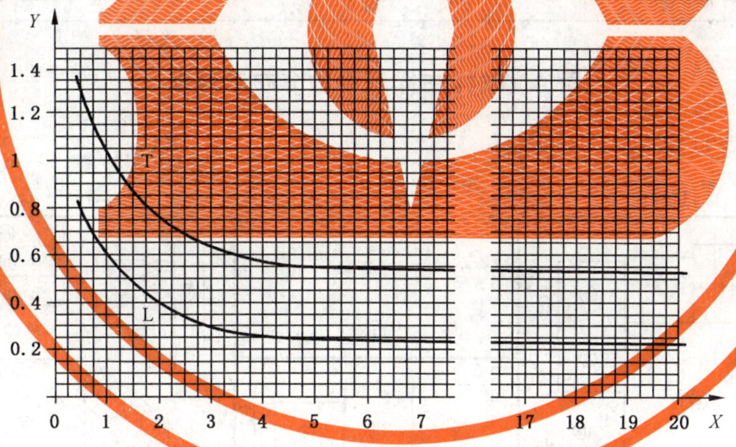

说明：

X ——厚度，单位为毫米(mm)；

Y ——累积尺寸变化，%；

T ——横向；

L ——纵向。

图 3　尺寸稳定性变化图

7　测量及检验方法

7.1　规格尺寸及偏差

按照 GB/T 19367—2009 中的相关规定进行。

7.2 外观质量

按 GB/T 15102—2006 中 6.1 的规定进行。

7.3 理化性能

7.3.1 试样和试件的制取

7.3.1.1 样品应在存放 24 h 以上的产品中抽取。

7.3.1.2 试样制取位置见图 4。

单位为毫米

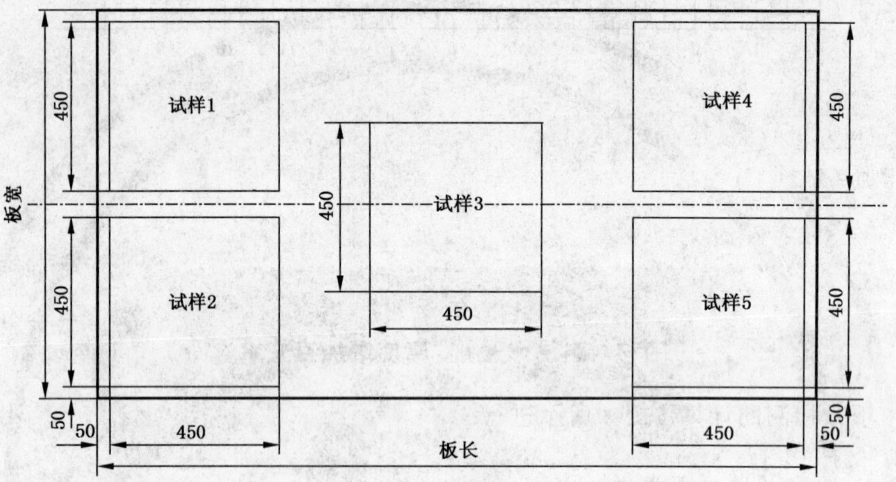

图 4 试样在样品中的分布示意图

7.3.1.3 试件制取位置见图 5。

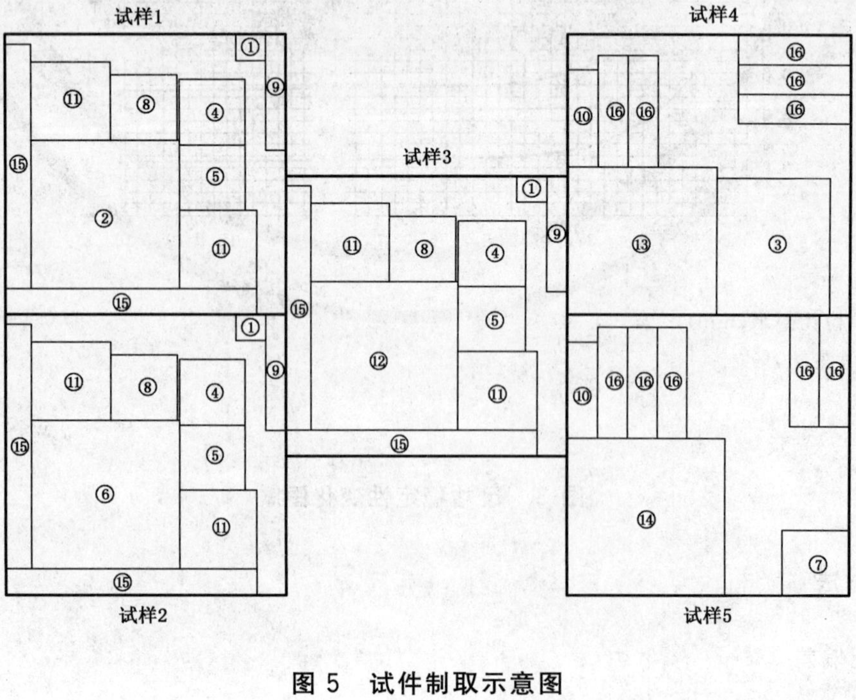

图 5 试件制取示意图

7.3.1.4 试件制取的尺寸规格及数量见表 6。

表 6 理化性能试件尺寸、数量及编号

检验项目	试件尺寸 mm	试件数量 块	试件 编号	试样号	备注
表面耐磨性能	100.0×100.0	3	⑤	1,2,3	
耐沸水性能	50.0×50.0	3	①	1,2,3	
耐干热性能	230.0×230.0	1	②	1	
耐湿热性能	200.0×180.0	1	③	4	
耐水蒸气	100.0×100.0	1	⑦	4	
尺寸稳定性	120×120	6	⑪	1,2,3	纵横各 3
抗小球冲击	230.0×230.0	1	⑬	4	
抗大球冲击	230.0×230.0	1	⑫	3	
耐开裂性能(薄板)	120.0×50.0	2	⑩	4,5	
耐划痕性能	100.0×100.0	3	④	1,2,3	
耐污染性能	230.0×230.0	1	⑥	2	
耐光色牢度	随设备而定	1	—	—	任意
耐香烟灼烧性能	100.0×100.0	3	⑧	1,2,3	
后成型性能	随设备而定	1	—	—	任意
耐龟裂性能	250.0×250.0	1	⑭	5	
弯曲强度	按照 GB/T 9341—2008 规定	6	⑮	1,2,3	纵横各 3
弯曲弹性模量					
抗拉强度	(150～200)×20	3	⑨	1,2,3	
甲醛释放量	150.0×50.0	10	⑯	4,5	
防静电性能	150.0×150.0	1	⑰	4,5	
耐老化性能	150.0×70.0	1	⑱	4,5	
滞燃性能	按 GB/T 2406.2 和 GB/T 2408 中的相关规定				取自大板任意部位
注：试件的尺寸偏差为±1 mm。					

7.3.2 耐磨性能

按 GB/T 17657—1999 中 4.38 的规定进行。砂布的校准按照 GB/T 18102 的规定进行。结果用分级表示，见表 7。

表 7 耐磨性能

等 级	耐磨转数	
	IP(最初磨损点)	$\frac{IP+FP}{2}$(最初和最终磨损点的均值)
1	—	≥50
2	≥50	≥150
3	≥150	≥350
4	≥350	≥1 000
注：低耐磨性、中等抗冲击性和耐划痕性板的耐磨性不做要求，可由供需双方协商。		

7.3.3　耐沸水性能

按 GB/T 17657—1999 中 4.43 的规定进行。根据实测厚度和质量，由图 1、图 2 曲线量出相应的厚度增加、质量增加值，与检测结果对比。

7.3.4　耐干热性能

按 GB/T 17657—1999 中 4.42 的规定进行。

7.3.5　耐湿热性能

按照 LY/T 1700—2007 中 6.2.3 的规定进行。按照以下等级表示测试结果：

——等级 1：无变化；

——等级 2：在某一角度光泽和(或)颜色有轻微变化；

——等级 3：光泽和(或)颜色有中等程度变化；

——等级 4：光泽和(或)颜色有明显变化；

——等级 5：表面损坏和(或)鼓泡。

7.3.6　耐水蒸气

按 GB/T 17657—1999 中 4.21 的规定进行。按照以下等级表示测试结果：

——等级 1：无变化；

——等级 2：在某一角度光泽和(或)颜色有轻微变化；

——等级 3：光泽和(或)颜色有中等程度变化；

——等级 4：光泽和(或)颜色有明显变化；

——等级 5：鼓泡和(或)分层。

7.3.7　尺寸稳定性

按 GB/T 17657—1999 中 4.35 方法 2 的规定进行。

注：厚板不必用刚性夹具。

7.3.8　抗小球冲击性能

7.3.8.1　材料

7.3.8.1.1　高质量表面完好的刨花板，厚度为(18±0.3)mm～(20±0.3)mm，密度为 625 kg/m^3～700 kg/m^3，含水率为(9±2)%。

7.3.8.1.2　采用脲醛树脂胶粘剂，或具有相同性能的胶粘剂，将 HPL 与刨花板紧密粘合在一起。

7.3.8.2　仪器

7.3.8.2.1　冲击试验仪(见图 6)，包含一个冲击螺栓，螺栓尾部有一个直径为 5 mm 的钢球，通过压缩弹簧的弹力对试件表面冲击；压缩弹簧的弹力可以通过弹簧压缩量调节旋钮来调整，弹力的范围 0 N～90 N；压缩弹簧长度为 100 mm，释放时能产生(1 962±50)N/m 的弹力。试验时，将钢球退回到预定力的位置后用固定器卡住，打开固定器释放钢球即可进行冲击。

7.3.8.2.2　缓冲装置，消减冲击对弹簧的反作用力。

7.3.8.2.3　支撑架(见图 7)，用于固定冲击试验仪。

7.3.8.2.4　钢板，尺寸为 300 mm×300 mm×50 mm。

单位为毫米

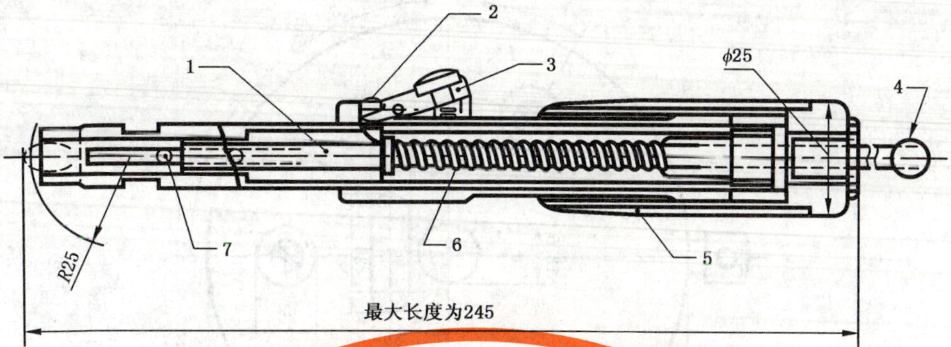

说明：

1——冲击螺栓；

2——弹簧定位器；

3——弹簧释放开关；

4——旋钮；

5——冲击力设置块；

6——压缩弹簧；

7——冲击球。

图 6　冲击试验仪(图示弹簧处于压缩状态)

7.3.8.2.5　6 倍放大镜(可选)。

7.3.8.3　试样

10 个试件，尺寸为(230±5)mm 的正方形，用 7.3.8.1.2 指定胶粘剂将试件与刨花板胶合；把试件放在温度为(23±2)℃，相对湿度为(50±5)%的环境中至少处理 7 天。

7.3.8.4　操作步骤

试验需在实验室环境中进行，如有异议，应在(23±2)℃的环境中进行。

将钢板放在硬质平台上，再在钢板上放置试件，试件装饰面朝上；将冲击试验机固定在支撑架上，设定好冲击力，释放冲击螺栓；先用 10 N 的冲击力进行预试验，以后每次递增 5 N 的力，直到试件表面出现损坏为止，测定出试件表面出现损坏时的最小冲击力。

测定试件表面没出现损坏时所能承受的最大冲击力，至少测定 5 个试件；试验时，首先用上面测得的试件表面出现损坏时的最小冲击力进行试验，每冲击 5 次后视表面情况递减冲击力，如每次递减 1 N。

为了使试件表面损坏情况容易辨认，试验后可以在冲击点位置上涂抹染料酒精溶液；可以使用 6 倍放大镜观察。

每个试件上，冲击点距试件边缘至少 30 mm，相邻冲击点间隔至少为 20 mm。

每次试验后仔细检查冲击点的表面情况，凡是表面出现形如头发丝的裂隙(通常为同心圆)、连续裂隙或者饰面剥落的情况可视为表面出现损坏，只有压痕而没有裂隙的情况不算损坏。

如果试验只是检测材料能否承受最大限定的冲击力，试验时试件应在最大限定力的 5 次连续冲击后表面仍完好无损。

单位为毫米

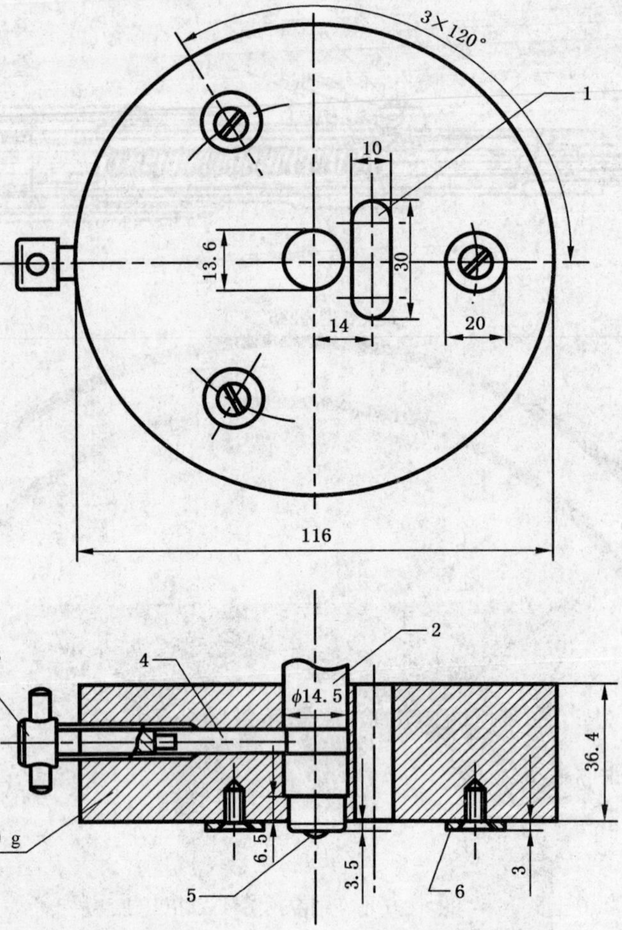

说明：

1——观测槽；

2——冲击试验仪支撑杆；

3——旋紧螺丝；

4——压紧螺栓；

5——钢球；

6——支脚。

图 7 冲击试验仪支撑架

7.3.8.5 结果表示

材料能承受的最大冲击力为试件经过 5 次连续冲击后表面没有出现损坏时弹簧的最大弹力值。结果用等级表示，分级见表 8。

表 8 抗小球冲击性能

等 级	弹簧弹力 N
1	⩾12
2	⩾15

表 8（续）

等级	弹簧弹力 N
3	≥20
4	≥25
注：只适用于厚度＜2 mm 的板材。	

7.3.9 抗大球冲击性能

按 GB/T 17657—1999 中 4.44 的规定进行。

7.3.10 耐开裂性能（薄板）

按 GB/T 17657—1999 中 4.46 的规定进行。

7.3.11 耐划痕

按 GB/T 17657—1999 中 4.29 的规定进行。结果用等级表示，见表 9。

表 9 耐划痕性能

等级	载荷 N
1	≥1.50
2	≥1.75
3	≥2.00
4	≥3.00

7.3.12 耐污染性能

按 GB/T 17657—1999 中 4.36 方法 1 的规定进行。

7.3.13 耐光色牢度

按 GB/T 15102—2006 中 6.3.19 的规定进行。

7.3.14 耐香烟灼烧性能

按 GB/T 17657—1999 中 4.40 的规定进行。

7.3.15 后成型性能

按 GB/T 17657—1999 中 4.47 的规定进行。

7.3.16 耐龟裂性能

按 GB/T 17657—1999 中 4.30 的规定进行。按照以下等级表示测试结果：

——等级 1:碎裂成片状;

——等级 2:较大裂缝和(或)严重边部裂缝;

——等级 3:可视裂缝和(或)中等程度边部裂缝;

——等级 4:在 6 倍放大镜下,有发丝状裂缝;

——等级 5:无变化。

7.3.17 弯曲强度和弯曲弹性模量

按 GB/T 9341—2008 中的规定进行。

7.3.18 抗拉强度

按 GB/T 17657—1999 中 4.39 的规定进行。

7.3.19 甲醛释放量

按照 GB 18580 中的相关规定进行。

7.3.20 防静电性能

按 GB/T 17657—1999 中 4.48 的规定进行。

7.3.21 滞燃性能

按 GB/T 2406.2 和 GB/T 2408 中的规定进行。

7.3.22 耐老化性能

按 GB/T 17657—1999 中 4.45 的规定进行。

8 检验规则

8.1 检验分类

8.1.1 产品检验分出厂检验和型式检验。

8.1.2 出厂检验包括:

a) 外观质量检验;

b) 规格尺寸检验;

c) 理化性能检验中耐沸水性能、耐干热性能、抗冲击性能、耐磨性能、耐划痕、甲醛释放量、后成型性能(仅后成型板材)。

8.1.3 型式检验包括:

a) 外观质量检验;

b) 规格尺寸检验;

c) 全部理化性能。

8.1.4 有下列情况之一时,应进行型式检验:

a) 新产品投产或转产时;

b) 当原辅材料发生变化或生产工艺变动对产品质量有影响时;

c) 停产三个月以上,恢复生产时;

d） 正常生产时，每半年一次，均匀分配；

e） 质量监督机构提出型式检验要求时。

8.2 组批原则

同一班次、同一规格、同一类产品为一批。

8.3 抽样方法和判定原则

8.3.1 总则

质量检验应在同批产品中按规定抽取试样，并对所抽取试样逐一检验，试样均按张计数。

8.3.2 规格尺寸

厚度偏差、长度偏差、宽度偏差、边缘直度和平整度采用 GB/T 2828.1—2012 中的正常检验二次抽样方案，检验水平为Ⅰ，接受质量限 AQL=6.5，见表 10。按 6.1 对样品 n_1 进行检验。不合格品数 $d_1 \leqslant Ac_1$ 时接收，$d_1 \geqslant Re_1$ 时拒收，若 $Ac_1 < d_1 < Re_1$，检验样本 n_2，前后两个样本中不合格品数 $d_1 + d_2 \leqslant Ac_2$ 时接收，$d_1 + d_2 \geqslant Re_2$ 时拒收。

表 10 规格尺寸抽样方案

单位为张

批量范围	样本大小		第一判定数		第二判定数	
	$n_1 = n_2$	Σ_n	接收 Ac_1	拒收 Re_1	接收 Ac_2	拒收 Re_2
≤150	5	10	0	2	1	2
151～280	8	16	0	3	3	4
281～500	13	26	1	3	4	5
501～1 200	20	40	2	5	6	7

8.3.3 外观质量

对产品的外观质量进行抽样时，应从工厂分等产品中抽样。外观质量检验采用 GB/T 2828.1—2012 中的正常检验二次抽样方案，检验水平为Ⅱ，接受质量限 AQL=4.0，见表 11。按表 4 规定对样本 n_1 进行检验。不合格品数 $d_1 \leqslant Ac_1$ 时接收，$d_1 \geqslant Re_1$ 时拒收，若 $Ac_1 < d_1 < Re_1$，检验样本 n_2，前后两个样本中不合格品数 $d_1 + d_2 \leqslant Ac_2$ 时接收，$d_1 + d_2 \geqslant Re_2$ 时拒收。

表 11 外观质量抽样方案

单位为张

批量范围	样本大小		第一判定数		第二判定数	
	$n_1 = n_2$	Σ_n	接收 Ac_1	拒收 Re_1	接收 Ac_2	拒收 Re_2
≤150	13	26	0	3	3	4
151～280	20	40	1	3	4	5
281～500	32	64	2	5	6	7
501～1 200	50	100	3	6	9	10

8.3.4 理化性能

理化性能检验的抽样方案见表12,初检样本检验结果有某项指标不合格时,允许进行复检一次,在同批产品中加倍抽取样品对不合格项进行复检,复检后全部合格,判为合格,若有一项不合格,判为不合格。

表12 理化性能抽样方案

单位为张

批量范围	初检抽样数	复查抽样数
≤1 200	1	2
1 201～3 200	2	4
3 201～10 000	3	6
>10 000	4	8

8.4 综合判断

产品的外观质量、规格尺寸和理化性能检验结果全部达到相应等级要求时判为该批产品合格,否则判该批产品不合格。

8.5 检验报告

检验报告内容应包括:

a) 被检产品的等级、检验依据的标准、检验类别和检验项目等全部细节;

b) 检验结果及其结论;

c) 检验过程中出现的各种异常情况以及需说明的问题;

d) 检测日期。

9 标志、包装、运输和贮存

9.1 标志

9.1.1 产品标记

产品入库前,应在产品适当的部位标记产品名称、产品型号、商标、生产日期、甲醛释放量标识等。

9.1.2 包装标记

包装上应标记生产厂家名称、地址、电话、产品名称、生产日期、商标、规格型号、等级、执行标准编号(即本标准编号)、数量及防潮、防晒等。

9.2 包装

产品出厂时应按产品规格、等级分别包装。包装箱应防潮、防震,并注明“小心轻放”等标志。包装箱内应有检验合格证,合格证上应注明生产厂家名称、产品名称、商标、规格尺寸、型号、质量等级、数量、出厂日期、检验人员代号。包装要做到产品免受磕碰、划伤和污损。包装要求亦可由供需双方商定。

9.3 运输和贮存

产品在运输和贮存过程中应平整堆放，防止污损，不得受潮、雨淋和曝晒。

产品贮存时，基础应平整，码放时要整齐，板面不得与地面接触。产品按不同规格、等级分别堆放，每跺应有相应的标记。贮存地点应防雨、防潮、防晒、远离火源。

ICS 91.220
P 97

中华人民共和国国家标准

GB/T 7920.12—2013
代替 GB/T 7920.12—2003

道路施工与养护机械设备 沥青混凝土摊铺机 术语和商业规格

Road construction and road maintenance machinery and equipment—Asphalt pavers—Terminology and commercial specifications

(ISO 15878:2008, Road construction and maintenance equipment—Asphalt pavers—Terminology and commercial specifications, MOD)

2013-12-31 发布　　　　2014-10-01 实施

中华人民共和国国家质量监督检验检疫总局
中国国家标准化管理委员会　发布

前　言

本标准按照 GB/T 1.1—2009 给出的规则起草。

本标准代替 GB/T 7920.12—2003《沥青混凝土摊铺机　术语》。

本标准使用重新起草法修改采用 ISO 15878:2008《道路施工与养护设备　沥青混凝土摊铺机　术语和商业规格》。

本标准与 ISO 15878:2008 的主要技术性差异及原因如下：

——增加了 3.1.1、3.1.2、3.1.3、3.1.4、3.1.5、3.1.6 沥青混凝土摊铺机的分类定义，以保留 GB/T 7920.12—2003 中沥青混凝土摊铺机的各类型定义。

本标准还做了下列编辑性修改：

——删除了 ISO 15878:2008 的前言、引言；

——删除了一些与内容无关的注。

本标准由中国机械工业联合会提出。

本标准由全国建筑施工机械与设备标准化技术委员会(SAC/TC 328)归口。

本标准起草单位：北京建筑机械化研究院、湖南三一路面机械有限公司、徐工集团工程机械股份有限公司科技分公司、广西柳工机械股份有限公司、北京建研机械科技有限公司。

本标准主要起草人：蒋慧、刘秋宝、吴凌云、冯宗军、周紫晗、李亮辉。

本标准所代替标准的历次版本发布情况为：

——GB/T 7920.12—1987、GB/T 7920.12—2003。

道路施工与养护机械设备 沥青混凝土摊铺机 术语和商业规格

1 范围

本标准规定了沥青混凝土摊铺机及其部件的术语,同时也给出了操作原则和商业规格并建立了技术性能参数。

本标准适用于道路施工与养护过程中使用的沥青混凝土摊铺机。

2 规范性引用文件

下列文件对于本文件的应用是必不可少的。凡是注日期的引用文件,仅注日期的版本适用于本文件。凡是不注日期的引用文件,其最新版本(包括所有的修改单)适用于本文件。

GB/T 2933 充气轮胎用车轮和轮辋的术语、规格代号和标志(GB/T 2933—2009,ISO 3911:2004,IDT)

GB/T 6072.1 往复式内燃机 性能 第1部分:功率、燃料消耗和机油消耗的标定及试验方法 通用发动机的附加要求(GB/T 6072.1—2008,ISO 3046-1:2002,IDT)

3 术语和定义

下列术语和定义适用于本文件。

3.1

沥青混凝土摊铺机 asphalt paver

采用浮动熨平板/自动调平熨平板方式,对沥青混合料进行布料和预压实,形成设定路面形状的移动式机械。

注1:设备通常由主机和熨平板装置组成。

注2:另见 GB/T 23577—2009 的 2.4.3。

3.1.1

自行式沥青混凝土摊铺机 self-propelled asphant paver

通过自身动力而行驶的沥青混凝土摊铺机。

3.1.2

履带式沥青混凝土摊铺机 crawler asphalt paver

具有履带行走装置的沥青混凝土摊铺机。

3.1.3

轮胎式沥青混凝土摊铺机 tread asphalt paver

具有轮胎行走装置的沥青混凝土摊铺机。

3.1.4

液压传动式沥青混凝土摊铺机 hydraulic asphalt paver

所有传动机构均以液压方式驱动的沥青混凝土摊铺机。

3.1.5

机械传动式沥青混凝土摊铺机　mechanical asphalt paver

一个或几个传动机构以机械方式驱动的沥青混凝土摊铺机。

3.2

可调宽度整平器　adjustable width strike off

在固定熨平板前沿,用于改变熨平宽度的可移动叶片。

注:示例见图 A.5。

3.3

料斗挡料板　apron

输料机构前方的料斗区域。

注:示例见图 A.9。

3.4

沥青混凝土摊铺机操作者　asphalt paver operator

主要负责控制摊铺机的速度、方向和摊铺作业的人员。

3.5

沥青混凝土摊铺机操作位　asphalt paver operator station

操作者控制摊铺机功能的指定位置。

3.6

自动输料控制系统　automatic feeder system control

用于自动控制沥青混合料向熨平板输送的系统。

3.7

自动找平控制系统　automatic screed control

用于自动控制铺层外廓与外界设定基准相一致的系统。

3.8

斜板装置　bevel edger

用于将倾斜表面放置在铺层表面边缘上的附件。

3.9

支撑装置　bracing

较大工作宽度作业时用于支撑熨平板的装置。

3.10

输料通道　conveyor tunnel

将沥青混合料从料斗移送至螺旋分料装置/熨平板前的通道。

注:示例见图 A.4。

3.11

减宽装置　cut-off plate

与熨平板侧挡板结合使用,以减小有效熨平宽度的附件。

3.12

输料机构(刮板式或螺旋式)　conveyor (slat or auger)

将沥青混合料从料斗传送至螺旋分料装置的装置。

注:示例见图 A.4 和图 A.11。

3.13

输料门　conveyor flow gate

调节进入输料通道的沥青混合料高度的装置。

注:示例见图 A.4。

3.14

拱度调节装置 crown control

将熨平板调成所需拱度的装置。

注：示例见图 A.9。

3.15

伸缩熨平板 extendable screed

装有伸缩板的熨平板，在摊铺机工作时能伸出或缩回以改变摊铺宽度。

注：示例见图 A.12。

3.16

固定宽度熨平板 fixed width screed

只能通过增加或移除延伸板来改变宽度的熨平板。

注：示例见图 A.4。

3.17

高度控制器 grade control

用于控制铺层表面纵向轮廓的装置。

注：示例见图 A.9。

3.18

料斗 hopper

接收外部沥青混合料的部件。

注：示例见图 A.4。

3.19

外加料斗 hopper insert

增加料斗容积的装置。

3.20

输料/布料系统 material feed system

输料机构螺旋分料装置配合，将沥青混合料从料斗传送并将其分布在熨平板前方的系统。

注：示例见图 A.4。

3.21

料位传感器 material feed sensor

用于检测位于熨平板前面的沥青混合料多少(高度)的装置。

注：示例见图 A.9。

3.22

分料挡料板 material retaining plate/material limiting plate

安装于螺旋分料装置延伸件前端，以防止沥青混合料向前流出的附件。

3.23

移动式水平基准拖杠 mobile grade reference

为自动水平控制提供独立基准的拖式附件。

注：示例见图 A.9。

3.24

推料板 mouldboard

装于熨平板前部上端用于推移多余的沥青混合料的部件。

3.25

导料装置(高度可调推料板) strike off (height-adjustable mouldboard)

安装于熨平板前部，用于控制熨平板下流过的沥青混合料高度的附件。

注：示例见图 A.6。

3.26

前挡板 pre-strike off

安装于可延伸熨平板前方的物料处理装置。

注 1：对安装于熨平板前端的等宽延伸件，前挡板防止物料在主熨平板前堆积，以允许延伸件易回收物料。示例见图 A.7。

注 2：对安装于熨平板后部的延伸件，前挡板防止物料在延伸件前堆积，以允许易回收物料。示例见图 A.8。

3.27

推辊 push-roller

与运送沥青混合料的车辆轮胎相接触的装置。

注：示例见图 A.4。

3.28

熨平板操纵装置 screed mounted control

熨平板两侧用于控制部分摊铺功能的部件。

3.29

熨平板 screed

拖在主机后用于整平、压实、成形和抹平沥青混合料的装置。

注 1：示例见图 A.12。

注 2：基于熨平类型，有下列几种沥青混合料压实系统：

——静态压实：沥青混合料由熨平板的重量来压实（见图 A.13）；

——普通动态压实：除了静态压实外，装有专门的振动压实装置，包括振动器或振捣装置（见图 A.15 和A.17）；

——高密度动态压实：除了静态压实，至少装有两个压实系统，可包括振动器、振捣装置或高强压实梁（见图 A.16和图 A.17）。

3.30

熨平大臂 screed arm

将熨平板连接至主机的附件，且主机通过其牵引熨平板。

注：示例见图 A.4。

3.31

熨平板侧挡板 screed end plate

在熨平板终端的外侧处，竖直可调节的平板，用于阻挡沥青混合料且将其处置在铺层表面边缘最终成形。

注：示例见图 A.4。

3.32

熨平板延伸件 screed extension

在摊铺宽度大于主熨平板宽度时，用于增加主熨平板宽度的附件。

注：示例见图 A.10。

3.33

熨平板加热装置 screed heater

用于加热熨平板底板以防止沥青混合料粘连的装置。

3.34

熨平板提升装置 screed lift

用于熨平板升降的装置。

注：示例见图 A.9。

3.35

熨平板底板　screed plate

安装于模板底面,用于沥青混合料成形和光滑的熨平板部件。

注:示例见图 A.13。

3.36

熨平板锁紧装置　screed travel lock

将熨平板锁紧在提起位置的装置。

注:示例见图 A.10。

3.37

坡度梁　slope beam

用于安装坡度控制器的部件。

注:示例见图 A.9。

3.38

坡度控制器　slope control

与铺层表面横向轮廓相关的控制器。

注:示例见图 A.9。

3.39

螺旋分料装置　spreading auger

在熨平板前方横向传输沥青混合料的螺旋输料装置。

注:示例见图 A.4。

3.40

行驶导向杆　steering guide

能使操作者遵循预定路线作业的指示装置。

注:示例见图 A.4。

3.41

夯锤　tamper

安装在熨平板前端,用于沥青混合料预压实的部件。

3.42

振捣装置　tamper bar(s)

熨平板上用于驱动夯锤压实沥青混合料的往复式部件。

注:示例见图 A.15。

3.43

厚度调节装置　thickness control

用于手动调节摊铺厚度的装置。

注:示例见图 A.4。

3.44

牵引点　tow point/pull point

熨平大臂连接至主机的位置。

注:示例见图 A.4。

3.45

主机　tractor

能接收、输送和分布沥青混合料并能牵引熨平板的摊铺机部件。

注:示例见图 A.4。

3.46

卡车栓　truck-hitch

当卸载物料至料斗时，用于将运送沥青混合料的车辆和摊铺机保持在一个适当相对位置的装置。

3.47

沥青废气控制系统　asphalt fume control system

收集沥青混合料的烟气，并将其在远离操作者和人员的区域排放的系统。

4　工作原理

沥青混凝土摊铺机采用浮动熨平板/自动调平熨平板等方式，通过熨平板自身的重量和向前均匀的移动，再结合配置的专用振动和夯实部件对沥青混合料摊铺和预压成型。

5　沥青混凝土摊铺机描述

5.1　总则

沥青混凝土摊铺机的分类，由以下条款确定：底盘类型、从料斗至熨平板的输送方法和熨平板类型。

5.2　底盘类型

有下列几种底盘类型：

——轮式(见图 A.1)；

——带可替换履带板的钢制履带式(见图 A.2)；

——橡胶履带式(见图 A.3)。

5.3　从料斗至熨平板的输送方法

有下列几种典型方法可供使用：

——通过刮板式输料机构(见图 A.4)；

——通过螺旋分料装置(见图 A.11)；

——通过自重。

5.4　熨平板类型

有下列几种典型熨平板类型可供使用：

——固定宽度式(见图 A.4)；

——液压伸缩式(见图 A.12)；

——端部伸缩式。

6　商业规格

6.1　沥青混凝土摊铺机类型

规定沥青混凝土摊铺机类型，例如带固定宽度熨平板的橡胶轮式、带可变宽度熨平板的履带式、带固定宽度熨平板的履带式及其他。

注：不同类型沥青混凝土摊铺机的规格示例见图 A.4、图 A.9 和图 A.10。

6.2 沥青混凝土摊铺机基本特征

规定下列参数：

a) 摊铺性能：
- 最大摊铺能力，单位为吨每小时(t/h)；
- 最大摊铺宽度，单位为毫米(mm)：带可选熨平板延伸件的机器能摊铺沥青混合料的最大宽度；
- 最小摊铺宽度，单位为毫米(mm)；
- 最大摊铺厚度，单位为毫米(mm)：熨平板能摊铺沥青混合料的最大厚度；
- 最小摊铺厚度，单位为毫米(mm)。

b) 最小转弯半径，单位为米(m)：
机器进行最小转弯时形成的最大圆，从转向中心到车轮与地面接触中心的距离(见图 A.20 中 R_2)。

c) 机器通过半径，单位为米(m)：
当机器执行最急转弯时，在其工作状态下，机器最远点形成的最小回转圆半径(见图 A.20 中 R_1)。

d) 最大摊铺速度，单位为米每分钟(m/min)：
在坚硬、水平的路面，摊铺模式下能够达到的最大工作速度。

e) 最大行走速度，单位为千米每小时(km/h)：
在坚硬、水平的路面，行走模式下能够达到的最大行驶速度。

f) 拱度，单位为百分比或度(%或°)：
熨平板的一节和水平间的角度。应规定最大正拱度和最大负拱度。正拱度定义为熨平板外边缘比内边缘低(见图 A.23)。

g) 熨平板压实系统：
规定所使用的压实系统类型(见 3.29)。

h) 振动频率，单位为赫兹(Hz)。

i) 料斗容积，单位为吨或立方米(t 或 m^3)：
摊铺机料斗的平斗容积，包括在料斗后壁前方的输料机构容积。

j) 发动机：
- 制造商和型号；
- 功率，单位为千瓦(kW)。

由发动机制造商规定的毛飞轮间歇额定功率，按照 GB/T 6072.1 对机器制造商推荐的限制速度进行测量。应说明发动机转动限速度和所使用的测试条件。

k) 加热系统，如电加热、燃气加热或燃油加热；

l) 工作模式下的全尺寸：
- 长度，单位为毫米(mm)：当机器在工作状态下，机器最前端和机器的最末端间的纵向距离(见图 A.21 中 L_1)；
- 最小宽度，单位为毫米(mm)：当机器在工作状态下、料斗翻板升起时，机器两侧边的最外点间的横向距离(见图 A.20 中 W_2)；
- 高度，单位为毫米(mm)：当机器在工作状态下，从水平地面到机器最高点的垂直距离(见图 A.19 中 H_3)。

m) 工作质量，单位为千克(kg)：
在工作状态下带一个 75 kg 的操作者的机器质量。在轮式机器上，如果有机器制造商提供或推荐的备用轮胎，应包括其质量。

6.3 其他特征

应规定下列内容(若适当)：

a) 螺旋分料装置叶片直径，单位为毫米(mm)(见图 A.18 中 D_1)。

b) 螺旋分料装置叶片离地间隙，单位为毫米(mm)。

从水平地面到螺旋分料装置叶片最低点的垂直距离，包括翻转桨。如果螺杆高度可变，应给出总范围。应说明熨平板位置(上/下)(见图 A.18 中 H_1)。

c) 输送能力，单位为吨每小时(t/h)，由下式获得：

$$输送能力 = D \times A \times S \times E$$

式中：

D——沥青混合料块密度为 1.75 t/m^3；

A——通道横截面积，单位为平方米(m^2)，在通道开口处测量——适用所有输料机构；

S——最大输送速度，单位为米每分钟(m/min)，在摊铺模式下乘以 60；

E——输料机构效率系数(应说明在计算中使用的输料机构效率)。

d) 振捣频率，单位为赫兹(Hz)。

e) 振捣冲程，单位为毫米(mm)。

f) 接近角，单位为度(°)：

水平地面与机器的前进轮胎或履带的正切面的角度，且该切面通过该轮胎或履带前部任意结构或部件的最低点，该点限制了角度大小(见图 A.18 中 α_1)。

g) 离去角，单位为度(°)：

水平地面与后轮胎或机器履带的正切面的角度，且该切面通过轮胎或履带后部任意机构或部件的最低点，该点限制了角度大小(见图 A.18 中 α_2)。

h) 延伸件拱度，单位为百分比或度(%或°)：

延伸件和熨平板相邻节间的角度。应规定最大正拱度到最大负拱度。正拱度定义为延伸件外部边缘低于内部边缘(见图 A.24)。

i) 熨平板加热装置功率，单位为千瓦(kW)：

所有熨平板加热装置的总热量输入。应说明加热类型(例如燃气加热、电加热等)、加热器数量、燃料类型和燃料压力。

j) 牵引驱动——只有后驱或带前轮助力的后驱。

k) 转向系统——例如前轮转向。

l) 电气系统：

- 供电电压；
- 充电电流。

m) 离地间隙，单位为毫米(mm)：

从水平地面到主机最低点的最小垂直距离(见图 A.22 中 H_2)。

n) 轨距-履带/轮距-轮胎，单位为毫米(mm)(见图 A.19 中 W_1 和图 A.22 中 W_1)。

o) 履带接地长度，单位为毫米(mm)：

与水平地面接触的履带的纵向距离。(见图 A.21 中 L_3)。

p) 履带宽度，单位为毫米(mm)：

与水平地面接触的履带的横向距离(见图 A.22 中 W_4)。

q) 轮胎尺寸，应符合 GB/T 2933 的规定。

r) 轴距，单位为毫米(mm)：

后轮中心到前轮中心的纵向距离。对前转向悬挂，该距离计至转向销。对多轴驱动，该距离计至数轴的中点处（见图 A.18 中 L_4）。

s) 卸料高度，单位为毫米（mm）：

当机器处于工作状态时，从水平地面至料斗或料斗挡料板上不可移除的最高点的垂直距离，该挡板可限制卡车进入料斗（见图 A.19 中 H_5 和图 A.21 中 H_5）。距离纵向中心大于 1.3 m 的任意一边的点和推辊前端 1 m 之后的点不考虑在内。

t) 卸料宽度，单位为毫米（mm）：

当机器处于工作状态时，可限制卡车进入料斗的料斗边最内侧点间的横向距离（见图 A.22 中 W_5），在卸料高度或之上测量。推辊前端 1 m 之后的点不考虑在内。

u) 总运输尺寸：

- 长度，单位为毫米（mm）：在运输状态下，机器最前端到最后端的纵向距离（见图 A.21 中 L_2）；
- 宽度，单位为毫米（mm）：在运输状态下，机器侧边最外点间的横向距离（见图 A.20 中 W_2）；
- 高度，单位为毫米（mm）：在运输状态下，从水平地面到机器最高点的垂直距离（图 A.22 中 H_4）。

v) 运输质量，单位为千克（kg）：

由制造商规定的运输时的重量，包括已拆分的和与机器松连接的标准部件的质量。

7 测量

7.1 总则

测量应在标准配置或规定配置下进行，不带沥青混合料，注满燃油，按规定加注润滑油、冷却液和液压油，充气轮胎的胎压符合规定要求。

7.2 工作配置

应为可正常进行摊铺作业的标准配置，且熨平板和料斗翻板放下。

7.3 运输配置

运输时，对一些设备进行简易、正常地拆卸，且机器应按照制造商的推荐进行配置。

7.4 物料密度

平均沥青混合料密度应假设为 1.75 t/m^3。

附 录 A
（规范性附录）
沥青混凝土摊铺机结构和尺寸特征——示例

注：图 A.5～图 A.8 和图 A.12 中，箭头表示行驶方向。

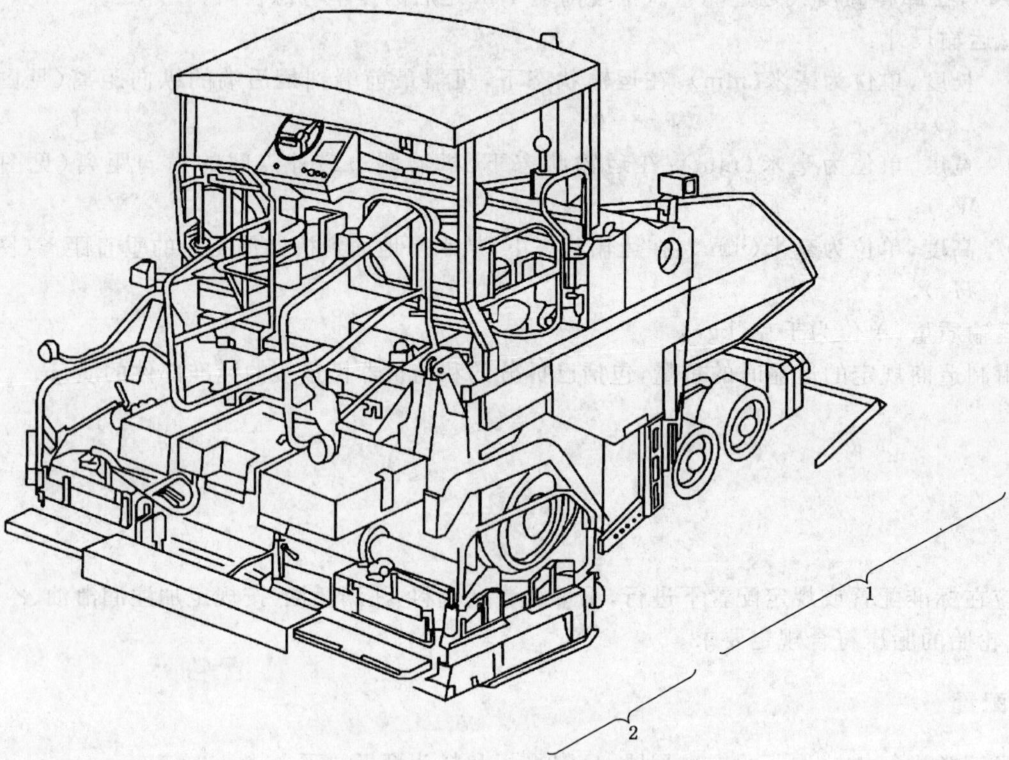

说明：

1——主机和料斗；

2——熨平板。

图 A.1 轮式沥青混凝土摊铺机

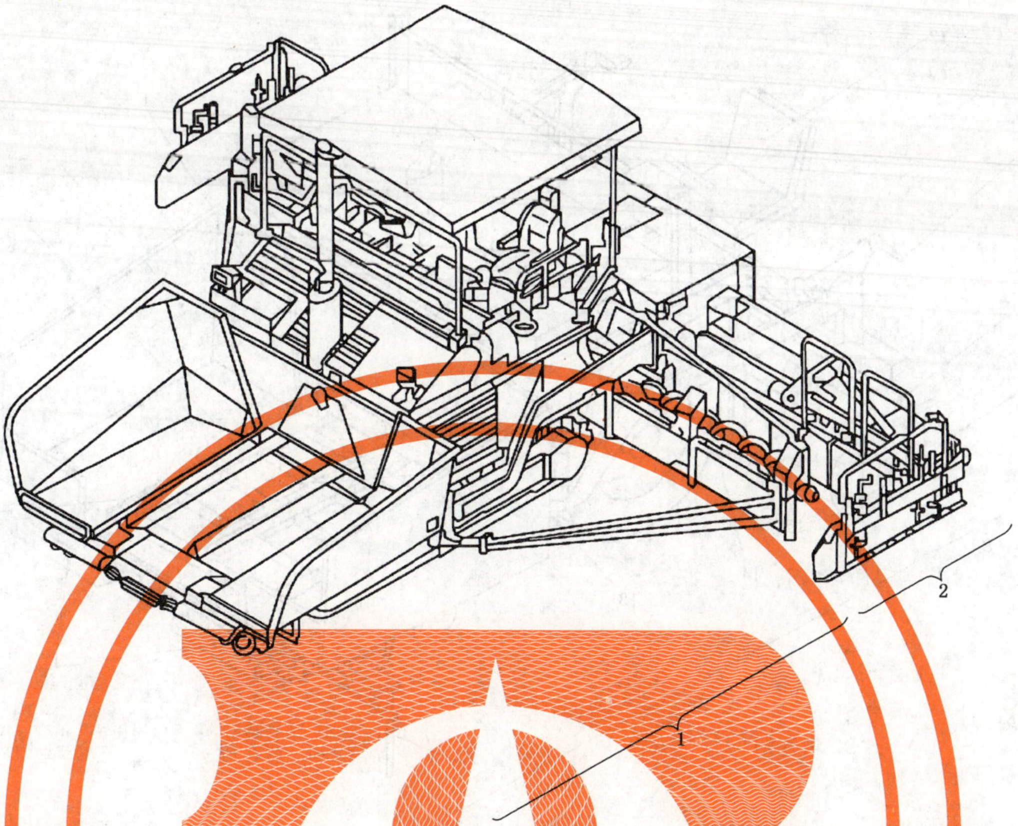

说明：

1——主机和料斗；

2——熨平板。

图 A.2　钢制履带式沥青混凝土摊铺机

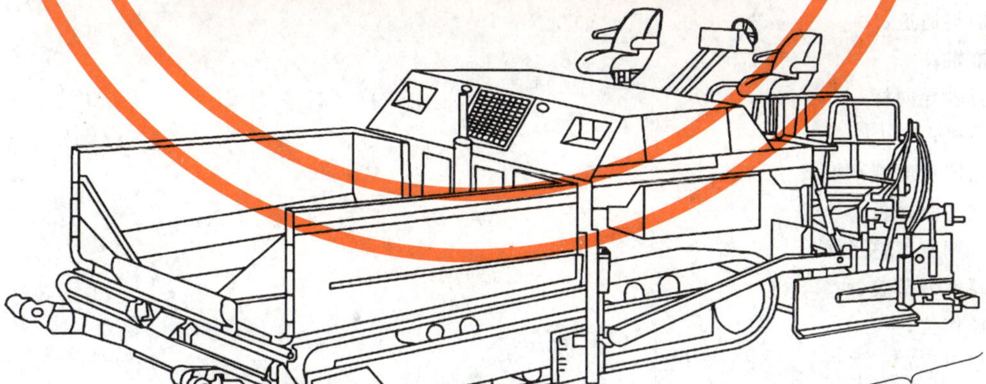

说明：

1——主机和料斗；

2——熨平板。

图 A.3　橡胶履带式沥青混凝土摊铺机

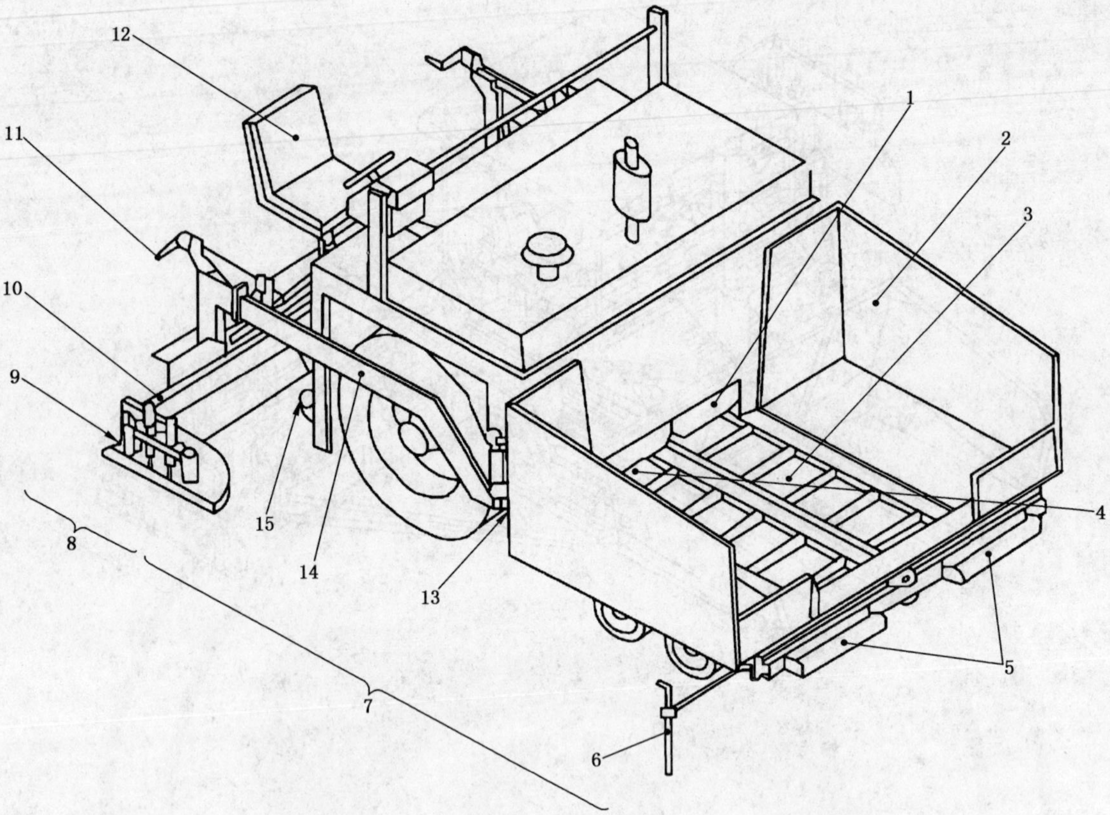

说明：
1 ——输料门；
2 ——料斗；
3 ——刮板式输料机构；
4 ——输料通道；
5 ——推辊；
6 ——行驶导向杆；
7 ——主机；
8 ——固定宽度熨平板；
9 ——熨平侧挡板；
10——可调宽度整平器；
11——厚度调节装置；
12——操作位；
13——牵引点；
14——熨平大臂；
15——螺旋分料装置。

图 A.4 带固定宽度熨平板的轮式沥青混凝土摊铺机

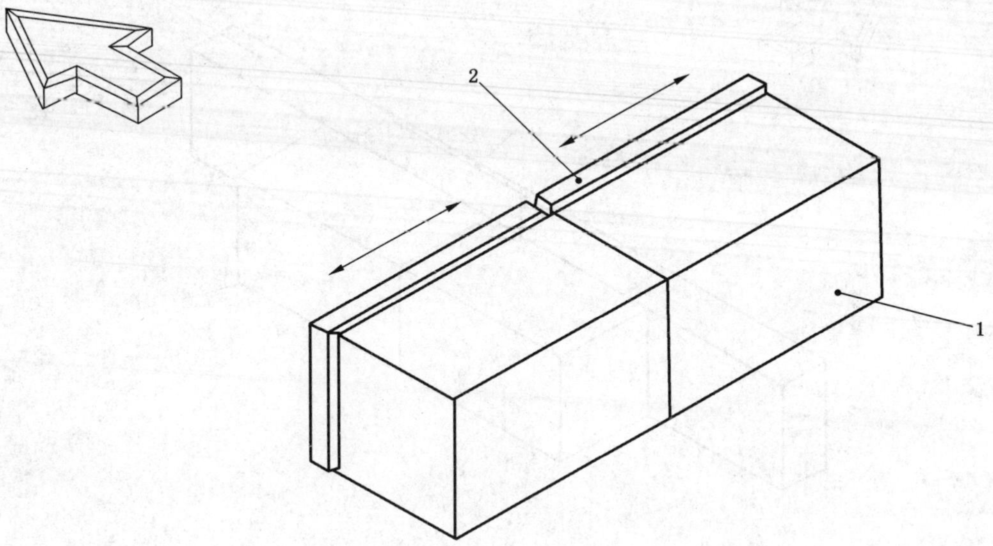

说明：
1——固定熨平板；
2——可调宽度整平器。

图 A.5　可调宽度整平器

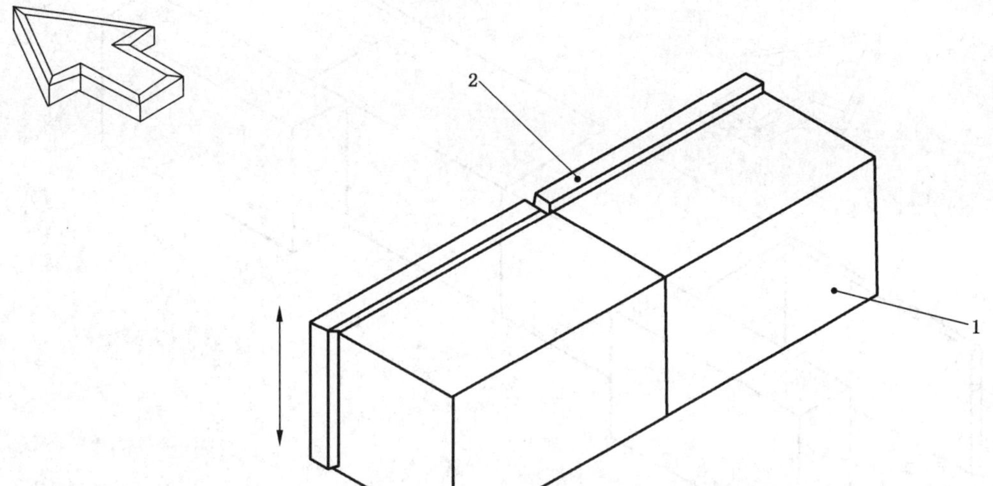

说明：
1——熨平板；
2——导料装置(高度可调推料板)。

图 A.6　导料装置(高度可调推料板)

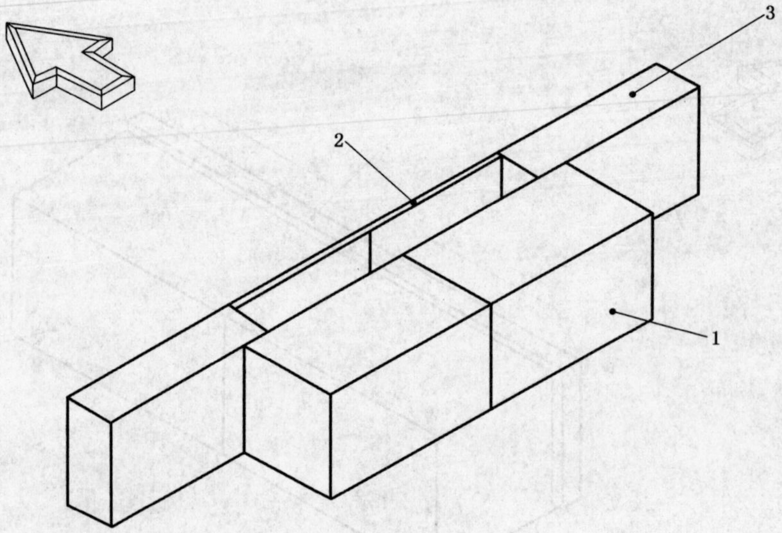

说明：
1——熨平板；
2——前挡板；
3——前装延伸件。

图 A.7　前装延伸件上的前挡板

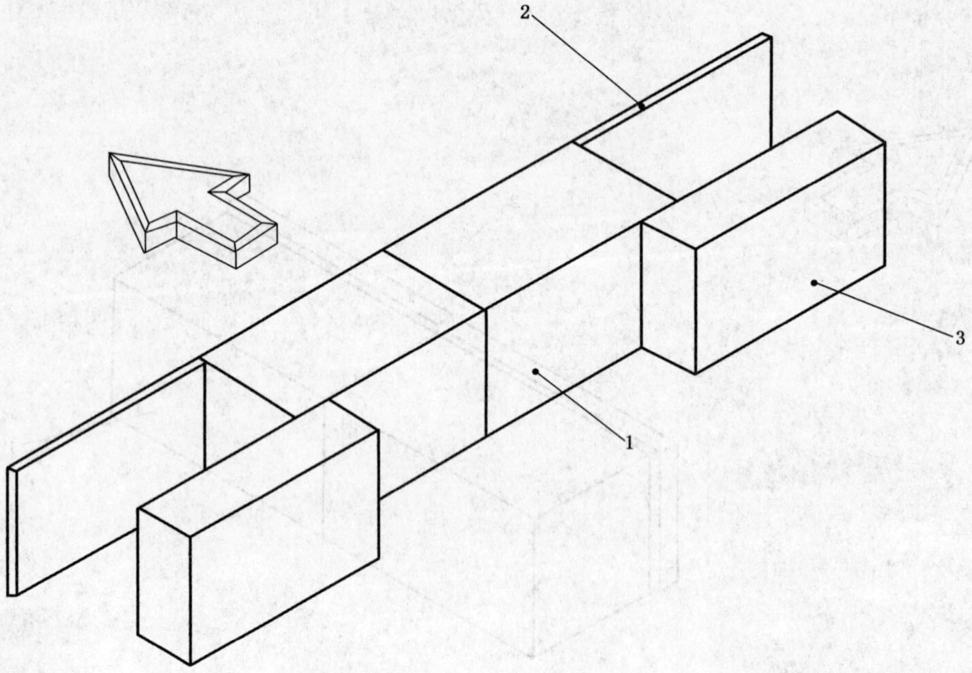

说明：
1——熨平板；
2——前挡板；
3——后装延伸件。

图 A.8　后装延伸件上的前挡板

说明：

1 ——料斗；

2 ——料斗挡料板；

3 ——移动式水平基准拖杆；

4 ——牵引点；

5 ——高度控制器；

6 ——熨平大臂；

7 ——料位传感器；

8 ——熨平板底板；

9 ——拱度调节装置；

10——熨平板加热装置；

11——坡度控制器；

12——熨平板锁紧装置；

13——熨平板提升装置；

14——厚度调节装置；

15——操作位；

16——坡度梁。

图 A.9 带固定宽度熨平板的轮式沥青混凝土摊铺机

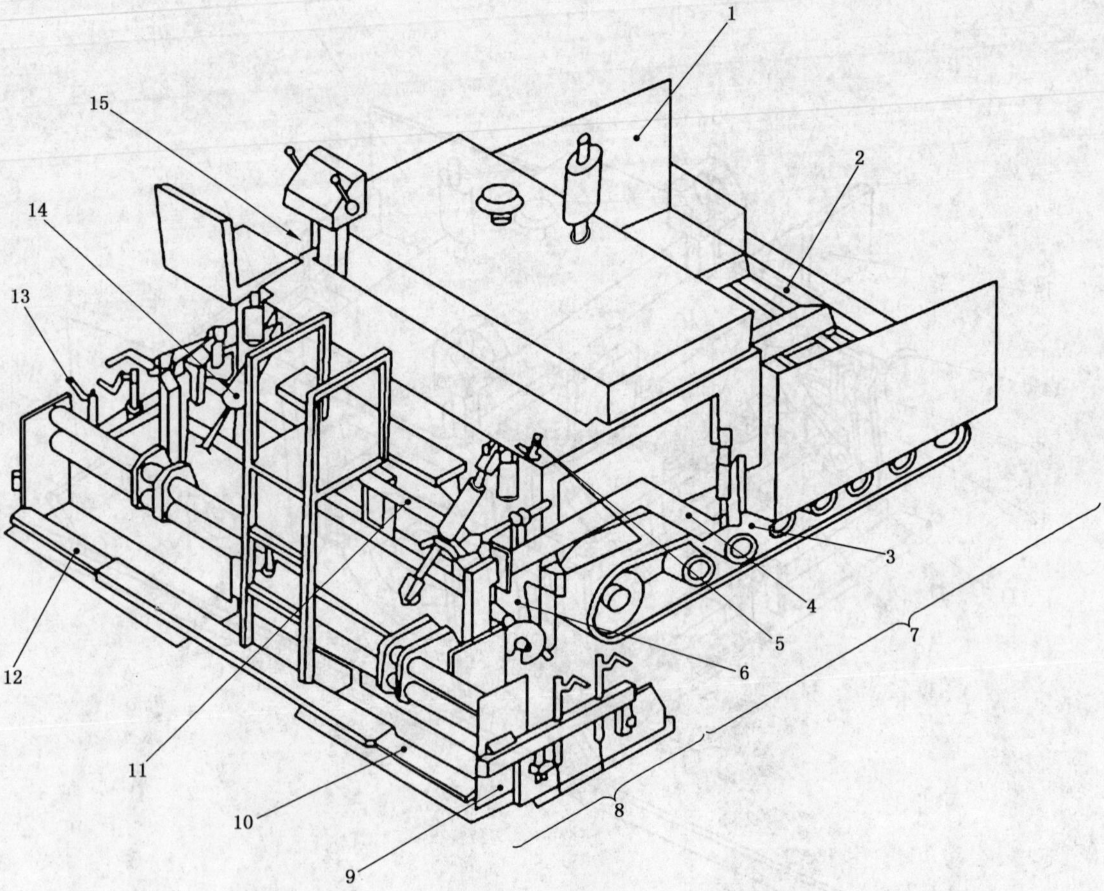

说明：

1 ——料斗；

2 ——料斗挡料板；

3 ——牵引点；

4 ——熨平大臂；

5 ——熨平板锁紧装置；

6 ——料位传感器；

7 ——主机；

8 ——熨平板；

9 ——熨平板侧挡板；

10——熨平板延伸件；

11——坡度梁；

12——熨平板底板；

13——厚度调节装置；

14——熨平板提升装置；

15——操作位。

图 A.10　带宽度可变熨平板的履带式沥青混凝土摊铺机

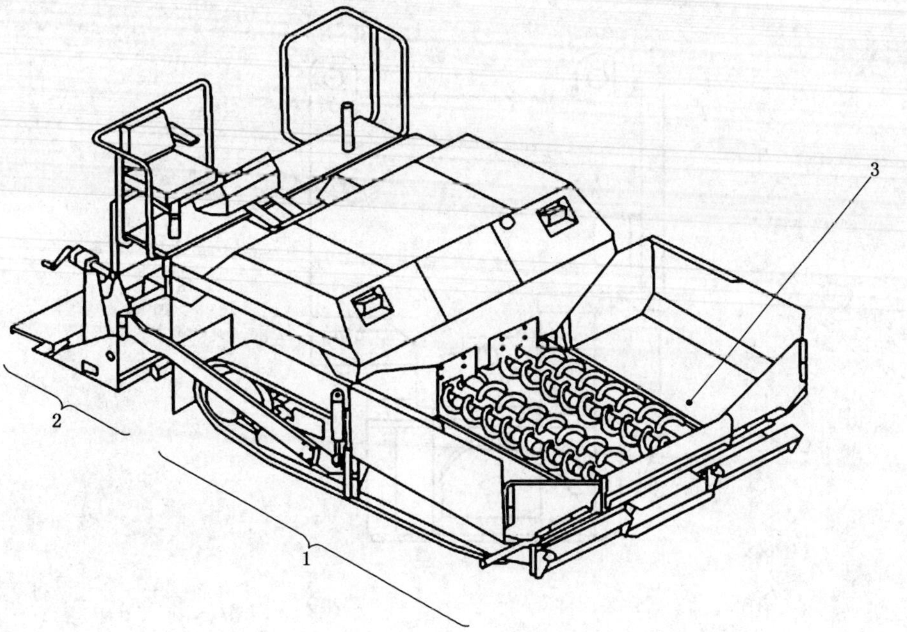

说明：
1——主机和料斗；
2——熨平板；
3——传送螺旋式输料机构。

图 A.11 带传送螺旋式输料机构的履带式沥青混凝土摊铺机

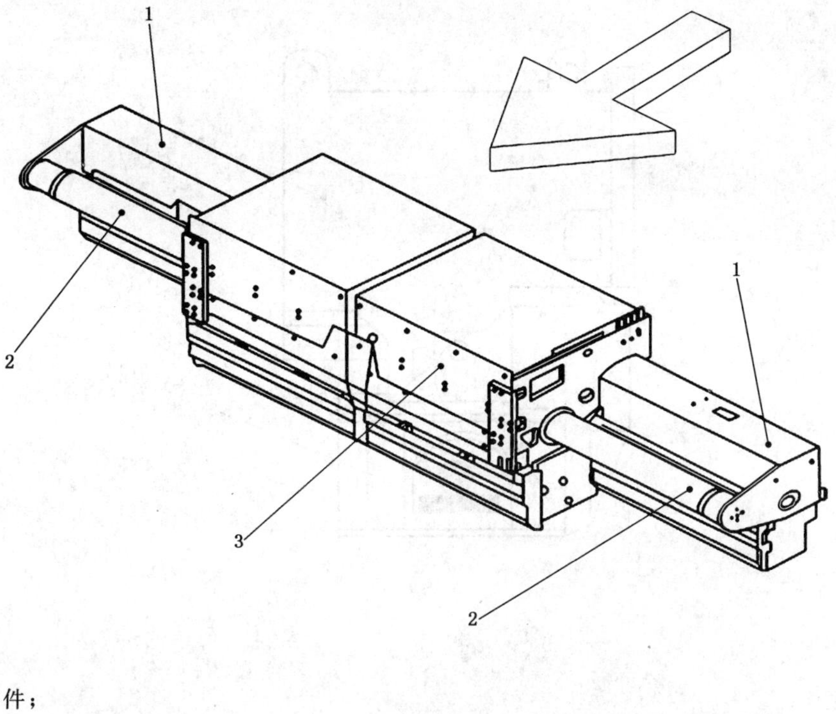

说明：
1——后装延伸件；
2——延伸件液压油缸；
3——熨平板主体。

图 A.12 液压式伸缩熨平板

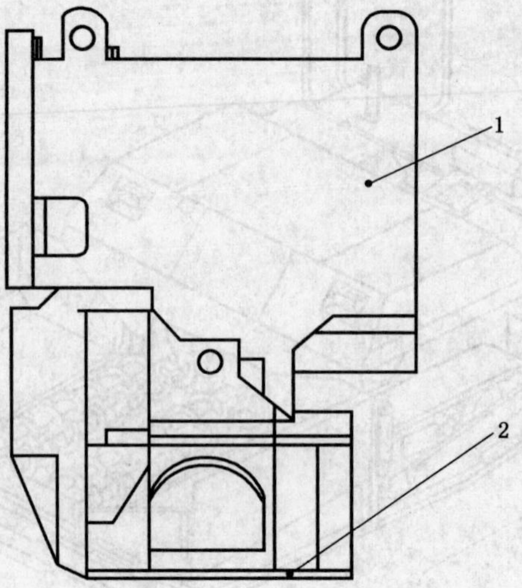

说明：
1——熨平板主体；
2——熨平板底板。

图 A.13 静态压实熨平板

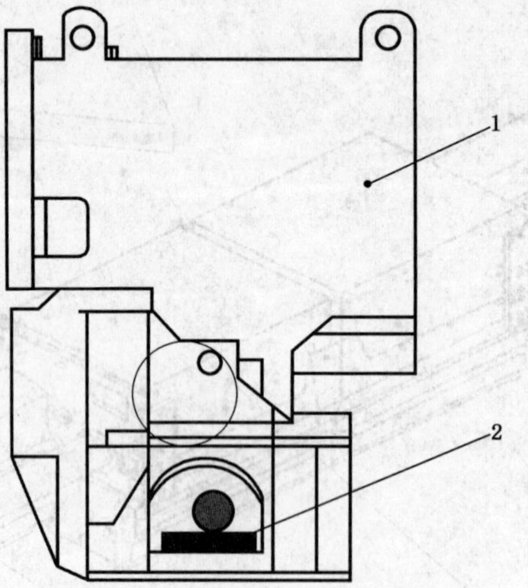

说明：
1——熨平板主体；
2——振动器。

图 A.14 振动式动态压实熨平板

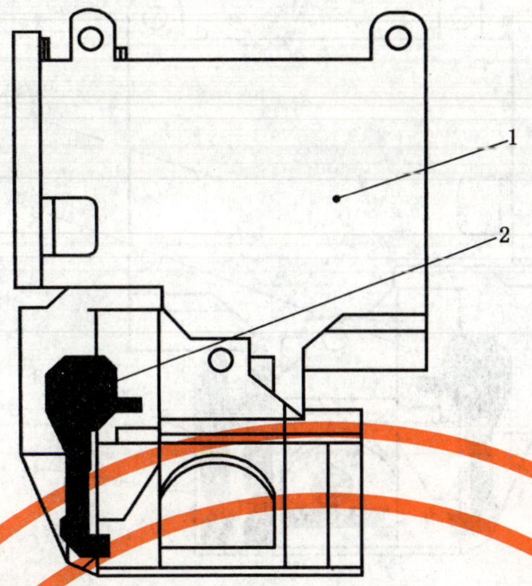

说明：
1——熨平板主体；
2——振捣装置。

图 A.15　带振捣装置动态压实熨平板

说明：
1——熨平板主体；
2——振捣装置；
3——振动器。

图 A.16　带振捣装置和振动器的高强压实熨平板

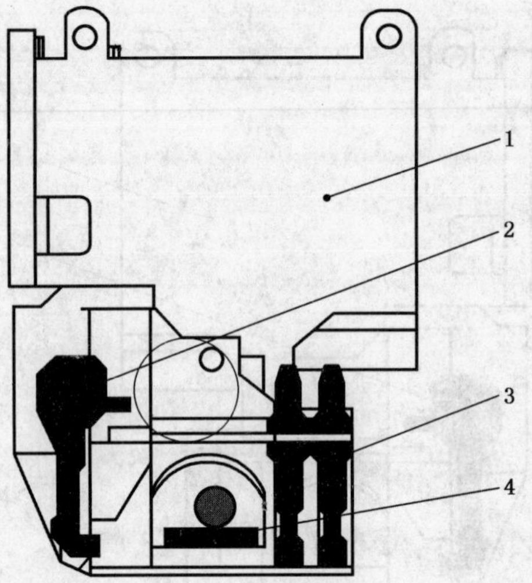

说明：

1——熨平板主体；

2——振捣装置；

3——高强压实梁；

4——振动器。

图 A.17　带振捣装置、振动器和两个高强压实梁的高强压实熨平板

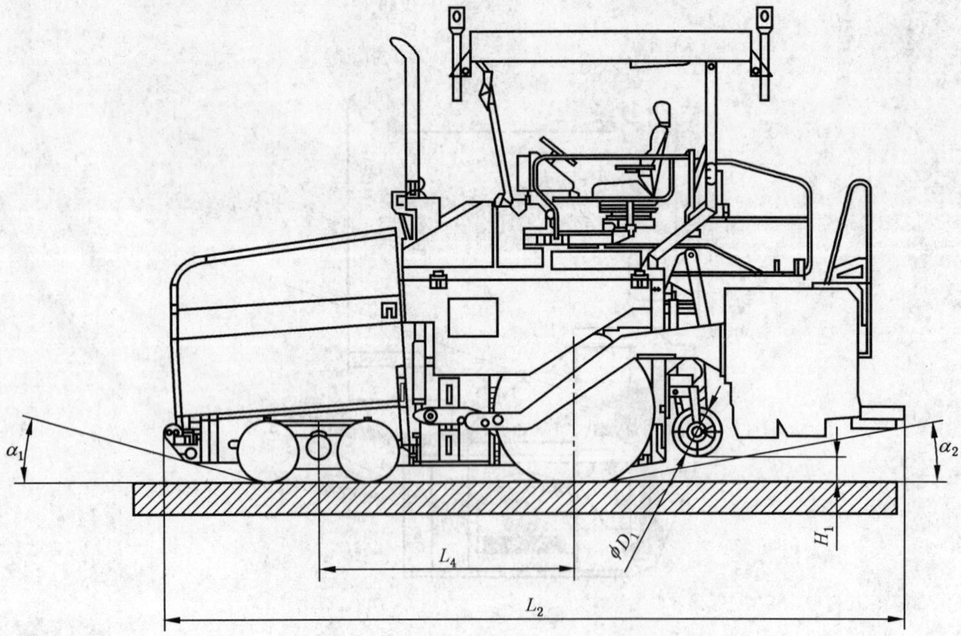

说明：

D_1——螺旋分料装置叶片直径；

α_1——接近角；

α_2——离去角；

H_1——螺旋分料装置叶片离地间隙；

L_4——轴距；

L_2——运输长度。

出现的尺寸只用于解释 6.3 中给出的参数且不显示摊铺机的全尺寸参数。

图 A.18　轮式沥青混凝土摊铺机尺寸

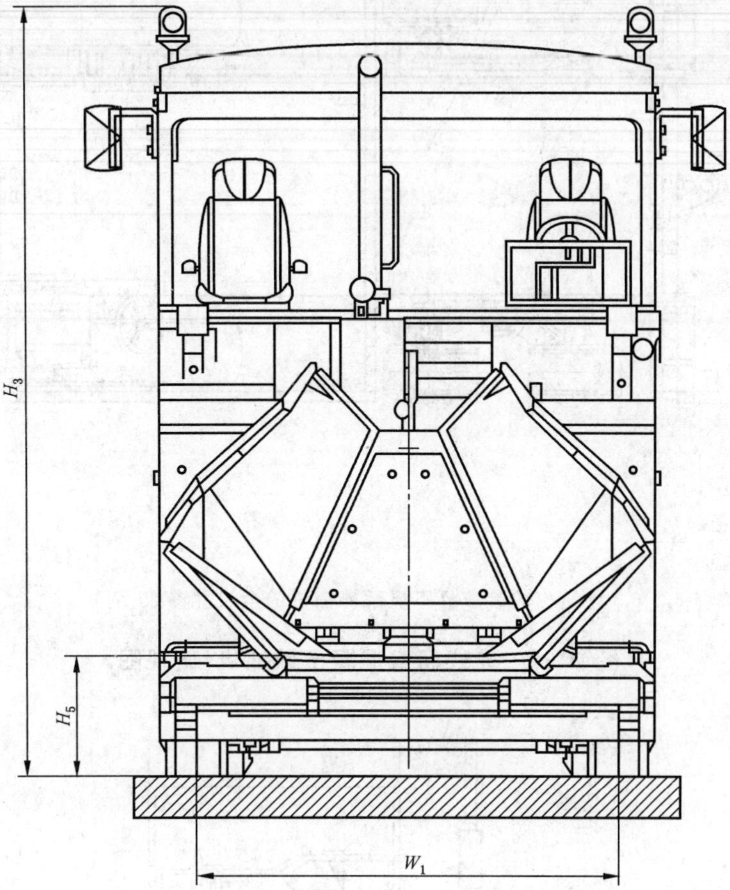

说明：

H_3——操作高度；

H_5——卡车进入间隙高度；

W_1——轮距。

出现的尺寸只用于解释 6.2、6.3 中给出的参数且不显示摊铺机的全尺寸参数。

图 A.19　轮式沥青混凝土摊铺机(前视图)

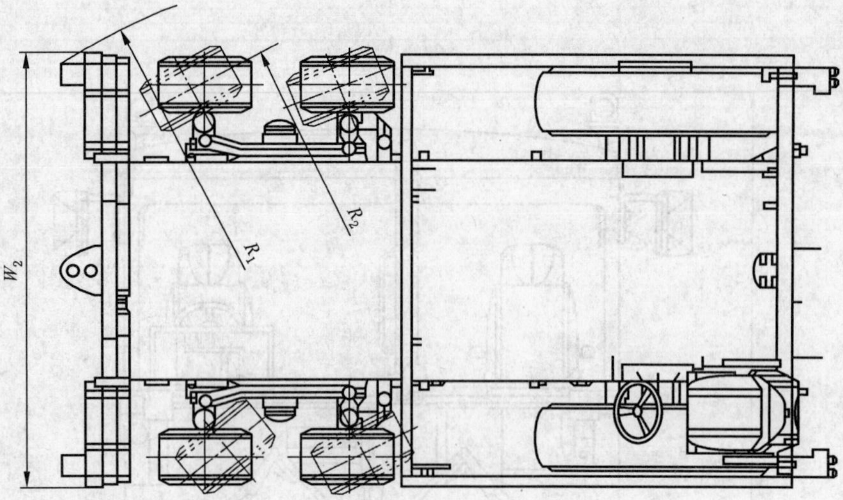

说明：

W_2——最大操作宽度；

R_1——机器通过半径；

R_2——最小转弯半径。

出现的尺寸只用于解释6.2、6.3中给出的参数且不显示摊铺机的全尺寸参数。

图 A.20　轮式沥青混凝土摊铺机(俯视图)

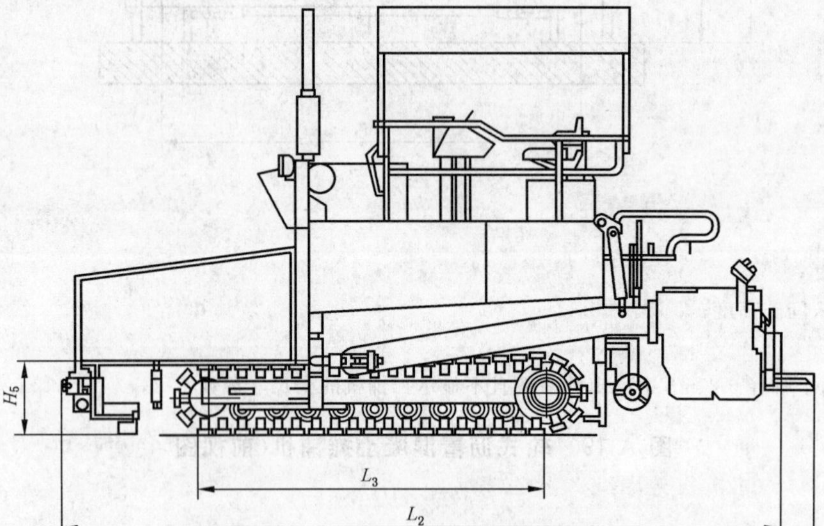

说明：

L_1——操作长度；

L_2——运输长度；

L_3——履带接地长度；

H_5——卸料高度。

出现的尺寸只用于解释6.2、6.3中给出的参数且不显示摊铺机的全尺寸参数。

图 A.21　履带式沥青混凝土摊铺机尺寸

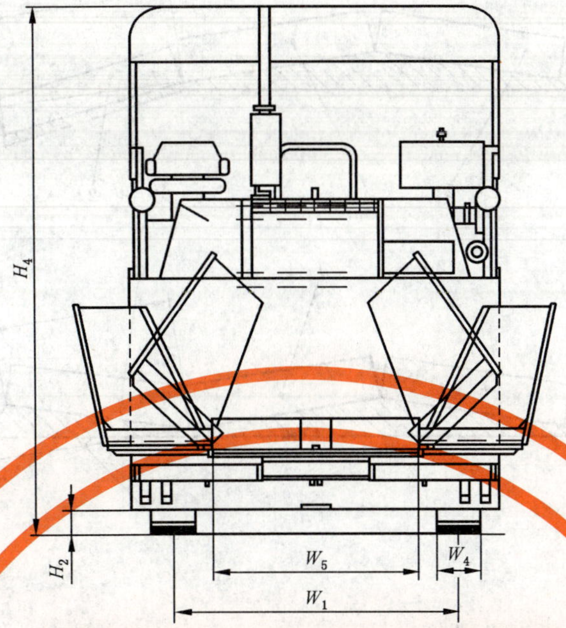

说明：

H_2——离地间隙；

H_4——运输高度；

W_1——轮距；

W_4——履带宽度；

W_5——卸料宽度。

出现的尺寸只用于解释 6.3 中给出的参数且不显示摊铺机的全尺寸参数。

图 A.22　履带式沥青混凝土摊铺机(前视图)

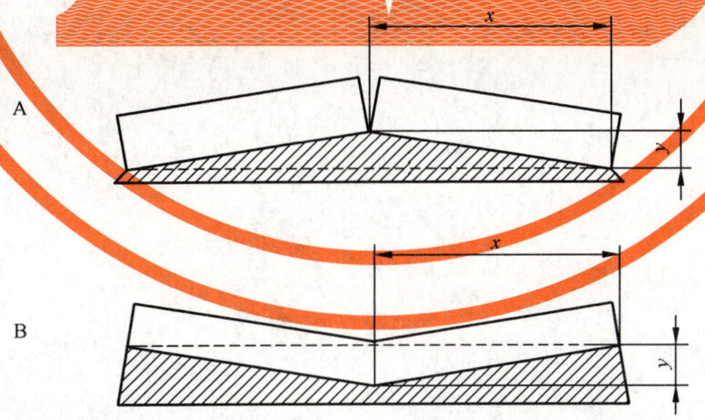

说明：

A——正凸；

B——负凸。

拱度由公式$\left(\frac{y}{x}\right)\times 100\%$计算。

图 A.23　拱度

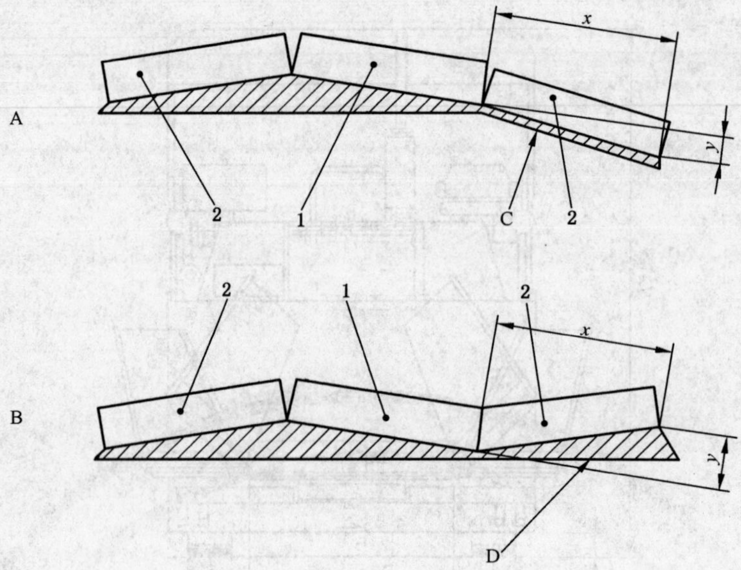

说明：

1 ——主熨平板；

2 ——延伸熨平板；

A ——延伸件——正斜；

B ——延伸件——负斜；

C,D——拱度。

注：拱度值 C 和 D 由公式(y/x)×100%计算。

图 A.24 延伸件拱度

参 考 文 献

[1] GB/T 23577—2009 道路施工与养护机械设备 基本类型 识别与描述(ISO 22242:2005,IDT)

ICS 85.010
Y 30

中华人民共和国国家标准

GB/T 7974—2013
代替 GB/T 7974—2002

纸、纸板和纸浆 蓝光漫反射因数 D65 亮度的测定(漫射/垂直法,室外日光条件)

Paper, board and pulps—Measurement of diffuse blue reflectance factor—D65 brightness(Diff/ Geometry, Outdoor daylight conditions)

[ISO 2470-2:2008, Paper, board and pulps—Measurement of diffuse blue reflectance factor—Part 2: Outdoor daylight conditions (D65 brightness), MOD]

2013-10-10 发布　　2014-05-01 实施

中华人民共和国国家质量监督检验检疫总局
中国国家标准化管理委员会　发布

前　言

本标准按照 GB/T 1.1—2009 给出的规则起草。

本标准代替 GB/T 7974—2002《纸、纸板和纸浆亮度(白度)的测定　漫射/垂直法》,本标准与 GB/T 7974—2002 相比,主要技术差异如下:

——修改了标准名称、术语和定义,亮度(白度)修改为 D65 亮度,荧光亮度(白度)修改为 D65 荧光亮度,使之与 ISO 标准中的术语一致;

——修改了调整仪器紫外线含量的方法及 D65 荧光亮度定标因子的计算方法;

——增加了简易型分光光度计 D65 荧光亮度的测定方法。

本标准使用重新起草法修改采用 ISO 2470-2:2008《纸、纸板和纸浆　蓝光漫反射因数的测定　第 2 部分:室外日光条件(D65 亮度)》。

本标准与 ISO 2470-2:2008 的主要技术性差异及其原因如下:

——关于规范性引用文件,本标准做了具有技术性差异的调整,以适应我国的技术条件,调整的情况集中反映在第 2 章“规范性引用文件”中,具体调整如下:

- 用修改采用国际标准的 GB/T 450 代替 ISO 186;
- 用等同采用国际标准的 GB/T 740 代替 ISO 7213;
- 用非等效采用国际标准的 GB/T 7973 代替 ISO 2469;
- 用等效采用国际标准的 GB/T 8940.2 代替 ISO 3688;
- 用修改采用国际标准的 GB/T 22880 代替 ISO 11475;
- 增加了 GB/T 10739;

——删减了辐亮度因数的术语和定义;

——修改了 D65 亮度结果表示的精确度;

——增加了 D65 荧光亮度定标因子的计算方法和 D65 荧光亮度的测定方法,以适应不同类型的仪器;

——增加了“仪器的校准”一章。

请注意本文件的某些内容可能涉及专利。本文件的发布机构不承担识别这些专利的责任。

本标准由中国轻工业联合会提出。

本标准由全国造纸工业标准化技术委员会(SAC/TC 141)归口。

本标准起草单位:中国制浆造纸研究院、广东理文造纸有限公司、山东华泰纸业股份有限公司、国家纸张质量监督检验中心。

本标准主要起草人:张清文、左建波、高凤娟。

本标准所代替标准的历次版本发布情况为:

——GB/T 7974—1987;

——GB/T 7974—2002。

纸、纸板和纸浆　蓝光漫反射因数 D65 亮度的测定(漫射/垂直法,室外日光条件)

1　范围

本标准规定了纸、纸板和纸浆 D65 亮度的测定方法。

本标准适用于白色和接近白色的纸、纸板和纸浆,也适用于含有荧光增白剂的纸、纸板和纸浆。测量含有荧光增白剂的试样时,应使用荧光参比标准将仪器的紫外辐射能量水平调整至与 CIE 标准照明体 D65 一致的情况下才能进行测量。

由于本标准采用的 D65 光源激发的荧光约为 ISO 2470-1:2009 中 C 光源的 2 倍,因此本标准更适用于测量荧光对提高亮度的贡献。

注:测量 ISO 亮度的仪器 UV 含量比本标准规定低很多,D65 亮度不能与相当于室内观测条件下的 ISO 亮度相混淆。ISO 2470-1:2009 描述了 ISO 亮度的测量方法。

2　规范性引用文件

下列文件对于本文件的应用是必不可少的。凡是注日期的引用文件,仅注日期的版本适用于本文件。凡是不注日期的引用文件,其最新版本(包括所有的修改单)适用于本文件。

GB/T 450　纸和纸板　试样的采取及试样纵横向、正反面的测定(GB/T 450—2008,ISO 186:2002,MOD)

GB/T 740　纸浆　试样的采取(GB/T 740—2003,ISO 7213:1991,IDT)

GB/T 7973　纸、纸板及纸浆　漫反射因数的测定(漫射/垂直法)(GB/T 7973—2003,ISO 2469:1994,NEQ)

GB/T 8940.2　纸浆亮度(白度)试样的制备(GB/T 8940.2—2002,ISO 3688:1999,EQV)

GB/T 10739　纸、纸板和纸浆试样处理和试验的标准大气条件(GB/T 10739—2002,ISO 187:1990,EQV)

GB/T 22880—2008　纸和纸板　CIE 白度的测定,D65/10°(室外日光)(GB/T 22880—2008,ISO 11475:2004,MOD)

3　术语和定义

下列术语和定义适用于本文件。

3.1

漫反射因数　diffuse radiance factor

R

由一物体反射和激发的辐射与相同光源和观察条件下完全反射漫射体的反射之比。比值通常以百分数表示。

注:如果物体半透明,漫反射因数受背衬影响。

3.2

内反射因数　intrinsic radiance factor

$\boldsymbol{R_{\infty}}$

试样层数达到不透光，即测定结果不再随试样层数加倍而发生变化时的反射因数。

3.3

D65 亮度　D65 brightness

$R_{457,D65}$

使用符合 GB/T 7973 规定，具有主波长 457 nm、半波宽 44 nm 的滤光片或相应功能的反射光度计，照射到试样的 UV 含量调整与 CIE 标准照明体 D65 一致时测得的内反射因数。

4　原理

试样在标准仪器下漫射照明，垂直于试样表面的反射光线透过规定的滤光片并被光电检测器检测或被一系列对应于不同波长的光敏二极管检测。亮度就可从光电检测器输出直接测量，或通过光敏二极管的输出并使用适当的权重函数进行计算。

5　仪器

5.1　反射光度计

5.1.1　要求

反射光度计几何条件、光谱和光度测量特性符合 GB/T 7973 规定，并按照 GB/T 7973 进行校准，按照附录 A 规定测量蓝光漫反射因数 D65 亮度。

5.1.2　滤光片式反射光度计

使用荧光参比标准(5.2.2)调整或验证，使照射到试样的 UV 含量与 CIE 标准照明体 D65 一致。

5.1.3　简易型分光光度计

仪器应具有截止波长 395 nm 的 UV 可调滤光片或有用于调整和控制的其他系统，应使用荧光参比标准(5.2.2)对滤光片进行调整或对系统进行校准，使照射到样品的 UV 含量与 CIE 标准照明体 D65 一致。

5.2　参比标准

5.2.1　无荧光参比标准

用于光度校准，由符合 GB/T 7973 规定的授权实验室提供。

5.2.2　荧光参比标准

用于调整照射到样品上的 UV 含量，按照 GB/T 22880—2008 附录 B 中规定的授权实验室标定 CIE 白度值(D65/10°)，或按照 GB/T 7973 规定标定的 D65 亮度值。

注：如果使用荧光参比标准标定的 D65 亮度量值校准仪器，可以提高 D65 亮度测量的准确性。然而有些仪器在 CIE 标准照明体 D65 条件下的所有测量只有一个 UV 调整滤光片，可优先选用按照 GB/T 22880 标定的 CIE 白度值(D65/10°)。

5.3　工作标准

5.3.1　两块平整的乳白玻璃、陶瓷板或其他适宜的无荧光材料，按照 GB/T 7973 规定清洁和校准。

注：有些仪器基础工作标准的功能由内置的内部标准替代。

5.3.2 稳定的塑料或其他白板，含有荧光增白剂。

5.4 黑筒

对所有波长的反射因数与名义值之差不超过0.2%。黑筒应倒扣放置在无尘的环境或附有防护盖。

注：黑筒的状况根据仪器制造商要求进行检查。

6 样品的采取

如果试验用于评价一批纸或纸板，应按GB/T 450采取试样。如果是评价一批纸浆，应按照GB/T 740采取试样。如果评价不同类型的样品，应保证所取样品具有代表性。

建议按照GB/T 10739进行温湿处理，但不是必须的。

由于高温或高湿条件会改变光学特性，样品不应进行高温或高温预处理。

7 试样的准备

7.1 纸浆

按GB/T 8940.2制备纸浆D65亮度(白度)测定用纸页。

7.2 纸和纸板

避开水印、尘埃和明显的纸病，将试样切成约75 mm×150 mm矩形试样。至少10张试样正面朝上，组成试样叠。试样的数量应保证试样层数加倍后，反射因数不会变化。在试样叠的上下各附一纸页以保护试样。避免污染及不必要地曝露在光或热中。

在试样的一角作上标记，以区分试样及其正反面。

如能从试样的网面来区分正面，正面应朝上。如果不能区分正面，如夹网纸机生产或两面涂布的纸张，应保证纸样的同一面朝上，以保证纸和纸板的每面能分开测定。

8 仪器的校准

8.1 仪器紫外线含量的校准

按照仪器说明书，打开仪器电源开关，经预热后，分别用黑筒和无荧光参比标准(5.2.1)校准仪器。校准前应在仪器反射光束中插入R_{457}滤光镜，然后将荧光参比标准(5.2.2)放入测试孔，测定其D65亮度或CIE白度(D65/10°)。如测定值与标定值不一致，则通过紫外调节滤光镜来调节仪器的紫外线含量。再次校准仪器后重复上述测定，反复调节测试，直至测定值与标称值相一致。对于滤光片式反射光度计还应根据8.2要求进行D65荧光亮度定标因子的标定。

8.2 D65荧光亮度定标因子B的标定

8.2.1 在入射光束中插入紫外截止滤光镜，再次用黑筒和无荧光参比标准(5.2.1)校准仪器。将荧光参比标准(5.2.2)放于测试孔，测定消除紫外线条件下试样的D65亮度S_c值。

8.2.2 用荧光参比标准(5.2.2)D65荧光亮度标定值F和D65亮度标定值S，根据式(1)计算D65荧光亮度定标因子B。

$$B = F/(S - S_c) \quad \cdots\cdots (1)$$

式中：

B ——D65 荧光亮度定标因子；

F ——在 D65 光源照明下，荧光参比标准的 D65 荧光亮度标定值；

S ——在 D65 光源照明下，荧光参比标准的 D65 亮度标定值；

S_c——在加紫外截止滤光镜消除紫外线后，荧光参比标准的 D65 亮度测定值。

9 试验步骤

9.1 D65 亮度的测定

9.1.1 按照仪器说明书使用无荧光参比标准(5.2.1)或工作标准(5.3.1)校准仪器，使之与无荧光参比标准(5.2.1)一致。如果被测的材料含有或怀疑含有荧光成分，应按照仪器说明书用荧光(5.2.2)和无荧光参比标准(5.2.1)调整 UV 调节滤光片的设置或系统的相关功能(见 5.1.2)。

9.1.2 取下试样叠的保护纸页，不能触摸测试区域，按照仪器的操作方法测量试样叠最上层试样的 D65 亮度。读取并记录结果，精确至 0.1%。

9.1.3 取下测过的试样放在试样叠的下面，测量下一试样的 D65 亮度，同样地测量余下的试样，直至不少于 10 个测量结果。

9.1.4 如有要求，翻过试样叠，重复上述过程测量另一面。

注：对于不含荧光的材料，D65 亮度和 ISO 亮度是相同的。

9.2 D65 荧光亮度的测定

9.2.1 滤光片式反射光度计

测定含荧光增白剂试样的 D65 荧光亮度 F 时，按照仪器说明书在入射光束中插入紫外截止滤光镜，用黑筒和工作标准校准仪器，重复 9.1 操作，测定消除紫外线条件下试样的 D65 亮度 R_c，精确至 0.1%。按式(2)计算试样的 D65 荧光亮度 F。

$$F = B(R_{457} - R_c) \qquad \cdots\cdots(2)$$

式中：

F ——D65 荧光亮度；

R_{457}——在 D65 光源照明下，试样的 D65 亮度测定值；

R_c ——在加紫外截止滤光镜消除紫外线后，试样的 D65 亮度测定值；

B ——D65 荧光亮度定标因子。

9.2.2 简易型分光光度计

用黑筒和工作标准校准仪器，按照仪器说明书选择 D65 荧光亮度功能或函数，然后可直接测定每张试样的 D65 荧光亮度。或者按照仪器说明在照明光束中插入 UV 截止滤光片截止 420 nm 以下波长的光，测定消除紫外线条件下试样的 D65 亮度 R_c，精确至 0.1%。按式(3)计算试样的 D65 荧光亮度 F。

$$F = R_{457} - R_c \qquad \cdots\cdots(3)$$

式中：

F ——D65 荧光亮度；

R_{457}——在 D65 光源照明下，试样的 D65 亮度测定值；

R_c ——在加紫外截止滤光镜截止 420 nm 以下波长的光后，试样的 D65 亮度测定值。

10 结果的表示

计算每个测量面的 D65 亮度或 D65 荧光亮度的平均值和标准偏差，来表示纸、纸板和纸浆的测量结果，以百分比表示，精确至 0.1%。如果试样两面差显著，超过 0.5%，应区分试样的两面并分别报告结果。如果差值不超过 0.5%，应报告总体平均值。

11 精密度

按照标准规定的方法调整照射到样品的紫外线含量后测量荧光纸样，结果表明，对于中等水平的荧光，不同实验室间的变异系数约为 1%。

12 试验报告

试验报告应包含以下信息：

a) 本标准编号；
b) 试验的地点和日期；
c) 样品的识别信息；
d) 是否经过温湿处理，如经温湿处理，报告温湿处理大气条件；
e) 所要求测量的每一面 D65 亮度或 D65 荧光亮度的平均值或两面的平均值，根据需要报告标准偏差，精确至 0.1%；
f) 使用仪器的类型；
g) 与本标准的任何偏离，或任何影响测量结果的因素。

附　录　A
（规范性附录）
测量 D65 亮度仪器的光谱特性

A.1　滤光片式反射光度计

通过光源、积分球、玻璃光学器件、滤光片和光电检测器的匹配，反射计主波长为 457 nm±0.5 nm，半波宽 44 nm，以上参数取决于以下条件：

a)　积分球反射的辐射通量相对光谱功率分布；

b)　玻璃光学器件的相对光学透射比；

c)　滤光片和检测系统光学传感器的相对光学透射比；

d)　光电检测器的相对光谱响应，它是波长的函数。

A.2　简易型分光光度计

表 A.1 给出间隔 5 nm 的 D65 亮度函数 $F(\lambda)$。对于测量间隔 10 nm 或 20 nm 的简易型分光光度计，计算 D65 亮度应使用表 A.1 中给出的对应值，而不要计算中间值。

本标准适用于白色或接近白色的纸张，不需要对这些函数做进一步处理。

另外，对于滤光片式仪器，700 nm 以上的光谱曲线 $F(\lambda)$ 面积应非常小以确保纸张产生的红外荧光辐射对测量没有影响。

表 A.1　用于测量 D65 亮度的光度计相对光谱功率分布函数 $F(\lambda)$

波长/nm	$F(\lambda)$	5 nm 权重	$F(\lambda)$	10 nm 权重	$F(\lambda)$	20 nm 权重
400	1.0	0.107	1.0	0.213	1.0	0.425
405	2.9	0.309				
410	6.7	0.715	6.7	1.430		
415	12.1	1.291				
420	18.2	1.942	18.2	3.885	18.2	7.728
425	25.8	2.752				
430	34.5	3.680	34.5	7.364		
435	44.9	4.790				
440	57.6	6.145	57.6	12.295	57.6	24.459
445	70.0	7.467				
450	82.5	8.801	82.5	17.609		
455	94.1	10.038				
460	100.0	10.668	100.0	21.345	100.0	42.463
465	99.3	10.593				
470	88.7	9.462	88.7	18.933		

表 A.1（续）

波长/nm	$F(\lambda)$	5 nm 权重	$F(\lambda)$	10 nm 权重	$F(\lambda)$	20 nm 权重
475	72.5	7.734				
480	53.1	5.665	53.1	11.334	53.1	22.548
485	34.0	3.627				
490	20.3	2.166	20.3	4.333		
495	11.1	1.184				
500	5.6	0.597	5.6	1.195	5.6	2.378
505	2.2	0.235				
510	0.3	0.032	0.3	0.064		
总 计	937.4	100.000	468.5	100.000	235.5	100.000

ICS 53.040.20
G 42

中华人民共和国国家标准

GB/T 7983—2013
代替 GB/T 7983—2005

输送带 横向柔性(成槽性) 试验方法

Conveyor belts—Transverse flexibility(troughability)—Test method

(ISO 703:2007,MOD)

2013-12-17 发布 2014-10-01 实施

中华人民共和国国家质量监督检验检疫总局
中国国家标准化管理委员会 发布

前　言

本标准按照 GB/T 1.1—2009 给出的规则起草。

本标准代替 GB/T 7983—2005《输送带　横向柔性和成槽性　试验方法》，与 GB/T 7983—2005 相比，主要技术变化如下：

——修改了标准名称；

——增加了引言；

——修改了范围(见第 1 章，2005 年版的第 1 章)；

——修改了规范性引用文件(见第 2 章，2005 年版的第 2 章)；

——修改了试样厚度的字母代号(见第 3 章，2005 年版的第 3 章)；

——修改了夹持器的尺寸(见 5.2，2005 年版的 5.2)；

——增加了试样宽度极限偏差(见 6.1，2005 年版的 6.1)；

——修改了状态调节(见 6.2，2005 年版的 6.2)；

——增加了参考文献。

本标准使用重新起草法修改采用 ISO 703:2007《输送带　横向柔性(成槽性)　试验方法》(英文版)。

本标准与 ISO 703:2007 相比存在技术性差异，这些差异涉及的条款已通过在其外侧页边空白位置的垂直单线(|)进行了标示，技术差异及其原因如下：

——规范性引用文件添加"GB/T 5753　钢丝绳芯输送带　总厚度和覆盖层厚度的测定方法"，以适应被钢丝绳芯输送带标准引用(见第 2 章)；

——删除了"(包括按 ISO 583　测定的覆盖层)"[见 6.1d)]；

——程序中增加了"或 GB/T 5753"(见第 7 章)。

本标准还做了下列编辑性修改：

——用"本标准"代替"本国际标准"；

——删除国际标准的前言；

——在范围中增加了"本标准适用于织物芯输送带和钢丝绳芯输送带"。

本标准由中国石油和化学工业联合会提出。

本标准由全国带轮与带标准化技术委员会输送带分技术委员会(SAC/TC 428/SC 1)归口。

本标准起草单位：浙江双箭橡胶股份有限公司、阜新环宇橡胶(集团)有限公司、青岛新干线技术咨询有限公司、青岛科大新橡塑技术服务有限公司、青岛科技大学。

本标准主要起草人：沈会民、张春蕾、吕桂芹、叶杨政、李程程、张敬伟。

本标准所代替标准的历次版本发布情况为：

——GB/T 7983—1987、GB/T 7983—2005。

引　言

很多输送带在槽形状态下工作。如果带的横向刚度太大，当它空载时，便不能够与中心托辊相接触，此时其平衡是不稳定的，易发生横向移动，从而导致带体损伤。

将一段带子的两侧边缘吊起，在自身重量的作用下带将呈现槽形。然而这未必表明输送带在空载时呈现的状态。

然而，从本标准规定的试验方法所获得的结果可允许用来评定输送带的成槽特性是否适用于预期应用。

输送带　横向柔性(成槽性)　试验方法

1　范围

本标准规定了用于测定输送带横向柔性(成槽性)的试验方法,它可以用一个比值 F/L 来表示。

本标准适用于织物芯输送带和钢丝绳芯输送带。

本标准不适用于 ISO 21183-1[1] 规定的轻型输送带。

注:用本方法测定的横向柔性仅间接地涉及 ISO 178[2] 规定的弯曲模量的倒数。而且也不考虑三点和四点弯曲所呈现出来的柔性差别,但它考虑弯曲应变和试样厚度。

2　规范性引用文件

下列文件对于本文件的应用是必不可少的。凡是注日期的引用文件,仅注日期的版本适用于本文件。凡是不注日期的引用文件,其最新版本(包括所有的修改单)适用于本文件。

GB/T 5753　钢丝绳芯输送带　总厚度和覆盖层厚度的测定方法(GB/T 5753—2013,ISO 7590:2009,IDT)

ISO 583　织物芯输送带　带总厚度和各层厚度　试验方法(Conveyor belts with a textile carcass—Total belt thickness and thickness of constitutive elements—Test methods)

ISO 18573　输送带　试验环境和状态调节时间(Conveyor belts—Test atmospheres and conditioning periods)

3　符号

下列符号适用于本文件。

F ——对试样的垂直挠度作带厚的修正,单位为毫米(mm);

F_1——试样的垂直挠度,单位为毫米(mm)(见图 1 和图 2);

L ——试样平放时的长度(等于被试验输送带的全宽度),单位为毫米(mm);

d ——试样厚度,单位为毫米(mm)(见图 2)。

4　原理

取一段横向全宽度带子(带宽为 L)作为试样,将试样两端悬吊起来。悬吊时应使承载面向上且使两端上缘位于同一水平面上。

在试样自身重量作用下,通过测量试样最大挠度(F)来确定带的横向柔性(成槽性)。以 F/L 的比值来表示。

5　装置(见图 1)

5.1　两根水平的刚性棒,简便地支撑。每根棒两支撑点之间的距离大于试样试验长度(L)。

5.2　两个夹持器,用以夹住试样两端。用与悬线相连的钩子钩住夹持器两端。夹持器的构造应该允许放上一根刚性棒或是直尺与带子相接触，如图 2 所示，从而使基准线能够测量挠度。夹持器应有足够的刚度和宽度，以使试样在宽度上不弯曲，同时不对试样施加能影响其挠度的任何弯曲力矩。

5.3 四根等长的钢丝悬线，其两端带有可调的、用以钩住水平棒和夹持器的钩子。当在试验中调整悬线的垂直性时，水平棒和夹持器应不阻碍可调钩子的自由移动。

5.4 测量挠度(F_1)的尺寸，精确到毫米(见图 2)。

单位为毫米

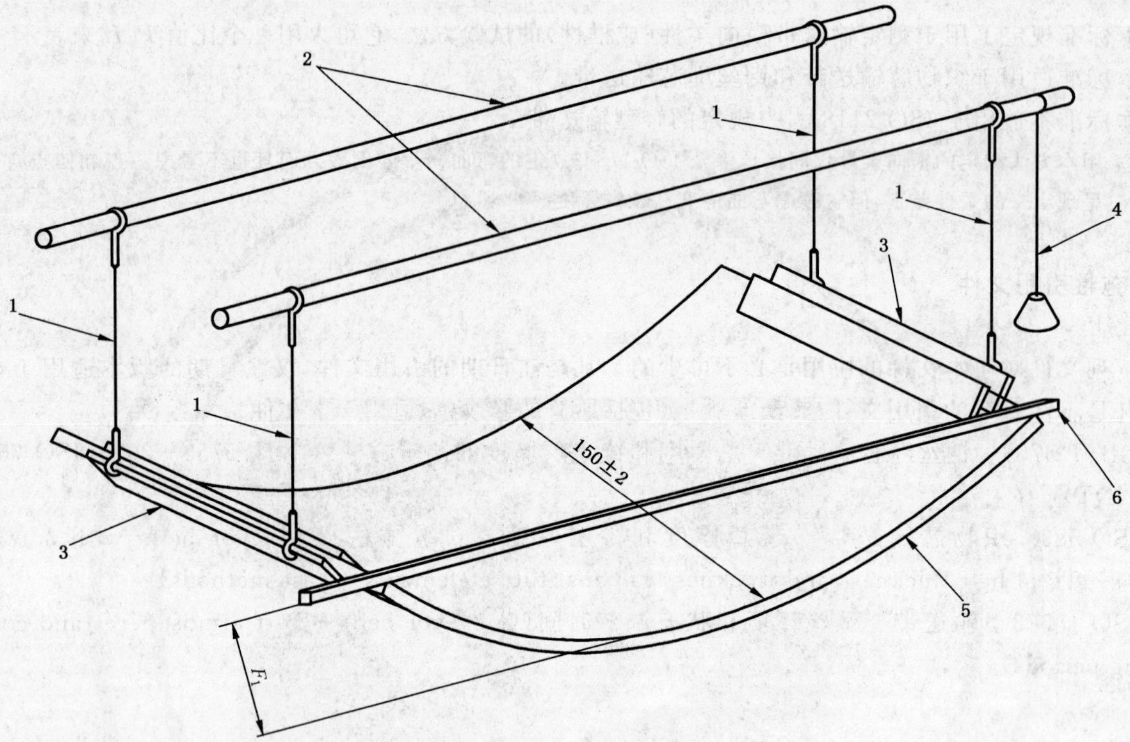

说明：

1 ——四根钢丝悬线；

2 ——两根水平的刚性棒；

3 ——两个夹持器；

4 ——铅垂线；

5 ——试样；

6 ——刚性棒，用来画基准线。

图 1 测量横向柔性(成槽性)的标准装置

6 试样

6.1 尺寸

试样应符合下列条件：

a) 形状应为长方体；

b) 长度(L)应为被试验输送带平放时的全宽度；

c) 宽度(沿带的纵向)应为 150 mm± 2 mm；

d) 厚度(d)应为输送带的总厚度。

6.2 状态调节

试样的状态调节按照 ISO 18573，使用环境 A、B 或 C，状态调节完成后立即进行试验。

7 程序

试验前，要确保夹持器能自由旋转且不对试样施加任何弯曲力。

测量试样的平放长度(L)，单位为毫米(mm)。

按 ISO 583 或 GB/T 5753 测量试样厚度(d)，单位为毫米(mm)。

安装试样，使试样承载面向上并以平置状态夹入悬吊着的夹持器内。

让试样在自身重力作用下下垂，由平形变为槽形。

调整试验装置，使悬吊力在整个试验期间保持垂直。

5 min 后，测量试样的垂直挠度(F_1)(见图 2)，F_1 加上测出的试样厚度 d 值的一半即为 F 值。

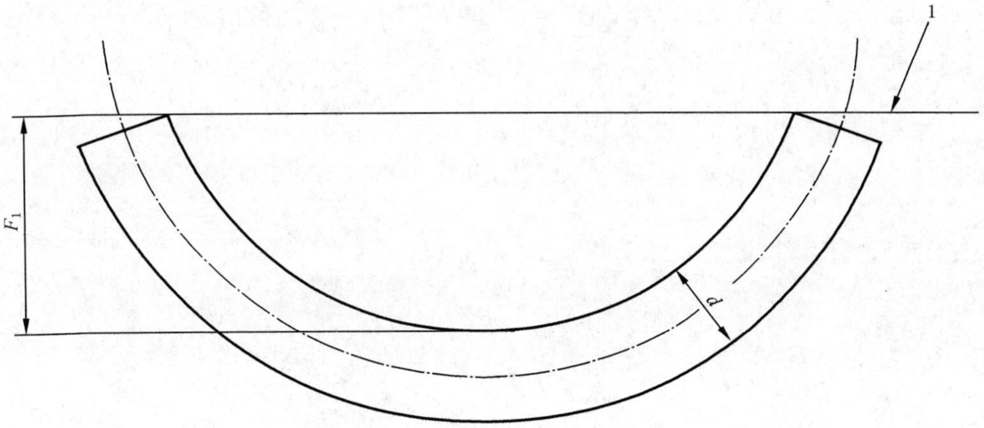

说明：

d ——试样厚度；

F_1——垂直挠度；

1 ——基准线。

图 2 挠度 F_1 的测定

8 计算及结果表示

由下式计算 F 值

$$F = F_1 + 0.5d$$

测量结果以 F/L 形式表示。

9 试验报告

试验报告应包括下列内容：

a) 按本标准进行试验；

b) 被试验输送带的标记；

c) 试样长度(L)(见第 3 章)；

d) 试样厚度(d)(见第3章);
e) 所用的状态调节环境(A、B或C);
f) 比值 F/L;
g) 试验日期。

参 考 文 献

[1] ISO 21183-1 轻型输送带 第1部分:基本性能及应用
[2] ISO 178 塑料 弯曲性能的测定

ICS 53.040.20
G 42

GB

中华人民共和国国家标准

GB/T 7984—2013
代替 GB/T 7984—2001

普通用途织物芯输送带

Conveyor belts of textile construction for general use

(ISO 14890:2003,Conveyor belts—Specification for rubber or plastics covered conveyor belts of textile construction for general use,NEQ)

2013-12-17 发布　　2014-10-01 实施

中华人民共和国国家质量监督检验检疫总局
中国国家标准化管理委员会　发布

前　言

本标准按照 GB/T 1.1—2009 给出的规则起草。

本标准代替 GB/T 7984—2001《输送带　具有橡胶或塑料覆盖层的普通用途织物芯输送带》，与 GB/T 7984—2001 相比，主要技术变化如下：

——修改了标准名称；

——修改了范围(见第 1 章，2001 年版的第 1 章)；

——修改了规范性引用文件(见第 2 章，2001 年版的第 2 章)；

——增加了术语的英文对应词(见第 3 章，2001 年版的第 3 章)；

——修改了术语(见 3.1、3.5、3.6 和 3.7，2001 年版的 3.1、3.5、3.6 和 3.7)；

——修改了结构(见第 4 章，2001 年版的 4.1)；

——修改了标记(见 5.1 和 5.2，2001 年版的 4.2)；

——修改了纱线标记代码(见 5.3，2001 年版的 4.3)；

——修改了尺寸(见 6.1，2001 年版的 5.1)；

——修改了表 6、表 7 中的注(见表 6、表 7，2001 年版的表 4、表 5)；

——将"成槽度"改为"成槽性"(见 6.7，2001 年版的 5.3.5)；

——修改了检验要求(见第 7 章，2001 年版的第 7 章)；

——修改了检验方法(见 7.3，2001 年版的第 6 章)；

——增加了不合格品判定规则(见 7.4)；

——将"储存"改为"贮存"(见第 8 章，2001 年版的第 8 章)；

——增加了买卖双方需协商确定的事项(见附录 A)；

——增加了买方需提供的有用信息(见附录 B)。

本标准使用重新起草法参考国际标准 ISO 14890:2003《输送带　具有橡胶或塑料覆盖层的普通用途织物芯输送带规范》编制，与 ISO 14890:2003 的一致性程度为非等效。

本标准由中国石油和化学工业联合会提出。

本标准由全国带轮与带标准化技术委员会输送带分技术委员会(SAC/TC 428/SC 1)归口。

本标准起草单位：青岛橡六集团有限公司、浙江双箭橡胶股份有限公司、浙江宏达橡胶有限公司、浙江三维橡胶制品股份有限公司、青岛巨航胶带有限公司、青岛华夏橡胶工业有限公司、山东祥通橡塑集团有限公司、青岛新干线技术咨询有限公司。

本标准主要起草人：张墩、沈会民、戴均超、张国方、封常升、李明霞、刘生平、吕桂芹、张静、朱汉华。

本标准所代替标准的历次版本发布情况为：

——GB/T 7984—1987、GB/T 7984—2001。

普通用途织物芯输送带

1 范围

本标准规定了在平形或槽形托辊上使用的具有橡胶或塑料覆盖层的普通用途织物芯输送带(简称"普通输送带")的术语、结构、标记、技术要求、检验、标志、包装、贮存与运输。

本标准适用于具有橡胶或塑料覆盖层的普通用途织物芯输送带。

本标准不适用于耐热、耐寒、耐油、难燃、耐酸碱和食品输送等特殊用途的输送带,也不适用于ISO 21183-1[1]规定的轻型输送带。

2 规范性引用文件

下列文件对于本文件的应用是必不可少的。凡是注日期的引用文件,仅注日期的版本适用于本文件。凡是不注日期的引用文件,其最新版本(包括所有的修改单)适用于本文件。

GB/T 528 硫化橡胶或热塑性橡胶 拉伸应力应变性能的测定(GB/T 528—2009,ISO 37:2005,IDT)

GB/T 3512 硫化橡胶或热塑性橡胶 热空气加速老化和耐热试验(GB/T 3512—2001,eqv ISO 188:1998)

GB/T 3690 织物芯输送带 全厚度拉伸强度、拉断伸长率和参考力伸长率 试验方法(GB/T 3690—2009,ISO 283:2007,IDT)

GB/T 4490 织物芯输送带 宽度和长度(GB/T 4490—2009,ISO 251:2003,IDT)

GB/T 5752 输送带 标志(GB/T 5752—2013,ISO 433:1991,MOD)

GB/T 6759 输送带 层间粘合强度 试验方法(GB/T 6759—2013,ISO 252:2007,IDT)

GB/T 7983 输送带 横向柔性(成槽性) 试验方法(GB/T 7983—2013,ISO 703:2007,MOD)

GB/T 9867 硫化橡胶或热塑性橡胶耐磨性能的测定(旋转辊筒式磨耗机法)(GB/T 9867—2008,ISO 4649:2002,IDT)

HG/T 3056 输送带贮存和搬运通则(HG/T 3056—2006,ISO 5285:2004,IDT)

ISO 583 织物芯输送带 带总厚度和各层厚度 试验方法(Conveyor belts with a textile carcass—Total belt thickness and thickness of constitutive elements—Test methods)

ISO 16851 织物芯输送带 环形输送带(拼接)净长度的测定(Textile conveyor belts—Determination of the net length of an endless (spliced)conveyor belt)

3 术语和定义

下列术语和定义适用于本文件。

3.1

整体织物芯带 solid woven belting

以整体织物作带芯的输送带,整体织物是由多层经、纬线构成且在织造中各层互相交织或由另外的接结线结合为一体的织物。

3.2

单层芯带　mono-ply belting

带芯由一层织物构成的输送带。

3.3

双层芯带　duo-ply belting

带芯由两层织物构成且两层织物由足够厚的弹性体中间层黏合在一起的输送带。

3.4

多层芯带　multi-ply belting

带芯由多层织物构成且相邻织物由弹性体中间层黏合在一起的输送带。

3.5

整宽带　full width belting

直接制成拟安装宽度的输送带。

3.6

大片带　slab belting

先制成大宽度的带，再按照拟安装宽度分割的输送带。

3.7

参考力　reference force

参考力等于带的公称全厚度纵向拉伸强度的10％乘以以毫米为单位的试样宽度，单位为牛顿(N)。

4　结构

普通输送带的带芯由一层或双层或多层织物构成或由整体带芯织物构成，带芯材料应经橡胶或塑料浸渍或压延挂胶。

带芯层外应有覆盖层，如果在带芯层与覆盖层之间或覆盖层内部加设贴胶网眼布、帘布或线绳层作为缓冲层，缓冲层厚度应计入覆盖层厚度，而不应计入带芯层厚度。

如果在带芯层的一面或两面有与带芯编织在一起的织物层，则其厚度应计入带芯层厚度。

注：输送带的外表面一般应由具有规定厚度和性能的弹性体材料构成，但其一面或两面也可根据用途和运输负荷情况由挂胶或不挂胶的织物构成。

5　标记

5.1　按照下列输送带的性质对带进行标记

a)　参照本标准，即GB/T 7984；

b)　要求的长度，单位为米(m)；

c)　要求的宽度，单位为毫米(mm)；

d)　带芯经线和纬线的纤维类型，如涤纶(E)(经线)锦纶(P)(纬线)，(EP)(见表1)；

e)　全厚度拉伸强度，单位为牛顿每毫米(N/mm)(见表5)；

f)　输送带的层数或型号；

g)　上覆盖层的厚度，单位为毫米(mm)；

h)　下覆盖层的厚度，单位为毫米(mm)；

i)　合适的覆盖层类别(见表4)。

5.2 订货用标记

示例 1：多层芯带

一条长 400 m，宽 1 200 mm 的带，纵向织物材质为涤纶(E)，横向织物材质为锦纶(P)，最小全厚度拉伸强度为 1 000 N/mm，具有 5 层带芯织物，上覆盖层厚度为 4 mm，下覆盖层厚度为 2 mm，覆盖层级别为表 4 的 H 类。

示例 1 标记

GB/T	长度 m	宽度 mm	织物材料		拉伸强度 N/mm	层数	覆盖层厚度 mm		覆盖层等级
			经线	纬线			上	下	
7984	400	1 200	E	P	1 000	5	4	2	H

示例 2：双层芯带

一条长 200 m，宽 1 000 mm 的带，纵向织物材质为涤棉(EB)，横向织物材质为锦棉(PB)，最小全厚度拉伸强度为 800 N/mm，具有 2 层带芯织物，上、下覆盖层厚度均为 1.5 mm。

示例 2 标记

GB/T	长度 m	宽度 mm	织物材料		拉伸强度 N/mm	层数	覆盖层厚度 mm		覆盖层等级
			经线	纬线			上	下	
7984	200	1 000	EB	PB	800	2	1.5	1.5	N/A

示例 3：单层芯带

一条长 150 m，宽 1 200 mm 的单层芯带，经线材质为涤纶(E)，纬线材质为锦纶(P)，全厚度拉伸强度为 630 N/mm，上覆盖层厚度为 6 mm，下覆盖层厚度为 2 mm，覆盖层级别为表 4 的 D 类。

示例 3 标记

GB/T	长度 m	宽度 mm	织物材料		拉伸强度 N/mm	层数	覆盖层厚度 mm		覆盖层等级
			经线	纬线			上	下	
7984	150	1 200	E	P	630	1	6	2	D

示例 4：整体织物芯带

一条长 300 m，宽 1 600 mm 的整体织物芯带，由材质为涤纶与锦纶混纺(EP)的经线、材质为锦棉(PB)的纬线和材质为整体编织棉(B)的经线层构成，最小拉伸强度为 1 250 N/mm，上、下覆盖层厚度均为 1.5 mm。

示例 4 标记

GB/T	长度 m	宽度 mm	织物材料		拉伸强度 N/mm	层数	覆盖层厚度 mm		覆盖层等级
			经线	纬线			上	下	
7984	300	1 600	EP(B)	PB	1 250	SW(1)	1.5	1.5	N/A
注：SW(1)为整体织物芯带的缩写。									

5.3 纱线标记代码

表 1 纱线标记代码

标记代码	纱线
B	棉线
Z	人造棉
R	人造丝
P	聚酰胺纤维(锦纶)
E	聚对苯二甲酸乙二酯(涤纶)
D	芳香族聚酰胺纤维(芳纶)
G	玻璃
注：如果织物包含次承载线，其标记字母应加括号。	

6 技术要求

6.1 尺寸

6.1.1 带的长度极限偏差应符合 GB/T 4490 的规定，长度由供需双方协商确定。

6.1.2 带的宽度及极限偏差应符合 GB/T 4490 的规定。

6.1.3 带的总厚度及极限偏差由供需双方协商确定。如果按 ISO 583 规定的试验方法测量出的带总厚度的平均值不大于 10 mm 时，带的最大厚度与最小厚度之间的差值应不大于 1 mm，对于整体织物芯带二者的最大差值应不大于 1.5 mm。如果测量出的带总厚度的平均值大于 10 mm，带的最大厚度与最小厚度之间的差值应不大于平均值的 10%，对于整体织物芯带二者的最大差值应小于平均值的 15%。

6.1.4 带的覆盖层厚度极限偏差见表 2。

表 2 覆盖层厚度极限偏差

上、下覆盖层厚度公称值/mm	极限偏差
≤4	上偏差不规定； 下偏差 0.2 mm
>4	上偏差不规定； 下偏差为基本尺寸的 5%

本规定仅适用于覆盖层厚度大于或等于 1 mm 的输送带，其覆盖层在试验中应完全剥掉。

6.2 布层接头

6.2.1 多层芯带的横向织物接头

6.2.1.1 总则

横向接头与带的纵向中心线的夹角应为 45°～70°。

6.2.1.2 **外层**

带的外层织物在每 100 m 长度内的横向接头应不多于一个。

6.2.1.3 **内层**

带的内层织物在每 100 m 长度内的横向接头应不多于两个。

6.2.1.4 **相邻层与非相邻层**

相邻层和非相邻层织物上的任意两个横向接头间距应不小于 3 m。

6.2.1.5 **同层接头**

同层织物上的任意两个横向接头间距应不小于 5 m。

6.2.1.6 **单层芯、双层芯和整体织物芯带**

单层芯、双层芯和整体织物芯带不应有横向接头。

6.2.2 **多层芯带和双层芯带的纵向织物接头**

6.2.2.1 **接头间距**

纵向接头与带芯层纵向边缘的距离应至少为 100 mm，每个纵向接头与其他层的纵向接头间距至少为 100 mm，当带的宽度允许其在同一层上有两个接头时，输送带任意部分上的同层织物的纵向接头间距应至少为 300 mm。

6.2.2.2 **接头数目**

纵向接头最大数目应为表 3 中给出的数值。

表 3 纵向接头的最大数目

带宽/mm	外层织物	内层织物
≤1 200	0	1
>1 200 ≤1 600	1	2
>1 600 ≤2 000	2	2
>2 000	2	3
注：本表不适用于包边结构的输送带。		

6.2.3 **整体织物芯带和单层芯带的纵向接头**

整体织物芯带和单层芯带上不应有纵向接头。

6.3 **覆盖层的物理性能**

6.3.1 **覆盖层的物理性能(老化前)**

覆盖层的物理性能(老化前)应满足表 4 的要求。

表 4 覆盖层物理性能(老化前)

性能 类型	拉伸强度/MPa ≥	拉断伸长率/% ≥	磨耗量/mm³ ≤
H	24	450	120
D	18	400	100
L	15	350	200
注：H 用于输送对带子有强烈损害的尖利磨损性物料;D 用于输送高磨损性物料;L 用于输送中度磨损物料。			

6.3.2 覆盖层老化性能

覆盖层在 70 ℃老化箱中按 GB/T 3512 进行 7 天加速老化后,其拉伸强度和拉断伸长率的中值应不低于老化前相应值的 75%。

6.4 全厚度拉伸强度

带的纵向全厚度拉伸强度值应不小于指定带型号在表 5 中所示值。最小全厚度拉伸强度(N/mm)=指定带型号。

表 5 最小全厚度拉伸强度值 单位为牛顿每毫米

指定带型号	160	200	250	315	400	500	630
	800	1 000	1 250	1 600	2 000	2 500	3 150

6.5 带的伸长率

带的全厚度纵向参考力伸长率应不大于 4%。

6.6 层间黏合强度

6.6.1 采用合成纤维织物作带芯时,带的层间黏合强度应符合表 6 的要求。

表 6 合成纤维骨架的输送带的最小黏合强度

项　目	布层间	覆盖层与带芯之间	
		覆盖层厚度 0.8 mm～1.5 mm	覆盖层厚度 ＞1.5 mm
全部试样平均值/(N/mm)≥	4.5	3.2	3.5
全部试样最低峰值/(N/mm)≥	3.9	2.4	2.9
注：所有试样最高峰值不宜超过 20 N/mm。			

6.6.2 采用含天然纤维的织物作带芯时,带的层间黏合强度应符合表 7 的要求。

表 7　带芯含有天然纤维的输送带的最小黏合强度

项　目	布层间	覆盖层与带芯之间	
		覆盖层厚度 0.8 mm~1.5 mm	覆盖层厚度 >1.5 mm
全部试样平均值/(N/mm)≥	3.2	2.1	2.7
全部试样最低峰值/(N/mm)≥	2.7	1.6	2.2
注：所有试样最高峰值不宜超过 20 N/mm。			

6.7　成槽性

按 GB/T 7983 规定的方法进行试验时，成槽性的指标 F/L 的最小值应与表 8 中相对于侧托辊槽形角的值一致。

表 8　最小成槽性

侧托辊槽形角/(°)	F/L 最小值
≤20	0.08
25	0.10
30	0.12
35	0.14
40	0.16
45	0.18
50	0.20
55	0.23
60	0.26
注 1：F 是根据带厚度进行修正后的试样垂直挠度，以毫米为单位。 注 2：L 是试样平放时的长度，等于输送带的安装宽度，以毫米为单位。	

6.8　直线度

带的直线度应符合表 9 的规定，测量次数为 3 次。

表 9　直线度

带宽及带长	直线度
带宽不大于 500 mm 或带长不大于 20 m	5 m 带长内不大于 25 mm
带宽大于 500 mm 且带长大于 20 m	7 m 带长内不大于 25 mm

7 检验

7.1 检验项目

7.1.1 产品出厂时,应检验带的长度、宽度、总厚度、全厚度拉伸强度和伸长率、覆盖层物理性能(不包括老化性能)和层间黏合强度。

7.1.2 型式检验时,应检验第6章规定的全部技术要求(6.2除外)。

7.2 取样

取样数量见表10,每个样品长度不小于450 mm,宽度为带的全宽度。

表10 取样数量

带长度	取样数量
≤200 m	1(如果被请求)
>200 m ≤500 m	1
>500 m ≤1 000 m	2
>1 000 m ≤2 000 m	3
>2 000 m ≤3 500 m	4
>3 500 m ≤5 000 m	5
>5 000 m ≤7 000 m	6
>7 000 m ≤10 000 m	7
>10 000 m	每增加5 000 m增加一个样品

7.3 检验方法

7.3.1 有端带长度的测量,将带平放成松弛状态,采用测量误差不大于1 mm的钢尺测量带长。

7.3.2 环形带长度按ISO 16851的规定进行测量。

7.3.3 带的宽度采用测量误差不大于1 mm的钢尺进行测量,每个尺寸取3个测量值,取中位数为测量结果。

7.3.4 带的总厚度和覆盖层厚度按ISO 583的规定进行测量。

7.3.5 带的覆盖层拉伸性能试验按GB/T 528的规定进行检验,试样尺寸采用2型(狭小平行部分宽4.0 mm±0.1 mm)哑铃状裁刀裁切试样。

7.3.6 带的覆盖层耐磨耗性能按GB/T 9867的规定进行检验。

7.3.7 带的覆盖层的热空气老化试验按GB/T 3512的规定进行检验。

7.3.8 带的全厚度拉伸强度和伸长率按GB/T 3690的规定进行检验。

注:合成纤维织物作带芯的输送带,宜采用B型试样,含有天然纤维织物作带芯的输送带,宜采用C型试样。

7.3.9 带的层间黏合强度按GB/T 6759的规定的A法进行检验。

7.3.10 带的成槽性按GB/T 7983的规定进行检验。

7.3.11 带的直线度测定:将带在平整面上展开放平,沿带边的任意部位将1根7 m长的线拉直,并使线两端位于带边上,所测带边到直线的最大垂直距离即为直线度。带宽不大于500 mm或带长不大于20 m的带拉1根5 m长的线。

7.4 不合格品判定规则

对 7.1 检验出现的不合格项目，应在该批带中抽取双倍试样，对不合格项目复试，若复试结果里有一项不合格，则该批产品判为不合格品。

8 标志、包装、贮存与运输

8.1 带的标志按 GB/T 5752 执行。

8.2 带的包装：在芯轴上卷缠整齐，用覆盖物包扎牢固，包装中应附有质量检验合格证。

8.3 带的贮存和运输按 HG/T 3056 执行。

附 录 A
（资料性附录）
买卖双方需协商确定的事项

下列条款宜由买卖双方协商确定：

a） 某些长距离输送机的最大参考力伸长率；

b） 塑料带的标记；

c） 如果试验不由带的生产厂家进行，买卖双方宜在订货时就此达成协议；

d） 如果输送带不是用于常规条件；

e） 本标准没有规定的其他特殊性能。

附 录 B
（资料性附录）
买方需提供的有用信息

B.1 适用性

订货时，买方宜按第 5 章来确定其要求。

注：本附录不是本标准范围的部分，也不是本标准的强制要求。

B.2 替换带

当给输送机更换新带而订货时，宜提供下列信息：

a) 被替换带的详细信息；
b) 带宽，单位为毫米；
c) 带速，单位为米每秒；
d) 滚筒直径，单位为毫米，标出中凸滚筒的位置；
e) 张紧方法和张紧装置数量；
f) 驱动的装置的类型，包括其布置和连接方法；
g) 驱动滚筒是绝缘的还是导电的；
h) 托辊的间距、角度和长度；
i) 轮廓草图，指明传动装置、张紧装置、卸料机等的位置，以及运行线路的垂直弯曲部的曲线半径；
j) 带长度，单位为米；
k) 带接头类型；
l) 安装的电机功率；
m) 起动类型。

B.3 用于新装置的附加信息

在适当并且可能的情况下，宜提供下列附加信息：

a) 被输送的物料；
b) 物料状况：潮湿的、干燥的、黏性的、油腻的或磨蚀性的，如果是热的或者冷的，在温度可知的情况下说明温度或者描述状况，是否需要清扫器；
c) 物料的容积密度；
d) 大块物料的尺寸（三维），单位为毫米；
e) 物料尺寸的平均值，单位为毫米；
f) 物料的近似筛选分析（见 GB/T 10061[2] 和 GB/T 15602[3]）；
g) 将物料放到输送带上之前的物料搬运方法；
h) 给料过程中是否需要对其进行调节，首选的给料机类型；
i) 输送机的日工作量和小时工作量，每日工作小时数；
j) 输送机卸料方法；

k) 提升和下降的高度；

l) 初始输送距离(头部滚筒与尾部滚筒的中心距)；

m) 最终输送距离(头部滚筒与尾部滚筒的中心距)；

n) 驱动位置；

o) 输送机装置的轮廓草图；

p) 首选的托辊布置图和成槽角；

q) 环境条件；

r) 其他特性要求或试验要求。

参 考 文 献

[1] ISO 21183-1 轻型输送带 第1部分:基本性能及应用
[2] GB/T 10061 筛板筛孔的标记方法
[3] GB/T 15602 工业用筛和筛分 术语

ICS 53.040.20
G 42

中华人民共和国国家标准

GB/T 7986—2013
代替 GB/T 7986—1997

输送带　滚筒摩擦试验

Conveyor belts—Drum friction testing

2013-06-09 发布　　2014-03-01 实施

中华人民共和国国家质量监督检验检疫总局
中国国家标准化管理委员会　发布

前 言

本标准按照 GB/T 1.1—2009 给出的规则起草。

本标准代替 GB/T 7986—1997《输送带滚筒摩擦试验方法》，与 GB/T 7986—1997 相比，主要技术变化如下：

——增加了规范性引用文件（见第 2 章）；

——修改了滚筒摩擦试验机布置示意图（见图 1，1997 年版的图 1）；

——修改了滚筒尺寸（见图 2，1997 年版的图 2）；

——删除了拉紧系统的杠杆示意图（见 1997 年版的图 3）；

——增加了吹风管的具体要求（见 4.4）；

——增加了紧急制动设备（见 4.6）；

——增加了试样切取位置（见第 5 章）；

——修改了试验次数（见 6.2.1 和 6.2.2，1997 年版的 5.1 和 5.2）；

——增加了拉力固定的有风试验和无风试验（见 6.2.3.1 和 6.2.4.1）；

——修改了试验程序（见第 6 章，1997 年版的第 6 章）。

本标准使用重新起草法参考 EN 1554:1998《输送带　滚筒摩擦试验》（英文版）编制，与 EN 1554:1998 的一致性程度为非等效。

本标准由中国石油和化学工业联合会提出。

本标准由全国带轮与带标准化技术委员会输送带分技术委员会（SAC/TC 428/SC 1）归口。

本标准起草单位：无锡宝通带业股份有限公司、浙江三维橡胶制品股份有限公司、常熟大象橡胶工业有限公司、无锡锦和科技有限公司、青岛新干线技术咨询有限公司、青岛科技大学。

本标准主要起草人：吴建国、张国方、翁国忠、王荣伟、吕桂芹、李程程。

本标准所代替标准的历次版本发布情况为：

——GB/T 7986—1987、GB/T 7986—1997。

引　言

本标准的目的是提供一种试验方法以使输送带用户能对以下危险情况的危险程度进行评估：当输送带停转而驱动装置继续运转时，输送带与传动滚筒或其他设备发生摩擦以致局部生热。

关于输送带安全类别，参见EN 12882。

输送带　滚筒摩擦试验

1　范围

本标准规定了在给定拉力下静止的输送带与转动的钢制滚筒相摩擦而导致明焰和炽燃的可能性的试验方法，以及改变拉力的方式。

本标准适用于输送带滚筒摩擦试验。

注：某些类型的输送带可能由于结构上原因而不符合 6.2.3 中的要求，从而不能进行本试验。

2　规范性引用文件

下列文件对于本文件的应用是必不可少的。凡是注日期的引用文件，仅注日期的版本适用于本文件。凡是不注日期的引用文件，其最新版本(包括所有的修改单)适用于本文件。

GB/T 18404—2001　铠装热电偶电缆及铠装热电偶(IEC 61515:1995,IDT)

JB/T 6456—1992　YEJ 系列电磁制动电机

ISO 65　按 ISO 7-1 车削螺纹的碳钢管(Carbon steel tubes suitable for screwing in accordance with ISO 7-1)

3　原理

将一段输送带试样安装在试验机的钢制滚筒上，以试样中段绕过滚筒，使试样承受规定的拉力，模拟输送带停止运行而滚筒转动的状态，试验在规定的拉力下进行一定时间或进行到试样断裂。记录是否出现明焰或炽燃迹象，测定并记录滚筒表面最高温度。试验在无风和/或有风的条件下进行。

4　装置

输送带滚筒摩擦试验机的总体布置如图 1 所示。

4.1　钢制滚筒，外径为(210^{+1}_{0})mm，安装在水平轴上，且试验中在各种拉力条件下的转速均应保持为(200±5)r/min。滚筒采用 45 号钢制作，表面进行渗氮处理。其转轴材料为 45 号钢。

注：试验证明，采用大小为 7.5 kW ～15 kW 的电机驱动功率最合适。当然开始时采用较小功率是必要的。

为规范滚筒的热性能，本标准规定其基本尺寸如图 2 所示。滚筒在长度方向上的直径差值应不大于 1 mm。尽管滚筒直径及壁厚尺寸及其公差已在图 2 中给出，但允许滚筒壁厚由于在滚筒试验中的磨耗而减至最小壁厚 6 mm，此时滚筒直径仍应不小于 209 mm。

4.2　滚筒温度记录装置中包含一个矿物绝缘不锈钢铠装热电偶，其最大外径为 2 mm，符合 GB/T 18404—2001 要求。热电偶安装在滚筒内壁上沿长度方向的中部，其测量端到滚筒外表面的距离应不大于 0.5 mm。

注 1：建议在滚筒上安装两个或更多个热电偶，以备热电偶发生故障时替换使用。

注 2：应注意对热电偶有效“冷端”温度的补偿或将其预先测出来而在记录结果时加以修正。

注 3：应定期检查试验机运转时带与滚筒的接触是否正常。这一点可通过测定试验机空转时的滚筒温度显示值有无变化而得知。

4.3 拉紧系统，可对试样施加6.2.3中规定的拉力。

4.4 气流，当试样安装到位后在距离水平钢制滚筒表面200 mm处测得的水平吹向滚筒的空气流的速度应为(2.0±0.1) m/s。

吹向滚筒的空气流的温度应在室温范围内，但不应低于5 ℃。

空气流是从符合ISO 65的DN10的风管中吹出的，风管上有36个小孔，公称孔径为1.5 mm，孔距为10 mm。

如图1所示，风管与钢制滚筒的中心线之间距离应为600 mm。

单位为毫米

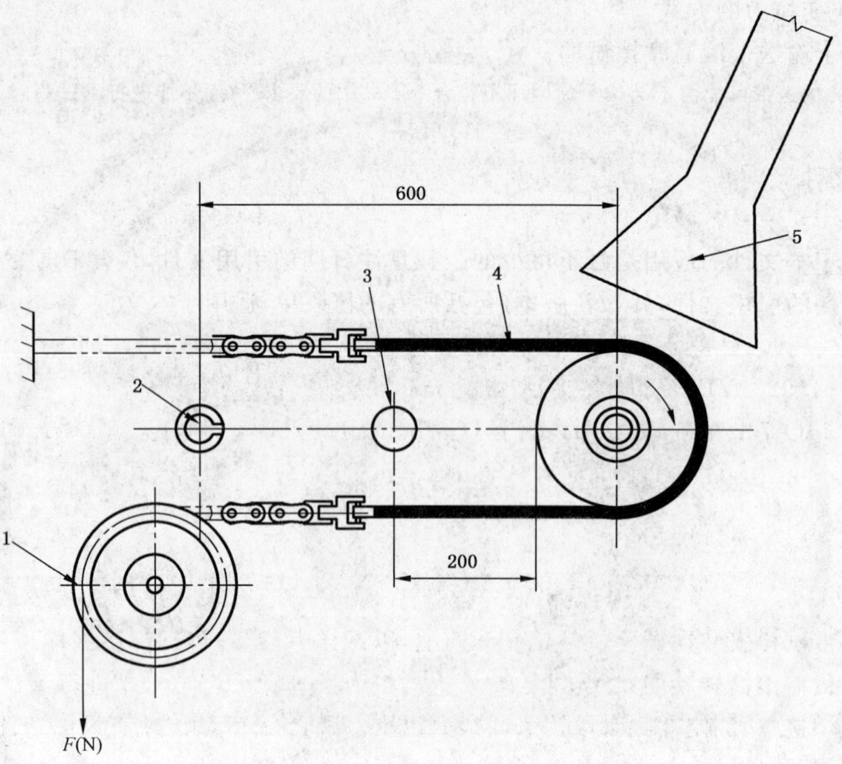

说明：

1——导向辊；

2——开有一排小孔的吹风管；

3——风速计；

4——试样；

5——排烟罩。

图1 滚筒摩擦试验机布置示意图

4.5 风速计，风速计应安装在距离滚筒表面200 mm处，与风管在同一个水平面上，风速测量应精确到±5%。排气系统中的气流速度应为足以抽走规定试验条件下设备周围烟尘的最低值。

4.6 紧急制动设备，应符合JB/T 6456—1992中的要求。

5 试样

试样在输送带上的切取位置应距带边至少50 mm，距带端至少100 mm。试样宽度为150 mm，试样应沿输送带纵向切出其长度，其值应不小于750 mm。

注： 试样的精确长度取决于试验机拉紧系统(见4.3)的设计，见图1。

6 程序

安全警告：试验开始前应确定紧急制动设备(见4.6)可正常工作并已采取充分的预防措施以保证试验人员的安全。

6.1 总则

在对每个试样进行试验之前，用砂布或合适工具对滚筒表面进行彻底的擦拭，以除去上次试验留下的试样残渣和灰尘，使其光滑明亮。每次开始试验时的滚筒温度应不超过30 ℃。

6.2 程序和试验

6.2.1 方法A用到的试样数量

按第5章规定取4个试样。

6.2.2 方法B用到的试样数量

按第5章规定取4个试样。

6.2.3 方法A：无风试验

在遵守产品或安全规定的情况下，进行6.2.3.1或6.2.3.2所述的操作，使其中两个试样的承载面与钢制滚筒(见4.1)相接触，另外两个试样的非承载面与钢制滚筒相接触。

6.2.3.1 方法A1：无风且拉力固定的试验

使试样以180°包角绕过滚筒，使待试验面接触滚筒。将试样一端牢固地固定在一个夹持器中，另一端固定在图1所示的拉紧装置上。对试样施加343 N的拉力。

启动试验机，使滚筒以(200±5)r/min的转速和使试样远离其固定端的转向(即与输送机驱动方向相同)开始转动。保持343 N的拉力达1 h或至试样断裂。

记录试验过程中滚筒表面的最高温度。

在整个试验过程中和试验后注意观察试样上是否出现明焰或炽燃迹象。

如果试验1 h试样仍未断裂，将试样从滚筒上取下，在弱光下检查试样与滚筒接触部分是否有炽燃迹象。

6.2.3.2 方法A2：无风且拉力递增的试验

使试样以180°包角绕过滚筒，使待试验面接触滚筒。将试样一端牢固地固定在一个夹持器中，另一端固定在图1所示的拉紧装置上。对试样施加343 N的拉力。

启动试验机，使滚筒以(200±5)r/min的转速和使试样远离其固定端的转向(即与输送机驱动方向相同)开始转动。保持343 N的拉力直至试样断裂。如果试验时间达到60 min时试样仍未断裂，则在滚筒转速保持(200±5)r/min不变的情况下按下述要求依次增加拉力。

a) 在连续试验的30 min内，采用686 N的拉力(即增加343 N)；

b) 如果进行完a)程序后试样仍未断裂，在继续试验的30 min内，采用1029 N的拉力(即增加343 N)；

c) 如果进行完b)程序后试样仍未断裂，在继续试验的10 min内，采用1372 N的拉力(即增加343 N)；

d) 如果进行完c)程序后试样仍未断裂，采用1715 N的拉力(即增加343 N)继续试验直至试验总时间达到2.5 h或试样断裂。

记录试验过程中滚筒表面的最高温度。

在整个试验过程中和试验后注意观察试样上是否出现明焰或炽燃迹象。

如果试验 2.5 h 试样仍未断裂，将试样从滚筒上取下，在弱光下检查试样与滚筒接触部分是否有炽燃迹象。

6.2.4　**方法 B：有风试验**

在遵守产品或安全规定的情况下，进行 6.2.4.1 或 6.2.4.2 所述的操作，使其中两个试样的承载面与钢制滚筒（见 4.1）相接触，另外两个试样的非承载面与钢制滚筒相接触。

单位为毫米

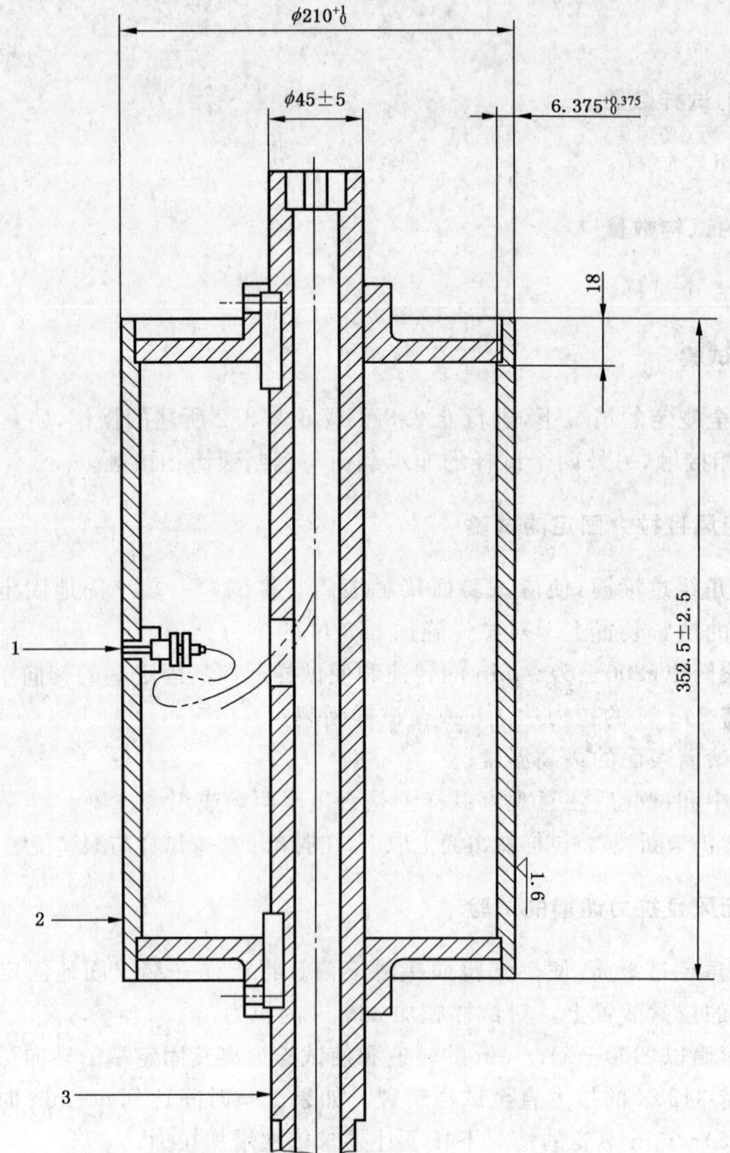

说明：

1——热电偶；

2——滚筒采用 45 号钢制作，表面进行渗氮处理；

3——转轴材料为 45 号钢。

图 2　滚筒摩擦试验用钢制滚筒和热电偶室横截面

6.2.4.1 方法 B1:有风且拉力固定的试验

在气流速度为(2.0 ± 0.1) m/s、温度不低于 5 ℃的条件下重复 6.2.3.1 中的操作。

在整个试验过程中注意观察试样上是否出现明焰或炽燃迹象。当试样断裂后,将试样的两断裂端置于 4.4 所述的空气流中,直至其上出现明焰或炽燃迹象或可以肯定其上将不会出现明焰或炽燃迹象时为止。此时试验结束。

如果试验进行 1 h 后试样仍未断裂,将试样从滚筒上取下,在弱光下检查试样与滚筒接触部分是否有炽燃迹象。

6.2.4.2 方法 B2:有风且拉力递增的试验

在气流速度为(2.0 ± 0.1) m/s、温度不低于 5℃(见 4.4)的条件下重复 6.2.3.2 中的操作。

在整个试验过程中注意观察试样上是否出现明焰或炽燃迹象。当试样断裂后,将试样的两断裂端置于 4.4 所述的空气流中,直至其上出现明焰或炽燃迹象或可以肯定其上将不会出现明焰或炽燃迹象时为止。此时试验结束。

如试验进行 2.5 h 后试样仍未断裂,将试样从滚筒上取下,在弱光下检查试样与滚筒接触部分是否有炽燃迹象。

7 试验报告

试验报告应包括下列内容:

a) 提及按本标准进行试验;

b) 试验过程中对试样施加的拉力;若试样断裂,则记录断裂时的试验时间;在规定拉力下若试样未断裂,则记录“带未断裂”;

c) 每次试验中是否出现明焰或炽燃迹象;

d) 每次试验中滚筒表面的最高温度;

e) 所用试验方法是 A1、A2、B1 还是 B2。

ICS 71.120;25.220.50
G 94

中华人民共和国国家标准

GB/T 7987—2013
代替 GB/T 7987—2003

搪玻璃层耐温差急变性试验方法

Vitreous and porcelain enamels—Determination of resistance to therml shock

2013-12-31 发布　　2014-10-01 实施

中华人民共和国国家质量监督检验检疫总局
中国国家标准化管理委员会　发布

前　言

本标准按照GB/T 1.1—2009给出的规则起草。

本标准代替GB/T 7987—2003《搪玻璃层耐温差急变性试验方法》，与GB/T 7987—2003相比，主要技术内容变化如下：

——增加了搪玻璃层耐温差急变试验炉的示意图及技术要求；

——增加了试件落水的距离的规定；

——增加了观察试样时应佩戴护目镜的要求。

本标准由中国石油和化学工业联合会提出。

本标准由全国搪玻璃设备标准化技术委员会(SAC/TC 72)归口。

本标准起草单位：临沂宏业化工设备有限公司、天华化工机械及自动化研究设计院、化学工业非金属材料和设备质量监督检验中心。

本标准主要起草人：季雨亭、张楠、翟向楠、孙涛、马小强、桑临春。

本标准所代替标准的历次版本发布情况为：

——GB/T 7987—1987、GB/T 7987—2003。

搪玻璃层耐温差急变性试验方法

1 范围

本标准规定了搪玻璃层耐温差急变性的试验原理、装置和仪器、试样、试验步骤、结果判定和试验报告。

本标准适用于搪玻璃平板试件耐温差急变性的测定。

2 规范性引用文件

下列文件对于本文件的应用是必不可少的。凡是注日期的引用文件，仅注日期的版本适用于本文件。凡是不注日期的引用文件，其最新版本(包括所有的修改单)适用于本文件。

HG/T 3105 钢板搪玻璃试件的制备

3 试验原理

将试件加热至一定温度，然后迅速投入冷水中，观察经急冷后试件搪玻璃层的状况。如未破坏，则逐次提高试验温度直至试件的搪玻璃层破坏为止。出现破坏的前一次试验温度与水温之差即为该搪玻璃试件的耐温差急变值。

4 装置和仪器

4.1 恒温炉

恒温炉应符合以下要求：

a) 恒温炉的型式、基本参数及尺寸见图1和表1。

b) 炉膛能同时加热3块试件，可在100 ℃～400 ℃之间任意调节炉膛温度并保证炉膛内的温度可均匀地恒定在任一设定温度。

c) 有测量试件温度和加热元件附近温度的传感器插入口。

d) 有保证试件能快速投入冷水中的结构。

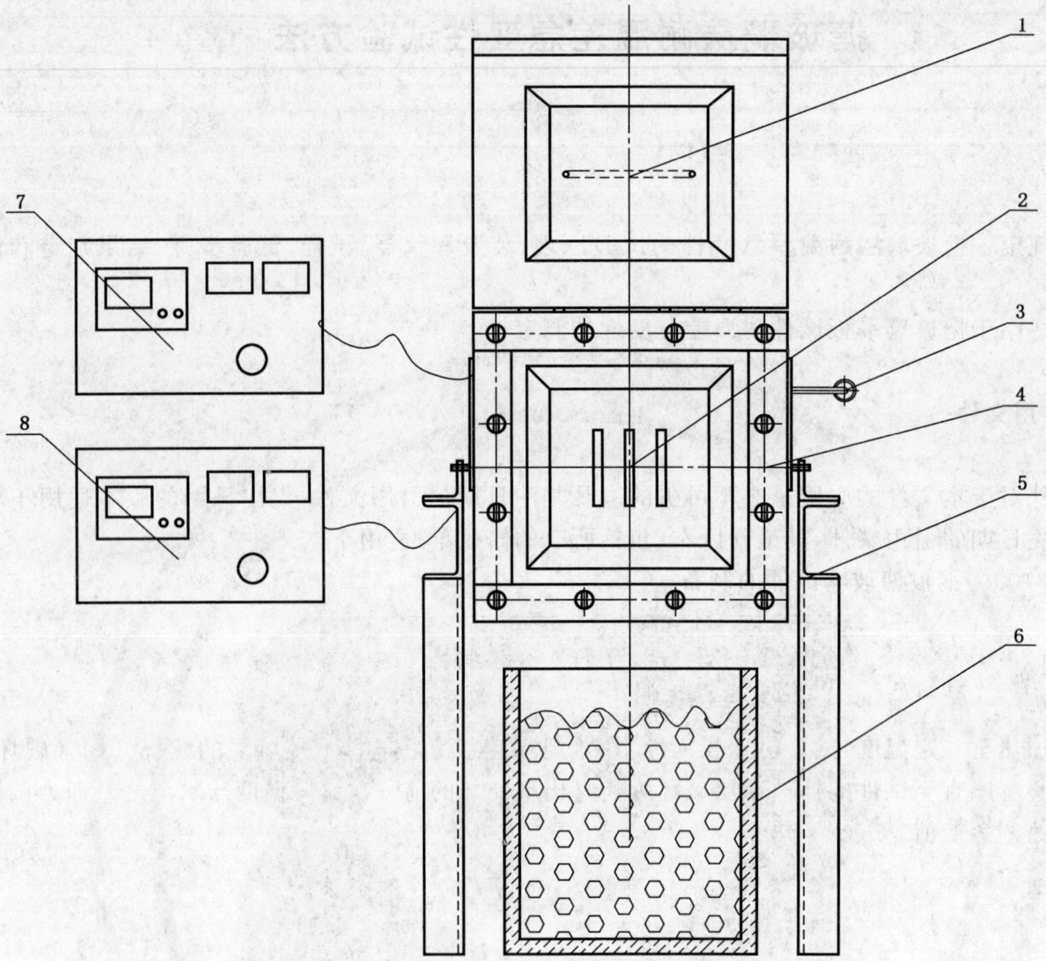

图1 恒温炉

表1 明细表

件号	名称	技术要求	数量
1	炉门盖板	—	1
2	样品槽	85 mm×85 mm×7 mm	3
3	把手	表面包有衬垫	1
4	炉体	可向前旋转90°,有接地线	1
5	支架	—	1
6	水槽	口径大于250 mm×250mm,底部衬有软垫	1
7	控温表	控温范围:0 ℃～350 ℃,控温精度:±3 ℃ 热电偶的测温头靠近加热元件	1
8	测温表	测温范围:0 ℃～350 ℃,测温精度:±1 ℃ 热电偶的测温头紧靠试件	1

4.2 温度计:0 ℃～50 ℃,分度值:1 ℃。

4.3 护目镜。

5 试样

5.1 试样为正方形试件,应符合 HG/T 3105 的规定。

5.2 每组试样为三块试件。

6 试验步骤

6.1 在水槽中准备好冷水(宜为冰水混合物),当炉体旋转 90°使样品槽朝下时,水面与样品槽口的距离应为 400 mm～450 mm,且水深大于 100 mm。使用温度计测量冷水的温度,并记录。

6.2 将试件置于恒温炉样品槽中,关闭炉门盖板,加热恒温炉使炉膛内的温度达到首次试验温度(要求试件达到的最低耐温差急变值加水温),恒温 15 min 以上。

6.3 记录测温仪示值。

6.4 握住把手将炉体转动 90°,并迅速打开炉门盖板,使试件投入冷水中,5 min 后取出,观察试件搪玻璃层是否破坏。

注:试件取出后,应佩戴护目镜进行观察。

6.5 如试件在首次试验时出现损坏,则另取试件代替,再次进行首次试验。如首次试验时累计出现三块试件以上(包括三块)损坏,则终止试验,或降低首次试验温度,重新试验。

6.6 剔除损坏的试件,将未损坏的试件重新放入恒温炉中,并在上次试验温度的基础上升高温度 10 ℃(指测温仪温度),重复 6.2～6.4 的操作,至所有试件破坏为止。

7 结果判定

7.1 经急冷后的试件,由边缘向里 10 mm 以上的区域如出现爆瓷、裂纹等,即认定此试件未能通过该温度下的温差急变试验。

7.2 以搪玻璃层受到破坏的前一次试验温度与水温之差作为该试件的耐温差急变值。

7.3 算出三块试件耐温差急变值的平均值。若它们中任一块试件的耐温差急变值与平均值之差与平均值的相对偏差不超过 10%,则它们的平均值即为该组试件的耐温差急变值。若相对偏差超过 10%,则应另取三块试件重新试验,如属同一批试样,去掉一个最大值、一个最小值,以另外四个数据的平均值为最终试验结果。

8 试验报告

试验报告应包括的内容:送样单位、取样方式、搪玻璃釉的牌号和批号、试样数量、试验单位、试验日期、试样名称及编号、试验依据的标准及代号、搪玻璃层厚度、耐温差急变值、试验人、审核人。

ICS 71.120;25.220.50
G 94

中华人民共和国国家标准

GB/T 7988—2013
代替 GB/T 7988—2002

搪玻璃釉 耐碱性溶液腐蚀性能的测定

Viterous and porcelain enamels—
Determination of resistance to alkaline liquids

2013-12-31 发布　　2014-10-01 实施

中华人民共和国国家质量监督检验检疫总局
中国国家标准化管理委员会　发布

前　言

本标准按照 GB/T 1.1—2009 给出的规则起草。

本标准代替 GB/T 7988—2002《搪玻璃釉耐热氢氧化钠溶液腐蚀性能的测定》。与 GB/T 7988—2002 相比，主要技术变化如下：

——增加了搪玻璃釉耐其他碱性溶液腐蚀性能的测定方法；

——用于盛装试验溶液的圆筒形容器的材料修改为 S31668；

——增加了试件单位面积总失重和年腐蚀速率的计算方法。

本标准参考了 ISO 28706-4:2008《搪搪瓷耐化学侵蚀的测定　第 4 部分　用圆柱形容器进行耐碱溶液侵蚀的测定》。

本标准由中国石油和化学工业联合会提出。

本标准由全国搪玻璃设备标准化技术委员会(SAC/TC 72)归口。

本标准起草单位：常熟市华懋化工设备有限公司、宁波明欣化工机械有限责任公司、江阴硅普搪瓷有限公司、化学工业非金属材料和设备质量监督检验中心。

本标准主要起草人：纪永祥、叶青、李雪梅、张楠、庞振歌、桑临春。

本标准所代替标准的历次版本发布情况为：

——GB/T 7988—1987、GB/T 7988—2002。

搪玻璃釉
耐碱性溶液腐蚀性能的测定

1 范围

本标准规定了搪玻璃平板试件耐碱性溶液腐蚀性能测定的试验装置及方法。

本标准适用于搪玻璃釉耐碱性溶液腐蚀性能的测定。

2 规范性引用文件

下列文件对于本文件的应用是必不可少的。凡是注日期的引用文件，仅注日期的版本适用于本文件。凡是不注日期的引用文件，其最新版本(包括所有的修改单)适用于本文件。

GB/T 629 化学试剂 氢氧化钠

GB/T 678 化学试剂 乙醇(无水乙醇)

GB/T 6031 硫化橡胶或热塑性橡胶硬度的测定(10～100IRHD)

GB/T 6682 分析实验室用水规格和试验方法

GB/T 12806 实验室玻璃仪器 单标线容量瓶

GB/T 20878 不锈钢和耐热钢 牌号及化学成分

HG/T 3105 钢板搪玻璃试件的制备

3 原理

将搪玻璃面浸泡于一定浓度、一定温度的碱性溶液中一定时间后，测定试样的质量损失，并计算单位面积上的质量损失和腐蚀速率。

4 试剂

4.1 概述

除特殊规定外，试验过程只允许使用经过验证的分析级试剂。

4.2 蒸馏水

试验用蒸馏水应为符合 GB/T 6682 规定的三级纯度的蒸馏水。

4.3 醋酸溶液

用于清洗试验装置和试样，浓度为 50 mL/L。

4.4 中性洗涤剂

用来清洗试件表面的油渍及污物。

4.5 溶剂

符合 GB/T 678 的规定的无水乙醇,用来洗涤试件。

4.6 碱性试剂

符合 GB/T 629 规定的氢氧化钠粉末或其他碱性试剂,分析纯,应确保在密闭干燥的条件下保存。

5 装置和材料

5.1 试验装置

5.1.1 概述

试验装置为圆筒形容器,结构见图 1。

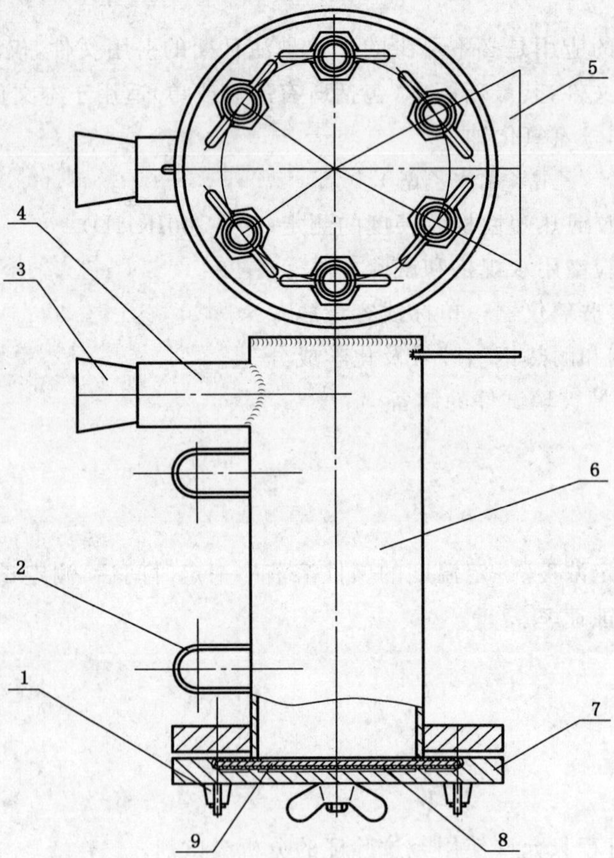

说明:
1——螺母;
2——吊环;
3——塞子;
4——充液嘴;
5——支座;
6——圆筒;
7——法兰盖;
8——保护套;
9——试样。

图 1 试验装置

5.1.2 圆筒

圆筒结构尺寸见图 2，材料为 S31668，其化学成分符合 GB/T 20878 的要求。

单位为毫米

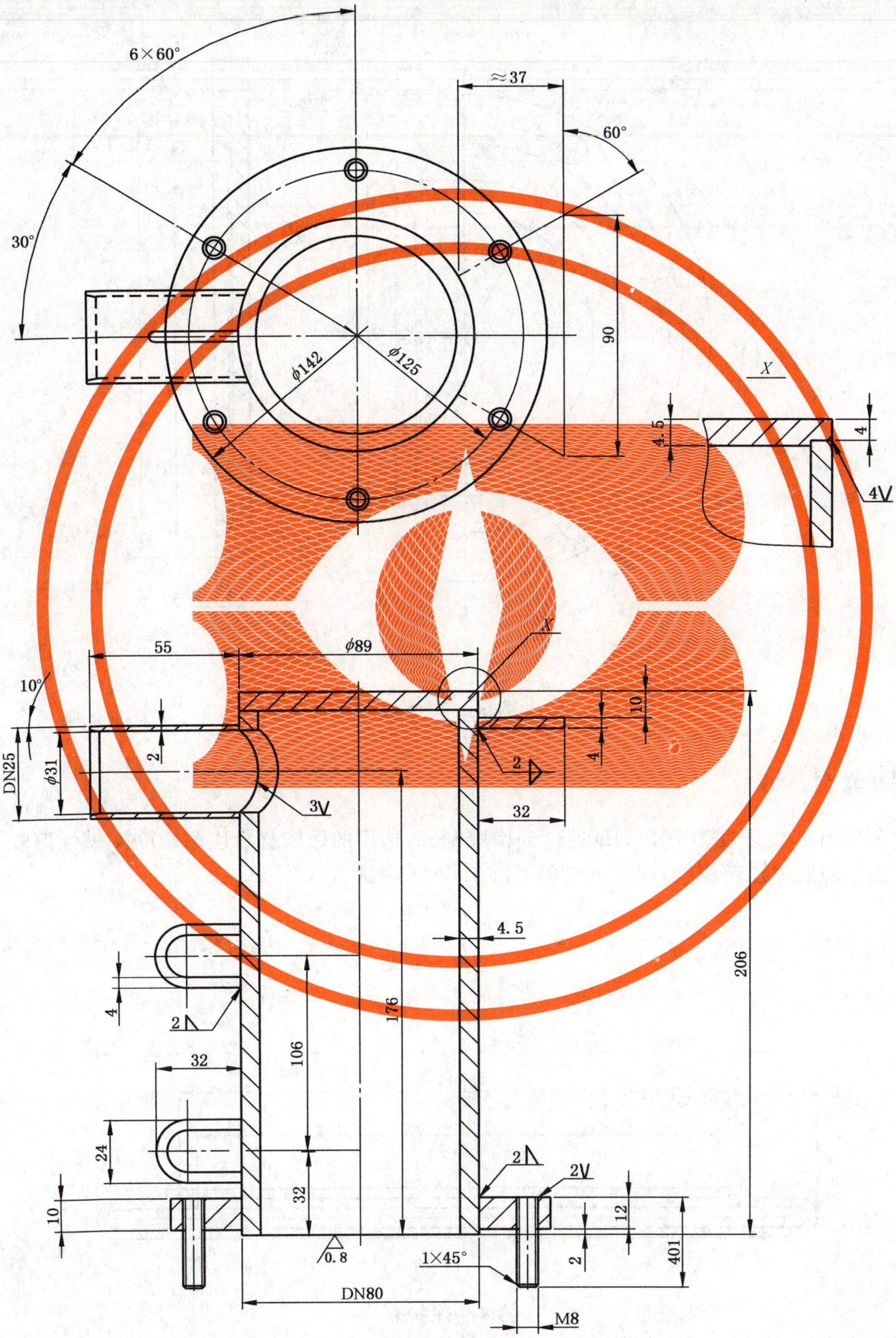

图 2 圆筒

5.1.3　法兰板

法兰板见图 3，材料为 S31668，其化学成分符合 GB/T 20878 的要求。

单位为毫米

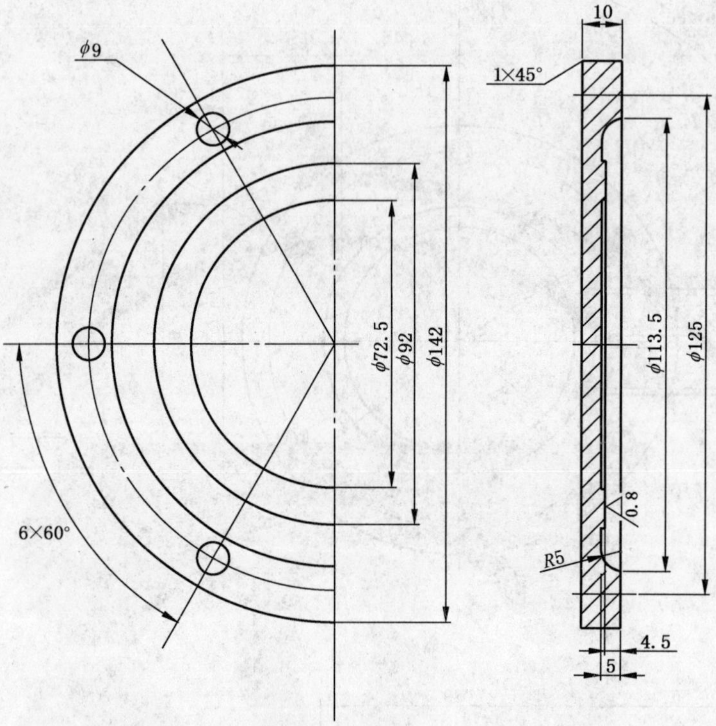

图 3　法兰板

5.1.4　保护套

保护套见图 4，由硬度为 70IRHD 的合成橡胶制成，选用的橡胶材料应耐 100 ℃碱性溶液及水的腐蚀（例如：氯丁橡胶或乙丙橡胶）硬度可根据 GB/T 6031 测试。

单位为毫米

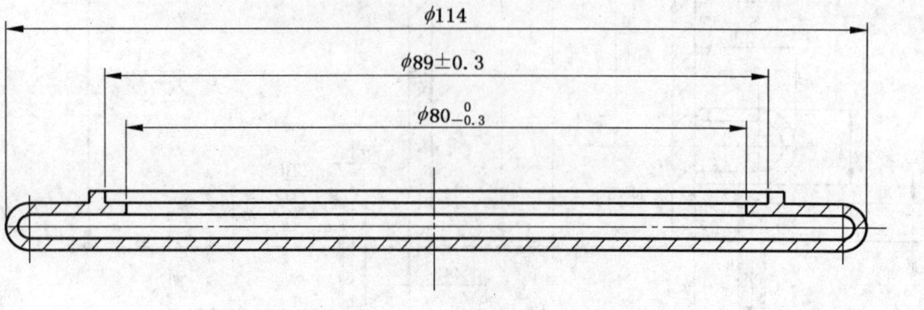

图 4　保护套

5.1.5 塞子

塞子见图5,材料:氯丁橡胶或丁腈橡胶。

单位为毫米

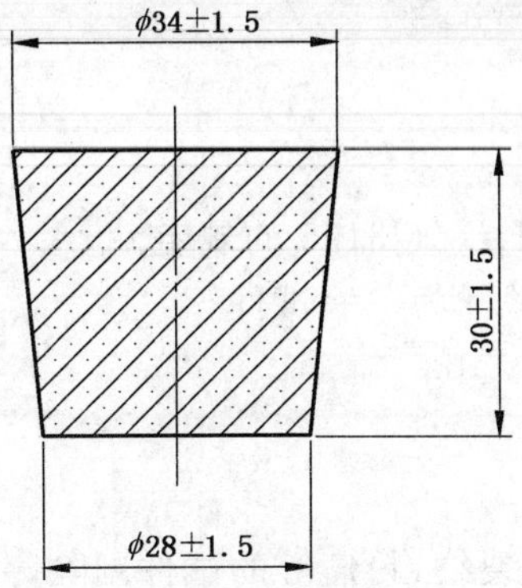

图5 塞子

5.1.6 六翼螺母

六翼螺母四个,具有与螺柱相配合的螺纹,材料为S31668,其化学成分符合GB/T 20878的要求。

5.2 恒温水浴(内装蒸馏水)

恒温水浴装有搅拌器,控温精度为0.1 ℃。

5.3 温度计

校准过的温度计,分度值为0.1 ℃,用于测量恒温水浴中蒸馏水的温度。

5.4 干燥箱

干燥箱温度范围应为0 ℃～150 ℃。

5.5 干燥器

干燥器内径应大于200 mm。

5.6 标准称量瓶

应带有磨砂玻璃盖。

5.7 聚丙烯瓶

聚丙烯瓶容积应大于1 000 mL。

5.8 漏斗

漏斗最大内径应为70 mm。

5.9 单标线容量瓶

单标线容量瓶容积应为1 000 mL,符合GB/T 12806的规定。

5.10 天平

天平精度为 0.2 mg。

5.11 脱脂棉

6 试样

6.1 试样为圆形试件，其制备应符合 HG/T 3105 的规定。

6.2 每次测定应为两组试样，每一组试样为一块试件。

7 试验步骤

7.1 试件的挑选：将不平整、爆瓷及有裂纹、粉瘤等的试件剔除，并用 10 kV 高电压检测通过。

7.2 将试件周边及背面可能剥落的搪玻璃层全部打磨掉。

7.3 将打磨过的试件先用蘸有中性洗涤剂的脱脂棉擦洗，用自来水冲洗干净后，再用蒸馏水冲洗，然后，用无水乙醇洗涤(2～3)遍，用吹风机吹干，放入干净的试样纸袋中，做好标记，放入干燥箱中。

7.4 在 110 ℃±5 ℃干燥箱中烘干 2 h，再移入干燥器内放置 2 h 后称重试件，精确至 0.2 mg，作为起始质量 m_1。

7.5 把试样放入保护套中，将搪玻璃层的一面朝保护套开口。把试样安装在试验装置上，保护套开口的一面朝装置内部。拧紧螺母，确保试验装置密封。

注：为了避免试验装置中试样的损坏，在保护套和法兰板之间放置一个厚约 2 mm～3 mm 的橡胶圈(耐热橡胶制成，内径为 80 mm，外径为 100 mm)。

7.6 把安装好的试验装置放在已加热到试验温度的恒温水浴中，充液嘴突出水面约 10 mm，试验装置至少在水浴中放置 10 min(或放在冷的恒温水浴中，一起加热到试验温度)后，才可以注入试验溶液。

7.7 将 1 000 mL 试验溶液倒入聚丙烯瓶中，用水浴加热到试验温度，然后经过漏斗注入试验装置里，用塞子密封充液嘴，盖好恒温水浴的盖子。

7.8 在整个试验过程中，温度保持试验温度。用温度计精确测量试验温度，温度计的水银球应靠近试验装置并处于试验装置高度一半的位置；如果水浴中放置两个以上的试验装置，应将温度计放置在其中间位置。

7.9 从试液注入试验装置开始计时，到试验时间后，用铁钩将试验装置移出水浴，立即倒出试液，并用自来水清洗试验装置。从保护套中拿出试样，用浸过冷的醋酸溶液的脱脂棉擦洗试样 3 次，然后用蒸馏水冲洗。仔细地去除掉保护套留在试样上的残余物，重复 7.3～7.4，称重试样，精确至 0.2 mg，作为最终质量 m_2。

注：将试样从干燥器中取出到称量试样重量结束的过程，时间不得超过 2 min。

7.10 多次测量试样受到腐蚀的圆形区域的直径，选择三个范围在 80 mm±1 mm 的数值的平均值作为受腐蚀区域的直径，并用该平均值计算受腐蚀区域的面积 A。

8 结果计算

8.1 单位面积总失重

试样的单位面积总失重 $\Delta\rho_A$ 按式(1)计算。

$$\Delta\rho_A = \frac{(m_1 - m_2)}{A} \qquad \cdots\cdots(1)$$

式中：

$\Delta\rho_A$ ——单位面积总失重，单位为克每平方米(g/m^2)；

m_1 ——试样起始质量,单位为克(g);

m_2 ——试样最终质量,单位为克(g);

A ——试样受腐蚀区域的面积,单位为平方米(m^2)。

为了区分不同试验时间的测试结果,可以将试验时间描述在试验结果中。

示例 1:试验时间为 24 h 的结果:$\Delta\rho_{A24}$。

示例 2:试验时间为 48 h 的结果:$\Delta\rho_{A48}$。

如果两块试样中有裂纹、爆瓷、边缘受腐蚀的试件,应将这种现象描述在试验报告中并应更换试样重新进行试验。

计算每块试样的单位面积总失重,结果精确至 0.1 g/m^2,如果两个试件单位面积总失重的差值与其算术平均值的比值超过 20%,应再取两块试件重新试验,如属同一批试件,去掉相对误差超过 20%的数值,其余数值求其平均值为最终试验结果。

8.2 腐蚀速率

在搪玻璃釉耐热氢氧化钠溶液腐蚀性能试验中,试件的质量损失与试验时间成正比。试件的单位面积质量损失率 v 按式(2)计算。

$$v = \frac{\Delta\rho_A}{t} \qquad \cdots\cdots(2)$$

式中:

v ——试件的单位面积质量损失率,单位为克每平方米每小时(g/m^2·h);

$\Delta\rho_A$——单位面积总失重,单位为克每平方米(g/m^2);

t ——试验时间,单位为小时(h)。

试样的日腐蚀速率 v_d 按式(3)计算,单位为克每平方米每天(g/m^2·d)。

$$v_d = 24v \qquad \cdots\cdots(3)$$

试样的年腐蚀速率 w 按式(3)计算,单位为毫米每年(mm/a)。

$$w = 3\,504v \qquad \cdots\cdots(4)$$

注:使用式(4)时,通常认为搪玻璃釉是一种均匀的没有气泡的密度为 2.5 g/cm^3 的物质。

计算每块试样的年腐蚀速率,结果精确至 0.01 mm/a。

9 热氢氧化钠测试

9.1 概述

试验步骤应按第 7 章的规定执行。

9.2 氢氧化钠溶液,c(NaOH)=0.1 mol/L

用带有磨砂玻璃盖的标准称量瓶称量 4 g 氢氧化钠粉末,倒入单标线容量瓶,再用蒸馏水冲洗标准称量瓶,并将冲洗水倒入容量瓶,反复冲洗(2~3)次,用蒸馏水稀释容量瓶中的碱溶液至 1 000 mL。为防止此溶液吸收空气中的二氧化碳,溶液应保存于密闭容器或使用新配制的溶液。

9.3 试验温度

试验温度为 80 ℃±1 ℃。

9.4 试验时间

试验时间为 24 h,整个试验过程中,试验温度应保持恒定。

9.5 试验报告

试验报告应包括以下内容：

a) 送样单位、样品名称及编号、搪玻璃釉的牌号和批号、样品数量、取样方式；
b) 试验时使用的标准名称及试验溶液；
c) 试验时间：24 h；
d) 试验温度：80 ℃；
e) 试验结果：
——单位面积总失重；
——单位面积质量损失率；
——日腐蚀速率；
——年腐蚀速率；
f) 任何非本标准规定的试验操作过程；
g) 试验过程中发生的异常现象；
h) 试验日期；
i) 试验人、审核人。

10 其他碱性溶液测试

10.1 概述

试验步骤应按第7章的规定执行。

10.2 碱性溶液

试验液应使用蒸馏水和分析纯的碱性试剂配制而成。试验液要确保不能损坏试验装置。

10.3 试验温度

试验温度应获得送样单位的认可。

10.4 试验时间

试验时间应获得送样单位的认可，整个试验过程中，试验温度应保持恒定。

10.5 试验报告

试验报告应包括以下内容：

a) 送样单位、样品名称及编号、搪玻璃釉的牌号和批号、样品数量、取样方式；
b) 标准名称及试验时使用的试验溶液；
c) 试验时间；
d) 试验温度；
e) 试验结果：
——单位面积总失重；
——单位面积质量损失率；

——年腐蚀速率；

f） 任何非本标准规定的试验操作过程；

g） 试验过程中发生的异常现象；

h） 试验日期；

i） 试验人、审核人。

ICS 71.120;25.220.50
G 94

中华人民共和国国家标准

GB/T 7989—2013
代替 GB/T 7989—2003

搪玻璃釉　耐沸腾酸及其蒸气腐蚀性能的测定

Viterous and porcelain enamels—Determination of resistance to chemical corrosion by boiling acids and their vapours

2013-12-31 发布　　2014-10-01 实施

中华人民共和国国家质量监督检验检疫总局
中国国家标准化管理委员会　发布

前　言

本标准按照 GB/T 1.1—2009 给出的规则起草。

本标准代替 GB/T 7989—2003《搪玻璃釉耐沸腾盐酸蒸气腐蚀性能的测定》。与 GB/T 7989—2003 相比，主要技术变化如下：

——增加了搪玻璃釉耐其他溶液腐蚀性能的测定方法；

——试验装置中增加了稳压器，用于避免输入电加热圈的电压出现波动；

——在试验装置中增加了冷凝液回收器，用于控制试验溶液的沸腾程度；

——增加了试件单位面积总失重和年腐蚀速率的计算方法。

本标准参考了 ISO 28706—2:2008《搪瓷耐化学侵蚀的测定　第 2 部分　耐沸腾酸、沸腾中性液体及其蒸气化学侵蚀的测定》。

本标准由中国石油和化学工业联合会提出。

本标准由全国搪玻璃设备标准化技术委员会(SAC/TC 72)归口。

本标准起草单位：常熟市华懋化工设备有限公司、宁波明欣化工机械有限责任公司、江阴硅普搪瓷有限公司、化学工业非金属材料和设备质量监督检验中心。

本标准主要起草人：纪永祥、叶青、李雪梅、张楠、庞振歌、桑临春。

本标准所代替标准的历次版本发布情况为：

——GB/T 7989—1987、GB/T 7989—2003。

搪玻璃釉　耐沸腾酸及其蒸气腐蚀性能的测定

1　范围

本标准规定了搪玻璃平板试件耐酸和中性液体及其蒸气腐蚀性能测定的试验装置及方法。

本标准适用于搪玻璃釉耐酸和中性液体及其蒸气腐蚀性能的测定。

2　规范性引用文件

下列文件对于本文件的应用是必不可少的。凡是注日期的引用文件，仅注日期的版本适用于本文件。凡是不注日期的引用文件，其最新版本(包括所有的修改单)适用于本文件。

GB/T 622　化学试剂　盐酸

GB/T 625　化学试剂　硫酸

GB/T 678　化学试剂　乙醇(无水乙醇)

GB/T 6031　硫化橡胶或热塑性橡胶硬度的测定(10～100IRHD)

GB/T 6579　实验室玻璃仪器　热冲击和热冲击强度试验方法

GB/T 6682　分析实验室用水规格和试验方法

GB/T 8269　柠檬酸

GB/T 12804　实验室玻璃仪器　量筒

GB/T 12806　实验室玻璃仪器　单标线容量瓶

GB/T 21784.2　实验室玻璃器皿　通用型密度计　第2部分：试验方法和使用

GB/T 28212　实验室玻璃仪器　冷凝管

HG/T 3105　钢板搪玻璃试件的制备

ISO 649-1　实验室玻璃器皿　通用密度计　第1部分：规范(Laboratory glassware；Density hydrometers for general purposes；Part 1：Specification)

ISO 3585　3.3 硼硅酸盐玻璃　性能(Borosilicate glass 3.3—Properties)

3　原理

搪玻璃层经受沸腾酸性液体或气体腐蚀一定时间，测定搪玻璃试件的质量损失，并计算试件在该时间内单位面积上的质量损失率，即腐蚀速率。腐蚀速率愈低，搪玻璃釉对沸腾酸性液体或气体的耐蚀性能愈好。

4　试剂

4.1　概述

除特殊规定外，试验过程中只允许使用经过验证的分析级试剂。

4.2 蒸馏水

试验用蒸馏水应为符合 GB/T 6682 规定的三级纯度的蒸馏水。

4.3 醋酸溶液

用于清洗试验装置和试样,浓度为 50 mL/L。

4.4 中性洗涤剂

用来清洗试件表面的油渍及污物。

4.5 溶剂

符合 GB/T 678 的规定的无水乙醇,用来洗涤试件。

4.6 柠檬酸晶体

一水柠檬酸晶体应符合 GB/T 8269 的规定,优级。

4.7 硫酸

30%(质量分数)硫酸溶液:用硫酸和蒸馏水配制。密度在 1.217 g/mL 到 1.220 g/mL 之间。用于配置溶液的硫酸应符合 GB/T 625 的规定,分析纯。

4.8 盐酸

20%(质量分数)盐酸溶液:用盐酸和蒸馏水配制。密度在 1.097 g/mL 到 1.099 g/mL 之间。用于配置溶液的盐酸应符合 GT/T 622 的规定,分析纯。

5 试验装置和仪器(见图 1、图 2)

5.1 测试装置

5.1.1 概述

试验装置中的玻璃筒有两个接口,这两个接口都是标准插口,一个插口安装温度计以测量气相的温度,另一个插口用来接冷凝液收集器,冷凝液收集器的另一端则安装回流冷凝器。

两块试样分别位于玻璃筒的顶部和底部,如果需要只做一相试验时,其中一块可以用盲板(聚四氟乙烯板或硼硅酸盐玻璃板)取代。装有试样的玻璃筒固定在两块圆形的钢板之间,用三个螺柱、三个翼形螺母和三个六角螺母使其固定。在圆形板和每个试样间放一个石棉垫圈。试样和玻璃筒之间用垫片保证密封。

说明：

1——球形冷凝管；

2——冷凝液收集器；

3——玻璃筒；

4——电压控制装置；

5——稳压器。

图 1　试验装置装配图

单位为毫米

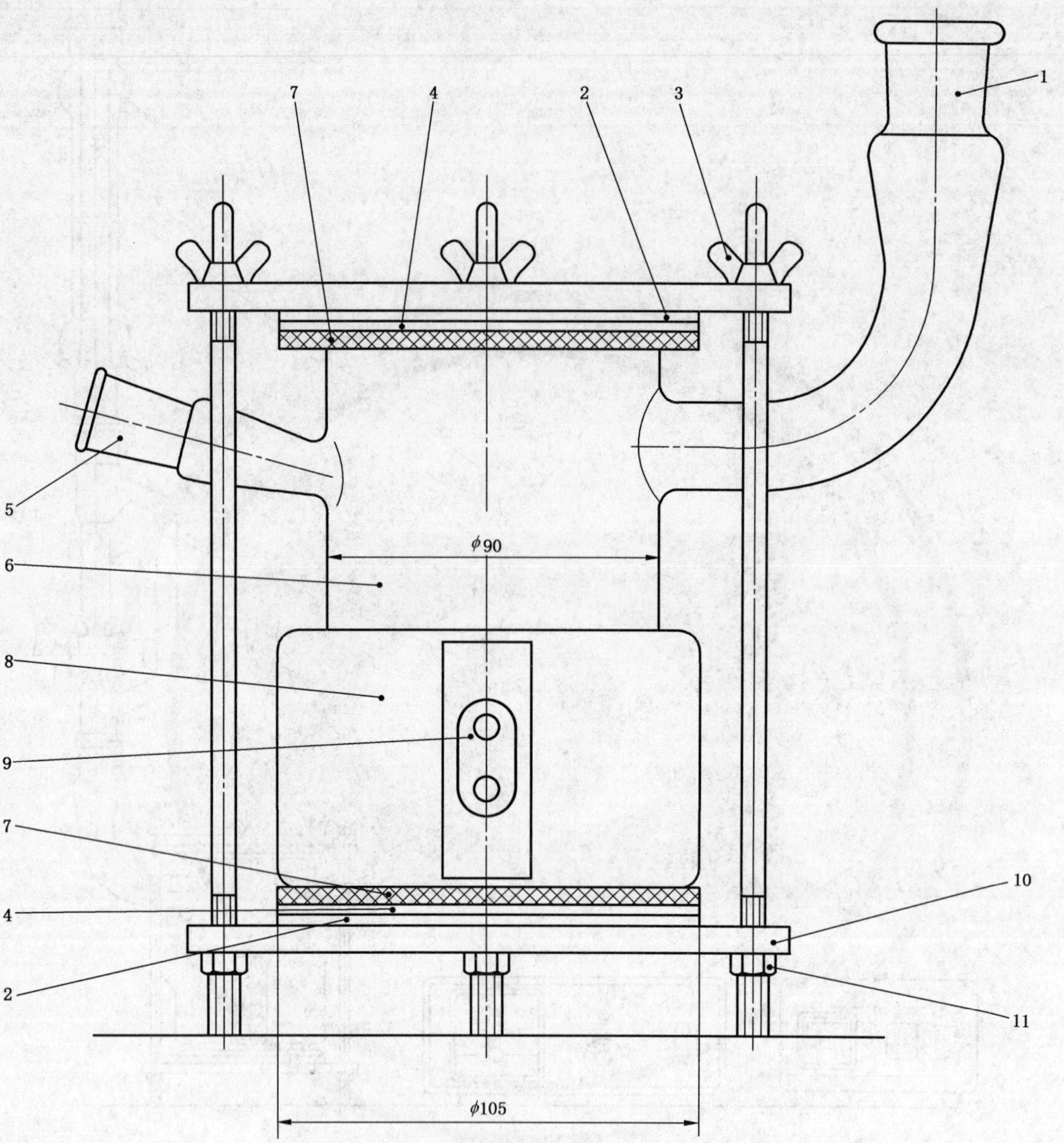

说明：

1——冷凝管接口；
2——石棉垫圈；
3——翼型螺母；
4——试件；
5——测温孔；
6——玻璃筒；
7——垫片；
8——加热圈；
9——电插销；
10——圆板；
11——六角螺母。

图2 试验装置

试验装置由加热圈使其加热，该加热圈放在玻璃筒的下半部分，加热圈距离装置底面垫片的距离不得超过3 mm。

5.1.2 **玻璃筒(见图 3)**

玻璃筒由符合 ISO 3585 要求的 3.3 硼硅酸盐玻璃制成,玻璃筒的两个端面要平整。按 GB/T 6579 的要求进行温差急变试验时,玻璃筒应至少通过 120 ℃的温差急变而不破坏。

注:试验过程中不需要测温时,应用橡胶塞将玻璃筒的测温孔密封。

单位为毫米

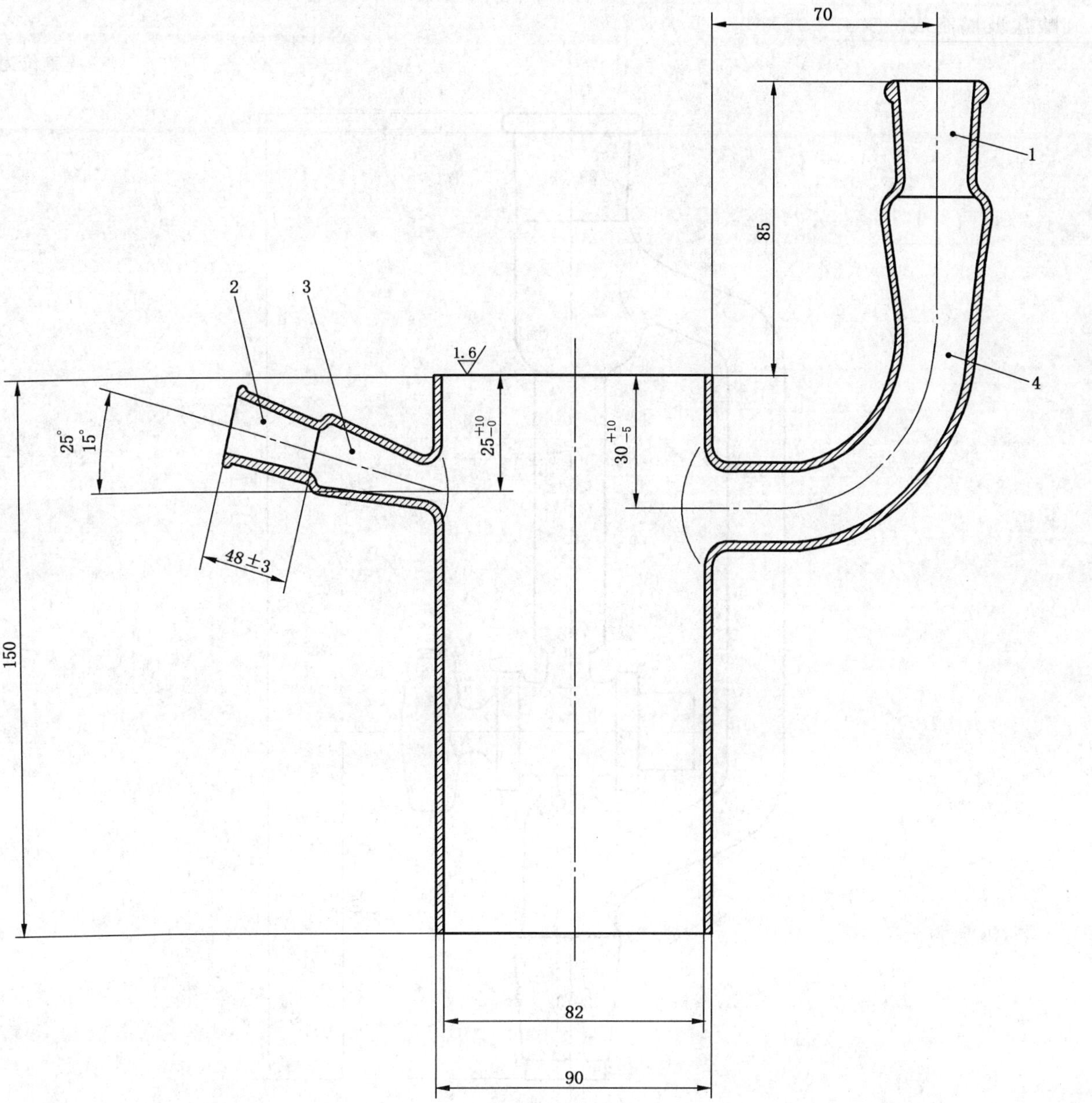

说明:

1——玻璃筒;

2——温度计接口(标准磨口);

3——冷凝管接口(标准磨口);

4——支管。

图 3 玻璃筒

5.1.3 冷凝管

符合 GB/T 28212 规定的带标准磨口的球形冷凝器，其换热部分长度大于 400 mm，由符合 ISO 3585 规定的 3.3 硼硅酸盐玻璃制成。

5.1.4 冷凝液收集器(见图 4)

冷凝液收集器用于收集由冷凝管冷凝后的试验液，精度为 0.1 mL，由符合 ISO 3585 规定的 3.3 硼硅酸盐玻璃制成。

单位为毫米

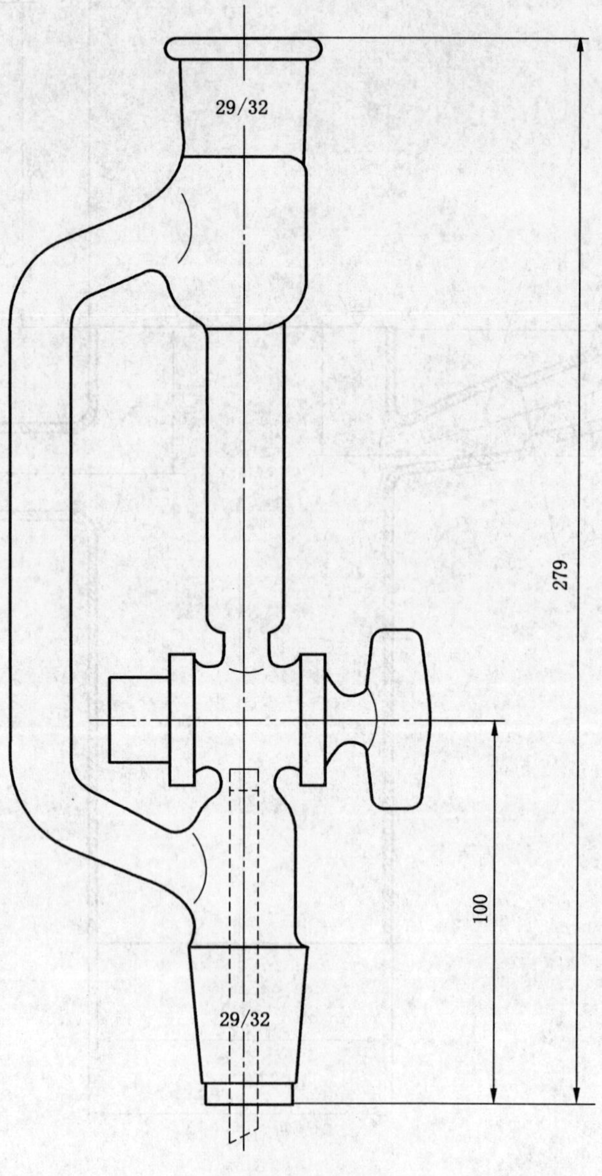

图 4 冷凝液收集器(10 mL)

5.1.5 圆板(见图 5)

圆板两块，由表面钝化处理的钢板制成。

单位为毫米

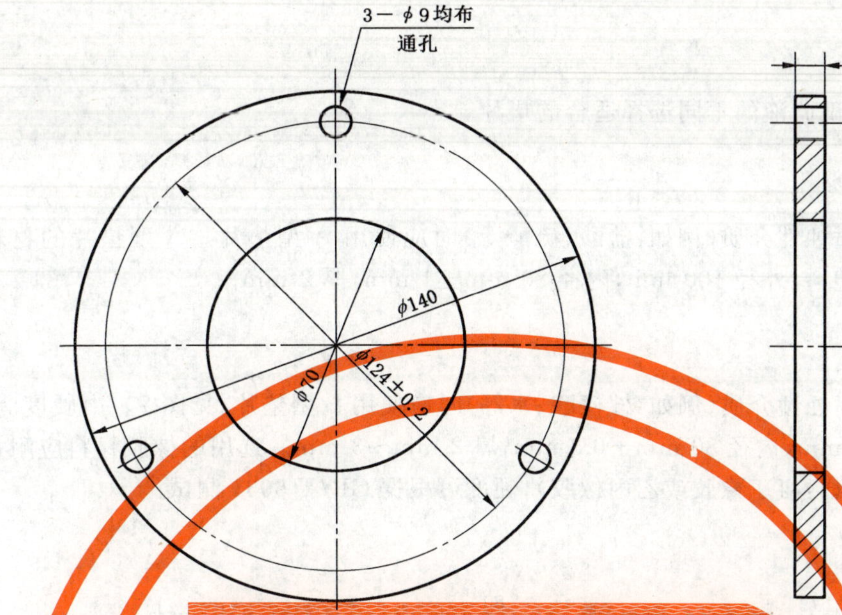

图 5 圆板

单位为毫米

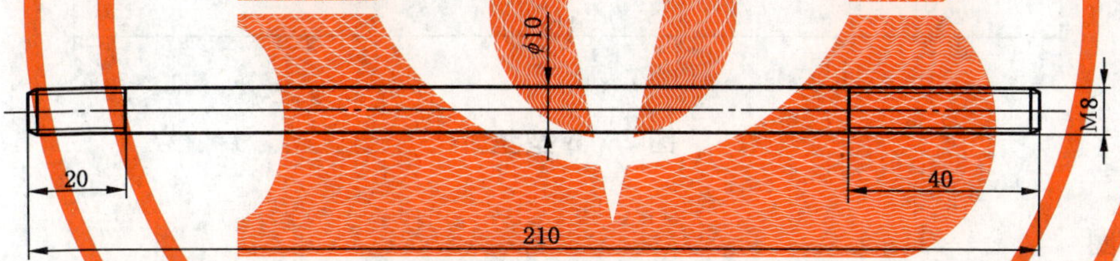

图 6 螺柱

注：当试验液为无机酸(盐酸、硫酸等)时，聚四氟乙烯是唯一一种适合作为本试验用垫圈的塑料类材料。

5.1.6 六角螺母

六角螺母 3 个，具有与螺柱相配合的螺纹。

5.1.7 翼型螺母

翼型螺母 3 个，具有与螺柱相配合的螺纹。

5.1.8 螺柱(见图 6)

螺柱 3 个，由耐蚀不锈钢制成。

5.1.9 石棉垫圈

石棉垫圈两个，在 140 ℃时能耐酸和水的腐蚀。

5.1.10 密封垫片

5.1.10.1 概述

试验时，应根据试验液的不同选择适合的垫片。

5.1.10.2 A型垫片

当试验液为强腐蚀性介质（例如：盐酸、硫酸等）时应使用A型垫片。A型垫片的材料为氯丁橡胶外包覆聚四氟乙烯塑料，外径100 mm，内径80 mm±1 mm，厚2 mm。

5.1.10.3 B型垫片

当试验液为弱腐蚀性介质（例如：柠檬酸、水等）时应使用B型垫片，见图7。由硬度为70 IRHD的橡胶制成，外径110 mm，内径80 mm±0.3 mm，厚2 mm～3 mm。选用的橡胶材料应耐140 ℃的酸性溶液及水的腐蚀（例如：氯丁橡胶或乙丙橡胶），硬度可根据GB/T 6031测试。

单位为毫米

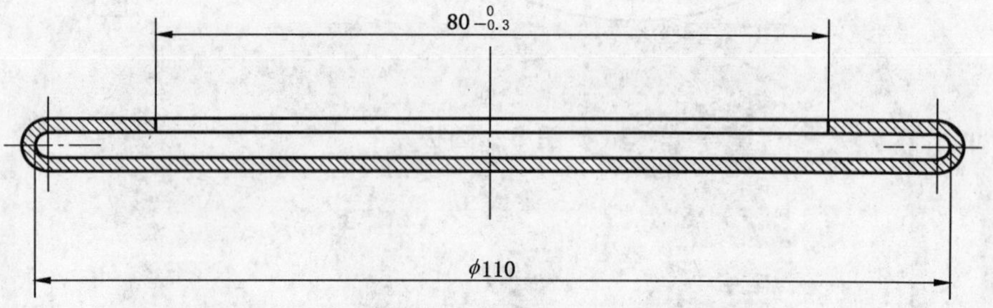

图7 B型垫片

5.1.11 电热圈

电热圈规格：ϕ90 mm×90 mm、220 V、500 W，由具有高导热系数的合金材料外包覆保温材料制成，安装于玻璃筒外部，其下端与底部的密封垫的距离不得超过3 mm，但不得与密封垫接触。

5.1.12 电压控制装置

电压控制装置：如调压器等控制设备。

5.1.13 稳压器

稳压器用于避免试验过程中的实验室电源的电压波动。

5.1.14 盲板

盲板为聚四氟乙烯塑料板或由符合ISO 3585要求的3.3硼硅酸盐玻璃制成的玻璃板，直径105 mm。当只进行气相或液相试验时，取代另一块试件。

5.1.15 沸腾辅助器材

沸腾辅助器材：如可以耐沸腾试验液腐蚀的悬浮颗粒。

注1：当试验液为无机酸（盐酸、硫酸等）时，聚四氟乙烯是唯一一种适合试验使用的塑料类材料。

注2：使用沸腾硫酸作为试验液时，最好使用一根硼硅酸盐毛细管来防止沸腾的延迟。

5.2 干燥箱

干燥箱温度范围:0 ℃～150 ℃。

5.3 干燥器

干燥器内径大于 200 mm。

5.4 量筒

量筒容积为 500 mL,符合 GB/T 12804 的规定。

5.5 单标线容量瓶

单标线容量瓶容积为 500 mL,符合 GB/T 12806 的规定。

5.6 标准称量瓶

带有磨砂玻璃盖。

5.7 天平

天平精度为 0.2 mg。

5.8 海绵

海绵为柔软的。

5.9 密度计

密度计应符合 ISO 649-1 的规定,使用方法见 GB/T 21784.2。

6 试样

6.1 试样为圆形试件,其制备应符合 HG/T 3105 的规定。

6.2 每次测定应为两组试样,每一组试样为一块试件。

7 试验步骤

7.1 试件的挑选:将不平整、爆瓷及有裂纹、粉瘤等的试件剔除,并用 10 kV 高电压检测通过。

7.2 将试件周边及背面可能剥落的搪玻璃层全部打磨掉。

7.3 将打磨过的试件先用蘸有中性洗涤剂的海绵擦洗,用自来水冲洗干净后,再用蒸馏水冲洗,然后,用无水乙醇洗涤(2～3)遍,用吹风机吹干,放入干净的试样纸袋中,做好标记,放入干燥箱中。

7.4 在 110 ℃±5 ℃干燥箱中烘干 2 h,再移入干燥器内放置 2 h 后称重试件,精确至 0.2 mg,作为起始质量 m_1。

7.5 将试件固定在试验装置中玻璃筒的上、下两端,使试件搪玻璃面朝向玻璃筒的里面,如果需要只做一相(液相或气相)试验时,其中一块可以用盲板(聚四氟乙烯板或硼硅酸盐玻璃板)取代。均匀地拧紧翼形螺母,确保试验装置不漏水。

7.6 将 450 mL 试验溶液由回流冷凝器接口处倒入玻璃筒内,装好回流冷凝器,通冷却水,接通电热圈电源,加热使溶液在 15 min 内达到沸腾状态。当溶液一达到沸腾状态时即记录时间作为试验起始时间,并立即用温度控制器调节试验溶液沸腾的程度,将冷凝液收集器收集冷凝液的速度控制在 8 mL/3 min～10 mL/3 min。并记录沸腾期间酸性气体的温度。

7.7 根据试验溶液的不同选择合适的试验时间。

7.8 到达试验时间后,终止试验,尽快将玻璃筒内试液倒出,冷却后用自来水冲洗(2～3)遍,拆卸试验装置并取出试件,剔除有裂纹、爆瓷、边缘受腐蚀的试件,用浸过冷的醋酸溶液的海绵擦洗试样 3 次,然后用蒸馏水冲洗。仔细去除试件上保护套留下的残留物,按 7.3～7.4 的规定处理试件,称重,精确至 0.2 mg,作为最终质量 m_2。

注:将试样从干燥器中取出到称量试样重量结束的过程,时间不得超过 2 min。

7.9 多次测量试样受到腐蚀的圆形区域的直径,选择 3 个范围在 80 mm±1 mm 的数值的平均值作为受腐蚀区域的直径,并用该平均值计算受腐蚀区域的面积 A。

8 结果计算

8.1 单位面积总失重

试样的单位面积总失重 $\Delta\rho_A$ 按式(1)计算。

$$\Delta\rho_A = \frac{(m_1 - m_2)}{A} \quad \cdots\cdots(1)$$

式中:

$\Delta\rho_A$ ——单位面积总失重,单位为克每平方米(g/m^2);

m_1 ——试样起始质量,单位为克(g);

m_2 ——试样最终质量,单位为克(g);

A ——试样受腐蚀区域的面积,单位为平方米(m^2)。

为了区分不同试验时间的测试结果,可以将试验时间描述在试验结果中。

示例 1:试验时间为 2.5 h 的结果:$\Delta\rho_{A2.5}$。

示例 2:试验时间为 18 h 的结果:$\Delta\rho_{A18}$。

如果两块试样中有裂纹、爆瓷、边缘受腐蚀的试件,应将这种现象描述在试验报告中并应更换试样重新进行试验。

计算每块试样的单位面积总失重,结果精确至 0.1 g/m^2,如果两个试件单位面积总失重的差值与其算术平均值的比值超过 20%,应再取两块试件重新试验,如属同一批试件,去掉相对误差超过 20%的数值,其余数值求其平均值为最终试验结果。

8.2 腐蚀速率

在搪玻璃釉耐沸腾盐酸腐蚀性能试验中,试件的质量损失与试验时间成正比。试件的单位面积质量损失率 υ 按式(2)计算。

$$\upsilon = \frac{\Delta\rho_A}{t} \quad \cdots\cdots(2)$$

式中:

υ ——试件的单位面积质量损失率,单位为克每平方米每小时($g/m^2 \cdot h$);

$\Delta\rho_A$ ——单位面积总失重,单位为克每平方米(g/m^2);

t ——试验时间,单位为小时(h)。

试样的日腐蚀速率 υ_d 按式(3)计算,单位为克每平方米每天($g/m^2 \cdot d$)。

$$\upsilon_d = 24\upsilon \quad \cdots\cdots(3)$$

试样的年腐蚀速率 w 按式(4)计算,单位为毫米每年(mm/a)。

$$w = 3\ 504v \qquad \cdots\cdots(4)$$

注:使用式(3)时,通常认为搪玻璃釉是一种均匀的没有气泡的密度为 2.5 g/cm^3 的物质。

计算每块试样的年腐蚀速率,结果精确至 0.01 mm/a。

9 沸腾柠檬酸测试

9.1 概述

试验步骤应按第 7 章的规定执行。

搪玻璃釉耐沸腾柠檬酸腐蚀性能的测定,只需进行液相试验。

9.2 柠檬酸溶液

用带有磨砂玻璃盖的标准称量瓶称量 32 g 一水柠檬酸晶体,倒入单标线容量瓶,再用蒸馏水冲洗标准称量瓶,并将冲洗水倒入容量瓶,反复冲洗(2～3)次,用蒸馏水稀释容量瓶中的柠檬酸溶液至 500 mL。

9.3 试验时间

试验时间为 2.5 h(150 min),整个试验过程中,冷凝液收集器收集冷凝液的速度应控制在 8 mL/3 min～10 mL/3 min。

试验结束后,如果任意一块试样的质量损失小于 8 mg,则试验结果可描述为"<1.6 g/m^2"。

如果需要更精密的试验结果,应使用两块新试样按第 7 章的方法进行试验。

9.4 试验报告

试验报告应包括以下内容:

a) 送样单位、样品名称及编号、搪玻璃釉的牌号和批号、样品数量、取样方式;
b) 试验时使用的标准名称及试验溶液;
c) 试验时间:2.5 h;
d) 试验结果:单位面积总失重;
e) 任何非本标准规定的试验操作过程;
f) 试验过程中发生的异常现象;
g) 试验日期;
h) 试验人、审核人。

10 沸腾硫酸测试

10.1 概述

试验步骤应按第 7 章的规定执行。

搪玻璃釉耐沸腾硫酸腐蚀性能的测定,只需进行液相试验。

10.2 硫酸溶液

硫酸溶液见 4.7,应使用新配制的溶液进行试验。

10.3 试验时间

试验时间为 18 h,整个试验过程中,冷凝液收集器收集冷凝液的速度应控制在 80 mL/3 min～10 mL/3 min。

试验结束后,如果任意一块试样的质量损失小于 8 mg,则试验结果可描述为"<1.6 g/m^2"。

如果需要更准确的试验结果,应使用两块新试样按第 7 章的方法进行试验。

10.4 试验报告

试验报告应包括以下内容:

a) 送样单位、样品名称及编号、搪玻璃釉的牌号和批号、样品数量、取样方式;
b) 试验时使用的标准名称及试验溶液;
c) 试验时间:18 h;
d) 试验结果:单位面积总失重;
e) 任何非本标准规定的试验操作过程;
f) 试验过程中发生的异常现象;
g) 试验日期;
h) 试验人、审核人。

11 沸腾盐酸测试

11.1 概述

试验步骤应按第 7 章的规定执行。

搪玻璃釉耐沸腾盐酸腐蚀性能的测定,只需进行气相试验。

11.2 盐酸溶液

盐酸溶液见 4.8,应使用新配制的溶液进行试验。

11.3 试验时间

试验时间为 7 d,整个试验过程中,冷凝液收集器收集冷凝液的速度应控制在 8 mL/3 min～10 mL/3 min。

试验结束后,如果任意一块试样的质量损失小于 8 mg,应用新的试样再进行试验,时间为 14 d。如果 14 d 试验结束后,任意一块试样的质量损失仍然小于 8 mg,则试验结果可描述为"<1.6 g/m^2"。

如果需要更准确的试验结果,应使用两块新试样按第 7 章的方法进行试验。

11.4 试验报告

试验报告应包括以下内容:

a) 送样单位、样品名称及编号、搪玻璃釉的牌号和批号、样品数量、取样方式;
b) 试验时使用的标准名称及试验溶液;
c) 试验时间:7 d 或 14 d;
d) 试验结果:
——单位面积总失重;
——单位面积质量损失率;
——日腐蚀速率;

——年腐蚀速率；

e) 任何非本标准规定的试验操作过程；

f) 试验过程中发生的异常现象；

g) 试验日期；

h) 试验人、审核人。

12 沸腾蒸馏水/去离子水测试

12.1 概述

试验步骤应按第7章的规定执行。

搪玻璃釉耐沸腾蒸馏水/去离子水腐蚀性能的测定，气液两相应至少选做一项。

12.2 蒸馏水/去离子水

蒸馏水/去离子水见4.2，电导率不大于50 μS/cm，应使用新配制的蒸馏水/去离子水进行试验。

12.3 试验时间

试验时间为2 d(48 h)，整个试验过程中，冷凝液收集器收集冷凝液的速度应控制在8 mL/3 min～10 mL/3 min。

试验结束后，如果任意一块试样的质量损失小于8 mg，应用新的试样再进行试验，时间为14 d (336 h)。如果14 d试验结束后，任意一块试样的质量损失仍然小于8 mg，则试验结果可描述为"$<1.6\ g/m^2$"。

如果需要更准确的试验结果，应使用两块新试样按第7章的方法进行试验。

12.4 试验报告

试验报告应包括以下内容：

a) 送样单位、样品名称及编号、搪玻璃釉的牌号和批号、样品数量、取样方式；

b) 试验时使用的标准名称及试验溶液；

c) 试验时间：48 h或14 d；

d) 试验结果：液相/气相单位面积总失重；

e) 任何非本标准规定的试验操作过程；

f) 试验过程中发生的异常现象；

g) 试验日期；

h) 试验人、审核人。

13 其他溶液测试

13.1 概述

试验步骤应按第7章的规定执行。

搪玻璃釉耐其他溶液腐蚀性能的测定，气液两相应至少选做一项。

13.2 试验溶液

试验液应使用蒸馏水和分析纯的化学试剂配制而成。试验液要确保不能损坏试验装置。

13.3 试验时间

试验时间根据要求确定，整个试验过程中，冷凝液收集器收集冷凝液的速度应控制在 8 mL/3 min～10 mL/3 min。

试验结束后，如果任意一块试样的质量损失小于 8 mg，则试验结果可描述为"$<1.6\ g/m^2$"。

如果需要更精密的试验结果，应使用两块新试样按第 7 章的方法进行试验，重新确定试验时间。

13.4 试验报告

试验报告应包括以下内容：

a) 送样单位、样品名称及编号、搪玻璃釉的牌号和批号、样品数量、取样方式；

b) 试验时使用的本标准名称及试验溶液；

c) 试验溶液；

d) 试验时间；

e) 试验结果：

——液相/气相单位面积总失重；

——液相/气相单位面积质量损失率；

——液相/气相年腐蚀速率；

f) 任何非本标准规定的试验操作过程；

g) 试验过程中发生的异常现象；

h) 试验日期；

i) 试验人、审核人。

ICS 71.120;25.220.50
G 94

中华人民共和国国家标准

GB/T 7990—2013
代替 GB/T 7990—2002

搪玻璃层耐机械冲击试验方法

Vitreous and porcelain enamels—Determination of resistance to impact

2013-12-31 发布　　2014-10-01 实施

中华人民共和国国家质量监督检验检疫总局
中国国家标准化管理委员会　发布

前言

本标准按照 GB/T 1.1—2009 给出的规则起草。

本标准代替 GB/T 7990—2002《搪玻璃层耐机械冲击试验方法》,与 GB/T 7990—2002 相比,主要技术内容变化如下:

——修改了钢球冲击点位置和冲击高度的测试设备(见 4.1);

——增加了试验步骤中称量钢球质量的要求(见 6.1)。

本标准由中国石油和化学工业联合会提出。

本标准由全国搪玻璃设备标准化技术委员会(SAC/TC 72)归口。

本标准起草单位:临沂宏业化工设备有限公司、宁波明欣化工机械有限责任公司、天华化工机械及自动化研究设计院、化学工业非金属材料和设备质量监督检验中心。

本标准主要起草人:张楠、邵泽恩、叶青、季雨亭、马小强、孙涛。

本标准所代替标准的历次版本发布情况为:

——GB/T 7990—1987、GB/T 7990—2002。

搪玻璃层耐机械冲击试验方法

提示：通过本试验可考核搪玻璃层的抗机械冲击性能、搪玻璃层与基体金属的密着性、搪玻璃层的残余应力等综合性能。

1 范围

本标准规定了搪玻璃层耐机械冲击性能的试验原理、试验装置、试样、试验步骤、计算公式和试验报告。

本标准属于破坏性试验，应用搪玻璃平板试样作为耐机械冲击试验的对象。

2 规范性引用文件

下列文件对于本文件的应用是必不可少的。凡是注日期的引用文件，仅注日期的版本适用于本文件。凡是不注日期的引用文件，其最新版本(包括所有的修改单)适用于本文件。

GB/T 308 滚动轴承 钢球

HG/T 3105 钢板搪玻璃试件的制备

3 试验原理

由一规定的钢球自由下落，垂直冲击试样的搪玻璃层表面，测搪玻璃层出现裂纹、粉化、剥落、碎裂现象时钢球的下落高度，计算钢球的下落冲击功。

4 试验装置

4.1 试验装置见图1，各部件的作用如下：

——定位螺钉：调节钢球夹持/释放器的高度；

——激光测距仪：用于确定钢球在试板上的冲击位置并读取钢球的下落高度，精度为1 mm；

——钢球夹持/释放器：保证钢球可靠地夹持在一定高度，释放时能使钢球在无外力作用下自由下落；

——钢球：直径为30 mm，重量约110 g，并应符合GB/T 308的规定；

——底盘：钢制件，外形尺寸长、宽、高分别为160 mm×160 mm×50 mm，内孔尺寸长、宽、深分别为82 mm×82 mm×10 mm，内孔位于底盘中心，孔内铺放6 mm～7 mm厚的石英砂，沙子粒度为标准分样筛20目～40目之间，砂层是为了确保试样水平放置在底盘上，底盘可在底座上自由移动；

——支架：支撑钢球夹持/释放器，刻度尺固定在支架上；

——底座：支撑底盘和固定支架；

——调节螺钉：调节底座的水平度。

4.2 天平：精度为0.1 mg，用于称量钢球的质量。

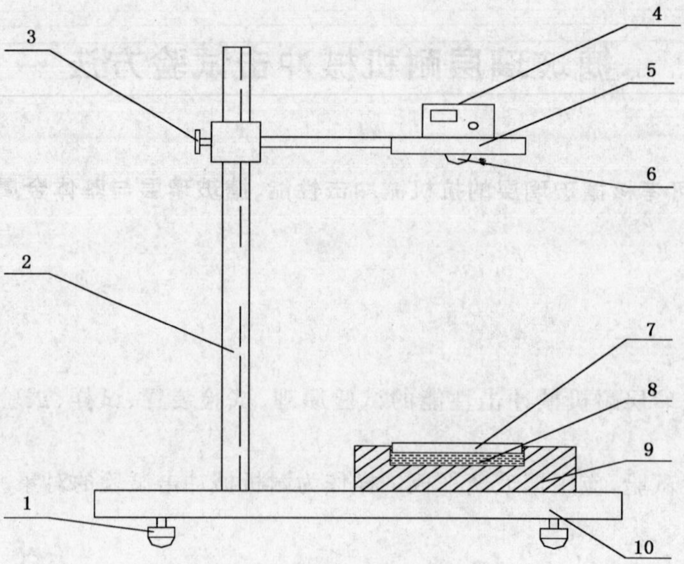

说明：
1 ——调节螺母；
2 ——支架；
3 ——定位螺栓；
4 ——激光测距仪；
5 ——钢球夹持/释放器；
6 ——钢球；
7 ——试板；
8 ——砂层；
9 ——底盘；
10——底座。

图 1 试验装置

5 试样

5.1 每组试样应不少于三块试件。

5.2 试样为正方形，其制备应符合 HG/T 3105 的规定。

6 试验步骤

6.1 准确称量钢球的质量 m，并精确到 0.1 mg。

6.2 将试样水平置于底盘内孔沙层上。

注：试件在内孔沙层上放置不平，将导致冲击角度变化，影响试验数据的准确。

6.3 将钢球夹持/释放器调节至一定高度。

6.4 打开激光测距仪，移动底盘选择冲击点的位置，并记录测距仪的读数 h_1。

6.5 钢球放在夹持/释放器中。

6.6 释放钢球使其自由下落冲击搪玻璃面。

6.7 用红铅笔在冲击点的周围划一个圈作为标记。

6.8 从内孔中取出试样，用干净的药棉擦掉冲击点处的冲击痕迹。

6.9 用 60 W 灯光照射，从各个不同角度观察，如未发现裂纹、粉化、剥落、碎裂等现象，即为通过。

6.10 如经 6.8 判定通过，则将冲击高度升高 10 mm，否则，将冲击高度降低 10 mm。

6.11 移动底盘，选择下一个冲击点的位置，每个冲击点之间及其距试样边缘的距离应不小于 10 mm，重复 6.1～6.9 直到试样上出现两个冲击破坏点，它们各自的前一个冲击点高度值即为搪玻璃层能承受的冲击高度。以其平均值作为该试样的耐冲击高度值，其相对误差不应超过平均值的 10%，否则应增加测试点数直至相对误差符合要求。

6.12 取三块试样冲击高度值的平均值来计算冲击功。

6.13 如果三块试件中任意一块的冲击高度值与平均值的相对误差超过 10%，则在同一批试样中另取一块试样重新进行试验，结果合并处理。

7 计算公式

按式(1)计算搪玻璃层耐机械冲击性能。

$$W = m \cdot g \cdot h \qquad (1)$$

式中：

W ——冲击功(准确至 10^{-3})，单位为焦耳(J)；

m ——钢球质量，单位为克(g)；

g ——重力加速度，取值为 9.807 m/s^2；

h ——三块试件的冲击高度平均值，单位为毫米(mm)。

8 试验报告

试验报告应包括下列内容：

a) 送样单位；

b) 取样方式；

c) 试验单位；

d) 试验日期；

e) 试样名称及编号；

f) 搪玻璃釉的牌号和批号；

g) 瓷层厚度；

h) 试验依据的标准代号；

i) 试验结果；

j) 试验人；

k) 审核人。

ICS 71.120;25.220.50
G 94

中华人民共和国国家标准

GB/T 7996—2013
代替 GB/T 7996—2006

搪玻璃容器公称容积与公称直径

Norminal capacity and diameter of glass-lined equipment

2013-12-31 发布　　2014-10-01 实施

中华人民共和国国家质量监督检验检疫总局
中国国家标准化管理委员会　发布

前　言

本标准按照 GB/T 1.1—2009 给出的规则起草。

本标准代替 GB/T 7996—2006《搪玻璃容器公称容积与公称直径》，与 GB/T 7996—2006 相比，主要技术内容变化如下：

——容器公称容积由 50 L～80 000 L 扩大到 50 L～125 000 L，增加了 100 000 L、125 000 L 两种公称容积规格；

——用钢管作筒体时公称直径由 DN 159～DN 426 修订为 DN 273～DN 426，删除了规格为 DN 219的公称尺寸。

本标准参考了 DIN 28018《搪玻璃压力容器 0.063 m^3～10 m^3》、DIN 28019《搪玻璃压力容器 12.5 m^3～125 m^3》以及 DIN 28136 第一部分《搅拌容器　主要尺寸》的部分内容。

本标准由中国石油和化学工业联合会提出。

本标准由全国搪玻璃设备标准化技术委员会(SAC/TC 72)归口。

本标准起草单位：常熟市华懋化工设备有限公司、宁波明欣化工机械有限责任公司、苏州市协力化工设备有限公司。

本标准主要起草人：郑贵东、钱建丰、纪永祥、叶青。

本标准所代替标准的历次版本发布情况为：

——GB/T 7996—1987、GB/T 7996—2006。

搪玻璃容器公称容积与公称直径

1 范围

本标准规定了搪玻璃容器的公称容积与公称直径。

2 公称容积

2.1 搪玻璃容器公称容积应按表1的规定选取。

表1 搪玻璃容器公称容积系列

单位为升

50	100	200	300	400	500	800
1 000	1 250	1 500	2 000	2 500	3 000	4 000
5 000	6 300	8 000	10 000	12 500	16 000	20 000
25 000	30 000	40 000	50 000	63 000	80 000	100 000
125 000	—	—	—	—	—	—

2.2 标记示例

搪玻璃容器的公称容积为1 000 L,其标记为VN 1 000。

3 公称直径

3.1 搪玻璃容器筒体用钢板卷制时,公称直径应按表2的规定选取。

表2 搪玻璃容器公称直径系列

单位为毫米

300	400	500	600	700	800	900
1 000	1 100	1 200	1 300	1 400	1 450	1 600
1 750	1 900	2 000	2 050	2 200	2 400	2 600
2 800	3 000	3 200	3 400	3 600	3 800	4 000
注:公称直径为筒体的内径。						

3.2 搪玻璃容器用钢管作筒体时,公称直径应按表3的规定选取。

表3 用钢管作筒体时搪玻璃容器的公称直径系列

单位为毫米

273	325	377	426
注:公称直径为筒体的外径。			

3.3 标记示例

搪玻璃容器的公称直径为1 200 mm,其标记为DN 1 200。

ICS 77.150.60
H 62

中华人民共和国国家标准

GB/T 8012—2013
代替 GB/T 8012—2000

铸造锡铅焊料

Casting tin-lead solders

2013-12-17 发布　　2014-09-01 实施

中华人民共和国国家质量监督检验检疫总局
中国国家标准化管理委员会　发布

前言

本标准按照GB/T 1.1—2009给出的规则起草。

本标准代替GB/T 8012—2000《铸造锡铅焊料》。本标准与GB/T 8012—2000相比，主要技术内容变化如下：

——牌号由40个减至37个。A类增加代号为15A、5A的2个牌号。B类删除代号为35B、30B、25B、20B的4个牌号。含银焊料删除代号为63Ag、60Ag、50Ag的3个牌号，增加代号为Ag1.5、Ag2.5的2个牌号；

——化学成分作了部分修改。代号63AA中的杂质元素铋含量由≤0.005%修改为≤0.008%；A类代号为63A、60A、55A、50A、含银焊料及含磷焊料中的铋含量由≤0.01%修改为≤0.020%，代号Ag2的含银焊料中的银含量由1%～4%（具体含量由供需双方商定）修改为1.80%～2.20%；

——删除原标准中"除Sb、Bi、Cu以外，杂质总合不大于0.08%"的规定；

——在要求中删除了物理性能；

——增加了产品的生产取样要求；

——删除了"条重，250±25 g"的规定。

本标准参照采用美国ASTM B32—2008《焊剂金属标准规范》、国际标准ISO 9453—2006《软焊料合金　化学成分和形状》和日本标准JIS Z3282—2006《软钎料　化学成分和形状》。各牌号中的杂质限量都严于以上标准相应牌号中的杂质限量。铸造锡铅焊料的参考物理性能见附录A，与ASTM B32—2008牌号对比见附录B。

本标准由全国有色金属标准化技术委员会(SAC/TC 243)归口。

本标准负责起草单位：云南锡业集团有限责任公司。

本标准参加起草单位：广西华锡集团股份有限公司、云南锡业锡材有限公司。

本标准主要起草人：白家强、汤粉兰、李志红、覃祚明、刘宝权、谭勇、陈云、赵军锋。

本标准所代替标准的历次版本发布情况为：

——GB/T 8012—2000；GB/T 8012—1987。

铸造锡铅焊料

1 范围

本标准规定了铸造锡铅焊料的要求、试验方法、检验规则、标志、包装、运输、储存和质量证明书以及合同(或订货单)内容。

本标准适用于湿法、火法精炼生产的铸造锡铅焊料。

2 规范性引用文件

下列文件对于本文件的应用是必不可少的。凡是注日期的引用文件，仅注日期的版本适用于本文件。凡是不注日期的引用文件，其最新版本(包括所有的修改单)适用于本文件。

GB/T 8170 数值修约规则与极限数值的表示和判定

GB/T 10574(所有部分) 锡铅焊料化学分析方法

3 要求

3.1 产品分类

铸造锡铅焊料按合金组成分为37个牌号，详见表1。

3.2 化学成分

3.2.1 铸造铅焊料的化学成分应符合表1的规定。

3.2.2 需方如对铸造锡铅焊料的化学成分有特殊要求时，可由供需双方商定。

3.3 外观质量

铸造锡铅焊料的表面应洁净、无腐蚀，不得有夹渣、毛刺和外来夹杂物。

3.4 锭(条)质量

3.4.1 铸造锡铅焊料锭(条)的单锭(条)质量应符合表2规定。

表2 铸造锡铅焊料锭(条)的质量

锭重/kg	25±3	10±1	5±0.5
条重/g	1 000±100	500±50	—

3.4.2 对铸造锡铅焊料的形状和质量有特殊要求时，可由供需双方商定。

4 试验方法

4.1 铸造锡铅焊料的化学成分仲裁分析方法按GB/T 10574的规定进行。

4.2 铸造锡铅焊料如需要检测表1规定之外的元素，由供需双方协商确定分析方法。

表 1　铸造锡铅焊料牌号及化学成分表

类别	牌号	代号	化学成分(质量分数)/%											
			合金成分			其他	杂质,不大于							
			Sn	Pb	Sb		Bi	Fe	As	Cu	Zn	Al	Cd	Ag
锡铅焊料	ZHLSn63PbAA	63AA	62.50～63.50	余量	≤0.007 0	—	0.008	0.005 0	0.002 0	0.005 0	0.001 0	0.001 0	0.001 0	0.010
	ZHLSn90PbA	90A	89.50～90.50	余量	≤0.050	—	0.020	0.010	0.010	0.020	0.001 0	0.001 0	0.001 0	0.015
	ZHLSn70PbA	70A	69.50～70.50	余量	≤0.050	—	0.020	0.010	0.010	0.020	0.001 0	0.001 0	0.001 0	0.015
	ZHLSn63PbA	63A	62.50～63.50	余量	≤0.012	—	0.020	0.010	0.010	0.020	0.001 0	0.001 0	0.001 0	0.015
	ZHLSn60PbA	60A	59.50～60.50	余量	≤0.012	—	0.020	0.010	0.010	0.020	0.001 0	0.001 0	0.001 0	0.015
	ZHLSn55PbA	55A	54.50～55.50	余量	≤0.012	—	0.020	0.010	0.010	0.020	0.001 0	0.001 0	0.001 0	0.015
	ZHLSn50PbA	50A	49.50～50.50	余量	≤0.012	—	0.020	0.010	0.010	0.020	0.001 0	0.001 0	0.001 0	0.015
	ZHLSn45PbA	45A	44.50～45.50	余量	≤0.050	—	0.025	0.012	0.010	0.030	0.001 0	0.001 0	0.001 0	0.015
	ZHLSn40PbA	40A	39.50～40.50	余量	≤0.050	—	0.025	0.012	0.010	0.030	0.001 0	0.001 0	0.001 0	0.015
	ZHLSn35PbA	35A	34.50～35.50	余量	≤0.050	—	0.025	0.012	0.010	0.030	0.001 0	0.001 0	0.001 0	0.015
	ZHLSn30PbA	30A	29.50～30.50	余量	≤0.050	—	0.025	0.012	0.010	0.030	0.001 0	0.001 0	0.001 0	0.015
	ZHLSn25PbA	25A	24.50～25.50	余量	≤0.050	—	0.025	0.012	0.010	0.030	0.001 0	0.001 0	0.001 0	0.015
	ZHLSn20PbA	20A	19.50～20.50	余量	≤0.050	—	0.025	0.012	0.010	0.030	0.001 0	0.001 0	0.001 0	0.015
	ZHLSn15PbA	15A	14.50～15.50	余量	≤0.050	—	0.025	0.012	0.010	0.030	0.001 0	0.001 0	0.001 0	0.015
	ZHLSn10PbA	10A	9.50～10.50	余量	≤0.050	—	0.025	0.012	0.010	0.030	0.001 0	0.001 0	0.001 0	0.015
	ZHLSn5PbA	5A	4.50～5.50	余量	≤0.050	—	0.025	0.012	0.010	0.030	0.001 0	0.001 0	0.001 0	0.015
	ZHLSn2PbA	2A	1.50～2.50	余量	≤0.050	—	0.025	0.012	0.010	0.030	0.001 0	0.001 0	0.001 0	0.015
	ZHLSn63PbB	63B	62.50～63.50	余量	0.12～0.50	—	0.050	0.012	0.015	0.040	0.001 0	0.001 0	0.001 0	0.015
	ZHLSn60PbB	60B	59.50～60.50	余量	0.12～0.50	—	0.050	0.012	0.015	0.040	0.001 0	0.001 0	0.001 0	0.015
	ZHLSn50PbB	50B	49.50～50.50	余量	0.12～0.50	—	0.050	0.012	0.015	0.040	0.001 0	0.001 0	0.001 0	0.015
	ZHLSn45PbB	45B	44.50～45.50	余量	0.12～0.50	—	0.050	0.012	0.015	0.040	0.001 0	0.001 0	0.001 0	0.015

表 1（续）

类别	牌号	代号	化学成分（质量分数）/%											
			合金成分			其他	杂质，不大于							
			Sn	Pb	Sb		Bi	Fe	As	Cu	Zn	Al	Cd	Ag
锡铅焊料	ZHLSn40PbB	40B	39.50～40.50	余量	0.12～0.50	—	0.050	0.012	0.015	0.040	0.001 0	0.001 0	0.001 0	0.015
	ZHLSn60PbC	60C	59.50～60.50	余量	0.50～0.80	—	0.100	0.020	0.020	0.050	0.001 0	0.001 0	0.001 0	—
	ZHLSn55PbC	55C	54.50～55.50	余量	0.12～0.80	—	0.100	0.020	0.020	0.050	0.001 0	0.001 0	0.001 0	—
	ZHLSn50PbC	50C	49.50～50.50	余量	0.50～0.80	—	0.100	0.020	0.020	0.050	0.001 0	0.001 0	0.001 0	—
	ZHLSn45PbC	45C	44.50～45.50	余量	0.50～0.80	—	0.100	0.020	0.020	0.050	0.001 0	0.001 0	0.001 0	—
	ZHLSn40PbC	40C	39.50～40.50	余量	1.50～2.00	—	0.100	0.020	0.020	0.050	0.001 0	0.001 0	0.001 0	—
	ZHLSn35PbC	35C	34.50～35.50	余量	1.50～2.00	—	0.100	0.020	0.020	0.050	0.001 0	0.001 0	0.001 0	—
	ZHLSn30PbC	30C	29.50～30.50	余量	1.50～2.00	—	0.100	0.020	0.020	0.050	0.001 0	0.001 0	0.001 0	—
	ZHLSn25PbC	25C	24.50～25.50	余量	0.20～1.50	—	0.100	0.020	0.020	0.050	0.001 0	0.001 0	0.001 0	—
	ZHLSn20PbC	20C	19.50～20.50	余量	0.50～3.00	—	0.100	0.020	0.020	0.050	0.001 0	0.001 0	0.001 0	—
含银焊料	ZHLSn62PbAg	Ag2	61.50～62.50	余量	≤0.012	银 1.80～2.20	0.020	0.010	0.010	0.020	0.001 0	0.001 0	0.001 0	—
	ZHLSn5PbAg	Ag2.5	4.50～5.50	余量	≤0.050	银 2.30～2.70	0.020	0.012	0.010	0.030	0.001 0	0.001 0	0.001 0	—
	ZHLSn1PbAg	Ag1.5	0.80～1.20	余量	≤0.050	银 1.30～1.70	0.020	0.012	0.010	0.030	0.001 0	0.001 0	0.001 0	—
含磷焊料	ZHLSn63PbP	63P	62.50～63.50	余量	≤0.012	磷 0.001～0.004	0.020	0.010	0.010	0.020	0.0010	0.001 0	0.001 0	0.015
	ZHLSn60PbP	60P	59.50～60.50	余量	≤0.012	磷 0.001～0.004	0.020	0.010	0.010	0.020	0.001 0	0.001 0	0.001 0	0.015
	ZHLSn50PbP	50P	49.50～50.50	余量	≤0.012	磷 0.001～0.004	0.020	0.010	0.010	0.020	0.001 0	0.001 0	0.001 0	0.015

4.3 铸造锡铅焊料外观质量用目视检测。

4.4 铸造锡铅焊料锭(条)质量采用相应精度要求的称量设备进行称量。

5 检验规则

5.1 检查与验收

5.1.1 铸造锡铅焊料应由供方质量监督部门进行检验,保证产品质量符合本标准或合同(或订货单)的规定,并填写产品质量证明书。

5.1.2 需方可对收到的产品进行质量检验,如检验结果与本标准或合同(或订货单)的规定不符,应在产品收到之日起 60 日内提出,由供需双方协商解决。如需仲裁,仲裁取样在需方由供需双方共同进行。

5.2 组批

铸造锡铅焊料应成批提交检验,每批应由同一牌号,同一生产炉次组成,批重不大于 30 t。

5.3 检验项目

每批铸造锡铅焊料应进行化学成分、外观质量、重量的检验。

5.4 铸造锡铅焊料取、制样方法

5.4.1 生产取样

供方在铸造锡铅焊料生产过程中可从浇铸前和浇铸末的均匀液态金属中取样用于化学成分分析,样量不少于 200 g。

5.4.2 仲裁取样和制备

5.4.2.1 锭

随机抽取不小于该批锭数的 2%,但不得少于 6 个锭,取偶数锭。供制备试样用。

5.4.2.2 条

随机抽取箱数的 3%箱,但最少不小于 3 箱,每箱中任取 2 条。供制备试样用。

5.4.2.3 取样方法

将抽取的锭(条),按锭(条)底部尺寸分为 7 等分,用锯片从锭(条)的两侧交错各锯 3 个锯口,锯口深度为锭(条)宽的二分之一,见图 1。

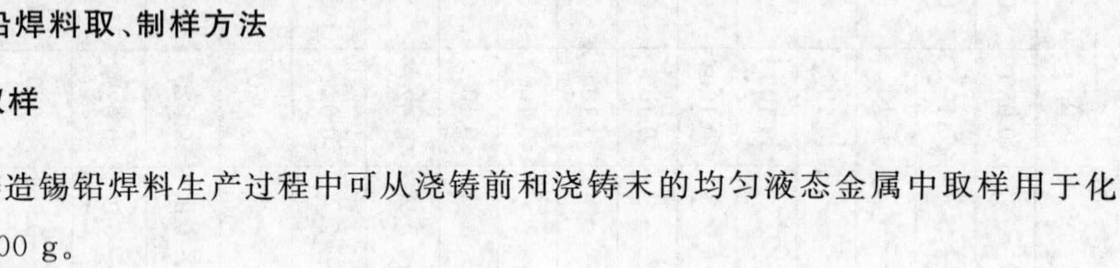

图 1 铸造锡铅焊料试样锯取示意图

5.4.2.4 锯前应将样品表面清理干净，锯速不得使锯屑氧化，不得使用润滑剂。

5.4.2.5 取得的试样必须用磁体除去加工时进入试样的铁性杂质，并制成不大于1.5 mm的屑状，将所取的试样仔细混匀后，以四分法缩分成4份（每份的重量不少于100 g），供需双方各持一份，两份送仲裁，其中一份留作备用。

5.5 检验结果的判定

5.5.1 检验结果的数值修约和判定按GB/T 8170的规定进行。

5.5.2 化学成分仲裁分析结果与本标准或合同（或订货单）的规定不符合时，按批判不合格。

5.5.3 铸造锡铅焊料锭（条）的外观质量及重量与本标准或合同（或订货单）的规定不符合时，按锭（条）判不合格。

6 标志、包装、运输、贮存

6.1 标志

6.1.1 铸造锡铅焊料锭上应浇铸或打印上生产企业名称、产品商标、牌号代号和批号；

6.1.2 铸造锡铅焊料条上应浇铸或打印上生产企业名称、产品商标、牌号代号；

6.1.3 包装箱上应有生产企业名称、厂址、产品商标、产品名称、执行标准、牌号、批号、净重。

6.2 包装、运输、储存

6.2.1 铸造锡铅焊料锭包装成捆或散装；

6.2.2 铸造锡铅焊料条采用木箱、塑料箱或纸箱包装，或由供需双方商定。

6.2.3 铸造锡铅焊料在运输和储存过程中应防止雨淋、受潮、接触化学药品及散包。

6.3 质量证明书

每批铸造锡铅焊料产品应附有质量证明书，其上注明：

a) 供方名称、地址、电话、传真；
b) 产品名称和牌号；
c) 批号；
d) 净重和件数；
e) 分析检验结果和质量监督部门印记；
f) 本标准编号；
g) 出厂日期（或包装日期）。

7 合同（或订货单）内容

本标准所列铸造锡铅焊料的合同（或订货单）应包括下列内容：

a) 产品名称；
b) 牌号；
c) 锭（条）形、尺寸、杂质含量等特殊要求；
d) 包装形式；
e) 数量；
f) 本标准编号；
g) 其他。

附 录 A
（资料性附录）
铸造锡铅焊料的物理性能

表 A.1 铸造锡铅焊料熔化温度、相对密度、应用说明

代号	熔化温度范围/℃		相对密度，约	应用说明
	固相线，约	液相线，约		
90A	183	215	7.4	邮电、电气、仪器高温焊接用
70A	183	192	8.1	专门焊料、焊接锌和镀层金属
63AA	183	183	8.4	电子、电气（印刷线路）波峰焊、光伏焊带用
63A	183	183	8.4	
60A	183	190	8.5	
55A	183	203	8.7	
50A	183	215	8.9	电子、电气一般焊接。机械、器具焊接。散热器浸焊、电缆接头用
45A	183	221	9.1	
40A	185	235	9.3	
35A	185	245	9.5	
30A	185	255	9.7	机械制造焊接，灯泡焊接
25A	185	267	9.9	
20A	185	279	10.2	
15A	225	290	10.4	
10A	268	301	10.5	
5A	300	314	10.8	
2A	316	322	11.2	散热器芯片焊接
63B	183	183	8.4	机械、电器焊接、镀锡。电缆、家用电器焊接。白铁工艺焊接
60B	183	190	8.5	
50B	183	216	8.9	
45B	183	224	9.1	
40B	185	235	9.3	
60C	183	190	8.5	机械、电器焊接。冷却机械、润滑机械制造用，铜及铜合金，白铁工艺焊接
55C	183	203	8.7	
50C	183	216	8.9	
45C	183	224	9.1	
40C	185	225	9.3	
35C	185	235	9.5	
30C	185	250	9.7	
25C	185	260	9.9	
20C	185	270	10.2	

表 A.1（续）

代号	熔化温度范围/℃		相对密度,约	应用说明
	固相线,约	液相线,约		
Ag2	179	179	8.4	银电极、导体焊接用,银餐具焊接,光伏焊带用
Ag2.5	309	309	11.3	需要高温环境下工作或焊接的产品
Ag1.5	280	280	11.3	
63P	183	183	8.4	电子、电气(印刷线路)波峰焊用。具有一定抗氧化性能
60P	183	190	8.5	
50P	183	215	8.9	
注：表中数据不是本标准中的内容,供购买者在选择使用铸造锡铅焊料时作参考。				

附 录 B
（资料性附录）
本标准与 ASTM B32—2008 的牌号对照

表 B.1 铸造锡铅焊料牌号与 ASTM B32—2008《焊剂金属标准规范》牌号对照

GB/T 8012 牌号代号	ASTM B32—2008 牌号	GB/T 8012 牌号代号	ASTM B32—2008 牌号
90A	无	50B	—
70A	Sn70	45B	—
63AA	无	40B	—
63A	Sn63	60C	—
60A	Sn60	55C	—
55A	无	50C	—
50A	Sn50	45C	—
45A	Sn45	40C	Sn40B
40A	Sn40A	35C	Sn35B
35A	Sn35A	30C	Sn30B
30A	Sn30A	25C	Sn25B
25A	Sn25A	20C	Sn20B
20A	Sn20A	Ag2	Sn62
15A	Sn15	Ag2.5	Ag2.5
10A	Sn10A	Ag1.5	Ag1.5
5A	Sn5	63P	—
2A	Sn2	60P	—
63B	无	50P	—
60B	无		

ICS 67.140.10
X 04

GB

中华人民共和国国家标准

GB/T 8302—2013
代替 GB/T 8302—2002

茶 取样

Tea—Sampling

(ISO 1839:1980,Tea sampling,NEQ)

2013-12-31 发布　　2014-06-22 实施

中华人民共和国国家质量监督检验检疫总局
中国国家标准化管理委员会　发布

前　言

本标准按照 GB/T 1.1—2009 给出的规则起草。

本标准代替 GB/T 8302—2002《茶　取样》。本标准与 GB/T 8302—2002 相比，主要技术性差异如下：

——增加了取样人员的要求；

——修改了取样工具和器具；

——增加了随机取样的方法。

本标准使用重新起草法非等效采用 ISO 1839：1980《茶　取样》。

本标准由中华全国供销合作总社提出。

本标准由全国茶叶标准化技术委员会(SAC/TC 339)归口。

本标准起草单位：中华全国供销合作总社杭州茶叶研究院、国家茶叶质量监督检验中心、厦门华祥苑茶业股份有限公司。

本标准主要起草人：高海燕、肖文华、许凌、王海斌、周卫龙。

GB/T 8302 的历次版本发布情况为：

——GB/T 8302—1987；

——GB/T 8302—2002。

茶　取样

1　范围

本标准规定了茶叶取样的基本要求、取样条件、取样人员、取样工具和器具、取样方法、样品的包装和标签、样品运送、取样报告单等内容。

本标准适用于各类茶叶的取样。

2　术语和定义

下列术语和定义适用于本文件。

2.1

批　lot;batch

品质一致并在同一地点,同一期间内加工包装的有相同的茶类、花色、等级、茶号、包装规格和定量包装净含量的茶叶。

2.2

原始样品　primary sample

从一批产品的单个容器内取出的样品。

2.3

混合样品　bulk sample

全部原始样品的集合。

2.4

平均样品　average sample

将混合样品充分混合并逐次缩分至规定数量的样品。

注:平均样品的品质代表该批茶叶的品质。

2.5

试验样品　laboratory sample

按各检验项目的规定,从平均样品中分取一定数量作为分析、试验用的样品。

3　基本要求

应用统一的方法和步骤,抽取能充分代表整批茶叶品质的样品。

4　取样条件

4.1　取样工作环境应满足食品卫生的有关规定,防止外来杂质混入样品。

4.2　取样用具和盛器(包装袋)应符合食品卫生的有关规定,即清洁、干燥、无锈、无异味;盛器(包装袋)应能防尘、防潮、避光。

5　取样人员

应由有经验的取样人员或经培训合格的取样人员负责取样,或交由专门的取样机构负责取样。

6 取样工具和器具

取样时应使用下列工具和器具：

a) 开箱器；
b) 取样铲；
c) 有盖的专用茶箱；
d) 塑料布；
e) 分样器；
f) 茶样罐、包装袋；
g) 其他适用于取样的工具。

7 取样方法

7.1 大包装茶取样

7.1.1 取样件数

取样件数按下列规定：

a) 1 件～5 件，取样 1 件；
b) 6 件～50 件，取样 2 件；
c) 51 件～500 件，每增加 50 件(不足 50 件者按 50 件计)增取 1 件；
d) 501 件～1 000 件，每增加 100 件(不足 100 件者按 100 件计)增取 1 件；
e) 1 000 件以上，每增加 500 件(不足 500 件者按 500 件计)增取 1 件。

7.1.2 随机取样

采用随机取样的方法。用随机数表，随机抽取需取样的茶叶件数。如没有该表，可采用下列方法：

设 N 是一批中的件数，n 是需要抽取的件数，取样时可从任一件开始计数，按 1，2，…，r，$r=N/n$(如果 N/n 不是整数，便取其整数部分为 r)，挑选出第 r 件作为茶叶样品，继续数并挑出每个第 r 件，直到取得所需的件数为止。

7.1.3 取样步骤

7.1.3.1 包装时取样

即在产品包装过程中取样。在茶叶定量装件时，抽取规定的件数，每件用取样铲取出样品约 250 g 作为原始样品，盛于有盖的专用茶箱中。然后混匀，用分样器或四分法逐步缩分至 500 g～1 000 g，作为平均样品，分装于两个茶样罐中，供检验用。检验用的试验样品应有所需的备份，以供复验或备查之用。

7.1.3.2 包装后取样

即在产品成件、打包、刷唛后取样。在整批茶叶包装完成后的堆垛中，抽取规定的件数，逐件开启后，分别将茶叶全部倒在塑料布上，用取样铲各取出有代表性的样品约 250 g，置于有盖的专用茶箱中，混匀。用分样器或四分法逐步缩分至 500 g～1 000 g，作为平均样品，分装于两个茶样罐中，供检验用。检验用的试验样品应有所需的备份，以供复验或备查之用。

7.2 小包装茶取样

7.2.1 取样件数

按照 7.1.1 的规定确定取样件数(取样总质量未达到平均样品的最小质量值时,应增加取样件数,以达到 7.1.3 的规定)。

7.2.2 取样步骤

7.2.2.1 包装时取样

按照 7.1.3.1 的规定取样。

7.2.2.2 包装后取样

在整批包装完成后的堆垛中,抽取规定的件数,逐件开启。从各件内取出 2 盒~3 盒(听、袋)。所取样品保留数盒(听、袋),盛于防潮的容器中,供进行单个检验。其余部分现场拆封,倒出茶叶混匀,再用分样器或四分法逐步缩分至 500 g~1 000 g,作为平均样品,分装于两个茶样罐中,供检验用。检验用的试验样品应有所需的备份,以供复验或备查之用。

7.3 紧压茶取样

7.3.1 取样件数

按照 7.1.1 的规定确定取样件数。

7.3.2 取样步骤

7.3.2.1 沱茶取样

抽取规定的件数,每件取 1 个(约 100 g)。若取样总数大于 10 个,则在取得的总个数中,抽取 6 个~10 个作为平均样品,分装于两个茶样罐或包装袋中,供检验用。检验用的试验样品应有所需的备份,以供复验或备查之用。

7.3.2.2 砖茶、饼茶、方茶取样

抽取规定的件数,逐件开启,取出 1 块~2 块。若取样总块数较多,则在取得的总块数中,单块质量在 500 g 以上的,留取 2 块,500 g 及 500 g 以下的,留取 4 块。分装于两个包装袋中,供检验用。检验用的试验样品应有所需的备份,以供复验或备查之用。

7.3.2.3 捆包的散茶取样

抽取规定的件数,从各件的上、中、下部取样,再用分样器或四分法缩分至 500 g~1 000 g,作为平均样品,分装于两个茶样罐或包装袋中,供检验用。检验用的试验样品应有所需的备份,以供复验或备查之用。

7.4 注意事项

在取样时如发现茶叶品质、包装或样堆存有异常情况时,可酌情增加或扩大取样数量,以保证所取样品的代表性,有必要时应停止取样。

8 样品的包装和标签

8.1 样品的包装

所取的平均样品应迅速装在符合4.2规定的茶样罐或包装袋内并贴上封样条。

8.2 样品标签

每个样品的茶样罐或包装袋上都应有标签，详细标明样品名称、等级、生产日期、批次、取样基数、产地、样品数量、取样地点、日期、取样者的姓名及所需说明的其他重要事项。

9 样品运送

所取的平均样品应及时发往检验部门，最迟不超过48 h。

10 取样报告单

报告单一式三份由各相关部门留存，应写明包装及产品外观的任何不正常现象，以及所有可能会影响取样的客观条件，具体应包括下列内容：

a) 取样地点；

b) 取样日期；

c) 取样时间；

d) 取样者姓名；

e) 取样方法；

f) 取样时样品所属单位盖章或证明人签名；

g) 品名、规格、等级、产地、批次、取样基数；

h) 样品数量及其说明；

i) 包装质量；

j) 取样包装时的气象条件。

ICS 67.140.10
X 04

GB

中华人民共和国国家标准

GB/T 8303—2013
代替 GB/T 8303—2002

茶　磨碎试样的制备及其干物质含量测定

Tea—Preparation of ground sample and determination of dry matter content

(ISO 1572:1980,Tea—Preparation of ground sample and determination of dry matter content,MOD)

2013-12-31 发布　　　　2014-06-22 实施

中华人民共和国国家质量监督检验检疫总局
中国国家标准化管理委员会　发布

前言

本标准按照 GB/T 1.1—2009 给出的规则起草。

本标准代替 GB/T 8303—2002《茶　磨碎试样的制备及其干物质含量测定》。本标准与 GB/T 8303—2002 相比，主要技术变化如下：

——修改了样品容器的要求，删除可用棕色玻璃样品瓶或金属样盒；

——增加了玻质烘皿；

——修改了重复性的要求：两次测定结果的差值，每 100 g 试样不得超过 0.2 g，修改为在重复条件下同一样品获得的测定结果的绝对差值不得超过算术平均值的 5%。

本标准使用重新起草法修改采用 ISO 1572:1980《茶　磨碎试样的制备及其干物质含量测定》。

本标准与 ISO 1572:1980 相比，主要技术性差异如下：

——磨碎样品通过孔径为 500 μm 的筛修改为磨碎样品通过孔径为 600 μm～1 000 μm 的筛；

——删除了预干燥过程；

——增加了紧压茶的制备方法；

——在 103 ℃±2 ℃恒重法的水分测定中将试样烘干时间从 6 h 修改为 4 h；

——重复性：两次测定结果的差值，每 100 g 试样不得超过 0.3 g，修改为在重复条件下同一样品获得的测定结果的绝对差值不得超过算术平均值的 5%；

——增加 120 ℃烘干法（快速法）作为本标准的第二法。

本标准还做了下列结构性修改：

——将国际标准第 6 章取样与第 7 章磨碎试样的制备修改为本标准的 6.1 取样和 6.2 试样制备。

本标准还做了下列编辑性修改：

——删除了 ISO 1573:1980 的前言。

本标准由中华全国供销合作总社提出。

本标准由全国茶叶标准化技术委员会（SAC/TC 339）归口。

本标准起草单位：中华全国供销合作总社杭州茶叶研究院、国家茶叶质量监督检验中心。

本标准主要起草人：许凌、周卫龙、高海燕、王瑾。

GB/T 8303 的历次版本发布情况为：

——GB/T 8303—1987、GB/T 8303—2002。

茶 磨碎试样的制备及其干物质含量测定

1 范围

本标准规定了制备茶叶磨碎试样和测定其干物质含量的方法。

本标准适用于以干态表示结果的分析测定。

2 规范性引用文件

下列文件对于本文件的应用是必不可少的。凡是注日期的引用文件，仅注日期的版本适用于本文件。凡是不注日期的引用文件，其最新版本（包括所有的修改单）适用于本文件。

GB/T 8302 茶 取样（GB/T 8302—2013，ISO 1839：1980，NEQ）

GB/T 8304 茶 水分测定（GB/T 8304—2013，ISO 1573：1980，MOD）

3 术语和定义

下列术语和定义适用于本文件。

3.1

干物质 dry matter

磨碎试样在规定的温度下，加热至恒重所剩余的物质。

4 原理

磨碎样品，并在规定温度下，用电热恒温干燥箱加热除去水分至恒重，称量。

5 仪器和用具

5.1 磨碎机：由不吸收水分的材料制成；死角尽可能小，易于清扫；使磨碎样品能完全通过孔径为 600 μm～1 000 μm 的筛。

5.2 样品容器：应由清洁、干燥、避光、密闭的玻璃或其他不与样品起反应的材料制成；大小能装满磨碎样为宜。

5.3 铝质或玻质烘皿：具盖，内径 75 mm～80 mm。

5.4 鼓风电热恒温干燥箱：103 ℃±2 ℃。

5.5 干燥器：内装有效干燥剂。

5.6 分析天平：感量 0.001 g。

6 磨碎试样制备

6.1 取样

6.1.1 按 GB/T 8302 的规定取样。

6.2 试样制备

6.2.1 紧压茶以外的各类茶：先用磨碎机(5.1)将少量试样磨碎，弃去，再磨碎其余部分，作为待测试样。

6.2.2 紧压茶：用锤子和凿子将紧压茶分成4份～8份，再在每份不同处取样，用锤子击碎；或用电钻在紧压茶上均匀钻孔9个～12个，取出粉末茶样，混匀，按6.2.1规定制备试样。

7 干物质含量测定

7.1 烘皿的准备

按GB/T 8304—2013中6.3规定进行。

7.2 测定步骤

7.2.1 第一法：103 ℃±2 ℃恒重法(仲裁法)

按GB/T 8304—2013中6.4.1规定测定。

7.2.2 第二法：120 ℃烘干法(快速法)

按GB/T 8304—2013中6.4.2规定测定。

8 结果计算

8.1 计算方法

磨碎试样的干物质含量以质量分数(%)表示，按式(1)计算：

$$干物质含量=\frac{m_1}{m_0}\times 100\% \qquad \cdots\cdots(1)$$

式中：

m_0——试样的原始质量，单位为克(g)；

m_1——干燥后的试样质量，单位为克(g)。

如果符合重复性(8.2)的要求，取两次测定结果的算术平均值作为结果(保留小数点后1位)。

8.2 重复性

在重复条件下同一样品获得的测定结果的绝对差值不得超过算术平均值的5%。

注：用第二法测定茶叶干物质，重复性达不到要求时，按第一法规定进行测定。

ICS 67.140.10
X 04

中华人民共和国国家标准

GB/T 8304—2013
代替 GB/T 8304—2002

茶　水分测定

Tea—Determination of moisture content

(ISO 1573:1980,Tea—Determination of loss in mass at 103 ℃,MOD)

2013-12-31 发布　　2014-06-22 实施

中华人民共和国国家质量监督检验检疫总局
中国国家标准化管理委员会　发布

前　言

本标准按照 GB/T 1.1—2009 给出的规则起草。

本标准代替 GB/T 8304—2002《茶　水分测定》。本标准与 GB/T 8304—2002 相比，主要技术变化如下：

——原理中对水分测定的原理做了适当补充；

——仪器与用具中增加了样品容器、玻质烘皿；

——重复性：两次测定结果的差值，每 100 g 样品的水分应不超过 0.2 g，修改为在重复条件下同一样品获得的测定结果的绝对差值不得超过算术平均值的 5%。

本标准使用重新起草法修改采用 ISO 1573：1980《茶　103℃时质量损失的测定》。本标准与 ISO 1573：1980 相比，主要技术性差异如下：

——修改采用 ISO 1573：1980 作为本标准的第一法；

——增加 120 ℃烘干法（快速法）作为本标准的第二法；

——在 103 ℃±2℃恒重法的水分测定中将试样烘干时间从 6 h 修改为 4 h；

——重复性：两次测定结果的差值，每 100 g 样品的水分应不超过 0.3 g，修改为在重复条件下同一样品获得的测定结果的绝对差值不得超过算术平均值的 5%；

——删除了 ISO 1573：1980 的第 9 章实验报告；

——删除了干燥过程中的注意事项。

本标准还做了下列编辑性修改：

——删除了 ISO 1573：1980 的前言；

——删除了 ISO 1573：1980 的引言。

本标准由中华全国供销合作总社提出。

本标准由全国茶叶标准化技术委员会（SAC/TC 339）归口。

本标准起草单位：中华全国供销合作总社杭州茶叶研究院、国家茶叶质量监督检验中心、厦门华祥苑茶业股份有限公司。

本标准主要起草人：王蓮、周卫龙、肖文华、沙海涛、王海斌、徐建峰、陆小磊。

GB/T 8304 的历次版本发布情况为：

——GB/T 8304—1987、GB/T 8304—2002。

茶 水分测定

1 范围

本标准规定了茶叶中水分测定的仪器与用具、测定步骤及结果计算的方法。

本标准适用于茶叶中水分的测定。

2 规范性引用文件

下列文件对于本文件的应用是必不可少的。凡是注日期的引用文件，仅注日期的版本适用于本文件。凡是不注日期的引用文件，其最新版本(包括所有的修改单)适用于本文件。

GB/T 8302 茶 取样(GB/T 8302—2013，ISO 1839：1980，NEQ)

GB/T 8303 茶 磨碎试样的制备及其干物质含量测定(GB/T 8303—2013，ISO 1572：1980，MOD)

3 术语和定义

下列术语和定义适用于本文件。

3.1

水分 moisture content

在常压条件下，试样经规定的温度加热至恒重时的质量损失。

4 原理

试样于 103 ℃±2 ℃的电热恒温干燥箱中加热至恒重，称量，并计算试样损失的质量即为水分。

5 仪器与用具

5.1 样品容器：由清洁、干燥、避光、密闭的玻璃或其他不与样品发生反应的材料制成；大小以能装满磨碎样为宜。

5.2 铝质或玻质烘皿：具盖，内径 75 mm～80 mm。

5.3 鼓风电热恒温干燥箱：温控 103 ℃±2 ℃。

5.4 干燥器：内盛有效干燥剂。

5.5 分析天平：感量 0.001 g。

6 操作方法

6.1 取样

按 GB/T 8302 的规定取样。

6.2 试样制备

紧压茶按 GB/T 8303—2013 中 6.2.2 规定制备茶样;紧压茶以外的茶,按 6.1 取样操作,将样品混匀,贮存于样品容器(5.1)中。

6.3 烘皿的准备

将洁净的烘皿(5.2)连同盖置于 103 ℃±2 ℃的干燥箱内(皿盖打开斜至皿边),加热 1 h,加盖取出,于干燥器内冷却至室温,称量(准确至 0.001 g)。

6.4 测定步骤

6.4.1 第一法——103 ℃±2 ℃恒重法(仲裁法)

称取 5 g(准确至 0.001 g)试样(6.2)于已知质量的烘皿(6.3)中,置于 103 ℃±2 ℃干燥箱(5.3)内(皿盖打开斜至皿边)。加热 4 h,加盖取出,于干燥器(5.4)内冷却至室温,称量。再置于干燥箱中加热 1 h,加盖取出,于干燥器内冷却,称量(准确至 0.001 g)。重复加热 1 h 的操作,直至连续两次称量差不超过 0.005 g,即为恒重,以最小称量为准。

6.4.2 第二法——120 ℃烘干法(快速法)

称取 5 g(准确至 0.001 g)试样(6.2)于已知质量的烘皿(6.3)中,置于 120 ℃干燥箱(5.3)内(皿盖打开斜至皿边)。以 2 min 内回升到 120 ℃时计算,加热 1 h,加盖取出,于干燥器(5.4)内冷却至室温,称量(准确至 0.001 g)。

7 结果计算

7.1 计算方法

茶叶水分含量以质量分数(%)表示,按式(1)计算:

$$\text{水分含量}=\frac{m_1-m_2}{m_0}\times 100\% \qquad \cdots\cdots(1)$$

式中:

m_1——试样和烘皿烘前的质量,单位为克(g);

m_2——试样和烘皿烘后的质量,单位为克(g);

m_0——试样的质量,单位为克(g)。

如果符合重复性(7.2)的要求,取两次测定的算术平均值作为结果(保留小数点后 1 位)。

7.2 重复性

在重复条件下同一样品获得的测定结果的绝对差值不得超过算术平均值的 5%。

注:用第二法测定茶叶水分,重复性达不到要求时,按第一法规定进行测定。

ICS 67.140.10
X 04

中华人民共和国国家标准

GB/T 8305—2013
代替 GB/T 8305—2002

茶 水浸出物测定

Tea—Determination of water extracts content

(ISO 9768:1994,Tea—Determination of water extract,MOD)

2013-12-31 发布　　2014-06-22 实施

中华人民共和国国家质量监督检验检疫总局
中国国家标准化管理委员会 发布

前言

本标准按照 GB/T 1.1—2009 给出的规则起草。

本标准代替 GB/T 8305—2002《茶　水浸出物测定》。本标准与 GB/T 8305—2002 相比，主要技术变化如下：

——修改了重复性的要求：每 100 g 试样不得超过 0.5 g 修改为在重复条件下同一样品获得的测定结果的绝对差值不得超过算术平均值的 2%。

本标准使用重新起草法修改采用 ISO 9768:1994《茶　水浸出物测定》。本标准与 ISO 9768:1994 相比，主要技术性差异如下：

——用沸水浴加热代替电炉直接加热浸提，以提高浸提的均匀性、稳定性；

——烘皿以及滤纸烘干温度 103 ℃修改为 120 ℃±2℃；

——重复性：双样测试结果之间的绝对误差不大于 1%，修改为在重复条件下同一样品获得的测定结果的绝对差值不得超过算术平均值的 2%；

——删除了 10.2 重现性；

——删除了 ISO 9768:1994 的第 11 章检测报告；

——删除了 ISO 9768:1994 的附录 A 实验室间比对结果。

本标准还做了下列结构性修改：

——将国际标准第 6 章取样、第 7 章试样制备、8 测定步骤分别修改为本标准的 6.1、6.2、6.4；

——将国际标准 10.1 重复性修改为本标准的 7.2。

本标准还做了下列编辑性修改：

——删除了 ISO 9768:1994 的前言。

本标准由中华全国供销合作总社提出。

本标准由全国茶叶标准化技术委员会(SAC/TC 339)归口。

本标准起草单位：中华全国供销合作总社杭州茶叶研究院、国家茶叶质量监督检验中心。

本标准主要起草人：周卫龙、徐建峰、陆小磊、王瑾、沙海涛。

GB/T 8305 的历次版本发布情况为：

——GB/T 8305—1987、GB/T 8305—2002。

茶　水浸出物测定

1　范围

本标准规定了茶叶中水浸出物测定的仪器和用具、操作方法及结果计算方法。

本标准适用于茶叶中水浸出物的测定。

2　规范性引用文件

下列文件对于本文件的应用是必不可少的。凡是注日期的引用文件，仅注日期的版本适用于本文件。凡是不注日期的引用文件，其最新版本(包括所有的修改单)适用于本文件。

GB/T 8302　茶　取样(GB/T 8302—2013,ISO 1839:1980,NEQ)

GB/T 8303　茶　磨碎试样的制备及其干物质含量测定(GB/T 8303—2013,ISO 1572:1980,MOD)

3　术语和定义

下列术语和定义适用于本文件。

3.1

水浸出物　water extracts

在规定条件下，用沸水浸出茶叶中的水可溶性物质。

4　原理

用沸水回流提取茶叶中的水可溶性物质，再经过滤、冲洗、干燥、称量浸提后的茶渣，计算水浸出物含量。

5　仪器和用具

5.1　鼓风电热恒温干燥箱：温控 120 ℃±2 ℃。

5.2　沸水浴。

5.3　布氏漏斗连同减压抽滤装置。

5.4　铝质或玻质烘皿：具盖，内径 75 mm～80 mm。

5.5　干燥器：内盛有效干燥剂。

5.6　分析天平：感量 0.001 g。

5.7　锥形瓶：500 mL。

5.8　磨碎机：由不吸收水分的材料制成；死角尽可能小，易于清扫；内装孔径为 3 mm 的筛子。

6 操作步骤

6.1 取样

按 GB/T 8302 的规定取样。

6.2 试样制备

先用磨碎机(5.8)将少量试样磨碎，弃去，再磨碎其余部分。

6.3 烘皿准备

将烘皿(5.4)连同 15 cm 定性快速滤纸置于 120 ℃±2 ℃的恒温干燥箱(5.1)内，皿盖打开斜至皿边，烘干 1 h，加盖取出，在干燥器(5.5)内冷却至室温，称量(准确至 0.001 g)。

6.4 测定步骤

称取 2 g(准确至 0.001 g)磨碎试样(6.2)于 500 mL 锥形瓶(5.7)中，加沸蒸馏水 300 mL，立即移入沸水浴(5.2)中浸提 45 min(每隔 10 min 摇动一次)。浸提完毕后立即趁热减压过滤(用经 6.3 处理的滤纸)。用约 150 mL 沸蒸馏水洗涤茶渣数次，将茶渣连同已知质量的滤纸移入烘皿(6.3)内，然后移入 120 ℃±2 ℃的恒温干燥箱(5.1)内，皿盖打开斜至皿边，烘干 1 h，加盖取出，冷却 1 h 后再烘 1 h，立即移入干燥器(5.5)内冷却至室温，称量。

7 结果计算

7.1 计算方法

茶叶中水浸出物含量以干态质量分数(%)表示，按式(1)计算：

$$\text{水浸出物含量}=\left(1-\frac{m_1}{m_0\times w}\right)\times 100\% \qquad \cdots\cdots(1)$$

式中：

m_0——试样质量，单位为克(g)；

m_1——干燥后的茶渣质量，单位为克(g)；

w ——试样干物质含量(质量分数)，%。

如果符合重复性(7.2)的要求，取两次测定的算术平均值作为结果，结果保留小数点后 1 位。

7.2 重复性

在重复条件下同一样品获得的测定结果的绝对差值不得超过算术平均值的 2%。

ICS 67.140.10
X 04

中华人民共和国国家标准

GB/T 8306—2013
代替 GB/T 8306—2002

茶 总灰分测定

Tea—Determination of total ash content

(ISO 1575:1987,Tea—Determination of total ash,MOD)

2013-12-31 发布 2014-06-22 实施

中华人民共和国国家质量监督检验检疫总局
中国国家标准化管理委员会 发布

前 言

本标准按照 GB/T 1.1—2009 给出的规则起草。

本标准代替 GB/T 8306—2002《茶　总灰分测定》。本标准与 GB/T 8306—2002 相比，主要技术变化如下：

——两次测定结果的差值，每 100 g 样品的总灰分应不超过 0.2 g，修改为在重复条件下同一样品获得的测定结果的绝对差值不得超过算术平均值的 5%。

本标准使用重新起草法修改采用 ISO 1575:1987《茶　总灰分测定》。本标准与 ISO 1575:1987 相比，主要技术性差异如下：

——测定中试样质量 5 g 修改为 2 g，灰化过程中不加植物油；

——重复性：两次测定结果的差值，每 100 g 样品的总灰分应不超过 0.2 g，修改为在重复条件下同一样品获得的测定结果的绝对差值不得超过算术平均值的 5%；

——将国际标准中第 6 章样品修改为本标准 6.1 取样；

——删除了 ISO 1573:1980 的第 9 章实验报告。

本标准还做了下列编辑性修改：

——删除了 ISO 1573:1980 的前言。

本标准由中华全国供销合作总社提出。

本标准由全国茶叶标准化技术委员会(SAC/TC 339)归口。

本标准起草单位：中华全国供销合作总社杭州茶叶研究院、国家茶叶质量监督检验中心。

本标准主要起草人：周卫龙、徐建峰、陆小磊、王瑾、沙海涛。

GB/T 8306 的历次版本发布情况为：

——GB/T 8306—1987、GB/T 8306—2002。

茶　总灰分测定

1　范围

本标准规定了茶叶中总灰分测定的仪器和用具、测定步骤及结果计算方法。

本标准适用于茶叶中总灰分的测定。

2　规范性引用文件

下列文件对于本文件的应用是必不可少的。凡是注日期的引用文件，仅注日期的版本适用于本文件。凡是不注日期的引用文件，其最新版本(包括所有的修改单)适用于本文件。

GB/T 8302　茶　取样(GB/T 8302—2013，ISO 1839:1980，NEQ)

GB/T 8303　茶　磨碎试样的制备及其干物质含量测定(GB/T 8303—2013，ISO 1572:1980，MOD)

3　术语和定义

下列术语和定义适用于本文件。

3.1

总灰分　total ash

在规定条件下，茶叶经 525 ℃±25 ℃灼烧灰化后所得的残渣。

4　原理

试样经 525 ℃±25 ℃加热灼烧，分解有机物至恒量。

5　仪器和用具

5.1　坩埚：铂金、瓷质或者其他不会被测定条件影响的材质。高型、容量 30 mL。

5.2　电热板。

5.3　高温电炉：能控温 525 ℃±25 ℃。

5.4　干燥器：内盛有效干燥剂。

5.5　坩埚钳。

5.6　分析天平：感量 0.001 g。

6　测定步骤

6.1　取样

按 GB/T 8302 的规定。

6.2 试样制备

按 GB/T 8303 的规定。

6.3 坩埚的准备

将洁净的坩埚(5.1)置于 525 ℃±25 ℃高温电炉(5.3)内,灼烧 1 h,待炉温降至 300 ℃左右时,取出坩埚,于干燥器(5.4)内冷却至室温,称量(准确至 0.001 g)。

6.4 测定

称取混匀的磨碎试样 2 g(准确至 0.001 g)于坩埚内,在电热板(5.2)上徐徐加热,使试样充分炭化至无烟。将坩埚移入 525 ℃±25 ℃高温电炉(5.3)内,灼烧至无炭粒(不少于 2 h)。待炉温降至 300 ℃左右时,取出坩埚,置于干燥器内(5.4)冷却至室温,称量。再移入高温电炉内以 525 ℃±25 ℃温度灼烧 1 h,取出,冷却,称量。再移入高温电炉内,灼烧 30 min,取出,冷却,称量。重复此操作,直至连续两次称量差不超过 0. 001 g 为止。以最小称量为准。

6.5 其他

必要时,可保留总灰分供水溶性灰分和水不溶性灰分的测定。

7 结果计算

7.1 计算方法

茶叶总灰分含量以干态质量分数(%)表示,按式(1)计算:

$$\text{总灰分含量} = \frac{m_1 - m_2}{m_0 \times w} \times 100\% \qquad \cdots\cdots(1)$$

式中:

m_1——试样和坩埚灼烧后的质量,单位为克(g);

m_2——坩埚的质量,单位为克(g);

m_0——试样质量,单位为克(g);

w ——试样干物质含量(质量分数),%。

如果重复性符合(7.2)的要求,取两次测定的算术平均值作为结果(保留小数点后 1 位)。

7.2 重复性

在重复条件下同一样品获得的测定结果的绝对差值不得超过算术平均值的 5%。

ICS 67.140.10
X 04

中华人民共和国国家标准

GB/T 8307—2013
代替 GB/T 8307—2002

茶 水溶性灰分和水不溶性灰分测定

Tea—Determination of water-soluble ash and water-insoluble ash content

(ISO 1576:1988,Tea—Determination of water-soluble ash and water-insoluble ash,MOD)

2013-12-31 发布　　2014-06-22 实施

中华人民共和国国家质量监督检验检疫总局
中国国家标准化管理委员会　发布

前　言

本标准按照 GB/T 1.1—2009 给出的规则起草。

本标准代替 GB/T 8307—2002《茶　水溶性灰分和水不溶性灰分测定》。本标准与 GB/T 8307—2002 相比，主要技术变化如下：

——增加了保留水不溶性灰分以供酸不溶性灰分的测定；

——重复性：两次测定结果的差值，每 100 g 样品的水溶性灰分应不超过 0.2 g，修改为在重复条件下同一样品获得的测定结果的绝对差值不得超过算术平均值的 5%。

本标准使用重新起草法修改采用 ISO 1576:1988《茶　水溶性灰分和水不溶性灰分的测定》。本标准与 ISO 1576:1988 相比，主要技术性差异如下：

——测定中试样质量 5 g 修改为 2 g，灰化过程中不加植物油；

——测定中滤液与洗液体积从 60 mL 变为 150 mL；

——重复性：两次测定结果的差值，每 100 g 样品的水溶性灰分应不超过 0.2 g，修改为在重复条件下同一样品获得的测定结果的绝对差值不得超过算术平均值的 5%；

——删除了 ISO 1576:1988 的第 8 章实验报告。

本标准还做了下列编辑性修改：

——删除了 ISO 1576:1988 的前言。

本标准由中华全国供销合作总社提出。

本标准由全国茶叶标准化技术委员会(SAC/TC 339)归口。

本标准起草单位：中华全国供销合作总社杭州茶叶研究院、国家茶叶质量监督检验中心。

本标准主要起草人：周卫龙、徐建峰、陆小磊、王瑾、沙海涛。

GB/T 8307 的历次版本发布情况为：

——GB/T 8307—1987、GB/T 8307—2002。

茶　水溶性灰分和水不溶性灰分测定

1　范围

本标准规定了茶叶中水溶性灰分和水不溶性灰分测定的仪器和用具、测定步骤及结果计算的方法。

本标准适用于茶叶中水溶性灰分和水不溶性灰分的测定。

2　规范性引用文件

下列文件对于本文件的应用是必不可少的。凡是注日期的引用文件，仅注日期的版本适用于本文件。凡是不注日期的引用文件，其最新版本(包括所有的修改单)适用于本文件。

GB/T 8302　茶　取样(GB/T 8302—2013,ISO 1839:1980,NEQ)

GB/T 8303　茶　磨碎试样的制备及其干物质含量测定(GB/T 8303—2013,ISO 1572:1980,MOD)

GB/T 8306　茶　总灰分测定(GB/T 8306—2013,ISO 1575:1987,MOD)

3　术语和定义

下列术语和定义适用于本文件。

3.1

水溶性灰分　water-soluble ash

在规定条件下，总灰分中溶于水的部分。

3.2

水不溶性灰分　water-insoluble ash

在规定条件下，总灰分中不溶于水的部分。

4　原理

用热水提取总灰分，经无灰滤纸过滤、灼烧、称量残留物，测得水不溶性灰分；由总灰分和水不溶性灰分的质量之差计算水溶性灰分。

5　仪器与用具

5.1　坩埚：铂金、瓷质或者其他不会被测定条件影响的材质。高型、容量 30 mL。

5.2　电热板。

5.3　高温电炉：温控 525 ℃±25 ℃。

5.4　坩埚钳。

5.5　沸水浴。

5.6　干燥器：内盛有效干燥剂。

5.7　分析天平：感量 0.001 g。

5.8 无灰滤纸。

6 测定步骤

6.1 取样

按 GB/T 8302 的规定。

6.2 试样制备

按 GB/T 8303 的规定。

6.3 总灰分制备

按 GB/T 8306 的规定。

6.4 测定

用 25 mL 沸蒸馏水，将灰分(6.3)从坩埚(5.1)中洗入 100 mL 烧杯中。加热至微沸(防溅)，趁热用无灰滤纸(5.8)过滤，用沸蒸馏水分次洗涤烧杯和滤纸上的残留物，直至滤液和洗液体积达 150 mL。将滤纸连同残留物移入原坩埚中，在沸水浴(5.5)上小心地蒸去水分。移入高温电炉(5.3)内，以 525 ℃±25 ℃灼烧至灰中无炭粒(约 1 h)。待炉温降至 300 ℃左右时，取出坩埚，于干燥器(5.6)内冷却至室温，称量。再移入高温电炉内灼烧 30 min，取出坩埚，冷却并称量。重复此操作，直至连续两次称量差不超过 0.001 g 为止，即为恒量。以最小称量为准。

6.5 其他

必要时，保留滤液以供水溶性灰分碱度的测定，保留水不溶性灰分以供酸不溶性灰分的测定。

7 结果

7.1 计算方法

7.1.1 水不溶性灰分

茶叶中水不溶性灰分含量以干态质量分数(%)表示，按式(1)计算：

$$\text{水不溶性灰分含量} = \frac{m_1 - m_2}{m_0 \times w} \times 100\% \qquad (1)$$

式中：

m_1——坩埚和水不溶性灰分的质量，单位为克(g)；

m_2——坩埚的质量，单位为克(g)；

m_0——试样的质量，单位为克(g)；

w——试样干物质含量(质量分数)，%。

7.1.2 水溶性灰分

茶叶中水溶性灰分含量以干态质量分数(%)表示，按式(2)计算：

$$\text{水溶性灰分含量} = \frac{m_3 - m_4}{m_0 \times w} \times 100\% \qquad (2)$$

式中：

m_3——总灰分的质量，单位为克(g)；

m_4——水不溶性灰分的质量，单位为克(g)；

m_0——试样的质量，单位为克(g)；

m——试样干物质含量(质量分数)，%。

如果符合重复性(7.2)的要求，取两次测定的算术平均值作为结果(保留小数点后1位)。

7.2 重复性

在重复条件下同一样品获得的测定结果的绝对差值不得超过算术平均值的5%。

ICS 67.140.10
X 04

GB

中华人民共和国国家标准

GB/T 8308—2013
代替 GB/T 8308—2002

茶 酸不溶性灰分测定

Tea—Determination of acid-insoluble ash content

(ISO 1577:1987,Tea—Determination of acid-insoluble ash,MOD)

2013-12-31 发布　　2014-06-22 实施

中华人民共和国国家质量监督检验检疫总局
中国国家标准化管理委员会　发布

前　言

本标准按照 GB/T 1.1—2009 给出的规则起草。

本标准代替 GB/T 8308—2002《茶　酸不溶性灰分测定》。本标准与 GB/T 8308—2002 相比，主要技术性差异如下：

——修改了重复性的要求：每 100 g 试样不得超过 0.02 g，修改为在重复条件下同一样品获得的测定结果的绝对差值不得超过算术平均值的 10%。

本标准使用重新起草法修改采用 ISO 1577:1987《茶　酸不溶性灰分测定》。本标准与 ISO 1575:1987 相比，主要技术变化如下：

——灰分的制备过程中不加植物油；

——测定过程中溶液由浑浊变为透明时，继续加热 5 min，再洗涤呈中性；

——重复性：两次测定结果的差值，每 100 g 样品的酸不溶性灰分应不超过 0.02 g，修改为在重复条件下同一样品获得的测定结果的绝对差值不得超过算术平均值的 10%；

——删除了 ISO 1575:1987 的第 9 章实验报告。

本标准还做了下列编辑性修改：

——删除了 ISO 1575:1987 的前言。

本标准由中华全国供销合作总社提出。

本标准由全国茶叶标准化技术委员会(SAC/TC 339)归口。

本标准起草单位：中华全国供销合作总社杭州茶叶研究院、国家茶叶质量监督检验中心。

本标准主要起草人：周卫龙、徐建峰、陆小磊、王瑾、沙海涛。

GB/T 8308 的历次版本发布情况为：

——GB/T 8308—1987、GB/T 8308—2002。

茶　酸不溶性灰分测定

1　范围

本标准规定了茶叶中酸不溶性灰分测定的试剂和溶液、仪器和用具、测定步骤及结果计算的方法。

本标准适用于茶叶中酸不溶性灰分的测定。

2　规范性引用文件

下列文件对于本文件的应用是必不可少的。凡是注日期的引用文件，仅注日期的版本适用于本文件。凡是不注日期的引用文件，其最新版本(包括所有的修改单)适用于本文件。

GB/T 8302　茶　取样(GB/T 8302—2013,ISO 1839:1980,NEQ)

GB/T 8303　茶　磨碎试样的制备及其干物质含量测定(GB/T 8303—2013,ISO 1572:1980,MOD)

GB/T 8306　茶　总灰分测定(GB/T 8306—2013,ISO 1575:1987,MOD)

3　术语和定义

下列术语和定义适用于本文件。

3.1

酸不溶性灰分　acid-insoluble ash

在规定条件下，总灰分经盐酸处理后的残留部分。

4　原理

用盐酸溶液处理总灰分，过滤、灼烧并称量灼烧后残留物。

5　试剂和溶液

10%盐酸溶液:24 mL 分析纯浓盐酸(密度为 1.18 g/mL，质量分数为 37.5%)用蒸馏水稀释至 100 mL。

6　仪器和用具

6.1　坩埚:铂金、瓷质或者其他不会被测定条件影响的材质。高型、容量 50 mL。

6.2　电热板。

6.3　高温电炉:控温 525 ℃±25 ℃。

6.4　水浴。

6.5　干燥器:内盛有效干燥剂。

6.6　分析天平:感量 0.001 g。

6.7 无灰滤纸。

6.8 表面皿：直径 60 mm。

6.9 烧杯：高型、容量 100 mL。

6.10 坩埚钳。

7 测定步骤

7.1 取样

按 GB/T 8302 的规定。

7.2 试样制备

按 GB/T 8303 的规定。

7.3 坩埚准备

将洁净的坩埚(6.1)置于 525 ℃±25 ℃高温电炉(6.3)内，灼烧 1 h，待炉温降至 300 ℃左右时，取出坩埚，于干燥器(6.5)内冷却至室温，称量(准确至 0.001 g)。

7.4 总灰分的制备

称取均匀的磨碎试样 5 g(准确至 0.001 g)于坩埚(7.3)内，其他步骤均按 GB/T 8306 的规定。

7.5 测定

用 25 mL 10%盐酸溶液(5)将总灰分(7.4)分次洗入 100 mL 烧杯(6.9)中，盖上表面皿(6.8)，在沸水浴(6.4)上小心加热，至溶液由浑浊变为透明时，继续加热 5 min。趁热用无灰滤纸(6.7)过滤，用沸蒸馏水少量反复洗涤烧杯和滤纸上的残留物，直至中性(约 150 mL)。将滤纸连同残渣移入原坩埚内，在沸水浴(6.4)上小心蒸去水分，移入高温电炉(6.3)内，以 525 ℃±25 ℃灼烧至无炭粒为止(约 1 h)，待炉温降至 300 ℃左右时，取出坩埚，于干燥器(6.5)内冷却至室温，称量。再移入高温电炉内灼烧 30 min，冷却并称量，重复此操作，直至连续两次称量差不超过 0.001 g，以最小称量为准。

8 结果

8.1 计算方法

茶叶中酸不溶性灰分含量以干态质量分数(%)表示，按式(1)计算：

$$酸不溶性灰分含量=\frac{m_1-m_2}{m_0\times w}\times 100\% \qquad (1)$$

式中：

m_1——坩埚和酸不溶性灰分的质量，单位为克(g)；

m_2——坩埚的质量，单位为克(g)；

m_0——试样的质量，单位为克(g)；

w ——试样干物质含量(质量分数)，%。

如果符合重复性(8.2)的要求，取两次测定的算术平均值作为结果(保留小数点后 2 位)。

8.2 **重复性**

在重复条件下同一样品获得的测定结果的绝对差值不得超过算术平均值的10%。

ICS 67.140.10
X 04

中华人民共和国国家标准

GB/T 8309—2013
代替 GB/T 8309—2002

茶 水溶性灰分碱度测定

Tea—Determination of alkalinity of water-soluble ash content

(ISO 1578:1987,Tea—Determination of alkalinity of water-soluble,MOD)

2013-12-31 发布 2014-06-22 实施

中华人民共和国国家质量监督检验检疫总局
中国国家标准化管理委员会 发布

前　言

本标准按照 GB/T 1.1—2009 给出的规则起草。

本标准代替 GB/T 8309—2002《茶　水溶性灰分碱度测定》。本标准与 GB/T 8309—2002 相比，主要技术变化如下：

——修改了重复性的要求：两次测定结果的差值，每 100 g 样品的水溶性灰分碱度应不超过 0.2 g，修改为测定结果的绝对差值不得超过算术平均值的 10%。

本标准使用重新起草法修改采用 ISO 1578：1987《茶　水溶性灰分碱度的测定》。本标准与 ISO 1578：1987相比，主要技术性差异如下：

——测定中试样质量 5 g 修改为 2 g；灰化过程中不加植物油；

——测定中滤液与洗液体积从 60 mL 修改为 150 mL；

——增加了重复性要求：在重复条件下同一样品获得的两次测定结果的绝对差值不得超过算术平均值的 10%；

——增加了第 5 章仪器和用具；

——增加了 7.1 取样；

——删除了 ISO 1578：1987 的第 8 章实验报告。

本标准还做了下列编辑性修改：

——删除了 ISO 1578：1987 的前言。

本标准由中华全国供销合作总社提出。

本标准由全国茶叶标准化技术委员会(SAC/TC 339)归口。

本标准起草单位：中华全国供销合作总社杭州茶叶研究院、国家茶叶质量监督检验中心。

本标准主要起草人：周卫龙、徐建峰、陆小磊、王瑾、沙海涛。

GB/T 8309 的历次版本发布情况为：

——GB/T 8309—1987、GB/T 8309—2002。

茶　水溶性灰分碱度测定

1　范围

本标准规定了茶叶中水溶性灰分碱度测定的试剂和溶液、仪器和用具、测定步骤及结果计算的方法。

本标准适用于茶叶中水溶性灰分碱度的测定。

2　规范性引用文件

下列文件对于本文件的应用是必不可少的。凡是注日期的引用文件，仅注日期的版本适用于本文件。凡是不注日期的引用文件，其最新版本(包括所有的修改单)适用于本文件。

GB/T 601　化学试剂　标准滴定溶液的制备

GB/T 8302　茶　取样(GB/T 8302—2013，ISO 1839：1980，NEQ)

GB/T 8303　茶　磨碎试样的制备及其干物质含量测定(GB/T 8303—2013，ISO 1572：1980，MOD)

GB/T 8306　茶　总灰分测定(GB/T 8306—2013，ISO 1575：1987，MOD)

GB/T 8307　茶　水溶性灰分和水不溶性灰分测定(GB/T 8307—2013，ISO 1576：1988，MOD)

3　术语和定义

下列术语和定义适用于本文件。

3.1

水溶性灰分碱度　alkalinity of water-soluble ash

中和水溶性灰分浸出液所需要酸的量，或相当于该酸量的碱量。

4　原理

用甲基橙作指示剂，以盐酸标准溶液滴定来自水溶性灰分的溶液。

5　仪器和用具

5.1　滴定管：容量 50 mL。

5.2　三角烧瓶：250 mL。

6　试剂和溶液

6.1　盐酸：0.1 mol/L 标准溶液，按 GB/T 601 配制与标定。

6.2　甲基橙指示剂：甲基橙 0.5 g，用热蒸馏水溶解后稀释至 1 L。

7 测定步骤

7.1 取样

按 GB/T 8302 的规定。

7.2 试样制备

按 GB/T 8303 的规定。

7.3 水溶性灰分溶液的制备

按 GB/T 8307 的规定。

7.4 测定

将水溶性灰分溶液(7.3)冷却后,加甲基橙指示剂(6.2)2 滴,用 0.1 mol/L 盐酸溶液(6.1)滴定。使用两次测定水溶性灰分和水不溶性灰分的滤液,平行测定两次。

8 结果计算

8.1 计算方法

碱度的表示:即中和 100 g 干态磨碎样品所需的一定浓度盐酸的物质的量,或换算为相当于干态磨碎样品中所含氢氧化钾的质量分数。

8.1.1 碱度用 100g 干态磨碎样品所需盐酸的物质的量(mol/100g)表示,按式(1)计算:

$$\text{水溶性灰分碱度} = \frac{V}{10 \times m_0 \times w} \times 100 \qquad \cdots\cdots(1)$$

式中:

V ——滴定时消耗 0.1 mol/L 盐酸标准溶液的体积,单位为毫升(mL);

m_0 ——试样的质量,单位为克(g);

w ——试样干物质含量(质量分数),%。

注:如果使用盐酸标准溶液的浓度未精确到 6.1 所要求的浓度,则计算时用校正系数(滴定浓度/0.1)。

8.1.2 碱度用氢氧化钾的质量分数(%)表示,按式(2)计算:

$$\text{水溶性灰分碱度} = \frac{56V}{10 \times 1\,000 \times m_0 \times w} \times 100\% \qquad \cdots\cdots(2)$$

式中:

V、m_0、w ——与 8.1.1 同;

56 ——氢氧化钾的摩尔质量,单位为克每摩尔(g/mol)。

如果符合重复性(8.2)的要求,则取两次测定的算术平均值作为结果(保留小数点后 1 位)。

8.2 重复性

在重复条件下同一样品获得的两次测定结果的绝对差值不得超过算术平均值的 10%。

ICS 67.140.10
X 04

GB

中华人民共和国国家标准

GB/T 8310—2013
代替 GB/T 8310—2002

茶 粗纤维测定

Tea—Determination of crude fibre content

(ISO 15598:1999,Tea—Determination of crude fibre content,MOD)

2013-12-31 发布 2014-06-22 实施

中华人民共和国国家质量监督检验检疫总局
中国国家标准化管理委员会 发布

前言

本标准按照 GB/T 1.1—2009 给出的规则起草。

本标准代替 GB/T 8310—2002《茶　粗纤维测定》。本标准与 GB/T 8310—2002 相比，主要技术变化如下：

——增加了 1.25%硫酸溶液的配制方法；

——增加了 1%盐酸溶液的配制方法；

——重复性：两次测定结果的差值，每 100 g 样品的粗纤维应不超过 0.5 g，修改为在重复条件下同一样品获得的测定结果的绝对差值不得超过算术平均值的 5%。

本标准使用重新起草法修改采用 ISO 15598:1999《茶　粗纤维测定》。本标准与 ISO 15598:1999 相比，主要技术性差异如下：

——无灰滤纸修改为孔径 50 μm(相当于 300 目)的尼龙布；

——鼓风电热恒温干燥箱：103 ℃±2 ℃修改为鼓风电热恒温干燥箱：120 ℃±2 ℃；高温电炉：550 ℃±10 ℃修改为高温电炉：525 ℃±25 ℃；

——删除了 ISO 15598:1999 的第 11 章准确性；

——删除了 ISO 15598:1999 的第 3 章分组和定义；

——删除了 ISO 15598:1999 的第 12 章实验报告。

本标准还做了下列结构性修改：

——将 ISO 15598:1999 第 7 章取样、第 8 章试样制备、第 9 章测定步骤分别修改为本标准的 6.1、6.2、6.3。

本标准还做了下列编辑性修改：

——删除了 ISO 15598:1999 的前言。

本标准由中华全国供销合作总社提出。

本标准由全国茶叶标准化技术委员会(SAC/TC 339)归口。

本标准起草单位：中华全国供销合作总社杭州茶叶研究院、国家茶叶质量监督检验中心。

本标准主要起草人：周卫龙、徐建峰、陆小磊、王瑾、沙海涛。

GB/T 8310 的历次版本发布情况为：

——GB/T 8310—1987、GB/T 8310—2002。

茶　粗纤维测定

1　范围

本标准规定了茶叶中粗纤维测定的试剂和溶液、仪器和用具、测定步骤及结果计算的方法。

本标准适用于茶叶中粗纤维的测定。

2　规范性引用文件

下列文件对于本文件的应用是必不可少的。凡是注日期的引用文件，仅注日期的版本适用于本文件。凡是不注日期的引用文件，其最新版本(包括所有的修改单)适用于本文件。

GB/T 8302　茶　取样(GB/T 8302—2013，ISO 1839:1980，NEQ)

GB/T 8303　茶　磨碎试样的制备及其干物质含量测定(GB/T 8303—2013，ISO 1572:1980，MOD)

3　原理

用一定浓度的酸、碱消化处理试样，残留物再经灰化、称量。由灰化时的质量损失计算粗纤维含量。

4　仪器和用具

4.1　分析天平：感量 0.001 g。

4.2　尼龙布：孔径 50 μm(相当于 300 目)。

4.3　玻质砂芯坩埚：微孔平均直径 80 μm～160 μm，体积 30 mL。

4.4　高温电炉：525 ℃±25 ℃。

4.5　鼓风电热恒温干燥箱：温控 120 ℃±2 ℃。

4.6　干燥器：内盛有效干燥剂。

5　试剂和溶液

5.1　除非另有说明，本方法所用试剂均为分析纯(AR)，水为蒸馏水。

5.2　1.25%硫酸溶液：吸取 6.9 mL 浓硫酸(密度为 1.84 g/mL，质量分数为 98.3%)，缓缓加入少量水中，冷却后，定容至 1 L，摇匀。

5.3　1.25%氢氧化钠溶液。

5.4　1%盐酸溶液体积分数：取 10 mL 浓盐酸(密度为 1.18 g/mL，质量分数为 37.5%)，加水定容至 1 L，摇匀。

5.5　乙醇(95%)。

5.6　丙酮。

6 操作方法

6.1 取样

按 GB/T 8302 的规定。

6.2 试样制备

按 GB/T 8303 的规定。

6.3 测定步骤

6.3.1 酸消化

称取试样(6.2)约 2.5 g(准确至 0.001 g)于 400 mL 烧杯中,加入约 100 ℃的 1.25%硫酸溶液(5.2) 200 mL,放在电炉上加热(在 1 min 内煮沸)。准确微沸 30 min,并随时补加热水,以保持原溶液的体积。移去热源,将酸消化液倒入内铺 50 μm 尼龙布(4.2)的布氏漏斗中,缓缓抽气减压过滤,并用每次 50 mL 沸蒸馏水洗涤残渣,直至中性,10 min 内完成。

6.3.2 碱消化

用约 100 ℃的 1.25%氢氧化钠(5.3)200 mL,将尼龙布上的残渣全部洗入原烧杯中,放在电炉上加热(在 1 min 内煮沸)。准确微沸 30 min,并随时补加热水,以保持原溶液的体积。将碱消化液连同残渣倒入连接抽滤瓶的玻质砂芯坩埚 (4.3)中,缓缓抽气减压过滤,用 50 mL 左右沸蒸馏水洗涤残渣,再用 1%盐酸(5.4)洗涤一次,然后用沸蒸馏水洗涤数次,直至中性,最后用乙醇(5.5)洗涤二次,丙酮(5.6)洗涤三次并抽滤至干,除去溶剂。

6.3.3 干燥

将上述坩埚及残留物移入干燥箱(4.5)中,120 ℃烘 4 h。放在干燥器(4.6)中冷却,称量(准确至 0.001 g)。

6.3.4 灰化

将已称量的坩埚,置于高温电炉(4.4)中,525 ℃±25 ℃灰化 2 h,待炉温降至 300 ℃左右时,取出坩埚,于干燥器(4.6)中冷却,称量(准确至 0.001 g)。

7 结果计算

7.1 计算方法

茶叶中粗纤维含量以干态质量分数(%)表示,按式(1)计算:

$$\text{粗纤维含量} = \frac{m_1 - m_2}{m_0 \times w} \times 100\% \qquad \cdots\cdots(1)$$

式中:

m_0——试样的质量,单位为克(g);

m_1——灰化前坩埚及残留物的质量,单位为克(g);

m_2——灰化后坩埚、灰分的质量,单位为克(g);

w ——试样干物质含量(质量分数),%。

如果符合重复性(7.2)的要求,取两次测定的算术平均值作为结果(保留小数点后 2 位)。

7.2 重复性

在重复条件下同一样品获得的测定结果的绝对差值不得超过算术平均值的 5%。

ICS 67.140.10
X 55

GB

中华人民共和国国家标准

GB/T 8311—2013
代替 GB/T 8311—2002

茶 粉末和碎茶含量测定

Tea—Determination of dust and broken content

2013-12-31 发布　　　　2014-06-22 实施

中华人民共和国国家质量监督检验检疫总局
中国国家标准化管理委员会　发布

前言

本标准按照 GB/T 1.1—2009 给出的规则起草。

本标准代替 GB/T 8311—2002《茶　粉末和碎茶含量测定》。本标准与 GB/T 8311—2002 相比，主要技术变化如下：

——将毛茶和精制茶合并使用同一参数的电动筛分机和同一参数的检验筛；

——规定了电动筛分机的电机转速和回旋幅度的允许误差；

——对第 4 章的注 1 和注 2 进行了修改。

本标准由中华全国供销合作总社提出。

本标准由全国茶叶标准化技术委员会(SAC/TC 339)归口。

本标准起草单位：中华全国供销合作总社杭州茶叶研究院。

本标准主要起草人：赵玉香、邹新武、翁昆、金玉霞、张亚丽。

GB/T 8311 的历次版本发布情况为：

——GB/T 8311—1987、GB/T 8311—2002。

茶 粉末和碎茶含量测定

1 范围

本标准规定了对茶叶中粉末和碎茶含量测定的仪器与用具、试样制备、操作方法及结果的计算和试验报告。

本标准适用于茶叶中粉末和碎茶含量的测定。

2 规范性引用文件

下列文件对于本文件的应用是必不可少的。凡是注日期的引用文件，仅注日期的版本适用于本文件。凡是不注日期的引用文件，其最新版本（包括所有的修改单）适用于本文件。

GB/T 8302 茶 取样

3 术语和定义

下列术语和定义适用于本文件。

3.1

粉末和碎茶 dust and broken tea

按一定的操作规程，用规定的转速和孔径筛，筛分出各种茶叶试样中的筛下物。

4 仪器和用具

4.1 分样器和分样板或分样盘：盘两对角开有缺口。

4.2 电动筛分机：转速 200 r/min±10 r/min，回旋幅度 60 mm±3 mm。

4.3 检验筛：铜丝编织的方孔标准筛，筛子直径 200 mm，具筛底和筛盖。

4.3.1 粉末筛：

a) 孔径 0.63 mm（用于条、圆形茶）；

b) 孔径 0.45 mm（用于碎形茶和粗形茶）；

c) 孔径 0.23 mm（用于片形茶）；

d) 孔径 0.18 mm（用于末形茶）。

4.3.2 碎茶筛：

a) 孔径 1.25 mm（用于条、圆形茶）；

b) 孔径 1.60 mm（用于粗形茶）。

注 1：条、圆形茶系指工夫红茶、小种红茶、红碎茶中的叶茶、炒青、烘青、珠茶等紧结条、圆形茶。

注 2：粗形茶系指铁观音、色种、水仙、白牡丹、贡眉、晒青、普洱散茶等粗大、松散形茶。

5 试样制备

5.1 取样

按 GB/T 8302 的规定取样。

5.2 分样

5.2.1 四分法:将试样置于分样盘中,来回倾倒,每次倒时应使试样均匀洒落盘中,呈宽、高基本相等的样堆。将茶堆十字分割,取对角两堆样,充分混匀后,即成两份试样。

5.2.2 分样器分样:将试样均匀倒入分样斗中,使其厚度基本一致,并不超过分样斗边沿。打开隔板,使茶样经多格分隔槽,自然洒落于两边的接茶器中。

6 测定方法

6.1 条、圆形茶

称取充分混匀的试样 100 g(准确至 0.1 g),倒入规定的碎茶筛和粉末筛的检验套筛内,盖上筛盖,按下起动按钮,筛动 100 r。将粉末筛的筛下物称量(准确至 0.1 g),即为粉末含量。移去碎茶筛的筛上物,再将粉末筛筛面上的碎茶重新倒入下接筛底的碎茶筛内,盖上筛盖,放在电动筛分机上,筛动 50 r。将筛下物称量(准确至 0.1 g),即为碎茶含量。

6.2 粗形茶

称取充分混匀的试样 100 g(准确至 0.1 g),倒入规定的碎茶筛和粉末筛的检验套筛内,盖上筛盖,筛动 100 r。将粉末筛的筛下物称量(准确至 0.1 g),即为粉末含量。再将粉末筛面上的碎茶称量(准确至 0.1 g),即为碎茶含量。

6.3 碎、片、末形茶

称取充分混匀的试样 100 g(准确至 0.1 g),倒入规定的粉末筛内,筛动 100 r。将筛下物称量(准确至 0.1 g),即为粉末含量。

7 结果计算

7.1 计算公式

茶叶粉末含量以质量分数(%)表示,按式(1)计算:

$$粉末含量=\frac{m_1}{m}\times 100\% \qquad \cdots\cdots(1)$$

茶叶碎茶含量以质量分数(%)表示,按式(2)计算:

$$碎茶含量=\frac{m_2}{m}\times 100\% \qquad \cdots\cdots(2)$$

式中:

m_1——筛下粉末质量,单位为克(g);

m_2——筛下碎茶质量,单位为克(g);

m ——试样质量,单位为克(g)。

7.2 重复性

7.2.1 当测定值小于或等于 3%时,同一样品的两次测定值之差不得超过 0.2%;若超过,需重新分样检测。

7.2.2 当测定值大于 3%,小于或等于 5%时,同一样品的两次测定值之差不得超过 0.3%,否则需重新分样检测。

7.2.3　当测定值大于5%时，同一样品的两次测定值之差不得超过0.5%，否则需重新分样检测。

7.3　平均值计算

将未超过误差范围的两次测定值平均后，再按数值修约规则修约至小数点后1位数，即为该试样的实际碎茶、粉末含量。

8　试验报告

试验报告应包括下列内容：

a)　使用的方法；

b)　测定的结果；

c)　本标准中未规定的或另加的操作；

d)　试样的名称和编号；

e)　试验日期、检验人员。

ICS 67.140.10
X 04

GB

中华人民共和国国家标准

GB/T 8312—2013
代替 GB/T 8312—2002

茶 咖啡碱测定

Tea—Determination of caffeine content

(ISO 10727:1995, Tea and instant tea in solid form—Determination of caffeine content —Method using high-performance liquid chromatography, MOD)

2013-12-31 发布 2014-06-22 实施

中华人民共和国国家质量监督检验检疫总局
中国国家标准化管理委员会 发布

前 言

本标准按照 GB/T 1.1—2009 给出的规则起草。

本标准代替 GB/T 8312—2002《茶　咖啡碱测定》。本标准与 GB/T 8312—2002 相比，主要技术变化如下：

——增加了标准的适用范围；

——重复性：两次测定结果的差值，每 100 g 样品的咖啡碱应不超过 0.2 g，修改为在重复条件下同一样品获得的测定结果的绝对差值不得超过算术平均值的 10%。

本标准使用重新起草法修改采用 ISO 10727：1995《高效液相色谱法测定茶和固态速溶茶中的咖啡碱含量》。本标准与 ISO 10727：1995 相比，主要技术变化如下：

——修改采用 ISO 10727：1995 方法作为本标准的第一法；

——增加了紫外分光光度法作为本标准的第二法；

——重复性：测定结果的绝对差值不得超过算术平均值的 5% 修改为 10%；

——删除了 ISO 10727：1995 的第 11 章检测报告；

——删除了 ISO 10727：1995 的附录 A 实验室间比对结果。

本标准还做了下列编辑性修改：

——删除了 ISO 10727：1995 的前言。

本标准由中华全国供销合作总社提出。

本标准由全国茶叶标准化技术委员会(SAC/TC 339)归口。

本标准起草单位：中华全国供销合作总社杭州茶叶研究院、国家茶叶质量监督检验中心。

本标准主要起草人：陆小磊、周卫龙、徐建峰、王瑾、沙海涛。

GB/T 8312 的历次版本发布情况为：

——GB/T 8312—1987、GB/T 8312—2002。

茶　咖啡碱测定

1　范围

本标准规定了用高效液相色谱法、紫外分光光度法测定茶叶中咖啡碱的仪器和用具、试剂和溶液、操作方法及结果计算的方法。

本标准适用于茶叶中咖啡碱的测定，也适用于固态速溶茶咖啡碱的测定。

2　规范性引用文件

下列文件对于本文件的应用是必不可少的。凡是注日期的引用文件，仅注日期的版本适用于本文件。凡是不注日期的引用文件，其最新版本（包括所有的修改单）适用于本文件。

GB/T 8302　茶　取样（GB/T 8302—2013，ISO 1839:1980，NEQ）

GB/T 8303　茶　磨碎试样的制备及其干物质含量测定（GB/T 8303—2013，ISO 1572:1980，MOD）

3　第一法　高效液相色谱法

3.1　原理

茶叶中咖啡碱经沸水和氧化镁混合提取后，经高效液相色谱仪、C_{18}分离柱、紫外检测器检测，与标准系列比较定量。

3.2　仪器和用具

3.2.1　高效液相色谱仪：具有紫外检测器。

3.2.2　分析柱：C_{18}（ODS 柱）。

3.2.3　分析天平：感量 0.000 1 g。

3.3　试剂和溶液

3.3.1　除非另有说明，本方法所用试剂均为分析纯（AR），水为蒸馏水。

3.3.2　氧化镁：重质，分析纯。

3.3.3　甲醇：色谱纯。

3.3.4　高效液相色谱流动相：取 600 mL 甲醇（3.3）倒入 1400 mL 蒸馏水，混匀，过 0.45 μm 膜。

3.3.5　咖啡碱标准液：称取 125 mg 咖啡碱（纯度不低于 99%）加乙醇：水（1:4）溶解，定容至 250 mL，摇匀，标准储备液 1 mL 中相当于含 0.5 mg 咖啡碱。吸取 1.0 mL、2.0 mL、5.0 mL、10.0 mL 上述标准储备液，分别加水定容至 50 mL 作为系列标准工作液，每 1 mL 该系列标准工作液中，分别相当于含 10 μg、20 μg、50 μg、100 μg 咖啡碱。

3.4　操作方法

3.4.1　取样

按 GB/T 8302 的规定。

3.4.2 试样制备

按 GB/T 8303 的规定。

3.4.3 测定步骤

3.4.3.1 试液制备

称取 1.0 g(准确至 0.000 1 g)磨碎茶样(3.4.2)或 0.5 g 固态速溶茶(准确至 0.000 1 g),置于500 mL 烧瓶中,加 4.5 g 氧化镁(3.3.2)及 300 mL 沸水,于沸水浴中加热,浸提 20 min(每隔 5 min 摇动一次),浸提完毕后立即趁热减压过滤,滤液移入 500 mL 容量瓶中,冷却后,用水定容至刻度,混匀。取一部分试液,通过 0.45 μm 滤膜过滤,待测。

3.4.3.2 色谱条件

色谱条件如下:

——检测波长:紫外检测器,波长 280 nm;

——流动相(3.3.4);

——流速:0.5 mL/min～1.5 mL/min;

——柱温:40 ℃;

——进样量:10 μL～20 μL。

3.4.3.3 测定

准确吸取制备液(3.4.3.1)10 μL～20 μL,注入高效液相色谱仪,并用咖啡碱系列标准工作液(3.3.5)制作标准曲线,进行色谱测定。

3.5 结果计算

3.5.1 计算方法

比较试样和标准样的峰面积进行定量,茶叶中咖啡碱含量以干态质量分数(%)表示,按式(1)计算:

$$咖啡碱含量=\frac{C_1 \times V_1}{m \times w \times 10^6} \times 100\% \quad \cdots\cdots(1)$$

式中:

C_1——根据标准曲线上计算得出的测定液中咖啡碱浓度,单位为微克每毫升(μg/mL);

V_1——样品总体积,单位为毫升(mL);

m——试样的质量,单位为克(g);

w——试样干物质含量(质量分数),%。

如果符合重复性(3.5.2)的要求,取两次测定的算术平均值作为结果,结果保留小数点后 1 位。

3.5.2 重复性

在重复条件下同一样品获得的测定结果的绝对差值不得超过算术平均值的 10%。

4 第二法 紫外分光光度法

4.1 原理

茶叶中的咖啡碱易溶于水,除去干扰物质后,用特定波长测定其含量。

4.2 仪器和用具

4.2.1 紫外分光光度仪。

4.2.2 分析天平：感量 0.001 g。

4.3 试剂和溶液

4.3.1 除非另有说明，本方法所用试剂均为分析纯(AR)，水为蒸馏水。

4.3.2 碱式乙酸铅溶液：称取 50 g 碱式乙酸铅，加水 100 mL，静置过夜，倾出上清液过滤。

4.3.3 0.01 mol/L 盐酸溶液：取 0.9 mL 浓盐酸，用水稀释至 1 L，摇匀。

4.3.4 4.5 mol/L 硫酸溶液：取浓硫酸 250 mL，用水稀释至 1 L，摇匀。

4.3.5 咖啡碱标准液：称取 100 mg 咖啡碱(纯度不低于 99%)溶于 100 mL 水中，作为母液。准确吸取 5 mL，加水至 100 mL 作为工作液(1 mL 含咖啡碱 0.05 mg)。

4.4 测定步骤

4.4.1 试液制备

称取 3 g(准确至 0.001 g)磨碎试样(3.4.2)于 500 mL 锥形瓶中，加沸蒸馏水 450 mL，立即移入沸水浴中，浸提 45 min(每隔 10 min 摇动一次)，浸提完毕后立即趁热减压过滤，残渣用少量热蒸馏水洗涤 2～3 次。将滤液转入 500 mL 容量瓶中，冷却后用水定容至刻度，摇匀。

4.4.2 测定

用移液管准确吸取 10 mL 试液(4.4.1)至 100 mL 容量瓶中，加入 4 mL 0.01 mol/L 盐酸(4.3.3)和 1 mL 碱式乙酸铅溶液(4.3.2)，用水定容至刻度，混匀，静置澄清过滤。准确吸取滤液 25 mL，注入 50 mL容量瓶中，加入 0.1 mL 4.5 mol/L 硫酸溶液(4.3.4)，加水稀释至刻度，混匀，静置澄清过滤。用 10 mm 石英比色杯，在波长 274 nm 处以试剂空白溶液作参比，测定吸光度(A)。

4.4.3 咖啡碱标准曲线的制作

分别吸取 0.0 mL、1.0 mL、2.0 mL、3.0 mL、4.0 mL、5.0 mL、6.0 mL 咖啡碱工作液(4.3.5)于一组 25 mL容量瓶中，各加入 1.0 mL 盐酸(4.3.3)，用水稀释至刻度，混匀，用 10 mm 石英比色杯，在波长 274 nm 处，以试剂空白溶液作参比，测定吸光度(A)。将测得的吸光度与对应的咖啡碱浓度绘制标准曲线。

4.5 结果计算

茶叶中咖啡碱含量以干态质量分数(%)表示，按式(2)计算：

$$\text{咖啡碱含量} = \frac{C_2 \times V_2/1\,000 \times 100/10 \times 50/25}{m \times w} \times 100\% \qquad (2)$$

式中：

C_2——根据试样测得的吸光度(A)，从咖啡碱标准曲线上查得的咖啡碱相应含量，单位为毫克每毫升(mg/mL)；

V_2——试液总量，单位为毫升(mL)；

m ——试样用量，单位为克(g)；

w ——试样干物质含量(质量分数)，%。

如果符合重复性(3.5.2)，取两次测定的算术平均值作为结果，保留小数点后 1 位。

ICS 67.140.10
X 04

中华人民共和国国家标准

GB/T 8314—2013
代替 GB/T 8314—2002

茶 游离氨基酸总量的测定

Tea—Determination of free amino acids content

2013-12-31 发布　　2014-06-22 实施

中华人民共和国国家质量监督检验检疫总局
中国国家标准化管理委员会　发布

前言

本标准按照 GB/T 1.1—2009 给出的规则起草。

本标准代替 GB/T 8314—2002《茶　游离氨基酸总量测定》。本标准与 GB/T 8314—2002 相比，主要技术变化如下：

——添加细化 pH8.0 磷酸盐缓冲液的配制过程；

——修改氨基酸标准曲线制作的技术内容，使之与样品测定过程相同；

——重复性：两次测定结果的差值，每 100 g 样品的游离氨基酸总量应不超过 0.1 g，修改为在重复条件下同一样品获得的测定结果的绝对差值不得超过算术平均值的 10%。

本标准由中华全国供销合作总社提出。

本标准由全国茶叶标准化技术委员会(SAC/TC 339)归口。

本标准起草单位：中华全国供销合作总社杭州茶叶研究院、国家茶叶质量监督检验中心。

本标准主要起草人：徐建峰、周卫龙、陆小磊、王瑾、沙海涛。

GB/T 8314 的历次版本发布情况为：

——GB/T 8314—1987、GB/T 8314—2002。

茶　游离氨基酸总量的测定

1　范围

本标准规定了茶叶中游离氨基酸总量测定的仪器和用具、试剂和溶液、操作方法及结果计算的方法。

本标准适用于茶叶中游离氨基酸总量的测定。

2　规范性引用文件

下列文件对于本文件的应用是必不可少的。凡是注日期的引用文件，仅注日期的版本适用于本文件。凡是不注日期的引用文件，其最新版本(包括所有的修改单)适用于本文件。

GB/T 8302　茶　取样

GB/T 8303　茶　磨碎试样的制备及其干物质含量测定

GB/T 8312　茶　咖啡碱测定

3　术语和定义

下列术语和定义适用于本文件。

3.1

游离氨基酸　free amino acids

茶叶水浸出物中呈游离状态存在的具有 α-氨基的有机酸。

4　原理

α-氨基酸在 pH8.0 的条件下与茚三酮共热，形成紫色络合物，用分光光度法在特定的波长下测定其含量。

5　仪器和用具

5.1　分析天平：感量 0.001 g。

5.2　分光光度仪。

5.3　比色管：具塞，25 mL。

6　试剂和溶液

6.1　除非另有说明，本方法所用试剂均为分析纯(AR)，水为蒸馏水。

6.2　pH8.0 磷酸盐缓冲液

6.2.1　1/15 mol/L 磷酸氢二钠：称取 23.9 g 十二水磷酸氢二钠($Na_2HPO_4 \cdot 12H_2O$)，加水溶解后转入 1 L 容量瓶中，定容至刻度，摇匀。

6.2.2 1/15 mol/L 磷酸二氢钾:称取经 110 ℃烘干 2 h 的磷酸二氢钾(KH_2PO_4)9.08 g,加水溶解后转入 1 L 容量瓶中,定容至刻度,摇匀。

6.2.3 取 1/15 mol/L 的磷酸氢二钠溶液(6.2.1)95 mL 和 1/15 mol/L 磷酸二氢钾溶液(6.2.2)5 mL,混匀,该混合溶液 pH 为 8.0。

6.3 2%茚三酮溶液:称取水合茚三酮(纯度不低于 99%)2 g,加 50 mL 水和 80 mg 氯化亚锡($SnCl_2 \cdot 2H_2O$)搅拌均匀。分次加少量水溶解,放在暗处,静置一昼夜,过滤后加水定容至 100 mL。

6.4 茶氨酸或谷氨酸系列标准工作液

6.4.1 10 mg/mL 标准储备液:称取 250 mg 茶氨酸或谷氨酸(纯度不低于 99%)溶于适量水中,转移定容至 25 mL,摇匀。该标准储备液 1 mL 含有 10 mg 的茶氨酸或谷氨酸。

6.4.2 移取 0.0 mL、1.0 mL、1.5 mL、2.0 mL、2.5 mL、3.0 mL 标准储备液(6.4.1),分别加水定容至 50 mL,摇匀。该系列标准工作液 1 mL 分别含有 0 mg、0.2 mg、0.3 mg、0.4 mg、0.5 mg、0.6 mg 茶氨酸或谷氨酸。

7 操作方法

7.1 取样

按 GB/T 8302 的规定。

7.2 试样制备

按 GB/T 8303 的规定。

7.3 测定步骤

7.3.1 试液制备

按 GB/T 8312 中 4.4.1 的规定。

7.3.2 测定

准确吸取试液(7.3.1)1 mL,注入 25 mL 比色管(5.3)中,加 0.5 mL pH8.0 磷酸盐缓冲液(6.2)和 0.5 mL 2%茚三酮溶液(6.3),在沸水浴中加热 15 min。待冷却后加水定容至 25 mL。放置 10 min 后,用 5 mm 比色杯,在 570 nm 处,以试剂空白溶液作参比,测定吸光度(A)。

7.3.3 氨基酸标准曲线的制作

分别吸取 1 mL 茶氨酸或谷氨酸系列标准工作液(6.4.2)于一组 25 mL 比色管(5.3)中,各加 pH 8.0 磷酸盐缓冲液(6.2)0.5 mL 和 2%茚三酮溶液(6.3)0.5 mL,在沸水浴中加热 15 min,冷却后加水定容至 25 mL,按 7. 3. 2 的操作测定吸光度(A)。将测得的吸光度与对应的茶氨酸或谷氨酸浓度绘制标准曲线。

8 结果计算

8.1 计算方法

茶叶中游离氨基酸含量以干态质量分数(%)表示,按式(1)计算:

$$\text{游离氨基酸总量(以茶氨酸或谷氨酸计)} = \frac{C/1\,000 \times V_1/V_2}{m \times w} \times 100\% \qquad (1)$$

式中：

C ——根据7.3.2测定的吸光度从标准曲线上查得的茶氨酸或谷氨酸的毫克数，单位为毫克(mg)；

V_1 ——试液总量，单位为毫升(mL)；

V_2 ——测定用试液量，单位为毫升(mL)；

m ——试样用量，单位为克(g)；

w ——试样干物质含量(质量分数)，%。

如果符合重复性(8.2)，取两次测定的算术平均值作为结果，保留小数点后1位。

8.2 重复性

在重复条件下同一样品获得的测定结果的绝对差值不得超过算术平均值的10%。

ICS 59.080.01
W 04

中华人民共和国国家标准

GB/T 8433—2013
代替 GB/T 8433—1998

纺织品　色牢度试验
耐氯化水色牢度(游泳池水)

Textiles—Tests for colour fastness—
Colour fastness to chlorinated water(swimming-pool water)

(ISO 105-E03:2010,MOD)

2013-12-17 发布　　2014-10-15 实施

中华人民共和国国家质量监督检验检疫总局
中国国家标准化管理委员会　发布

前　言

本标准按照 GB/T 1.1—2009 给出的规则起草。

本标准代替 GB/T 8433—1998《纺织品　色牢度试验　耐氯化水色牢度(游泳池水)》,与 GB/T 8433—1998 相比,主要变化如下:

——第 2 章规范性引用文件增加了 GB/T 6682 和 FZ/T 01024,删去了 GB/T 6151—1997;

——将原来的第 4 章分为两章,第 4 章设备和第 5 章试剂;

——第 4 章设备中对试验装置中的容器作出规定,要求使用是玻璃或不锈钢容器;

——第 4 章设备中增加了评定试样变色用的分光光度仪(4.4)和分析天平(4.5);

——将第 6 章试样的尺寸改为(40±2)mm×(100±2)mm,平行长度改为(100±2)mm,直径改为(5±2)mm;

——第 7 章操作程序 7.3 中增加了仪器评定试样变色的可选方法;

——第 8 章试验报告增加 e)款,c)款中增加仪器评级结果及注明评级方法。

本标准使用重新起草法修改采用 ISO 105-E03:2010《纺织品　色牢度试验　第 E03 部分:耐氯化水色牢度(游泳池水)》(英文版),本标准与 ISO 105-E03:2010 的主要差异如下:

——删除了国际标准的前言;

——规范性引用文件中的国际标准替换为相应的国家标准和行业标准,删除了对 ISO 105-A01 的引用;

——第 8 章试验报告 c)款中增加了注明评级方法。

本标准由中国纺织工业联合会提出。

本标准由全国纺织品标准化技术委员会基础标准分技术委员会(SAC/TC 209/SC 1)归口。

本标准主要起草单位:纺织工业标准化研究所、上海市纺织工业技术监督所。

本标准主要起草人:刘琳、吴雅萍。

本标准所代替标准的历次版本发布情况为:

——GB/T 8433—1987、GB/T 8433—1999。

纺织品　色牢度试验
耐氯化水色牢度(游泳池水)

1　范围

本标准规定了测定各类纺织品的颜色耐消毒游泳池水所用浓度的有效氯作用的方法。

本标准规定了三种不同测试条件。有效氯浓度 50 mg/L 和 100 mg/L 用于游泳衣,有效氯浓度 20 mg/L 用于浴衣、毛巾等。

2　规范性引用文件

下列文件对于本文件的应用是必不可少的。凡是注日期的引用文件,仅注日期的版本适用于本文件。凡是不注日期的引用文件,其最新版本(包括所有的修改单)适用于本文件。

GB/T 250　纺织品　色牢度试验　评定变色用灰色样卡(GB/T 250—2008,ISO 105-A02:1993,IDT)

GB/T 6682　分析实验室用水规格和试验方法(GB/T 6682—2008,ISO 3696:1987,MOD)

FZ/T 01024　试样变色程度的仪器评级方法(FZ/T 01024—1993,neq ISO 105-A05:1992)

3　原理

选择三种指定测试条件中的一种,用给定浓度的含氯稀溶液处理纺织品试样,然后干燥。用灰色样卡或分光光度仪评定试样的变色。

4　设备

4.1　合适的机械装置,是带有一个旋转轴的水浴锅组成,该旋转轴上呈放射形地支撑着多只容量约为(550±50)mL,直径(75±5)mm,高(125±10)mm 的玻璃或不锈钢容器,旋转轴中心到容器底部距离为(45±10)mm,旋转轴/容器组件转速为(40±2)r/min。水浴温度由恒温器控制,试液保持设定温度±2 ℃。

能达到相同效果的其他装置也可使用。

4.2　pH 计,精度为 0.02 单位。

4.3　评定变色用灰色样卡,符合 GB/T 250 规定。

4.4　评定变色用分光光度仪,符合 FZ/T 01024 规定。

4.5　分析天平,精确到 0.01 g。

5　试剂

5.1　次氯酸钠(NaClO),其水溶液组成如下:

——有效氯:140 g/L～160 g/L;

——氯化钠(NaCl):120 g/L～170 g/L;

——氢氧化钠(NaOH):20 g/L(最高);

——碳酸钠(Na_2CO_3):20 g/L(最高);

——铁离子(Fe):0.01 g/L(最高)。

次氯酸钠溶液必需现配现用。

5.2 每升 100 mg 有效氯,pH 7.50±0.05 的次氯酸钠(NaClO)水溶液。

次氯酸钠溶液必须现配现用。用三级水(5.7)按下法制备:

溶液 1:将次氯酸钠(NaClO)(5.1)20.0 mL 稀释至 1 L。

溶液 2:磷酸二氢钾(KH_2PO_4)(5.5)14.35 g/L。

溶液 3:磷酸氢二钠二水合物($Na_2HPO_4 \cdot 2H_2O$)20.05 g/L(5.6)或磷酸氢二钠十二水合物($Na_2HPO_4 \cdot 12H_2O$)40.35 g/L(5.6)。

将过量碘化钾(KI)和盐酸(HCl)加至 25.0 mL 溶液 1 中,以淀粉作指示剂,用 $c(Na_2S_2O_3)=0.1$ mol/L 硫代硫酸钠溶液滴定游离碘。

设所需硫代硫酸钠溶液为 VmL。

则 pH 7.50±0.05 的每升工作液需用:

$\frac{705.0}{V}$mL 溶液 1;

100 mL 溶液 2;

500 mL 溶液 3;

稀释至 1 L。

使用前,用已校正的 pH 计(4.2)校正 pH 值。

如需要,可用氢氧化钠 $c(NaOH)=0.1$ mol/L 或乙酸 $c(CH_3COOH)=0.1$ mol/L 调节。

5.3 每升 50 mg 有效氯,pH 为 7.50±0.05 的次氯酸钠(NaClO)水溶液。

按 5.2 同样程序制备 pH 7.50±0.05 工作液,但需用溶液$\frac{705.0}{2V}$mL。

5.4 每升 20 mg 有效氯,pH 为 7.50±0.05 的次氯酸钠(NaClO)水溶液。

按 5.2 同样程序制备 pH 为 7.50±0.05 工作液,但需用溶液$\frac{705.0}{5V}$。

5.5 磷酸二氢钾(KH_2PO_4)。

5.6 磷酸氢二钠二水合物($Na_2HPO_4 \cdot 2H_2O$)或磷酸氢二钠十二水合物($Na_2HPO_4 \cdot 12H_2O$)。

5.7 三级水(符合 GB/T 6682 规定)。

6 试样

6.1 对织物样品,取(40±2)mm×(100±2)mm 试样一块。

6.2 对纱线样品,将其编成织物,取(40±2)mm×(100±2)mm 试样一块,或制成平行长度(100±2)mm、直径(5±2)mm 的纱线束,两端扎紧。

6.3 对散纤维样品,梳压成(40±2)mm×(100±2)mm 的薄层。称量后缝于一块聚酯或聚丙烯织物上以作支撑。浴比(7.1)仅以纤维质量为基础计算。

7 操作程序

7.1 在机械装置(4.1)中试验,每块试样单独放置在一个容器内。将试样浸入次氯酸钠溶液(5.2,5.3 或 5.4)中,浴比 100∶1,确保试样完全浸透。关闭容器,在 27 ℃±2 ℃温度,避光情况下转动 1 h。

7.2 从容器中取出试样，挤压或脱水，室温悬挂干燥，避免强光直射。

7.3 用灰色样卡(4.3)或分光光度仪(4.4)评定试样的变色。

8 试验报告

试验报告应包括以下内容：

a) 本标准的编号，即GB/T 8433—2013；

b) 样品描述；

c) 评定试样的变色级数及说明评级方法(目光法或仪器法)；

d) 所用有效氯浓度(见5.2,5.3,5.4)；

e) 任何偏离本标准的细节。

ICS 59.080.01
W 04

中华人民共和国国家标准

GB/T 8434—2013
代替 GB/T 8434—1998

纺织品 色牢度试验 耐缩呢色牢度:碱性缩呢

Textiles—Tests for colour fastness Colour fastness to milling:Alkaline milling

(ISO 105-E12:2010,Textiles—Tests for colour fastness—Part E12:Colour fastness to milling:Alkaline milling,MOD)

2013-11-12 发布 2014-05-01 实施

中华人民共和国国家质量监督检验检疫总局
中国国家标准化管理委员会 发布

前　言

本标准按照 GB/T 1.1—2009 给出的规则起草。

本标准代替 GB/T 8434—1998《纺织品　色牢度试验　耐缩呢色牢度:碱性缩呢》,与 GB/T 8434—1998 相比主要变化如下:

——范围中,将碱缩呢工艺分为重缩呢和轻缩呢,并规定轻缩呢工艺可用于轻型及中厚型羊毛或含羊毛服用织物;

——规范性引用文件中增加了 GB/T 6682、FZ/T 01023、FZ/T 01024、SDC,删除了 GB/T 6151—1997,将 GB 7564～7568 和 GB 11403～11404 调整为 GB/T 7568.1～GB/T 7568.7;

——增加仪器评级的可选方法;

——将原标准第 4 章拆分为本标准第 4 章和第 5 章,其后章节顺延;

——第 4 章仪器中增加了"光谱测色仪"和"分析天平";

——第 5 章材料和试剂中增加了"缩呢溶液 B(轻缩呢)";"控制标样"改为控制样,且"由毛标准贴衬织物制备"改为"由毛哔叽织物制备";

——表 1 中第一块贴衬织物是聚酯纤维和聚丙烯腈纤维时,其第二块由"羊毛"改为"羊毛或棉";

——第 6 章织物组合试样的制备方法,要求由"沿一短边缝合"改为"沿四边缝合",并增加了裁取试样的允差为±2 mm;

——第 7 章操作程序中增加了轻缩呢程序(程序 B);

——第 8 章试验报告中增加了 c)项、g)项和 h)项等要求。

本标准使用重新起草法修改采用 ISO 105-E12:2010《纺织品　色牢度试验　第 E12 部分:耐缩呢色牢度:碱性缩呢》(英文版)。本标准与 ISO 105-E12:2010 的主要差异如下:

——删除了国际标准中的前言;

——规范性引用文件中的国际标准替换为相对应的国家标准及行业标准;

——表 1 中增加了"第一块是亚麻,第二块是羊毛"和"第一块是醋酯纤维,第二块是羊毛";

——将条款 7.1.5 中"冲洗 10 min"修改为"冲洗至干净"。

本标准由中国纺织工业联合会提出。

本标准由全国纺织品标准化技术委员会基础标准分技术委员会(SAC/TC 209/SC 1)归口。

本标准主要起草单位:纺织工业标准化研究所、北京毛纺织科学研究所、上海毛麻纺织科学技术研究所、上海市纺织工业技术监督所。

本标准主要起草人:任鹤宁、李立荣、诸亦成、刘金云。

本标准所代替标准的历次版本发布情况为:

——GB/T 8434—1998。

纺织品　色牢度试验
耐缩呢色牢度：碱性缩呢

1　范围

本标准规定了测定羊毛或含羊毛纺织品在碱缩呢工艺中耐皂片和碳酸钠溶液(重缩呢)或耐皂片溶液(轻缩呢)色牢度的试验方法。

轻缩呢工艺可用于轻型及中厚型羊毛或含羊毛服用织物。

2　规范性引用文件

下列文件对于本文件的应用是必不可少的。凡是注日期的引用文件，仅注日期的版本适用于本文件。凡是不注日期的引用文件，其最新版本(包括所有的修改单)适用于本文件。

GB/T 250　纺织品　色牢度试验　评定变色用灰色样卡(GB/T 250—2008，ISO 105-A02：1993，IDT)

GB/T 251　纺织品　色牢度试验　评定沾色用灰色样卡(GB/T 251—2008，ISO 105-A03：1993，IDT)

GB/T 6682　分析实验室用水规格和试验方法(GB/T 6682—2008，ISO 3696：1987，MOD)

GB/T 7568.1　纺织品　色牢度试验　毛标准贴衬织物规格(GB/T 7568.1—2002，ISO 105-F01：2001，MOD)

GB/T 7568.2　纺织品　色牢度试验　标准贴衬织物　第2部分：棉和粘胶纤维(GB/T 7568.2—2008，ISO 105-F02：2008，MOD)

GB/T 7568.3　纺织品　色牢度试验　标准贴衬织物　第3部分：聚酰胺纤维(GB/T 7568.3—2008，ISO 105-F03：2001，MOD)

GB/T 7568.4　纺织品　色牢度试验　聚酯标准贴衬织物规格(GB/T 7568.4—2002，ISO 105-F04：2001，MOD)

GB/T 7568.5　纺织品　色牢度试验　聚丙烯腈标准贴衬布织物规格(GB/T 7568.5—2002，ISO 105-F05：2001，MOD)

GB/T 7568.6　纺织品　色牢度试验　丝标准贴衬布织物规格(GB/T 7568.6—2002，ISO 105-F06：2000，MOD)

GB/T 7568.7　纺织品　色牢度试验　标准贴衬织物　第7部分：多纤维(GB/T 7568.7—2008，ISO 105-F10：1989，MOD)

FZ/T 01023　贴衬织物沾色程度的仪器评级方法(FZ/T 01023—1993，neq ISO 105-A04：1989)

FZ/T 01024　试样变色程度的仪器评级方法(FZ/T 01024—1993，neq ISO 105-A05：1992)

SDC　国际染料索引(第4版)

3　原理

试样与两块单纤维贴衬或与一块多纤维贴衬贴合在一起，置于加有钢珠的皂片和碳酸钠溶液(重缩呢)或皂片溶液(轻缩呢)中进行缩呢处理。在重缩呢溶液中测试时,用同样的方法单独缩呢处理的一块染色控制样来控制缩呢程度。将试样清洗和干燥后,用灰色样卡或仪器评定试样的变色及贴衬织物的沾色。

4 仪器

4.1 合适的机械装置:由一个带有旋转轴的水浴锅构成。旋转轴支撑着呈放射形的多只容量为(550±50)mL 的玻璃容器或不锈钢容器,直径为(75±5)mm,高为(125±10)mm。从轴中心到容器底部的距离为(45±10)mm。轴的转速为(40±2)r/min。水浴锅的温度由恒温器控制,使试液保持在规定的温度(40±2)℃。其他能取得相同试验结果的机械装置也可使用。

4.2 不锈钢珠:直径约 6 mm。

4.3 光谱测色仪:符合 FZ/T 01023、FZ/T 01024 要求,用于评定试样的变色和沾色。

4.4 分析天平:精度±0.01 g。

4.5 缩呢溶液加热装置:例如电炉。

5 试剂和材料

5.1 皂片

皂片以干重计,所含水分不应超过 5%,并符合下列要求:

——游离碱(以 Na_2CO_3 计):不高于 0.3%;

——游离碱(以 NaOH 计):不高于 0.4%;

——总脂肪物:不低于 850 g/kg;

——由皂片中所得混合脂肪酸的冻点:不高于 30 ℃;

——碘值:不高于 50。

皂片应不含有荧光增白剂。

皂片宜进行充分的搅拌,确保皂片彻底的分散以防止其凝结。

5.2 碳酸钠

无水碳酸钠(Na_2CO_3)。

5.3 缩呢溶液

5.3.1 总则:缩呢溶液宜进行加热(例如电炉),使其充分溶解。

5.3.2 缩呢溶液 A(重缩呢):每升水中加入 50 g 皂片和 10 g 无水碳酸钠。

建议将皂片和碳酸钠溶液在(40±2)℃的三级水中搅拌(10±1)min。

5.3.3 缩呢溶液 B(轻缩呢):每升水中加入 10 g 皂片。

5.4 控制样

仅用于重缩呢测试,用 CI Acid Blue7(见 SDC,国际染料索引,第 4 版)染的毛织物。

将一块完全浸湿的毛哔叽织物,放入温度为 40 ℃,含有 3% CI Acid Blue7(见 SDC,国际染料索引,第 4 版),10%硫酸钠十水合物($Na_2SO_4 \cdot 10H_2O$)和 3%硫酸(相对浓度 1.84 g/mL)的染浴中,浴比为 40∶1,所有百分数均按毛织物质量计。染浴在 30 min 内升温至沸腾,并持续 45 min。取出织物,清洗并干燥。

5.5 贴衬织物

5.5.1 符合 GB/T 7568.7 规定的 DW 型多纤维贴衬织物。

5.5.2 符合 GB/T 7568.1～7568.6 中规定的两块单纤维贴衬织物。

第一块贴衬织物由与试样同类的纤维制成,第二块由表 1 规定的纤维制成。如试样为混纺品或交织品,则第一块由主要含量的纤维制成,第二块由次要含量的纤维制成。或另做规定。

表 1 单纤维贴衬织物

第一块	第二块
棉	羊毛
羊毛	棉
粘胶纤维	羊毛
聚酰胺纤维	羊毛
聚酯纤维	羊毛或棉
聚丙烯腈纤维	羊毛或棉
亚麻	羊毛
醋酯纤维	羊毛

5.5.3 如需要,用一块不易染色的织物(如聚丙烯)。

5.6 评定变色用灰色样卡

符合 GB/T 250。

5.7 评定沾色用灰色样卡

符合 GB/T 251。

5.8 三级水

符合 GB/T 6682。

6 试样

6.1 织物样品按以下方法之一制备组合试样:

a) 取(40±2)mm×(100±2)mm 试样一块,夹于同样尺寸的多纤维贴衬(5.5.1)和不易染色的织物(5.5.3)之间,沿四边缝合;

b) 取(40±2)mm×(100±2)mm 试样一块,夹于两块同样尺寸的单纤维贴衬(5.5.2)之间,沿四边缝合。

6.2 纱线可编织成织物进行测试。对于纱线或散纤维样品,取其量约为贴衬织物总质量的一半,按以下方法之一制备组合试样：

a） 夹于(40±2)mm×(100±2)mm 的多纤维贴衬(5.5.1)和不易染色的织物(5.5.3)之间，沿四边缝合；

b） 夹于(40±2)mm×(100±2)mm 两块单纤维贴衬(5.5.2)之间，沿四边缝合。

6.3 按 6.1 所述方法，制备控制样的组合试样。

7 操作程序

7.1 程序 A：重缩呢

7.1.1 准备缩呢溶液 A(5.3.2)。

7.1.2 将组合试样和组合控制样，按 7.1.3 至 7.1.5 所述的方法分别进行测试。

7.1.3 将组合试样和组合控制样分别放在试验装置的两个容器中，每个容器里加入三倍于组合样本身质量的缩呢溶液(5.3.2)和 50 个不锈钢珠(4.2)，在(40±2)℃的条件下运转 2 h。

7.1.4 暂停试验装置，打开容器，加入足够的(40±2)℃的三级水，使其浴比为 100：1，盖上容器盖，继续运转 10 min。

7.1.5 取出组合试样和组合控制样，在冷三级水里冲洗两次，然后在流动的冷水里冲洗至干净。挤去水分，展开组合试样(如果需要，留下一个短边，拆掉其余三边的缝线)，悬挂在不超过 60 ℃的空气中干燥，试样只允许在缝线处有接触。

7.1.6 用灰色样卡或仪器评定控制样的变色及贴衬织物的沾色，如果变色等级不等于相应的灰色样卡上的 3 级，说明试验有误，应用新的组合试样和新的组合控制样按 7.1.2～7.1.5 所述方法重新测试。

7.1.7 用灰色样卡(5.6、5.7)或仪器(4.3)，对比原样，评定试样的变色和贴衬织物的沾色。

7.2 程序 B：轻缩呢

7.2.1 准备缩呢溶液 B(见 5.3.3)。

7.2.2 将组合试样放在试验装置的容器中，每个容器里加入三倍于组合样本身质量的缩呢溶液(5.3.3)和 10 个不锈钢珠(4.2)，在(40±2)℃的条件下运转 30 min。

7.2.3 暂停试验装置，打开容器，加入足够的(40±2)℃的三级水，使其浴比为 100：1，盖上容器盖，继续运转 10 min。

7.2.4 取出组合试样，在冷三级水里冲洗两次，然后在流动的冷水里冲洗至干净。挤去水分，展开组合试样(如果需要，留下一个短边，拆掉其余三边的缝线)，悬挂在不超过 60 ℃的空气中干燥，试样只允许在缝线处有接触。

7.2.5 按 7.1.7 操作。

8 试验报告

试验报告应包括以下内容：

a） 本标准的编号；

b） 样品详细信息；

c） 使用的方法(重缩呢或轻缩呢)；

d） 试样的变色级数；

e） 如使用的是单纤维贴衬织物，所用每种单纤维贴衬的沾色级数；

f） 如使用的是多纤维贴衬织物，所用多纤维贴衬织物类型及每种纤维的沾色级数；

g） 如果在重缩呢中用到了控制样，控制样的变色级数；

h） 任何偏离本标准的细节和试验中的异常现象。

ICS 01.040.03
S 90

中华人民共和国国家标准

GB/T 8568—2013
代替 GB/T 8568—1988

铁路行车组织词汇

Vocabulary for train operation

2013-11-27 发布　　2014-05-01 实施

中华人民共和国国家质量监督检验检疫总局
中国国家标准化管理委员会　发布

前　言

本标准按照 GB/T 1.1—2009 给出的规则编写。

本标准代替 GB/T 8568—1988《铁路行车组织术语》。

本标准与 GB/T 8568—1988 相比主要变化如下：

——修改一般名词术语部分。增加五定班列、整列式重载列车等相关词条(见 2.2.5.2，2.2.13)；

——修改车站工作组织部分。增加了非常站控模式、分散自律控制模式(见 3.8.4,3.8.5)；

——修改车流组织及列车运行图部分。修改了最短径路、列车运行图等条目(见 4.1.4.1,4.2,1988 版 4.1.2,4.2)；

——修改铁路通过能力部分。主要修改了铁路通过能力的一般名词术语部分(见第 5.1～5.9,1988 版 5.1)；

——修改货物运输工作技术指标部分。修改了部分词条,增删了部分词条(见第 6 章,1988 版第 6 章)；

——修改铁路运输调度工作部分。修改了部分词条(见第 7 章,1988 版第 7 章)；

——将行车事故改为铁路交通事故,增加了 7 个词汇(见第 8 章,1988 版第 8 章)。

本标准由国家铁路局提出并归口。

本标准起草单位：北京交通大学 、铁道部运输局。

本标准主要起草人：魏玉光、刘伟、胡金仲、杨浩、张树群、韩学雷、张红亮。

本标准所代替标准的历次版本发布情况为：

——GB/T 8568—1988。

铁路行车组织词汇

1 范围

本标准规定了有关铁路行车组织工作常用名词术语。

本标准适用于国家铁路、合资铁路、地方铁路及工矿企业专用铁路行车组织的生产管理、设计、科研、教学、出版等。

2 一般名词术语

2.1

铁路行车组织 organization of train operation

综合运用铁路各种技术设备，合理组织列车运行，以实现旅客和货物运输过程的生产计划与组织工作。主要内容包括：车站技术作业组织，车流组织，列车运行图和铁路通过能力，铁路运输工作技术计划和调度工作等。

2.2

列车 train

按照规定条件编成的车列，并挂有机车及规定的列车标志。

注：动车组和未完全具备列车条件的单机、动车及重型轨道车，当指定有列车车次时亦按列车办理。

2.2.1

车组 wagon group

若干车辆连挂在一起。

2.2.2

车列 train stock；train set

若干车组连挂在一起。

注：分为列车车列和调车车列。

2.2.3

旅客列车 passenger train

以动车组运送旅客或以客车编成的为运送旅客及行李、包裹、邮件的列车。

2.2.4

军用列车 military train；troop train

按规定条件整列运送军队与军用物资并冠以军用列车车次的列车。

2.2.5

货物列车 goods train；freight train

以货车（含回送机车、空客车等）编成的列车。

2.2.5.1

快运货物列车 fast goods train

快速运送鲜活、易腐及其他急运货物的列车。

2.2.5.2

五定班列　wagon train with regular station，regular railway，regular number，regular time and regular charge

“定点、定线、定车次、定时、定价”为特征的快运货物列车。

2.2.5.3

行包列车　baggage and parcel train

固定发到站和发到时间，使用专用车辆整列装运行李、包裹的列车。

2.2.5.4

行邮列车　train of baggage of post

固定发到站和发到时间，整列装运行李、邮件的列车。

2.2.6

直达列车　through goods train；block train

在装(卸)车站或技术站编组，通过一个及其以上编组站不进行改编作业的列车。

注：包括始发直达列车、阶梯直达列车、空车直达列车、循环直达列车、技术直达列车等。

2.2.6.1

始发直达列车　through goods train originated from one loading point

在一个车站装车后组成的直达列车。

2.2.6.2

阶梯直达列车　through goods train originated from several adjoining loading points

在同一区段或相邻区段的几个站装车后组成的直达列车。

2.2.6.3

空车直达列车　through train of empty wagons

在一个或数个卸车站，或在技术站由空车编组而成的直达列车。

2.2.6.4

循环直达列车　unite train；shuttled through block train

以一定类型和数量的货车编成，在固定的装(卸)站之间不拆散循环往返运行的直达列车。

2.2.6.5

技术直达列车　technical through train

在技术站编组的直达列车。

2.2.7

直通列车　inter-marshalling yard through goods train；transit train

在技术站编组并通过一个及其以上区段站不进行改编作业的列车。

2.2.8

区段列车　district train

在技术站编组并到达相邻技术站，在区段内不进行摘挂作业的列车。

2.2.9

摘挂列车　pick-up goods train

在技术站编组并在邻接区段内的中间站进行摘挂作业的列车。

2.2.10

重点摘挂列车　way freight train

只在指定的几个中间站进行摘挂作业的摘挂列车。

2.2.11

小运转列车　district transfer train

在技术站和邻接区段规定范围内的几个车站间开行或在枢纽内车站间开行的列车。

注：可分为区段小运转列车和枢纽小运转列车。

2.2.12

超限列车　train attached with wagons loaded with out-of-gauge goods

挂有装载超限货物车辆并冠以超限列车车次的列车。

2.2.13

整列式重载列车　single heavy-load train

由单机或多机牵引，机车挂于列车头部开行的重载货物列车。

2.2.14

组合式重载列车　combined heavy-load train

把两列及其以上符合运行图规定的重量和长度、开往同一方向的单个列车首尾相接连成一个重载列车，机车分别挂在列车的前部和中部或后部，在运行图上占用一条运行线，运行到前方某一站或终到站再分解的货物列车。

2.2.15

单元式重载列车　unit heavy-load train

由装车地到卸车地固定机车车辆，固定发站和到站，固定运行线，运输单一品种货物，在装、卸站间往返循环运行，中途列车不拆散，不进行改编作业的重载货物列车。

2.2.16

路用列车　service train

专为运送铁路自用物资或设备等的列车。

2.2.17

特殊用途列车　special-purpose train

为特殊目的而开行的列车，如专运列车、救援列车、抢修抢救列车、除雪列车、回送入厂列车、试运转列车等。

2.3

列车牵引质量标准　train load limit; train tonnage rating

列车牵引定数

在一定类型机车车辆及线路条件下，按照牵引计算和牵引试验所确定的列车质量。

2.4

列车换算长度　converted length of train

除列车运行图规定的本务机车、重联机车及补机外，列车所编挂的机车车辆换算长度的总和。

2.5

超重列车　over-loaded train

实际牵引质量超过运行图规定的该区段货物列车牵引质量标准（考虑规定的波动尾数）的货物列车。

2.6

超长列车　train in excess specified length

实际牵引长度超过运行图规定的该区段货物列车换算长度的货物列车。

2.7

欠轴列车　underloaded train and train under specified length

实际牵引质量和长度均低于运行图规定的该区段货物列车牵引质量和换长标准（考虑规定的波动

尾数)的货物列车。

3 车站工作组织

3.1

分界点 intermediate train distancing post;operating control point

为保证行车安全和提高区段通过能力,将铁路线路划分为区间或闭塞分区的设备。

注:包括车站、线路所及自动闭塞区间的通过信号机。

3.2

车站 station

办理列车接发和会让,通常还办理客货运输业务的分界点,一般设有配线。设备较完善的车站,还进行列车解体和编组等工作。

注:车站按技术作业分为编组站、区段站、中间站,按业务性质分为客运站、货运站和客货运站。

3.2.1

客运站 passenger station

专门为办理旅客运输而设的车站。

注:主要担当旅客列车的始发、终到、通过和有关调车作业以及客运业务。

3.2.2

货运站 goods station;freight station

专门为办理货物运输而设的车站。

注:主要担当货物列车的始发、终到和有关调车作业,货车装卸、取送作业,以及与货运有关的业务。

3.2.3

客货运站 passenger and goods station

办理客货运业务的车站。

3.2.4

编组站 marshalling yard;marshalling station

担当大量货物列车解编作业的车站。

注:在编组站还进行更换货运机车和乘务人员,对货物列车中的车辆进行技术检修和货运检查整理工作。编组站按其在铁路干线上和枢纽内的位置,所担当的作业任务,分为路网编组站和区域编组站。

3.2.5

区段站 district station

设于划分货物列车牵引区段的地点,或区段车流的集散地点。一般只改编区段到发的车流,解体与编组区段、摘挂列车的车站。

注:区段站还进行更换货运机车或乘务员,对货物列车中的车辆进行技术检修和货运检查整理作业。

3.2.6

技术站 technical station

编组站和区段站的总称。

3.2.7

中间站 intermediate station;wayside station

主要办理列车接发、会让和通过作业,及调车作业和客货运业务的车站。

注:有些中间站还进行机车整备作业,补机摘挂,列车技术检查和凉闸作业,列车始发和终到作业。只办理接发列车工作的车站,单线区段称为会让站,双线区段称为越行站。

3.3

线路所　block post

为管理区间分歧道岔或单线半自动闭塞区段为提高区间通过能力而设置的用于分隔区间的无配线的分界点。

3.4

站界　border of station；station limit

车站管辖范围的界限。

注：单线区段以进站信号机柱中心线为界；双线或多线区段以各该线的进站信号机柱或站界标的中心线为界。

3.5

车站等级　class of station

为衡量车站客货运量和技术作业量大小，以及考虑政治、经济和路网地位所划分的不同等级。

注：我国铁路车站分为特等站和一、二、三、四、五等站。

3.6

中转车　transit wagon

在车站不进行装卸作业的运用车。

注：中转车按作业性质分为无调中转车和有调中转车两种。

3.6.1

无调中转车　transit wagon without shunting

在车站无改编中转列车和部分改编中转列车中未摘下的中转车以及停运列车的运用车。

3.6.2

有调中转车　transit wagon with shunting

在车站到达解体列车和部分改编中转列车中摘下的中转车。

3.7

货物作业车　local wagon；local car

在站线(或区间)、岔线及段管线内进行装卸、倒装的运用车。

3.7.1

一次货物作业车　local wagon for one goods operation

在车站只进行一次装车或卸车作业的货物作业车。

3.7.2

双重货物作业车　local wagon for double goods operations

卸空后在本站再进行装车的货物作业车。

3.8

接发列车工作　reception and departure of trains

车站(线路所)根据行车闭塞方式及技术设备条件，按规定程序办理列车接、发、通过的整个过程。

3.8.1

行车闭塞法　train block system

通过调度所、相邻车站、线路所、闭塞分区的设备或人为控制，使列车与列车相互间保持一定间隔，以保证列车安全运行的行车方法。

3.8.1.1

空间间隔法　space-interval method

以车站、线路所所划分的区间，自动闭塞区间的闭塞分区，以及列控系统所确定的两列车间隔距离，作为两列车间隔的行车方法。

注：空间间隔法分为基本闭塞法和代用闭塞法。基本闭塞法采用自动闭塞、自动站间闭塞、半自动闭塞三种；代用

闭塞法采用电话闭塞法。

3.8.1.1.1

站间区间　block section between stations

两相邻车站之间的线路空间。

注：单线站间区间：相邻两站间两架进站信号机柱中心线间的线路空间；双线或多线站间区间：相邻两站间各该线进站信号机柱（或站界标）中心线至站界标中心线（或进站信号机柱中心线）间的线路空间。

3.8.1.1.2

所间区间　block section between posts

两相邻线路所间的两通过信号机柱中心线间一段线路空间，线路所通过信号机柱（或进站信号机柱）中心线间与相邻车站间的进站信号机柱（站界标）中心线的一段线路空间。

3.8.1.1.3

闭塞分区　block section

自动闭塞区段，站间区间内同方向相邻两通过信号机柱的中心线间，或通过信号机柱中心线与进站信号机柱中心线间，或出站信号机柱中心线与通过信号机柱中心线间装设连续轨道电路的一段线路空间。

3.8.1.2

区间状态　state of section

区间空闲、占用、封锁等。

3.8.1.2.1

区间空闲　section unoccupied

区间未被列车、机车车辆占用，或相邻两站未办妥接发列车闭塞手续及出站调车手续。

3.8.1.2.2

区间占用　section occupied

区间被列车、机车车辆占用，或相邻两站已办妥闭塞手续、出站（跟踪）调车手续。

3.8.1.2.3

区间封锁　section closed

由于施工或区间发生事故等原因，根据调度命令，除指定列车外，禁止其他列车进入该区间。

3.8.1.3

书面联络法　written liaison method

车站一切电话中断时，为不间断地行车，单线区间两端站按有关规定用书面形式确定列车运行次序的一种特定行车方法。

3.8.1.4

时间间隔法　time-interval method

车站一切电话中断时，双线区间正方向按规定的时间间隔连续发出列车的一种特定行车方法。

3.8.1.5

行车凭证　running token

列车进入区间（闭塞分区）的凭据。

3.8.2

接发列车作业程序　procedure of receiving and despatching a train

在办理接发列车过程中所进行的办理闭塞、布置进路、开闭信号、交接凭证、接送列车、发车等一系列作业。

3.8.2.1

办理闭塞　block working；handling of blocking

通过闭塞设备和电话联络，得到邻站对占用区间承认的过程。

注：办理闭塞包括请求、承认、取消闭塞及填写行车日志等。

3.8.2.2

发车预告 advance notice of despatching a train

在自动闭塞、自动站间闭塞和双线半自动闭塞区间，发车站无须接车站同意就可开放信号向区间发出列车，但为建立稳定的运行秩序和无阻碍地接发列车，车站值班员在列车发出前须将列车车次通知接车站。

3.8.2.3

列车进路 train route

列车在车站接入、发出、通过所经由的一段线路。

3.8.2.3.1

接车进路 receiving route

接入停车列车时，由进站信号机起，至接车线末端警冲标或出站（进路）信号机止的一段线路。

3.8.2.3.2

发车进路 despatching route

发出列车时，由列车前端起至相对方向的进站信号机或站界标止的一段线路。

3.8.2.3.3

通过进路 through route

列车通过时，该列车通过线两端进站信号机或站界标间的一段线路。

3.8.2.4

准备进路 preparation of the route

列车调度员、车站值班员亲自或命令信号员或扳道员将列车进路上所有道岔开通并锁闭的过程。

3.8.2.5

布置进路 setting of train routes

车站值班员向助理值班员、信号员（长）、扳道员（长）发布准备接、发车（通过）进路的命令（包括听取进路准备妥当的报告）。

3.8.2.6

开闭信号 clearing the signal or setting the signal at danger

开放和关闭固定信号机的过程。

注：使站内（线路所）的固定信号机由红色灯光（臂板位于水平位置）或无显示状态变为进行显示的过程称为开放信号，反之为关闭信号。

3.8.2.7

引导接车 receiving trains by the pilot or the call-on signal

在进站、接车进路信号机不能使用，以及双线区间反方向接车无进站信号机时，使用引导信号或引导手信号接车。

3.8.2.8

交付行车凭证 delivery and taking over of tokens

向列车（或出站调车）司机交付（或传送）占用区间的行车凭据。

注：需要交付的行车凭证包括路票、绿色许可证、红色许可证、出站（跟踪）调车通知书、作为行车凭证的调度命令等。

3.8.2.9

接送列车 meeting the train and sending the train off

接发列车有关人员将列车接入和送出车站（线路所）的作业过程。

3.8.2.9.1

列车接近　train approach

列车即将到达进站信号机(站界标)处。

注：自动闭塞区间为列车压上接近轨道电路，半自动闭塞、自动站间闭塞区间电气集中车站为列车压上预告(接近)信号机或预告标处的轨道电路，非电气集中车站为列车头部到达预告信号机或预告标处为列车接近。

3.8.2.9.2

列车到达　train arrival

列车整列进站按规定进入接车线的过程。

3.8.2.9.3

列车出发　train departure

列车具备出发条件时起至列车全部越过出站方向的进站信号机或站界标的整个过程。

3.8.2.9.4

列车通过　train passing through

列车不停车经过车站通过进路的整个过程。

3.8.3

优先发车站　the station having the priority for despatching the first train

单线区段、车站一切电话中断，使用书面联络法行车，根据有关规定确定具有第一个列车发车权的车站。

3.8.4

非常站控模式　unconventional station control mode

在CTC(调度集中)区段，当调度集中设备故障、发生危及行车安全的情况或行车设备施工、维修需要时，转换为车站控制台人工控制的模式。

3.8.5

分散自律控制模式　disperse self-discipline station control mode

在CTC区段，以CTC系统列车运行调整计划自动控制列车进路或通过调度集中设备人工办理进路的模式。

3.9

调车　shunting operation; shunting work

除列车在车站的到达、出发、通过及在区间内运行外，凡机车车辆进行一切有目的的移动。

注：如列车的编组、解体、摘挂、转线，车辆的取送、转场、整场、调移以及机车的对位、转线、出入段等。

3.9.1

解体调车　shunting for break-up of trains

将到达的车列按去向或车种等目的分解到指定的线路上。

3.9.2

编组调车　shunting for make-up of trains

根据列车编组计划、列车运行图、有关规章制度和特殊要求，将车辆选编成车列或车组。

3.9.3

摘挂调车　shunting for detaching and attaching of wagons

列车进行补轴、减轴、换挂车组等车辆甩挂作业。

3.9.4

取送调车　shunting for taking-out and placing-in of wagons

为装卸货物、检修、洗刷消毒车辆等目的，向指定地点送车或取回车辆的作业。

3.9.5

推送调车法　push and pull method;push-pull shunting

凡使用机车将车辆由一股道调送到另一股道或在本股道内调移,在调动过程中不摘车的调车方法。

3.9.6

溜放调车法　push-off shunting

使用机车推送车列达到一定的速度,在行进中提钩,使摘离的车组利用所获得的动能,溜向指定地点的调车方法。

3.9.7

单推单溜　single push and single loose

在驼峰上只用一台机车担当分解作业。

3.9.8

双推单溜　double push and single loose

使用两台及其以上机车担当驼峰分解作业时,一台机车进行分解作业,其他机车可进行预推作业。

3.9.9

双推双溜　double push and double loose

按驼峰的推送线、溜放线将推送线和调车场纵向划分为两个作业区,使之各自成为一个独立的调车系统。两台驼峰机车可同时在自己的作业区内进行推峰、分解及整场作业。

3.9.10

越出站界调车　shunting beyond the station limits

利用空闲区间(闭塞分区),越过进站信号机或站界标进行调车作业。

3.9.11

跟踪出站调车　shunting in pursuit of a leaving train

在单线区间和双线正方向线路上,按有关规定,跟随在出发列车后面越过进站信号机或站界标进行的调车作业。

3.9.12

手推调车　hand shunting

按有关规定,用人力推动车辆达到调移或对货位等目的。

3.9.13

调车作业通知单　shunting list

调车作业计划的表示形式。

注:在配属固定调车机的车站,由调车领导人进行编制并布置给参加调车作业的有关人员。调车作业通知单的内容应有班次、月日、计划编号、担当机车、作业项目、计划起迄时分、作业顺序、场别、股道、挂车数、摘车数、作业方法、记事等。

中间站利用本务机车调车时,应使用附有示意图的调车作业通知单。

3.9.14

要道还道　request for track No. and reply with track No.

参加调车作业的有关人员之间,为检查和确认调车进路是否正确所使用的一种规定的联控方式。

3.9.15

储存进路　pre-selection of routes

在驼峰或编尾分解车列前,将调车作业计划钩序和股道号码依次存入进路储存器的作业。

3.9.16

编组隔离限制　requirement for separation in placing in train of wagons

为了列车运行和运输旅客及货物的安全,对各种机车、车辆编入列车的位置、数量限制的规定。

3.9.17

关门车　wagon closed its cut-out-cock its automatic brake

为保证货车内货物的运输安全或因车辆制动系统故障而关闭制动支管上的截断塞门，使自动制动机失去制动作用的车辆。

3.9.18

换算闸瓦压力　converted brake shoe (block) pressure

为了便于计算编成列车的自动制动机闸瓦压力是否满足客、货列车每百吨重量不少于规定闸瓦压力的要求，通常采用计算摩擦系数，并将实际算出的车辆(机车)每辆(台)闸瓦压力按规定公式换算为每辆(台)计算闸瓦压力。

3.9.19

挂车　to attach wagons; coupling operation

机车、车辆间的连挂作业。

3.9.19.1

十、五、三车距离信号　signals giving the distances of 10,5,3 wagons away from standing wagons

在推进车辆连挂时，为便于司机准确掌握速度，当调动的机车车辆距离停留车约十、五、三车时，调车人员向调车长、调车长向司机显示相应的距离信号或发出信令。

3.9.19.2

调整钩位　adjust the position of coupler

在连挂前，将进行连挂的车钩调整到便于安全连挂的位置。

3.9.19.3

连挂　coupling

机车车辆或车辆间通过两车钩的抱合而连结在一起的过程。

3.9.19.4

接管　coupling of brake pipe

在机车车辆或车辆连挂后，连接风管并打开折角塞门的过程。

3.9.19.5

试拉　drawing-out test

为防止机车车辆在推进或牵引走行中脱钩，在机车车辆连挂后先进行一次牵引试验，以便确认连结状态。

3.9.20

摘车　to uncouple wagon; to detach wagons

在机车车辆间进行摘管、提钩使之分离的作业。

3.9.20.1

摘管　uncouple of brake pipe

在摘机车车辆前，关闭机车车辆之间的折角塞门并摘开两个制动软管的作业过程；或调车作业前根据调车作业计划摘开相关制动软管的作业过程。

3.9.20.2

提钩　uncoupling

操纵提钩杆，提起钩销，让车钩呈开锁状态，以使连结的车钩分离的过程。

3.9.21

推峰　pushing up operation at hump

将车列推至峰项的作业。

3.9.21.1

预推　pre-pushing on hump

在双推单溜的驼峰作业中，当正在分解一个车列时，另一台机车可将另一个车列预先推至驼峰信号机前做分解准备的作业。

3.9.21.2

推送　pushing

调车作业时，将车辆推往计划地点的作业。

3.9.21.3

分解　rolling off;sorting

将各车组分散到各个指定的线路中去的作业过程。

3.9.21.4

制动　braking

通过设备使溜放的车辆减速或停车的作业过程。

3.9.21.4.1

间隔制动　spacing braking

在溜放调车作业中，利用制动设备使前后车组之间保持一定距离的作业过程。

3.9.21.4.2

易行车　easy rolling wagon

根据车辆的走行性能和装载货物的轻重，在溜放中，相对单位运行阻力和较小，走行较快的车辆，称易行车。

3.9.21.4.3

难行车　hard rolling wagon

根据车辆的走行性能和装载货物的轻重，在溜放中，相对单位运行阻力和较大，走行较慢的车辆，称难行车。

3.9.21.4.4

易行线　easy running track

调车场的线路由于道岔、曲线、坡度等因素，对溜入的车辆产生阻力，阻力较小，容易走行的线路，称为易行线。

3.9.21.4.5

难行线　hard running track

调车场的线路由于道岔、曲线、坡度等因素，对溜入的车辆产生阻力，阻力较大，难以走行的线路，称为难行线。

3.9.21.4.6

堵门车　wagons standing right near the points and obstructing shunting

停留车距警冲标或减速器出口间的距离小于溜入车组的长度及安全距离。

3.9.21.4.7

隔钩车　the following cut of wagons running into the same track as the foregoing after an interval of one cut

从驼峰连续溜出的车组，间隔一钩后又进入同一股道者。

3.9.21.4.8

目的制动　objective braking

在溜放作业中，使溜出的车组减速，并停于预定地点的制动。

3.9.21.4.9

选闸　select hand brakes

制动人员在作业前选择制动车辆及人力制动机类型、位置等。

3.9.21.4.10

试闸　test hand brakes

为保证人力制动机的制动性能，对人力制动机进行制动性能的试验过程。

3.9.21.4.11

磨闸　grind brake blocks

在雨、露、霜、雪天气，或车轮踏面有油渍时，为增大轨面及车轮踏面的磨擦系数，通过轻微制动，使车轮踏面与闸瓦间磨擦，借以提高制动效能的方法。

3.9.21.4.12

拧闸　apply the hand brakes

用人力制动机对溜出车组施行制动的过程。

3.9.21.4.13

基本鞋　primary brake shoes

在铁鞋制动作业中，事先放置在钢轨上的铁鞋。

3.9.21.4.14

辅助鞋　auxiliary brake shoes

放在溜放车辆两转向架间钢轨上的铁鞋。

3.9.22

车辆溜逸　wagon running away

停留在线路上的车辆，由于未采取防溜措施或防溜措施不当，导致车辆的自然移动。

3.9.23

排风　air discharging

在车列进行调车作业前，打开折角塞门，放出车列制动主管内压缩空气的作业过程。

3.9.24

拉风　to let the remaining air in auxiliary cylinder come out

在车列进行调车作业时，拉动车辆的拉风杆，排出副风缸内的余风，使自动制动机缓解的作业过程。

3.10

无改编(无调)中转列车技术作业　technological processes of transit train without resorting

到达技术站，只办理必要的中转作业后继续运行的列车作业。

注：该种列车的技术作业有：车辆技术检修作业(包括摘、挂机车和试风)、货运检查、核对现车、票据交接、准备发车及发车等。

3.11

部分改编中转列车技术作业　technological processes of transit train with partial resorting

到达技术站变更重量、长度，进行成组甩挂等少量调车作业后继续运行的列车作业。

注：部分改编中转列车技术作业有：车辆技术检修、货运检查、核对现车、摘挂车辆、票据交接、准备发车及发车等。

3.12

解体列车到达技术作业 technological processes of received train for break-up

列车到达技术站后，全部车列需进行解体的列车作业。

注：解体列车的到达技术作业有：车辆技术检修、货运检查、核对现车、票据交接、准备解体等。

3.13

始发列车出发技术作业　technological processes of outgoing train made-up at station

在技术站或装车站编组出发的列车作业。

注：该种列车的出发技术作业有：车辆技术检修、货运检查、核对现车、票据交接、准备发车与发车等。

3.14

调车钩　shunting trip

机车完成连挂、摘解或溜放车辆等调车工作的基本单位。

3.14.1

挂车钩　wagon coupling trip

机车(或挂有车辆)驶往线路内连挂车辆后牵出至开始进行下一项作业地点的调车钩，当到达场与调车场纵列配置时，调车机车由峰顶驶往到达场挂车并推至峰顶的调车钩。

3.14.1.1

推送钩　push or pull trip

机车将车组推送至线路的预定地点摘车后，返回至开始进行下一项作业地点的调车钩。

3.14.1.2

溜放钩　rolling-off trip

机车用溜放方法完成摘车作业的调车钩。

3.14.1.3

钩分　required minutes per trip

完成单位调车钩的时间。

注：用“分钟”表示。

3.15

调车程　shunting trip

不变更运行方向的一次调车移动。

注：重程：挂有车辆的调车程；空程：单机完成的调车程。

3.16

车辆停留时间标准　standard of wagon detention time

在查定车站技术作业程序和时间标准工作中，所确定的中转车停留时间和货物作业车停留时间。

3.16.1

有调中转车停留时间标准　detention time standard of wagons in transit with resorting

查定的有调中转车在技术站的平均停留时间。

注：有调中转车停留时间由到达技术作业、待解、解体、集结、待编、编组、出发技术作业、等待出发等各项时间组成。

3.16.1.1

待解时间　time waiting for break-up of train

解体列车自到达技术作业完毕后，至解体作业开始前的一段时间。

3.16.1.2

货车集结时间　wagon detention time under accumulation

车站编组列车(或车组)，从为凑集该列车的第一个车组进入调车场或到达车站(本站作业车为装卸完了)时起至凑满轴(满重或满长)的最末车组进入调车场或到达车站(本站作业车为装卸完了)时止的该车列每一货车的平均停留时间。

3.16.1.3

车列集结时间　train detention time under accumulation

从组成某一到达站出发车列的第一组货车进入调车场之时起，至组成该车列的最后一组货车进入调车场之时止，为车列的集结过程。该过程的延续时间。

3.16.1.4

待编时间　time waiting for make-up of train

从车列在编组场集结完了时起，至开始编组时止的时间。

3.16.1.5

待发时间 time waiting for despatching of train

自出发技术作业完毕时起，至列车出发时止的时间。

3.16.1.6

待检时间 time waiting for technical examination

货物列车到达技术站或编组结束后等待技术检修作业的时间。

3.16.1.7

驼峰间隔时间 interval between two sorting operations at hump

驼峰分解车列，由前一列分解结束时起，至后一列开始分解时止的一段时间

3.16.2

无调中转车停留时间标准 residence time of transit wagon without shunting

查定的无调中转车在技术站的平均停留时间。

注：应先按车流去向分别查定，再用加权平均方法计算全站无调中转车平均停留时间标准。

3.16.3

中转车平均停留时间标准 average residence time of transit wagon

查定的有调中转车停留时间标准和无调中转车停留时间标准的加权平均数。

3.17

车站最高限额车数 vehicle standing capacity at station

为不使车站发生堵塞状况而规定的现在车数最高值。

3.18

车站出入车数 number of inbound and outbound wagons handled at station

车站到达和发出的货车总数。

注：其中包括货物作业车、有调中转车、无调中转车、非运用车等。

3.19

车站行车量 number of trains handled at station

各方向的到发列车数。

注：查定车站能力时，先选定计划车流量，确定各方向各种列车的平均编成辆数，再计算其行车量。

3.20

车站作业组织 organization of station working

车站的行车工作组织(包括接发列车、调车作业、作业计划、调度指挥、设备运用、统计分析)，技术作业程序和时间标准及车站通过能力和改编能力的查定等，总称为车站作业组织。

3.20.1

核对现车 checking up train stock with train composition list

将列车编组顺序表的内容与车列中的机车、车辆实际状况进行对照，修改和补充列车编组顺序表与实际状况相符。

3.20.2

票据交接 handing over goods documents

列车到达后和出发前，车站与司机之间交接列车编组顺序表及货运票据并要求相互一致。

3.20.3

分部解体 breaking train stock up by sections

因作业组织和设备影响，解体车列需分几次牵出进行分解。

3.20.4

坐编 **make up of train by keeping a large wagon group on reception and departure track and supplementing it with other wagon groups from the sorting yard**

到达解体列车内有符合出发编组要求的车组，将其保留在到发线上作为编发列车的基本部分，再编挂部分货车即编成新车列。

3.20.5

预编 **marshalling wagon destination groups in advance in the course of accumulation of wagons**

对调车场内所集结的尚未满轴(满重或满长)的货车，提前进行部分编组作业。

3.20.6

交换车 **wagons transferred from one yard to another**

站内各调车场(系统)间交流的车辆。

3.20.7

固定线路使用方案 **variant of specialization of tracks**

根据列车编组计划和作业的需要，对站内、调车场内每条线路规定存放车辆的用途分工。

3.20.8

调车区 **shunting area；switching district**

配属两台及以上调车机车的车站，为保证安全，减少作业干扰，对每台调车机车和调车组所规定的固定的作业区域。

3.20.9

车站技术作业图表 **station technical working diagram**

车站调度用以编制阶段作业计划、记录作业实际和进行调度指挥的图表。

3.20.10

现在车 **wagons on hand**

在车站、路局、全路的现有货车数。

注：货车按运用上的区别分为运用车及非运用车两大类。

3.20.10.1

运用车 **serviceable wagons；wagons for traffic use**

参加铁路营业运输的部属铁路货车、企业自备货车、内用货车、外国货车，企业租用、军方特殊用途重车。运用车分为重车和空车。

3.20.10.2

非运用车 **wagons not for traffic use；non-serviceable wagons**

不参加铁路营业运输的部属货车(包括租出空车)、企业自备内用检修车和在专用线、专用铁路内的已获得“过轨运输许可证”的企业自备货车、在站装卸作业企业自备空车、在本企业内的内用空车、军方特殊用途空车以及部属特种用途车。

3.20.11

列车预确报 **train advance and out reports**

列车预报和列车确报。

3.20.11.1

列车预报 **train advance report**

调度所与调度所之间、调度所与车站之间为满足编制日班计划的需要，相互通报计划到达列车内容的资料。

3.20.11.2

列车确报　train out report; train consist telegram

调度所、车站相互间关于列车实际编组内容的通报。始发站在列车已经编成,技术和货运检查已经合格,车次已经确定后,向有关单位传递列车确报,摘挂列车,由车站将整理好的列车编组顺序表交确报传递站转报解体站。

4　车流组织及列车运行图

4.1

车流组织　organization of wagon flow

将各不相同的车流合理地组织起来,在适当的地点编组各种不同去向和种类的列车,并使这些列车互相配合、互相衔接,保证各站产生的车流都能迅速而又经济地运送到目的地的过程。

4.1.1

车流　wagon flow

在一定时期内,在某一方向、某一区段或某一车站上车辆的去向和流量。

4.1.2

货物列车编组计划　goods train formation plan; goods train formation diagram

编组计划

全路的车流组织计划,统一安排全路各站的编解作业任务,具体规定全路车站编组各种货物列车的办法。

4.1.3

车流去向范围　the range of wagon destination

根据最短径路和特定径路,某一车流去向所应包括的车站、地区或路网范围。

4.1.4

车流运行径路　wagon routing

车流径路

车辆从始发站被输送至终到站所经过的路线。

4.1.4.1

最短径路　the shortest route

在铁路网上两个车站之间拥有最短里程,或最小成本,或最短运输时间的径路。

4.1.4.2

特定径路　the specified wagon routing

车流的最短径路受到某些条件限制,按有关规定,车流需绕行的其他径路。

4.1.5

列车编组去向　train destination

列车编组计划中规定的各编组出发列车的车站编组货物列车的到达站。

4.1.6

支点站　fulcrum stations

编制技术站列车编组计划时所指定的技术设备完善、改编能力强大、有大量车流集散的主要编组站。

4.2

列车运行图　train graph; train diagram; train working diagram

运用坐标原理,对列车运行时间、空间关系的图解表示。

注：内容包括：列车车次、车站到发（通过）时刻、区间运行时分、线路允许速度、各区段机车类型和交路、列车牵引质量和换长、列车技术作业标准时间，以及设备维修、施工天窗时间等。

4.2.1

列车运行线　train path

运行图上按规定符号表示列车运行轨迹的斜直线段。

4.2.2

上行方向　up direction

列车开往北京的方向。

注：对不易确定运行方向的线路，由有关部门规定。

4.2.3

下行方向　down direction

与上行方向相反的方向。

4.2.4

列车车次　train number

为区别列车的种类、性质和运行方向，对每一列车所赋予的号码或代号。

注：上行列车车次为双数，下行列车车次为单数。

4.2.5

核心车次　kernel train number

在列车运行图中有稳定车流保证、能经常开行的货物列车车次。

注：包括：定期运行的直达货物列车、快运货物列车、摘挂列车，以及车流稳定的直通和区段货物列车等。

4.2.6

机车周转图　locomotive working diagram

机车运用工作的计划。

注：包括每台机车牵引列车运行的顺序（即依次牵引的列车车次），机车在机务本段和折返段所在站的到发时刻、折返停留时间，以及机车检修工作的安排等。

4.3

平行运行图　parallel train working diagram

在全区段上，同一区间内同方向列车运行线相互平行的运行图。

4.4

非平行运行图　non-parallel train working diagram

在全区段上，同一区间内同方向列车运行线不相平行的运行图。

4.5

单线运行图　train working diagram of single-track line

在单线区段采用的运行图。

注：在单线区段上列车的交会、越行只能在车站上进行。

4.6

双线运行图　train working diagram of double-track line

在双线区段采用的运行图。

注：在双线区段上列车的交会可在区间或车站上进行，但列车的越行必须在车站上进行。

4.7

单双线运行图　train working diagram of partially double-track line

在一个区段兼有单线运行图和双线运行图的列车运行图。

4.8

成对运行图　train graph scheduled with trains in pairs

同一区段内上下行方向列车运行线数目相等的运行图。

4.9

不成对运行图　train graph scheduled with trains not in pairs

同一区段内上下行方向列车运行线数目不相等的运行图。

4.10

追踪运行图　train working diagram of trains despatched in pursuit spaced by automatic block signals

在装有自动闭塞的单线或双线区段上,全部或部分同方向运行的列车以闭塞分区为间隔的运行图。

4.11

非追踪运行图　train working diagram of trains despatched not in pursuit

在非自动闭塞的区段上,同方向列车的运行以站间或所间区间为间隔的运行图。

4.12

二分格运行图　2-minutes train graph

时间线以两分钟为单位的运行图。

注:二分格运行图主要供编制运行图使用。

4.13

十分格运行图　10-minutes train graph

时间线以十分钟为单位的运行图。

注:主要供列车调度员使用。

4.14

小时格运行图　hourly train graph

时间线以小时为单位的运行图。主要供编制旅客列车方案图和机车周转图使用。

4.15

基本运行图　primary train working diagram

根据列车开行方案确定的列车种类及行车量,适当考虑行车量的一定波动所编制的列车运行图。

4.16

分号运行图　variant train working diagram

为适应运量的较大波动或线路施工的需要,按照抽换基本运行图中的某些运行线或不同行车量而编制的运行图。

4.17

区间纯运行时分　the pure running time in section

列车不停车通过两个相邻车站(或车场)中心线所需的区间运行时分。

注:由机务部门采用牵引计算和牵引试验相结合的方法按运行方向及列车种类分别查定。

4.18

停车附加时分　the additional time for stopping; the additional time for deceleration

列车到站停车比不停车通过车站时所增加的运行时分。

4.19

起车附加时分　the additional time for starting; the additional time for acceleration

列车由车站起动出发比不停车通过车站时所增加的运行时分。

4.20

车站间隔时间　time interval between two trains at station

在车站上办理两列车的到达、出发或通过作业所需要的最小间隔时间。

4.20.1

不同时到达间隔时间　time interval between two opposing trains arriving at station not at the same time

$\tau_{不}$

单线区段相对方向列车在车站交会时,从某一方向列车到达车站之时起至对向列车到达或通过该站时止的最小间隔时间。其在运行图上表示形式为：

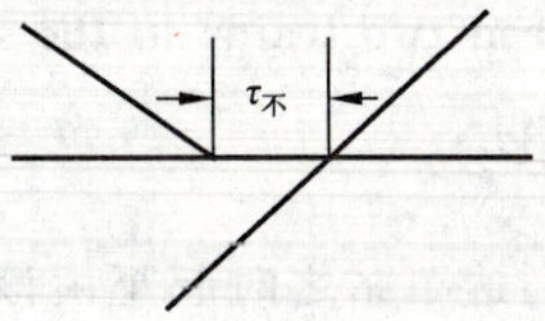

一列停车，一列通过

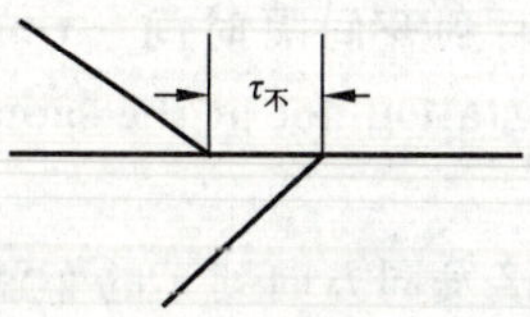

两列均停车

4.20.2

会车间隔时间　time interval for crossing of two opposite trains at station

$\tau_{会}$

在单线区段，自某一方向列车到达或通过车站之时起，至由该站向这个区间发出另一对向列车之时止的最小间隔时间。其在运行图上的表示形式为：

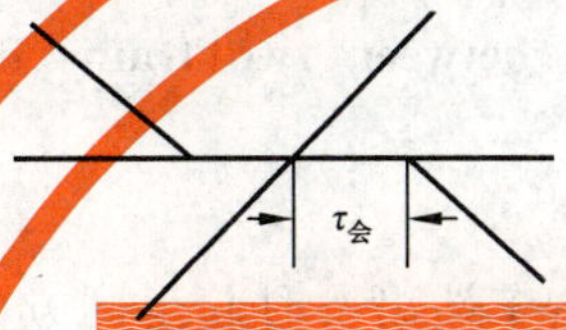

一列停车，一列通过

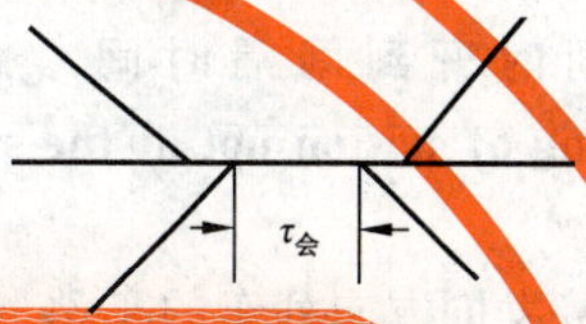

两列均停车

4.20.3

同方向列车连发间隔时间　time interval for despatching two trains in succession in the same direction

$\tau_{连}$

在单线或双线区段上，自列车到达或通过邻接的前方站之时起至本站再向该区间发出另一同向列车之时止的最小间隔时间。其在运行图上的表示形式为：

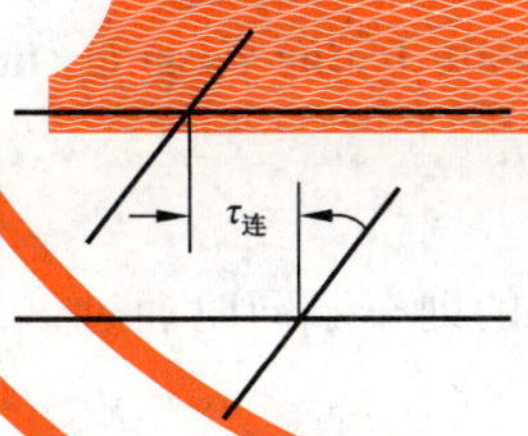

前行列车前站通过
后行列车本站通过

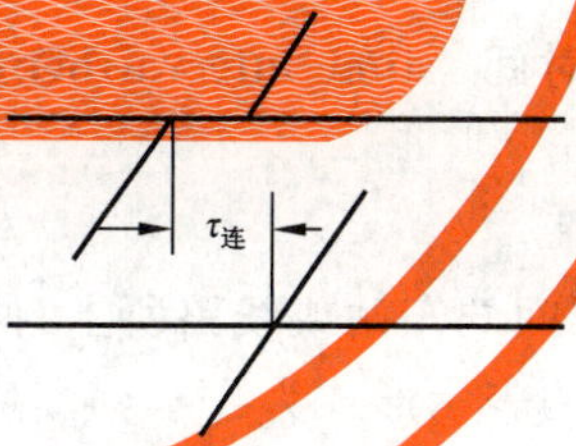

前行列车前站停车
后行列车本站通过

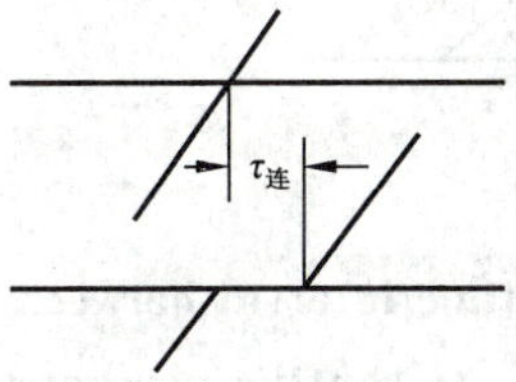

前行列车前站通过
后行列车本站出发

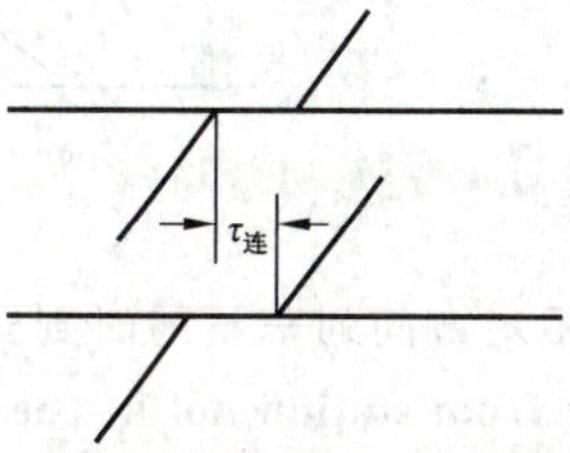

前行列车前站停车
后行列车本站出发

4.20.4

同方向列车不同时到开间隔时间　time interval between two trains in the same direction arriving and despatching from station not at the same time

$\tau_{到开}$

在禁止办理同时接发同方向列车的车站上，自一列车到达车站之时起至由该站发出另一同方向列车之时止的最小间隔时间。其在运行图上的表示形式为：

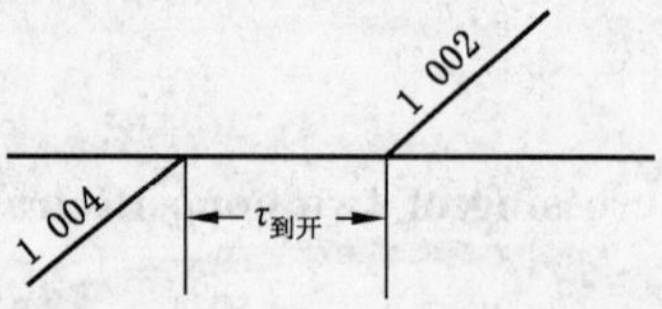

4.20.5

同方向列车不同时开到间隔时间　time interval between two trains in the same direction despatching and arriving at station not at the same time

$\tau_{开到}$

在禁止办理同时接发同方向列车的车站上，自一列车由车站出发时起至同方向另一列车到达该站之时止的最小间隔时间。其在运行图上的表示形式为：

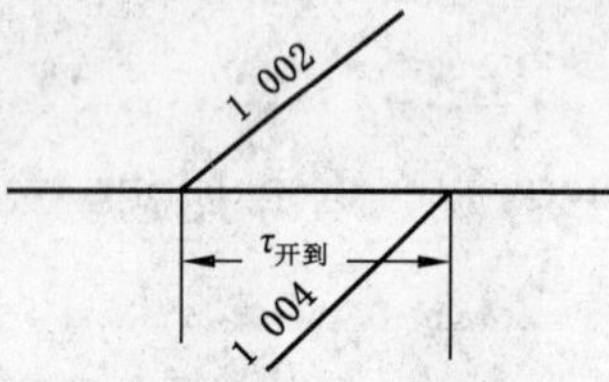

4.20.6

不同时通过间隔时间　time interval between two opposite trains passing through station not at the same time

$\tau_{不通}$

在连接单、双线区间的车站或线路所上，两列相对方向的列车不同时通过该站或线路所的最小间隔时间。其在运行图上的表示形式为：

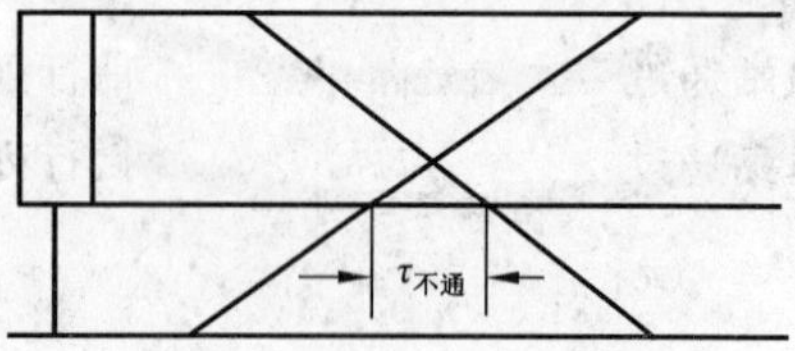

4.20.7

有敌对进路时的相对方向列车不同时到开间隔时间　time interval between two opposing trains arriving and despatching from station not at the same time due to conflicting routes

$\tau_{敌到开}$

在有敌对进路的车站上，自某一列车到达车站之时起至另一对向列车由该站发出时止的最小间隔时间。其在运行图上的表示形式为：

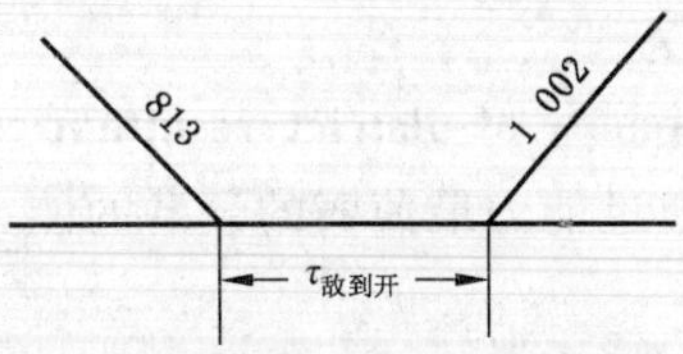

4.20.8

有敌对进路时的相对方向列车不同时开到间隔时间　time interval between two opposing trains despatching and arriving at station not at the same time due to conflicting routes

$\tau_{敌开到}$

在有敌对进路的车站，某一列车由车站发出时起至另一对向列车到达该站时止的最小间隔时间。其在运行图上的表示形式为：

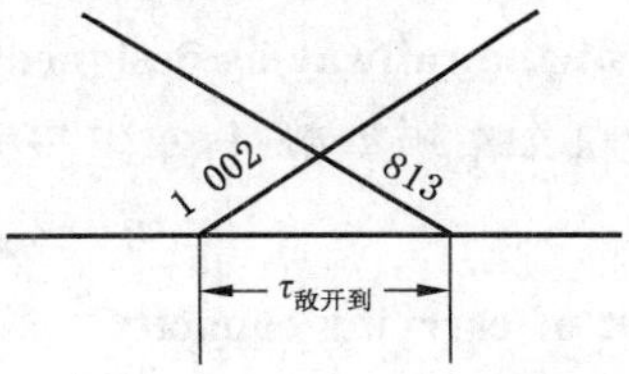

4.21

追踪列车间隔时间　time interval between trains running in pursuit spaced by automatic block signals

I

在自动闭塞区段追踪运行的两列车之间的最小间隔时间。其在运行图上的表示形式为：

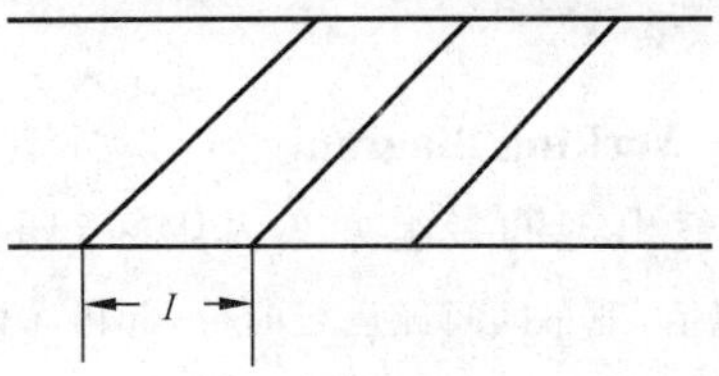

5　铁路通过能力

5.1

通过能力　carrying capacity

在一定的机车车辆类型和一定的行车组织方法的条件下，铁路区段内的各种固定设备在单位时间所能通过或接发的最多列车对数或列数。

注：单位时间通常指一昼夜。

5.2

输送能力　conveying capacity

在一定的机车车辆类型、一定的固定设备和一定的行车组织方法的条件下，按照移动设备和人员配备的现有数量，在单位时间内所能运送最多的货物吨数。

注：通常输送能力以一年内所能运送最多的货物吨数表示。

5.3

运输能力　transport capacity

通过能力和输送能力的统称。

5.4

限制通过能力　final carrying capacity of district; resultant carrying capacity of district

在铁路区段的各种固定设备中，通过能力最薄弱的设备的能力。

5.5

现有通过能力　existing carrying capacity

在现有设备和现行的行车组织方法条件下，铁路各种固定设备可能达到的通过能力。

5.6

需要通过能力　carrying capacity required

为了适应国民经济发展和人民生活的需要，在一定时期内，铁路各种固定设备所应具有的通过能力。

5.7

设计通过能力　carrying capacity of the railway as designed

根据设计的固定设备或改造设备、机车车辆类型、行车组织方法所计算的通过能力。

5.8

能力利用率　utilization coefficient of carrying capacity

某种设备实际使用的能力与该种设备具备的能力之比。

5.9

区间通过能力　carrying capacity in the block section

按区间计算的通过能力。

注：区间通过能力的大小，取决于正线数目、信联闭设备、区间长度、机车类型、列车运行速度、列车种类和数量、停站次数与时间、线路纵断面和采用的运行图类型等。

5.9.1

运行图周期　period in the train working diagram

在各种类型的平行运行图上，反复出现的一组列车占用区间的总时间。

注：其组成因素，在非自动闭塞区段包括：列车区间纯运行时分，起停车附加时分及列车在车站的间隔时间等。在自动闭塞双线区段为追踪列车间隔时间。

5.9.2

限制区间　carrying capacity limiting section

在一个区段内，运行图周期最大的区间。

5.9.3

平行运行图区间通过能力　carrying capacity in the block section computed on the basis of parallel train working diagram

平图通过能力

在采用某种类型平行运行图的条件下，某区段限制区间一昼夜所能开行的列车(对)数。一般的计算方法为：

$$n_{平行}(列或对)=\frac{1\,440-T_{空隙}}{T_{周}}K_{周}$$

式中：

$T_{周}$ ——某种类型平行运行图的运行图周期，单位为分钟(min)；

$K_{周}$ ——在运行图周期中所包含的列车对数或列数；

$T_{空隙}$——接触网维修或施工预留空隙时间，单位为分钟(min)。

5.9.4

非平行运行图区间通过能力　carrying capacity in the section computed on the basis of non-parallel train working diagram

非平图通过能力

在旅客列车数及其运行时刻既定的条件下，使用某种类型的非平行运行图，一昼夜可能开行的货物列车和旅客列车总数。

5.9.5

扣除系数　coefficient of removal

铺画一对或一列旅客列车、快运货物列车、摘挂列车而须从平行运行图中扣除的货物列车对数或列数。

5.9.6

非平行运行图货物列车通过能力　carrying capacity in the section computed on the basis of non-parallel train working diagram in terms of number of goods trains

在旅客列车数及其运行时刻既定的条件下，使用某种非平行运行图，一昼夜可能开行的货物列车数或对数。

注：非平行运行图货物列车通过能力分为计算通过能力和使用通过能力。

5.10

车站通过能力　carrying capacity at station

在一定设备条件下，采用合理的技术作业过程，车站一昼夜能够接、发各方向的货物列车数和旅客列车数。

注：车站通过能力决定于咽喉道岔通过能力和到发线通过能力中较小的能力。

5.10.1

咽喉道岔通过能力　carrying capacity of throat turnout

咽喉道岔一昼夜能够通过的各方向的货物列车数和旅客列车数。

注：咽喉道岔指咽喉区中能力利用率最大的道岔组。

5.10.2

到发线通过能力　carrying capacity of receiving and dispatching tracks

在到达场、出发场或到发场中，办理列车到发作业的线路，一昼夜能够接、发的各方向的货物列车数和旅客列车数。

5.11

车站改编能力　sorting capacity at station

在合理使用技术设备的条件下，车站的固定调车设备(驼峰和牵出线)一昼夜内能够解体和编组各方向的货物列车数或车数。

6　货物运输工作技术指标

6.1

装车数　wagon loadings; car loadings

全路、铁路局(铁路公司)或车站在一定时期承运，并需填写货票，以运用车装车完毕的货车数。

注：一定时期指年、季、月、旬、日，通常是指日，以下工作量指标亦同。

6.2

增加使用车数　wagons utilized additionally

增加装运车数

不按装车数统计的装运车数。

注：包括运用重车途中倒装而增加的装车、装运铁路货车用具的整车装车及装运中转零担货物增加的装车等。

6.3

使用车数　wagons utilized for loading

装运车数

在日常运输工作中，装车数与增加使用车数之和。

6.4

自装自卸车数　local traffic；wagons loaded and unloaded locally

在一定时期内，铁路局（铁路公司）管内各站装到本局（铁路公司）管内各站卸车的装车数。

6.5

自装交出车数　delivered traffic；wagons loaded locally and delivered at junction station

在一定时期内，铁路局（铁路公司）管内各站装到外局卸车的装车数。

6.6

卸空车数　wagons emptied

卸车数与增加卸空车数之和。

6.7

卸车数　wagon unloadings；car unloadings

全路、铁路局（铁路公司）或车站在一定时期内以运用车运到、具有货票并卸车作业完毕的货车数。

6.8

增加卸空车数　wagons emptied additionally

不按卸车数统计的卸空车数。

注：包括：运用重车途中倒装而增加的卸车、装运铁路货车用具的整车卸车及装运中转零担货物增加的卸车等。

6.9

接入自卸车数　received traffic；loaded wagons received at junction station for unloading

在一定时期内，铁路局（铁路公司）从局（铁路公司）分界站接入到本局管内各站卸的重车数。

6.10

接运通过重车数　transit traffic；loaded wagons in transit

在一定时期内，铁路局（铁路公司）自局（铁路公司）分界站接入并须交给他局的重车数。

6.11

接运重车数　loaded wagons received at junction stations

在一定时期内，铁路局（铁路公司）自局（铁路公司）分界站接入的重车数。包括接入自卸车数和接运通过重车数。

6.12

交出重车数　loaded wagons delivered at junction stations

在一定时期内，铁路局（铁路公司）经局（铁路公司）分界站向他局交出的重车数。包括自装交出车数的接运通过重车数。

6.13

接入空车数　empty wagons received at junction stations

在一定时期内，铁路局（铁路公司）从局（铁路公司）分界站接入的空车数。

6.14

交出空车数　empty wagons delivered at junction stations

在一定时期内，铁路局（铁路公司）经局（铁路公司）分界站向他局交出的空车数。

6.15

货车工作量　work in goods traffic

在一定时期内，全路、铁路局(铁路公司)运用货车完成的货车周转次数。

注：货车由一次装车完毕至再一次装车完毕为货车完成一次周转。通常用一定时期内产生的重车数来表示，即：

对于铁道部，货车工作量(车)=使用车数

对于铁路局(铁路公司)，货车工作量(车)=使用车数+接运重车数。

6.16

空车工作量　amount of work in empty wagons

在一定时期内，全路、铁路局(铁路公司)运用货车完成的空车周转次数。

注：货车由卸车完毕至再次装车完毕为空车完成一次周转。通常用一定时期内产生的空车数来表示。即：

对于铁道部，空车工作量(车)=卸空车数；

对于铁路局(铁路公司)，空车工作量(车)=卸空车数+接入空车数。

6.17

管内工作车　local wagons to be unloaded

在铁路局(铁路公司)管内卸车的运用重车。

6.18

管内工作车工作量　amount of work of local wagons to be unloaded

在一定时期内，铁路局(铁路公司)管内工作车完成的周转次数。

注：货车由装车完毕(对于自装自卸车)或分界站接入(对于接入自卸重车)至卸车完毕为管内工作车完成一次周转。通常用一定时期内产生的管内工作车数来表示，即：

管内工作车工作量(车)=自装自卸车数+接入自卸车数。

6.19

移交重车　loaded wagons to be delivered at junction stations

需经局分界站移交他局的运用重车。

6.20

移交重车工作量　amount of work of loaded wagons to be delivered at junction stations

在一定时期内，铁路局(铁路公司)的移交重车完成的周转次数。

注：货车由装车完毕(对于自装交出重车)或分界站接入(对于接运通过重车)至经局分界站移交他局为移交重车完成一次周转。通常用一定时期内产生的移交重车数来表示，即：

移交重车工作量(车)=自装交出重车数+接运通过重车数。

6.21

货物周转量　freight turnover

在一定时期内，全路、铁路局(铁路公司)在货物运输工作中完成的货物吨公里数。其值为不同运程的货物运送吨数与相应的货物运送里程的乘积之和。

6.22

换算周转量　turnover volume of traffic (converted ton-kilometers)

在一定时期内，全路、铁路局(铁路公司)在运输工作中完成的旅客和货物换算吨公里数。

计算公式如下：

$$\text{换算周转量} = \text{货物周转量} + \text{旅客周转量} \times \frac{\text{人公里成本}}{\text{吨公里成本}}$$

注：当旅客人公里与货物吨公里的成本相等或接近相等时，换算周转量等于货物周转量与旅客周转量之和。换算周转量用换算吨公里表示。

6.23

重车走行公里　loaded wagon kilometers

运用车在重车状态下走行的公里数。

6.24

空车走行公里　empty wagon kilometers

运用车在空车状态下所走行的公里数。

6.25

运用车走行公里　serviceable wagon kilometers

运用车在重状态和空状态下所走行的公里数之和。

6.26

空车走行率　percent of empty to loaded wagon kilometers

空率

空车走行公里与重车走行公里的比值。

6.27

管内工作车走行公里　wagon kilometers of local wagons to be unloaded

管内工作车在铁路局(铁路公司)管内所走行的公里数。

6.28

移交重车走行公里　wagon kilometers of loaded wagons to be delivered at junction stations

移交重车在铁路局(铁路公司)管内所走行的公里数。

6.29

货车重周转距离　average loaded wagon kilometers in one complete turnround of wagon

货车重周距

运用货车在一次周转过程中的平均重车走行公里数,或运用货车每完成一个货车工作量的平均重车走行公里数,计算公式为:

$$货车重周转距离=\frac{重车走行公里}{货车工作量}$$

注:货车重周转距离用“公里”表示。

6.30

货车空周转距离　average empty wagon kilometers in one complete turnround of wagon

货车空周距

运用货车在一次周转过程中的平均空车走行公里数,或运用货车每完成一个货车工作量的平均空车走行公里数,计算公式为:

$$货车空周转距离=\frac{空车走行公里}{货车工作量}$$

注:货车空周转距离用“公里”表示。

6.31

货车全周转距离　average wagon kilometers in one complete turnround of wagon

货车全周距

运用货车在一次周转过程中的平均走行公里数,或运用货车每完成一个货车工作量的平均走行公里数,等于货车重周转距离与货车空周转距离之和。计算公式为:

$$货车全周转距离=\frac{运用车走行公里}{货车工作量}$$

注:货车全周转距离用“公里”表示。

6.32

空车周转距离　average wagon kilometers in one turnround of empty wagon

空车周距

空车在一次空车周转过程中的平均走行公里数，或空运用车每完成一个空车工作量的平均走行公里数，计算公式为：

$$空车周转距离=\frac{空车走行公里}{空车工作量}$$

注：空车周转距离用"公里"表示。

6.33

管内工作车周转距离 **average wagon kilometers in one turnround of local wagon to be unloaded**

管内工作车周距

管内工作车在一次周转过程中的平均走行公里数，或管内工作车每完成一个管内工作车工作量的平均走行公里数，计算公式为：

$$管内工作车周转距离=\frac{管内工作车走行公里}{管内工作车工作量}$$

注：管内工作车周转距离用"公里"表示。

6.34

移交重车周转距离 **average wagon kilometers in one turnround of loaded wagon to be delivered at junction stations**

移交重车周距

移交重车在一次周转过程中的平均走行公里数，或移交重车每完成一个移交重车工作量的平均走行公里数，计算公式为：

$$移交重车周转距离=\frac{移交重车走行公里}{移交重车工作量}$$

注：移交重车周转距离用"公里"表示。

6.35

货车中转距离 **average kilometers of wagons in transit handled at technical stations per transit operation**

货车中距

运用货车每中转一次的平均走行公里数，计算公式为：

$$货车中转距离=\frac{运用车走行公里}{中转货车数}$$

注：式中的中转货车数，在编制计划时取通过技术站的中转货车数，日常考核时取所有的中转货车数。货车中转距离用"公里"表示。

6.35.1

货车有调中转距离 **average kilometers of wagons in transit with resorting handled at technical stations per transit operation**

货车有调中距

运用货车每有调中转一次的平均走行公里数，计算公式为：

$$货车有调中转距离=\frac{运用车走行公里}{有调中转车数}$$

注：货车有调中转距离用"公里"表示。

6.35.2

货车无调中转距离 **average kilometers of wagons in transit without resorting handled at technical stations per transit operation**

货车无调中距

运用货车每无调中转一次的平均走行公里数，计算公式为：

$$货车无调中转距离 = \frac{运用车走行公里}{无调中转车数}$$

注：货车无调中转距离用“公里”表示。

6.35.3

空车中转距离　average kilometers of empty wagons in transit handled at technical station per transit operation

空车中距

空车每中转一次的平均走行公里数，计算公式为：

$$空车中转距离 = \frac{空车走行公里}{空车中转车数}$$

注：空车中转距离用“公里”表示。

6.35.4

管内工作车中转距离　average kilometers of local wagons in transit handled at technical stations per transit operation

管内工作车中距

管内工作车每中转一次的平均走行公里数，计算公式为：

$$管内工作车中转距离 = \frac{管内工作车走行公里}{管内工作车中转车数}$$

注：管内工作车中转距离用“公里”表示。

6.35.5

移交重车中转距离　average kilometers of loaded wagons to be delivered in transit handled at technical stations per transit operation

移交重车中距

移交重车每中转一次的平均走行公里数，计算公式为：

$$移交重车中转距离 = \frac{移交重车走行公里}{移交重车中转车数}$$

注：移交重车中转距离用“公里”表示。

6.36

货车中转次数　number of transit operations in one turnround of wagon

运用车每一次周转过程中在技术站平均办理货车中转作业的次数，计算公式为：

$$货车中转次数 = \frac{技术站中转货车数}{货车工作量}$$

6.37

货车作业次数　number of goods operations (loadings and unloadings)

在一定时期内，全路、铁路局（铁路公司）或车站完成的装车和卸车作业次数的总和。

6.38

货车双重作业系数　coefficient of double goods operations

每辆货物作业车平均的货物作业次数。

6.39

货车管内装卸率　local loading and unloading rate of wagons

每一货车工作量平均的货物作业次数。

6.40

空车管内装卸率　local loading and unloading rate of empty wagons

每一空车工作量平均的货物作业次数。

6.41

管内工作车管内装卸率　local loading and unloading rate of local wagons to be unloaded

每一管内工作车工作量平均的货物作业次数。

6.42

称交重车管内装卸率　local loading and unloading rate of loaded wagons to be delivered at junction stations

每一移交重车工作量平均的货物作业次数。

6.43

货车无调中转平均停留时间　average detention time of wagons in transit at technical stations without resorting

货车无调中时

运用货车在车站办理一次无调中转作业的平均停留时间，计算公式为：

$$货车无调中转平均停留时间=\frac{无调中转车停留车小时}{无调中转车数}$$

注：货车无调中转平均停留时间用“小时”表示。

6.44

货车有调中转平均停留时间　average detention time of wagons in transit at technical stations with resorting

货车有调中时

运用货车在车站办理一次有调中转作业的平均停留时间，计算公式为：

$$货车有调中转平均停留时间=\frac{有调中转车停留车小时}{有调中转车数}$$

注：货车有调中转平均停留时间用“小时”表示。

6.45

货车中转平均停留时间　average detention time of wagons in transit

货车中时

运用货车在车站办理一次中转作业的平均停留时间，计算公式为：

$$货车中转平均停留时间=\frac{中转车停留车小时}{中转车数}$$

注：货车中转平均停留时间用“小时”表示。

6.46

货车一次货物作业平均停留时间　average detention time of local wagons for one goods operation

货车停时

货物作业车在车站进行一次装车或卸车作业的平均停留时间，计算公式为：

$$货车一次货物作业平均停留时间=\frac{货物作业车在站停留车小时}{货物作业次数}$$

注：货车一次货物作业平均停留时间用“小时”表示。

6.47

货物作业车平均停留时间　average detention time of local wagons at station

货物作业车在车站的平均停留时间，计算公式为：

$$货物作业车平均停留时间=\frac{货物作业车在站停留车小时}{货物作业次数}$$

注：货物作业车平均停留时间用“小时”表示。

6.48

货车空态系数　share of detention time of local wagons for one goods operation in the empty state

运用车在货物作业站空状态下的停留时间与总停留时间的比值，计算公式为：

$$货车空态系数=\frac{货物作业车在站空状态下停留车小时}{货物作业车在站停留车小时}$$

注：运用货车在货物作业站空状态下的停留时间，对于到达空车是指从到达车站时起至装车完毕时止的时间；对于到达重车是指从卸车完毕时起至空车由车站发出（一次货物作业车）或装车完毕（双重作业车）时止的时间。

6.49

货车周转时间　wagon turnround time; time of turnround of wagon

运用车每周转一次（每完成一个货车工作量）的平均时间。

按车辆相关法计算时，货车周转时间计算公式为：

$$货车周转时间(天)=\frac{运用车数}{货车工作量}$$

按时间相关法计算时，货车周转时间计算公式为：

$$货车周转时间=\frac{1}{24}(\frac{货车全周距}{货车旅速}+\frac{货车全周程}{货车中距}\times 货车中时+货车管内装卸率\times 货车停时)$$

注：货车旅行速度可用货物列车旅行速度代替。货车周转时间用“天”表示。

6.50

空车周转时间　wagon turnround time of empty wagons

空车每完成一个空车工作量平均消耗的时间。

按车辆相关法计算时，空车周转时间计算公式为：

$$空车周转时间(天)=\frac{空车运用车数}{空车工作量}$$

按时间相关法计算时，空车周转时间计算公式为：

$$空车周转时间=\frac{1}{24}(\frac{空车周距}{货车旅速}+\frac{空车周距}{空车中距}\times 货车中时\times 空态系数 +空车管内装卸率\times 货车停时)$$

注：货车旅行速度可用货物列车旅行速度代替。空车周转时间用“天”表示。

6.51

管内工作车周转时间　wagon turnround time of local wagons to be unloaded

管内工作车每完成一个管内工作车工作量平均消耗的时间。

按车辆相关法计算时，管内工作车周转时间计算公式为：

$$管内工作车周转时间(天)=\frac{管内工作车运用车数}{管内工作车工作量}$$

按时间相关法计算时，管内工作车周转时间计算公式为：

$$管内工作车周转时间(天)=\frac{1}{24}[\frac{管内工作车周距}{货车旅速}+\frac{管内工作车周距}{管内工作车中距}\times 货车中时 +(1-空态系数)\times 管内工作车管内装卸率\times 货车停时]$$

注：货车旅行速度可用货物列车旅行速度代替。管内工作车周转时间用“天”表示。

6.52

移交重车周转时间　wagon turnround time of loaded wagons to be delivered at junction stations

移交重车每完成一个移交重车工作量平均消耗的时间。

按车辆相关法计算时，移交重车周转时间计算公式为：

$$移交重车周转时间(天)=\frac{移交重车运用车数}{移交重车工作量}$$

按时间相关法计算时，移交重车周转时间计算公式为：

$$移交重车周转时间=\frac{1}{24}[\frac{移交重车周距}{货车旅速}+\frac{移交重车周距}{移交重车中距}\times 货车中时 +(1-空态系数)\times 移交重车管内装卸率\times 货车停时]$$

注：货车旅行速度可用货物列车旅行速度代替。移交重车周转时间用“天”表示。

6.53

运用车保有量　number of serviceable wagons to be kept

全路、铁路局(铁路公司)为完成一定的货车工作量所应保有的运用货车数，计算公式为：

运用车保有量(车)＝货车工作量×货车周转时间

铁路局(铁路公司)运用车保有量也可以按下式计算：

运用车保有量(车)＝空车保有量＋管内工作车保有量＋移交重车保有量

6.54

空车保有量　number of empty wagons to be kept

全路、铁路局(铁路公司)为完成一定的空车工作量所应保有的空运用车数，计算公式为：

空车保有量(车)＝空车工作量×空车周转时间

6.55

管内工作车保有量　number of local wagons for unloading to be kept

铁路局(铁路公司)为完成一定的管内工作车工作量所应保有的管内工作车数，计算公式为：

管内工作车保有量(车)＝管内工作车工作量×管内工作车周转时间

6.56

移交重车保有量　number of loaded wagons for delivery at junction stations to be kept

铁路局(铁路公司)为完成一定的移交重车工作量所应保有的移交重车数，计算公式为：

移交重车保有量(车)＝移交重车工作量×移交重车周转时间

6.57

货车日车公里　wagon kilometers per wagon per day

在一定时期内，全路、铁路局(铁路公司)平均每一运用车在一昼夜内的走行公里数。

6.58

货车日产量　average daily output of serviceable wagon

在一定时期内，全路、铁路局(铁路公司)平均每一运用车在一昼夜内完成的货物吨公里数。

6.59

货物运输密度　density of goods traffic

货运密度

在一定时期内，全路、铁路局(铁路公司)或铁路营业线上某一区段平均每一公里线路所担负的货物周转量。

6.60

运输密度　density of traffic；traffic density

在一定时期内，全路、铁路局(铁路公司)或铁路营业线上某一区段平均每一公里线路所担负的换算周转量。

6.61

货物列车密度　density of goods trains

在一定时期内，全路、铁路局(铁路公司)或铁路营业线上某一区段平均每一公里线路所担负的货物列车公里数。

6.62

列车密度　density of trains

在一定时期内，全路、铁路局（铁路公司）或铁路营业线上某一区段平均每一公里线路所担负的旅客列车公里数和货物列车公里数。

6.63

配属机车　allocated locomotive

根据配属命令，拨交铁路局（铁路公司）（机务段）保管、使用，涂有局（段）标志并在局（段）资产台账内登记的机车。

6.64

非配属机车　non-allocated locomotive

因工作需要临时由配属局（机务段）派至该局（段）入助的机车。

6.65

支配机车　locomotive at the disposal of the railway administration

根据有关命令，拨交铁路局（铁路公司）（机务段）支配使用的配属机车、入助机车和临时加入支配的机车。

6.66

非支配机车　locomotive not at the disposal of the railway administration

根据有关命令批准的部（局）备用、出助和按租用合同办理出租的配属机车。

注：部备用机车为局非支配机车，局备用机车为段非支配机车。

6.67

运用机车　locomotive in service

根据有关命令，担当客运、货运、路用、补机、专用调车机和其他工作的支配机车。

6.68

非运用机车　locomotive not in service

局、段备用机车，检修机车以及其他原因占用的支配机车。

6.69

本务机车走行公里　train lead locomotive kilometers

牵引列车的本务机车所走行的公里数。

6.70

单机走行公里　light locomotive kilometers

按单机办理的机车所走行的公里数。

6.71

重联机车走行公里　double-headed locomotive kilometers

按重联机车办理的机车所走行的公里数。

6.72

补机走行公里　assisting locomotive kilometers

担当补机工作的机车所走行的公里（包括补机单机走行公里）数。

6.73

机车沿线走行公里　locomotive kilometers on the road

本务机、单机、重联机车和补机的走行公里之和。

6.74

机车换算走行公里　converted locomotive kilometers

和在区段或区间内牵引、推送列车无关的调车工作、其他工作及运行机车有火停留，按机车小时折算而得的机车走行公里。

6.75

机车辅助走行公里　auxiliary locomotive kilometers

单机、重联机车、补机走行公里及机车换算走行公里之和。

6.76

机车总走行公里　total locomotive kilometers

本务机车走行公里和辅助走行公里之和。

6.77

机车全周转时间　locomotive complete turnround time

机车在一个牵引区段内每周转一次平均消耗的时间。

机车全周转时间计算公式为：

$$\text{机车全周转时间}=\frac{\text{机车周转距离}}{\text{机车旅行速度}}+\text{机车在本段及本段所在站平均停留时间}+\text{机车在折返段及折返段所在站平均停留时间}$$

或

$$\text{机车全周转时间}=\frac{24\times\text{机车台日}}{\text{机车周转次数}}$$

注：机车全周转时间用“小时”表示。

6.78

机车运用周转时间　locomotive operating turnround time

机车在一个牵引区段内周转一次，不计在机务本段内停留，平均消耗的时间称为机车运用周转时间，计算公式为：

$$\text{机车运用周转时间}=\frac{\text{机车周转距离}}{\text{机车旅行速度}}+\text{机车在本段所在站平均停留时间}+\text{机车在折返段及折返段所在站平均停留时间}$$

或

$$\text{机车运用周转时间}=\frac{\text{机车运用周转时间之和}}{\text{机车周转次数}}$$

注：机车运用周转时间用“小时”表示。

6.79

机车旅行时间　time of locomotive running on the road

机车在牵引区段内的运行时间和在中间站停留时间之和。

6.80

机车平均周转距离　average locomotive kilometers in one complete turnround of locomotives

机车在牵引区段内担当一对列车的本务、重联机车牵引任务或单机运行任务，平均往复走行的距离，计算公式为：

$$\text{机车平均周转距离}=\frac{\text{机车沿线走行公里(不包括补机走行公里)}}{\text{机车周转次数}}$$

注：机车平均周转距离用“公里”表示。

6.81

机车旅行速度　average locomotive travelling speed

列车机车(包括本务机车、重联机车及单机)在区段内，每小时平均走行公里数，计算公式为：

$$\text{机车旅行速度}=\frac{\text{机车沿线走行公里(不包括补机走行公里)}}{\text{列车机车旅行总时间}}$$

$$=\frac{\text{机车走行公里}}{\text{机车旅行总时间}}$$

注：机车旅行速度用“公里/小时”表示。

6.82

机车技术速度　average locomotive technical speed

列车机车在区段的各区间内，每小时平均走行公里数称为机车技术速度，计算公式为：

$$\text{机车技术速度}=\frac{\text{本务机车走行公里}+\text{重联机车走行公里}+\text{单机机车走行公里}}{\text{本务机车区间运转时间}+\text{重联机车区间运转时间}+\text{单机区间运转时间}}$$

注：机车技术速度用“公里/小时”表示。

6.83

机车周转次数　number of locomotive round trips

铁路局(铁路公司)或机务段在一定时期内，本务机车、重联机车或单机在各牵引区段内完成周转走行的次数。

6.84

机车在本段、折返段停留时间　detention time of locomotive at home and turnaround depot

从列车机车入段(本段、折返段)经过闸楼时起，至下一次出段(本段、折返段)经过闸楼时止的时间(列入非运行机车的时间除外)。

6.85

机车在本段、折返段所在站停留时间　detention time of locomotive at stations where locomotive depot and locomotive turnround depot are located

列车机车从到达本段、折返段所在站时起，至机车入段(本段、折返段)经过闸楼时止的时间，以及列车机车出段(本段、折返段)经过闸楼时起，至由本段、折返段所在站发出时止的时间。

6.86

机车日车公里　kilometers per locomotive per day; average daily locomotive kilometers

在一定时期内，全路、铁路局(铁路公司)或机务段，平均每台列车机车一昼夜走行公里数，计算公式为：

$$\text{机车日车公里}=\frac{24\times\text{机车周转距离}}{\text{机车全周转时间}}$$

注：机车日车公里用“公里/台日”表示。

6.87

支配机车日车公里　kilometers per locomotive at the disposal of railway administration per day

在一定时期内，全路、铁路局(铁路公司)或机务段平均每台支配机车一昼夜走行公里数，计算公式为：

$$\text{支配机车日车公里}=\frac{\text{机车总走行公里}}{\text{支配机车台数}}$$

注：支配机车日车公里用“公里/台日”表示。

6.88

列车平均总重　average gross tonnage of train; average gross weight hauled by locomotives

机车平均牵引总重

在一定时期内，全路、铁路局(铁路公司)、机务段或铁路区段，平均每一本务机车公里所生产的总重吨公里数，计算公式为：

$$\text{列车平均总重}=\frac{\text{机车总重吨公里}}{\text{本务机车走行公里}}$$

注：列车平均总重用“吨公里/机车公里”表示。

6.89

列车平均组成辆数　average number of wagons per train

本务机车平均牵引辆数

在一定时期内，全路、铁路局(铁路公司)、机务段或铁路区段，平均每一本务机车公里所生产的车辆公里数，计算公式为：

$$列车平均组成辆数=\frac{车辆公里(不包括单机挂车的车辆公里)}{本务机车走行公里}$$

注：列车平均组成辆数用"车公里/机车公里"表示。

6.90

货运机车日产量　average daily output of freight locomotive

在一定时期内，全路、铁路局(铁路公司)或机务段，平均每台支配机车一昼夜生产的总重吨公里数，计算公式为：

$$货运机车日产量=\frac{货运总重吨公里(不包括补机分摊的总重吨公里)}{货运机车台日(不包括补机)}$$

注：货运机车日产量用"吨公里/台日"表示。

6.91

支配机车日产量　average daily output of freight locomotive at the disposal of railway administration

在一定时期内，全路、铁路局(铁路公司)或机务段，平均每台支配机车一昼夜生产的总重吨公里数，计算公式为：

$$支配机车日产量=\frac{各种运输总重吨公里}{支配机车台日}$$

注：支配机车日产量用"吨公里/台日"表示。

6.92

机车使用台数　number of locomotives in use

为完成规定牵引任务所需要的机车台数，计算公式为：

$$机车使用台数=机车需要系数\times 机车周转次数$$

6.93

机车需要系数　coefficient of number of locomotives required per one pair of trains

在一个牵引区段内，平均牵引一对列车需要的运用机车台数，计算公式为：

$$机车需要系数=\frac{机车全周转时间}{24}$$

注：机车需要系数用"台/对"表示。

6.94

列车技术速度　average train technical speed

列车在区段内运行包括起停车附加时分，不包括中间站停留时间，平均每小时走行公里数，计算公式为：

$$列车技术速度=\frac{列车公里}{列车旅行总时间-列车在中间站停留总时间}$$

注：列车技术速度用"公里/小时"表示。

6.95

列车旅行速度　average train travelling speed；commercial speed

列车在区段内运行包括起停车附加时分和中间站停留时间，平均每小时走行公里数，计算公式为：

$$列车旅行速度=\frac{列车公里}{列车旅行总时间}$$

注：列车旅行速度用“公里/小时”表示。

6.96

列车旅行速度系数　coefficient of travelling to technical speed of goods trains

列车旅行速度与列车技术速度的比值。

6.97

列车出发正点率　percent of punctuality of trains despatched on time to total trains

在一定时期内，正点出发的列车数占出发列车总数的百分数。

6.98

列车运行正点率　percent of punctuality of trains running on time to total trains

在一定时期内，正点运行的列车数占运行列车总数的百分数。

7　铁路运输调度工作

7.1

铁路运输调度　traffic control

调度

铁路为维护正常运输秩序，全面完成运输任务，对日常运输生产活动所进行的计划、调整、组织、指挥、监督、协调等。

7.2

调度区段　train dispatching section

由一个列车调度台负责统一调度指挥的范围。

7.3

调度命令　traffic order; train order; train control order

各级调度在组织指挥日常运输工作中对下级调度或站段，以及有关人员按规定发布的有关完成日常运输生产的具体部署和指挥行车工作的命令。

7.4

车流调整　regulation of wagon flow

为保持运用车的合理分布，各线车流的相对稳定及经济合理地运用机车车辆和铁路通过能力，根据运输情况变化，对重、空车流及备用货车数量所进行的调整。

7.4.1

车流推算　estimation of wagon flow

为加强车流调整工作的预见性和计划性，对未来的车流动态所进行的预测。包括远期车流推算和近期车流推算两种。

7.4.2

重车调整　regulation of loaded wagon flow

以重车为对象所采取的车流调整方法。

注：具体方法有去向别装车调整、限制装车、停止装车、变更重车输送径路和集中装车等。

7.4.3

空车调整　regulation of empty wagons

为了合理运用空车，保证装车需要采取的车流调整方法。

注：调整方法有正常调整、综合调整和紧急调整等。

7.4.4

备用货车　reserve wagons

备用车

在指定地区储备的技术状态良好的空货车。

7.5

调度日(班)计划　daily and shift transport plans

由当日十八点至次日十八点一昼夜内的日间运输工作计划。

注：主要包括货运工作计划、列车工作计划、机车车辆工作计划和施工日计划。日计划分为两个班来执行：当日十八点到次日六点为第一班计划；次日六点至十八点为第二班计划。

7.5.1

货运工作计划　goods traffic plan

根据运输方案、旬间装卸车计划所规定的任务，上级布置的次日轮廓计划、日请求车计划和厂矿、企业的要求等所编制的装、卸车计划，装卸劳力、机械调配、篷布运用及专用货车使用等计划。

7.5.2

列车工作计划　train working plan

对各区段和各站次日列车到发、运行，车辆甩挂等工作的具体安排。

注：主要包括列车到发及运行计划，分界站列车交接计划，管内工作车输送计划和各站配空挂运计划及专用货车调整计划等。

7.5.3

机车车辆工作计划　locomotive and car working plan

根据列车工作计划编制的机车周转图及机车、车辆检修计划。

7.5.4

施工日计划　daily construction plan

根据月度施工计划(含临时施工批复文件、电报)及主管业务处提报的施工计划申请编制的次日0:00至24:00施工计划。

7.5.5

车站作业计划　station working plan

车站为完成调度日(班)计划、实现列车运行图、列车编组计划、月度货物运输计划和技术计划而编制的计划。

注：主要包括车站班计划、阶段计划和调车作业计划。

7.5.5.1

车站班计划　shift station working plan

车站为完成一个班运输任务而编制的作业组织计划。

注：主要包括列车到达及出发计划、装车、卸车、排空计划、班工作指标、重点指示等。

7.5.5.2

车站阶段计划　stage station working plan

车站为保证实现班计划按阶段编制的实施计划。

7.5.5.3

调车作业计划　shunting operation plan

为保证实现车站阶段计划及其他任务而编制的调车作业具体行动计划。

7.6

列车运行调整　train operation adjustment

为确保列车安全正点和良好的运行秩序，根据列车实际运行情况和列车等级采取各种措施，对各次列车的运行秩序进行具体的计划与安排。

7.7

3～4 小时列车运行调整计划　train working adjustment plan in three or four hours

为实现列车工作计划,列车调度员根据列车运行及车站作业等实际情况,采取相应措施有预见地进行运行调整,在运行图上铺划的 3～4 小时的列车运行计划线和有关作业安排。

7.8

技术计划　technical planning

为完成月度货物运输计划而编制的合理运用铁路技术设备和机车车辆的综合性计划。

注:主要包括根据运输能力安排各线的重空车流和货物列车对数,确定全路、各铁路局(铁路公司)的运输工作任务与各项机车车辆运用指标等。

7.9

运输方案　traffic programme in railway transport

铁路局(铁路公司)按照月度货物运输计划、技术计划的要求和列车编组计划、列车运行图的规定,具体计划与组织货源、货流和车流,以促进运输合理化、直达化;经济合理地安排列车工作、机车运用和施工组织,协调路内外与运输有关部门日常运输工作的综合部署。

注:运输方案按月(分旬)编制,其内容包括:货运工作方案、列车工作方案、机车工作方案和施工安排方案等基本组成部分。

7.9.1

货运工作方案　the programme of goods traffic;goods working programme

铁路局(铁路公司)根据月度货物运输计划、结合货源货流情况、厂矿、企业要求,各站装卸、搬运能力,全面组织自装车流,集零成组、集组成列,编制直达列车和成组装车日历计划和安排主要站卸车工作,以实现合理运输、计划运输、均衡运输和直达运输的综合部署。

7.9.2

列车工作方案　train working programme

在货运工作方案的基础上,选好分号运行图和方案列车车次,把不同性质的车流分配给适当的运行线挂运的组织方法。

7.9.3

机车工作方案　locomotive working programme

是根据运输方案中的列车工作方案合理安排机车交路,编制机车周转图,确定各区段的机车使用台数及对机车运用和检修工作进行的全面安排。

7.9.4

施工方案　the programme of construction

为协调施工与运输的关系,给施工创造必要的条件和减少施工对运输的干扰,而对影响列车正常运行的施工封锁的具体安排。

注:施工方案包括施工项目及负责人、作业内容、地点和时间、影响及限速范围、设备变化、施工方式及流程、施工过渡方案、施工组织、施工安全和质量的保障措施、施工保护办法、列车运行条件、验收安排、施工安全协议书等基本内容。施工方案由施工单位编制,相关设备管理单位会签,经上级主管部门批准后方可实施。

8　铁路交通事故

8.1

铁路交通事故　railway traffic accident

铁路机车车辆在运行过程中发生冲突、脱轨、火灾、爆炸等影响铁路正常行车的事故。

注:包括影响铁路正常行车的相关作业过程中发生的事故,或铁路机车车辆在运行过程中与行人、机动车、非机动

车、牲畜及其他障碍物相撞。根据事故造成的人员伤亡、直接经济损失、列车脱轨辆数、中断铁路行车时间等情形，事故等级分为特别重大事故、重大事故、较大事故和一般事故。一般事故又分为一般A类事故、一般B类事故、一般C类事故、一般D类事故。

8.2

冲突　collision

列车、机车车辆互相间或与轻型车辆、设备设施(如车库、站台、车挡等)发生冲撞，致使机车车辆、轻型车辆、设备设施等破损。

8.3

脱轨　derailment;run off rail

机车车辆的车轮脱离轨面(因作业需要的除外)。

8.4

中断行车　stop in operation;interruption of train operation

因发生铁路交通事故(不论事故发生在区间或站内)，造成铁路单线、双线区间或双线区间之一线不能行车。

注：如列车能在站内其他线通行，又回到原正线上进入区间的除外。

8.5

中断行车时间　time of interruption of train running

由事故发生时间起(列车火灾或爆炸由停车时间算起)至恢复客货列车原牵引方式连续通行时止。施工封锁区间发生冲突或脱轨的行车中断时间，从事故发生前原计划开通的时间起计算。

8.6

列车事故　accidents in train operation

列车及旅客列车摘下本务机车后的车列与其他列车、机车车辆、设备设施等互相冲撞，旅客列车在中途站故障摘车，旅客列车在进行摘挂或转线中发生的事故。

8.7

调车事故　accidents in shunting operation

调车或以调车方式办理的其他行车工作发生的事故。

索 引

汉语拼音索引

E

F

G

H

英文对应词索引

U

V

W

ICS 21.100.20
J 11

GB

中华人民共和国国家标准

GB/T 8597—2013
代替 GB/T 8597—2003

滚动轴承　防锈包装

Rolling bearings—Rust proof packaging

2013-09-18 发布　　2014-06-01 实施

中华人民共和国国家质量监督检验检疫总局
中国国家标准化管理委员会　发布

前　言

本标准按照 GB/T 1.1—2009 给出的规则起草。

本标准代替 GB/T 8597—2003《滚动轴承　防锈包装》，与 GB/T 8597—2003 相比，主要技术变化如下：

——修改了规范性引用文件（见第 2 章，2003 年版的第 2 章）；

——增加了防锈期的贮存条件（见 4.1）；

——增加了除指纹型防锈油、水膜置换型防锈油和溶剂稀释型防锈油的技术要求（见表 1～表 3）；

——修改了油膜防锈油和脂型防锈油的技术要求（见表 4、表 5，2003 年版的表 2、表 3）；

——增加了杂质颗粒尺寸评定参照标准及轴承清洗方法和干燥方法参照标准（见 4.2.3）；

——删除了纸盒，删除了聚乙烯塑料薄膜对厚度的要求（2003 年版的 4.3.1）；

——修改了单件内包装的防锈质量试验，增加了判定方法（见 4.3.3，2003 年版的 4.3.4）；

——增加了外包装具体分类（见 4.4）；

——修改了对包装件的其他标志要求，删除了永久性涂料的规定，增加了防锈材料类型的标志（见 6.3，2003 年版的 7.3）；

——修改了储存轴承的室温要求（见 7.2，2003 年版的 8.2）；

——修改了防锈材料试验方法，增加了水膜置换性和成膜性试验，删除了盐水浸渍、静力水滴和挥发性试验（见附录 A，2003 年版的第 6 章）。

本标准由中国机械工业联合会提出。

本标准由全国滚动轴承标准化技术委员会（SAC/TC 98）归口。

本标准起草单位：洛阳轴研科技股份有限公司、万向钱潮股份有限公司、常熟长城轴承有限公司、宁波金鹏轴承有限公司、浙江八环轴承有限公司。

本标准主要起草人：陈蓉、王子君、买楠楠、郭增均、邵彦、智灿杰、牛建平。

本标准所代替标准的历次版本发布情况为：

——GB/T 8597—1988、GB/T 8597—2003。

滚动轴承　防锈包装

1　范围

本标准规定了滚动轴承、滚动体、保持架及套圈等轴承商品零件的防锈、包装的技术要求和方法。

本标准适用于制造厂和用户对滚动轴承、滚动体、保持架及套圈等轴承商品零件防锈、内包装、外包装的检查和验收。

2　规范性引用文件

下列文件对于本文件的应用是必不可少的。凡是注日期的引用文件,仅注日期的版本适用于本文件。凡是不注日期的引用文件,其最新版本(包括所有的修改单)适用于本文件。

GB/T 191—2008　包装储运图示标志
GB/T 260—1977　石油产品水分测定法
GB/T 261—2008　闪点的测定　宾斯基-马丁闭口杯法
GB/T 265—1988　石油产品运动粘度测定法和动力粘度计算法
GB/T 511—2010　石油和石油产品及添加剂机械杂质测定法
GB/T 2361—1992　防锈油脂湿热试验法
GB/T 3536—2008　石油产品　闪点和燃点测定　克利夫兰开口杯法
GB/T 3716—2000　托盘术语
GB/T 4122.1—2008　包装术语　第1部分:基础
GB/T 4122.2—2010　包装术语　第2部分:机械
GB/T 4122.3—2010　包装术语　第3部分:防护
GB/T 4879—1999　防锈包装
GB/T 6388—1986　运输包装收发货标志
JB/T 3016　滚动轴承　包装箱　技术条件
JB/T 4036　滚动轴承　运输用托盘和大木箱
JB/T 10560—2006　滚动轴承　防锈油、清洗剂清洁度及评定方法
SH/T 0063—1991　防锈油干燥性试验法
SH/T 0080—1991　防锈油脂腐蚀性试验法
SH/T 0081—1991　防锈油脂盐雾试验法
SH/T 0082—1991　防锈油脂流下点试验法
SH/T 0105—1992　溶剂稀释型防锈油油膜厚度测定法
SH/T 0106—1992　防锈油人汗防蚀性试验法
SH/T 0107—1992　防锈油人汗洗净性试验法
SH/T 0195—1992　润滑油腐蚀试验法
SH/T 0211—1998　防锈油脂低温附着性试验法
SH/T 0212—1998　防锈油脂除膜性试验法
SH/T 0214—1998　防锈油脂分离安定性试验法
SH/T 0216—1999　防锈油喷雾性试验法
SH/T 0311—1992　置换型防锈油人汗置换性能试验方法

SH/T 0584—1994　防锈油脂包装贮存试验法(百叶箱法)
SH/T 0692—2000　防锈油

3　术语和定义

GB/T 3716—2000、GB/T 4122.1—2008、GB/T 4122.2—2010、GB/T 4122.3—2010 界定的术语和定义适用于本文件。

4　技术要求

4.1　防锈期

防锈期是指防锈包装或防锈材料对金属制品有效防锈的保证期。防锈期分为半年、一年、两年,贮存条件符合 7.2 的规定。

——防锈期半年,适用于大批量发货到同一用户,短期内投入使用的轴承;
——防锈期一年,适用于对有效防锈保证期要求一般的轴承;
——防锈期两年,适用于对有效防锈保证期要求较高的轴承。

供需双方未就防锈期作单独约定的,防锈期为一年。

4.2　防锈

4.2.1　防锈材料的选择应符合国家环保要求。轴承常用防锈材料如下:

a)　除指纹型防锈油,主要用于工序间防锈及最终防锈前的清洗防锈,防锈期为半年,技术要求见表 1;
b)　水膜置换型防锈油(或称脱水油),主要用于工序间脱水防锈,防锈期为半年,技术要求见表 2;
c)　溶剂稀释型防锈油,分为硬质膜和软质膜,其中硬质膜主要用于室内外防锈,防锈期为两年,软质膜主要用于室内防锈,防锈期为两年,技术要求见表 3;
d)　油膜防锈油(或称润滑油型防锈油),分为Ⅰ类和Ⅱ类,其中Ⅰ类防锈期为一年,Ⅱ类防锈期为两年,技术要求见表 4;
e)　脂型防锈油,主要是脂膜或油脂混合膜,防锈期为两年,技术要求见表 5;
f)　气相防锈材料,主要是含挥发性缓蚀剂的片粒、纸类、薄膜和矿物油类,技术要求应符合 GB/T 4879—1999 的规定。

表 1　除指纹型防锈油技术要求

检测项目	技术要求	试验方法
闪点/℃	≥38	GB/T 261—2008
运动黏度(40 ℃)/(mm^2/s)	≤12	GB/T 265—1988
分离安定性	无相变,不分离	SH/T 0214—1998
除指纹性	试片印汗处无锈蚀	SH/T 0107—1992
人汗防蚀性	试片印汗处无锈蚀	SH/T 0106—1992
除膜性(湿热后)	能除膜	SH/T 0212—1998
腐蚀性(质量变化)(55 ℃±2 ℃,7 d)/(mg/cm^2)	钢±0.1　黄铜±1.0	SH/T 0080—1991
湿热试验(钢片,168 h)/级	≤0	GB/T 2361—1992

表 2　水膜置换型防锈油技术要求

检测项目	技术要求	试验方法
外观	均相液体	目测
水分	无	GB/T 260—1977
水膜置换性(钢片)	试片工作面无锈蚀	见 A.1
湿热试验 钢片(5 d)/级 铜片(5 d)/级	 ≤0 ≤1	GB/T 2361—1992
腐蚀试验(55 ℃±2 ℃) 钢片(7 d)/级 铜片(7 d)/级 铝片(7 d)/级	 ≤0 ≤1 ≤1	SH/T 0080—1991
重叠试验 钢片(5 d)/级 铜片(5 d)/级	 ≤0 ≤1	SH/T 0692—2000

表 3　溶剂稀释型防锈油技术要求

检测项目	技术要求		试验方法
	软质膜	硬质膜	
闪点/℃	≥70	≥38	GB/T 261—2008
干燥性	柔软或油状态	指触干燥(4 h) 不粘着(24 h)	SH/T 0063—1991
流下点/℃	—	≥80	SH/T 0082—1991
低温附着性	试片规定范围内油膜无揭起或脱落		SH/T 0211—1998
喷雾性	油膜连续		SH/T 0216—1999
分离安定性	无相变,不分离		SH/T 0214—1998
除膜性,包装贮存后	除膜(6 次)	除膜(15 次)	SH/T 0212—1998
透明性	—	能看到印记	SH/T 0692—2000
腐蚀性(质量变化)(55 ℃±2 ℃,7 d)/(mg/cm^2)	钢±0.2　黄铜±1.0　铝±0.2		SH/T 0080—1991
膜厚/μm	≤15	≤50	SH/T 0105—1992
湿热试验(钢片 0 级)/h	≥480	≥720	GB/T 2361—1992
盐雾试验(钢片 0 级)/h	—	≥336	SH/T 0081—1991
包装贮存(钢片 0 级)/d	≥90	≥360	SH/T 0584—1994

注 1:溶剂稀释型防锈油使用时应注意安全,使用场所应保持通风,安装排气装置,及时排除过量的溶剂蒸气,以保证人身安全及环境的清洁。

表 4 润滑油型防锈油技术要求

检测项目	技术要求		试验方法
	Ⅰ类	Ⅱ类	
外观	均匀透明，油相无杂质、分层、沉淀和异味		目测
运动黏度(40 ℃)/(mm^2/s)	5～25	＞25	GB/T 265—1988 (2004)
闪点(开口)/℃	＞130	＞160	GB/T 3536—2008
透明度(20 ℃±2 ℃)/mm	60，透明	40，透明	见 A.2
盐雾试验 钢片(48 h)/级 黄铜片(48 h)/级	 — —	 ≤0 ≤1	SH/T 0081—1991(2006)
叠片试验(周期)	协议		SH/T 0692—2000
煤油溶解性	在煤油中完全溶解，无沉淀物产生		见 A.3
腐蚀性(100 ℃±2 ℃，3 h) 钢片 黄铜片	 试片无腐蚀痕迹 试片无腐蚀痕迹		SH/T 0195—1992(2007)
湿热试验 钢片/级 黄铜片/级	 ≤0(7 d) ≤1(5 d)	 ≤0(10 d) ≤1(7 d)	GB/T 2361—1992(2004)
人工汗置换性	印汗处无锈蚀		SH/T 0311—1992(2004)
结胶性(100 ℃，24 h)	油膜处无胶状物		见 A.4
机械杂质	见 4.2.3		

表 5 脂型防锈油技术要求

检测项目	技术要求	试验方法
外观	均匀半流动膏体或均匀软膏体，无相的分层、无臭味	目测
油基稳定性	无相变，不分离	SH/T 0214—1998(2004)
腐蚀试验(质量变化)(55 ℃±2 ℃，7 d)/(mg/cm^2)	钢±0.2 黄铜±0.2 铝±0.2	SH/T 0080—1991(2006)
盐雾试验(35 ℃±1 ℃，5%±0.1%盐水溶液) 钢片(7 d)/级 黄铜片(7 d)/级 铝片(7 d)/级	 ≤0 ≤1 ≤1	SH/T 0081—1991(2006)
湿热试验 钢片(30 d)/级 黄铜片(10 d)/级 铝片(10 d)/级	 ≤0 ≤1 ≤1	GB/T 2361—1992(2004)

表 5（续）

检测项目	技术要求	试验方法
重叠试验(7 d)/级 钢-钢叠面 铜-铜叠面	 ≤0 ≤1	SH/T 0692—2000
成膜性	连续性油脂膜	见 A.5
人工汗置换性	印汗处无锈蚀	SH/T 0311—1992
油膜除去性	试片无残留油膜	SH/T 0212—1998
机械杂质	无	GB/T 511—2010
储存安定性	存放一年后，技术指标无变化	

4.2.2 轴承按其技术条件、用途的不同，以及用户的具体要求，应选用不同类型的防锈材料。

4.2.3 成品轴承经清洗干燥后应立即使用防锈材料防锈，其中所用的防锈油不应含有大于 5 μm 的杂质。低噪声轴承用防锈油不应有大于 2 μm 的杂质。杂质颗粒尺寸的评定方法应符合 JB/T 10560—2006 附录 C 的规定，轴承清洗方法和干燥方法应符合 GB/T 4879—1999 的规定。

4.2.4 涂油时要求成膜性好，均匀，油膜无杂质、断层和开裂，无块状颗粒物夹附在油膜中。

4.2.5 对于闭型轴承，轴承外部需使用防锈材料，并采取措施防止防锈材料影响轴承内润滑脂的性能。

4.3 内包装

4.3.1 内包装材料

轴承内包装，推荐采用下列材料：

a) 聚乙烯塑料或其他塑料筒(盒)；
b) 耐油纸、牛皮纸；
c) 平纹和皱纹聚乙烯复合纸；
d) 聚乙烯塑料薄膜；
e) 双层或多层铝塑薄膜；
f) 尼龙带或塑料编织带；
g) 防水高强度塑料带；
h) 尼龙塑料薄膜。

注：以上材料均应无腐蚀性，其中塑料薄膜腐蚀性按 A.6 检测。

4.3.2 内包装方法

轴承内包装方法应符合 GB/T 4879—1999 的规定。对可分离轴承成套捆扎包装时，所用捆扎材料应无腐蚀性。对不可分离轴承所用内包装材料也应无腐蚀性。

若有特殊要求时，经制造厂与用户协商同意后，也可采用其他方法包装。

4.3.3 单件内包装的防锈质量试验

内包装防锈材料的质量，按如下要求进行周期试验(每个周期为 7 天，其中室内暴露 2 天，在湿热箱试验 5 天)后，轴承无锈蚀为合格。

a) 对于半年防锈期的内包装，应试验一个周期；
b) 对于一年防锈期的内包装，应试验两个周期；
c) 对于两年防锈期的内包装，应试验三个周期。

4.4 外包装

滚动轴承外包装一般采用双瓦楞纸箱、普通木箱和钙塑瓦楞箱，其外包装箱的技术条件应符合 JB/T 3016 的规定。

5 运输包装

根据不同情况推荐选用下列运输包装方式之一：

——当采用托盘和大木箱进行运输包装时，托盘和大木箱按 JB/T 4036 的规定；

——当特大型轴承不用外包装木箱直接运输时，其外层应采用胶带缠裹。

6 标志

6.1 包装件的发货标志，按 GB/T 6388—1986 的规定。

6.2 包装件的贮运标志，按 GB/T 191—2008 的规定。

6.3 包装件的其他标志如下：

a) 产品名称、商标、型号、数量、防锈材料类型；

b) 包装件外形尺寸(长×宽×高)；

c) 包装件编号及尾箱标志。

7 运输和贮存

7.1 轴承在运输过程中应防止雨淋，不应与酸、碱、盐等腐蚀性化学介质直接接触，搬运中不应发生破损。

7.2 贮存轴承的仓库及其周围附近应无腐蚀性气体，应保持仓库内空气流通，室温要高于防锈油使用说明书中规定的最低温度，建议相对湿度不应大于 80%。

7.3 轴承自防锈之日起在规定的防锈期内不应锈蚀。

附　录　A
（规范性附录）
防锈材料试验方法

A.1　水膜置换性试验

将试片的孔用砂纸打磨后，试片蘸氧化镁粉，在流水中用水磨砂纸仔细打磨其6个面至光亮、无任何凹坑、划伤及锈迹。将打磨好的试片用水清洗干净，在三道无水乙醇中脱水后，吹风机冷风吹干，待用。用蒸馏水配制0.05%的NaCl水溶液，将试片垂直浸入0.05%的NaCl水溶液中1 s，取出检查试片的工作面是否全部浸湿或有无锈点，若不完全浸润或有锈点，弃之不用。用滤纸吸取试片上部和下部余液（不得超过5 s），将试片浸入脱水防锈油中15 s，取出沥干15 min后，放入20 ℃～30 ℃的湿润槽中1 h，取出检查试片工作面有无锈蚀，试片工作面无锈蚀为合格。

A.2　透明度试验

在300 mL的烧杯中加入规定高度的试验油品，置于20 ℃±1 ℃条件下稳定20 min后进行试验，在侧射灯光（100 W）的照明下，目光自上而下透过油层观察透明度。油液透明无杂质为合格。

A.3　煤油溶解性试验

取10 mL带塞量筒（或玻璃试管），依次加5 mL煤油和试验油，塞上玻璃塞，上下摇动数次，静置桌面10 min后，观察试验油在煤油中是否完全溶解，有无沉淀物产生。在煤油中完全溶解，无沉淀物产生为合格。

A.4　结胶性试验

将试验油涂在洁净玻璃片（100 mm×50 mm×3 mm）上，倾斜15°，静置放于25 ℃±5 ℃下，沥干24 h，然后将涂油面向上，水平放置于100 ℃±2 ℃烘箱中，24 h后检查油膜处有无胶状物质。油膜处无胶状物质为合格。

A.5　成膜性试验

将试验油脂涂在洁净玻璃片（100 mm×50 mm×3 mm）上，倾斜15°，静置放于25 ℃±5 ℃下，沥干24 h，然后将涂油面向上，水平放置于100 ℃±2 ℃烘箱中，24 h后检查有无连续性油脂膜。玻璃片上油膜连续为合格。

A.6　塑料薄膜腐蚀性试验

取10号钢片（100 mm×50 mm×3 mm）和H62黄铜片（100 mm×50 mm×3 mm）各两片，经打磨清洗后，将试验塑料薄膜（25 mm×50 mm）覆盖在金属试片中部，依次再压上一片载玻片（25 mm×75 mm ×1 mm）和不锈钢块（25 mm×25 mm×75 mm），将重叠压好的试样移入65 ℃±1 ℃烘箱中预热30 min后，再移入底部盛有5%甘油水溶液的干燥器中，盖好密封盖，放入50 ℃±1 ℃烘箱中，20 h

后取出试片，检查塑料薄膜与金属片接触面的锈蚀情况。

钢片两片、黄铜片两片均无锈蚀为合格。

钢片两片、黄铜片两片均锈蚀为不合格。

钢片两片、黄铜片两片各有一片锈蚀，复检一次，若两片均无锈蚀为合格，若两片均锈蚀为不合格。

ICS 59.080.30
W 04

中华人民共和国国家标准

GB/T 8628—2013
代替 GB/T 8628—2001

纺织品　测定尺寸变化的试验中织物试样和服装的准备、标记及测量

Textiles—Preparation, marking and measuring of fabric specimens and garments in tests for determination of dimensional change

(ISO 3759:2011,MOD)

2013-12-17 发布　　2014-10-15 实施

中华人民共和国国家质量监督检验检疫总局
中国国家标准化管理委员会　发布

前　言

本标准按照 GB/T 1.1—2009 给出的规则起草。

本标准代替 GB/T 8628—2001《纺织品　测定尺寸变化的试验中织物试样和服装的准备、标记及测量》，与 GB/T 8628—2001 相比主要技术变化如下：

——修改了适用范围的表述(见第 1 章，2001 年版的第 1 章)；

——删除了 GB/T 8170—1987 的引用，增加了 GB/T 4666、GB/T 8629、GB/T 8631、GB/T 19981、ISO 15797、FZ/T 20021 的引用(见第 2 章、6.2、第 9 章，2001 年版的第 2 章、第 10 章)；

——删除了产生标准大气的设备(见 2001 年版的 4.4)；

——增加了对针织物的选样要求(见 6.1)；

——删除了试样的预调湿，将标记调整在调湿后面(见 6.3 和 6.4，2001 年版的 6.4)；

——增加了服装悬挂调湿的操作步骤(见 7.1.4)；

——增加了裤长的测量部位(见 7.2.2)；

——试验报告中增加了处理方法的描述(见第 11 章)；

——删除了附录“胸罩、针织袜类、帽子、手套的测量”(见 2001 年版的附录 B)。

本标准使用重新起草法修改采用 ISO 3759:2011《纺织品　测定尺寸变化的试验中织物试样和服装的准备、标记及测量》(英文版)。

本标准与 ISO 3759:2011 的主要差异如下：

——删除国际标准的目录和前言；

——规范性引用文件中的国际标准替换为相应的国家标准和行业标准(见第 2 章)；

——增加了裤长的测量部位(见 7.2.2)；

——增加了计算公式中尺寸变化率的代号 D 和结果修约要求(见第 10 章)；

——增加了窄幅织物试样的标记方法(见 6.4 和附录 A)。

本标准由中国纺织工业联合会提出。

本标准由全国纺织品标准化技术委员会基础标准分技术委员会(SAC/TC 209/SC 1)归口。

本标准起草单位：纺织工业标准化研究所、上海市纺织工业技术监督所、中山出入境检验检疫局。

本标准主要起草人：姜慧霞、陈小诚、王京力。

GB/T 8628 于 1988 年首次发布，2001 年将 GB/T 8628—1988《测定织物尺寸变化时试样的准备、标记和测量》与 GB/T 13768—1992《测定服装尺寸变化试验时试样的准备、标记和测量》合并进行第一次修订，本次为第二次修订。

纺织品　测定尺寸变化的试验中织物试样和服装的准备、标记及测量

1　范围

本标准规定了测定因水洗、干洗、水浸渍或汽蒸等处理程序引起尺寸变化时的纺织织物、服装和织物组件试样的准备、标记和测量方法，处理程序按照GB/T 8629、GB/T 19981、GB/T 8631、ISO 15797、FZ/T 20021的规定。

本标准适用于机织物、针织物及纺织制品，不适用于某些装饰覆盖物。

2　规范性引用文件

下列文件对于本文件的应用是必不可少的。凡是注日期的引用文件，仅注日期的版本适用于本文件。凡是不注日期的引用文件，其最新版本(包括所有的修改单)适用于本文件。

GB/T 4666　纺织品　织物长度和幅宽的测定(GB/T 4666—2009，ISO 22198:2006，IDT)

GB/T 6529　纺织品　调湿和试验用标准大气(GB/T 6529—2008，ISO 139:2005，MOD)

GB/T 8629　纺织品　试验用家庭洗涤和干燥程序(GB/T 8629—2001，ISO 6330:2000，eqv)

GB/T 8631　纺织品　织物冷水浸渍后尺寸变化的测定(GB/T 8631—2001，ISO 7771:1985)

GB/T 19981.1　纺织品　织物和服装的专业维护、干洗和湿洗　第1部分：干洗和整烫后性能的评价(GB/T 19981.1—2005，ISO 3175-1:1998，MOD)

GB/T 19981.2　纺织品　织物和服装的专业维护、干洗和湿洗　第2部分：使用四氯乙烯干洗和整烫时性能试验的程序(GB/T 19981.2—2005，ISO 3175-2:1998，MOD)

GB/T 19981.3　纺织品　织物和服装的专业维护、干洗和湿洗　第3部分：使用烃类溶剂干洗和整烫时性能试验的程序(GB/T 19981.3—2009，ISO 3175-3:2003，IDT)

GB/T 19981.4　纺织品　织物和服装的专业维护、干洗和使用模拟湿清洗时性能试验的程序(GB/T 19981.4—2009，ISO 3175-4:2003，IDT)

ISO 15797　纺织品　工作服的工业洗涤和整理程序

FZ/T 20021　织物经汽蒸后尺寸变化试验方法

3　原理

选取具有代表性的试样。在每个试样上做数对标记点，分别在规定处理程序的前后测量每对标记点之间的距离。

4　仪器

4.1　直尺、钢卷尺或玻璃纤维卷尺，以毫米为刻度，其长度大于所测量的最大尺寸。

玻璃纤维卷尺每6个月至少校验一次。

4.2　能精确标记的用具，例如：

a) 不褪色墨水或织物标记打印器，如果必要，可使用带有测量格的模板；

b) 缝进织物做标记的细线，其颜色与织物颜色应能形成强烈对比；

c) 在热塑材料上刺小孔做标记的热金属丝；

d) 订书钉，适用于在试验中不翻动(例如水中浸泡)的试样。

4.3 平滑测量台，足以放置整个样品。

4.4 工作台，用于支撑服装。

5 调湿和试验大气

按照GB/T 6529规定的标准大气条件对试样进行调湿和试验。

6 织物试样

6.1 选样

对于织物类产品，试样应具有代表性。在距布匹端1 m以上取样。每块试样包含不同长度和宽度上的纱线。裁样之前标出试样的长度方向。

适体筒径圆机加工的针织物应使用其筒状，无缝或织可穿的圆形针织物宜作为服装测试。

筒状针织物宜裁开并使用平坦的单层状态。

6.2 尺寸

剪裁试样，每块至少500 mm×500 mm，各边分别与织物长度和宽度方向相平行。如果幅宽小于650 mm，经有关当事方协商，可采取全幅试样进行试验。对于较大长度和宽度的纺织制品，按照GB/T 4666进行测量。

如果织物在试验中可能脱散，使用尺寸稳定的缝线对试样锁边。

6.3 调湿

将试样放置在调湿大气中(见第5章)，在自然松弛状态下，调湿至少4 h或达到恒重。

注：当以1 h的间隔称重，质量的变化不大于0.25%时，即认为达到了恒重。

6.4 标记

将试样放在平滑测量台上，在试样的长度和宽度方向上，至少各做三对标记。每对标记点之间的距离至少350 mm，标记距离试样边缘应不小于50 mm，标记在试样上的分布应均匀(见图1)。

如果试样幅宽不足500 mm，可采用附录A给出的方法进行标记。

6.5 尺寸测量

将试样平放在测量台(4.3)上，轻轻抚平折皱，避免扭曲试样。将量尺(4.1)放在试样上，测量两标记点之间的距离，记录精确至1 mm。

单位为毫米

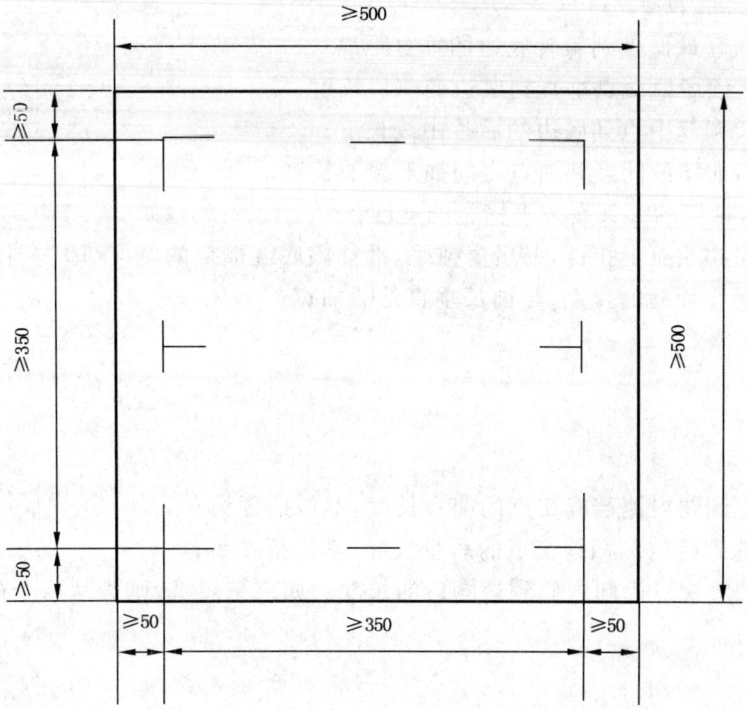

图 1　织物试样的标记

7　服装

7.1　通则

7.1.1　本标准列出的测量部位可能没有必要全部测量，测量部位的选择应依据服装的类型和式样确定。

7.1.2　测量规定部位之间，最好是接缝之间或接缝交点之间的距离。如果需要，可使用 4.2 规定的标记用具在服装上标记测量部位。

注：如果服装设计比较复杂，必要时可作示意图表示测量部位。

7.1.3　当内衬与面料织物不同时，内衬测量部位为 7.2 中规定的服装相应部位。

7.1.4　将服装悬挂在合适的衣架上，并放置在调湿大气中(见第 5 章)，调湿至少 4 h 或直至达到恒重(见 6.3 注)。如果服装不能正常地悬挂，每个试样单独平放。

7.1.5　将服装放置在测量台(4.3)或工作台(4.4)上。

7.1.6　将所有可闭合处闭合，测量服装上规定接缝之间的间距。

7.1.7　用量尺(4.1)测量每对标记部位间的间距，记录精度为 1 mm 或更高的精度。测量时，不要进行无必要的拉伸。

7.1.8　弹性服装或服装的弹性部位在松弛状态下测量。

7.1.9　被检服装的对称部位(例如两只袖子)应作对应的测量。

7.2　测量部位

7.2.1　上衣类服装(包括女便服、外衣、睡衣、衬衫和内衣)

测量部位如下：

a) 领圈长度：服装领嘴闭合处的领子长度；

注：可以使用合适的领圈模型。

b) 摆缝长：从袖窿最低点到服装底边的垂直距离；

c) 前片衣长：从领肩缝交点垂直到底边的前片长度；

d) 后片衣长：后领缝中点到底边的后片中线长度；

e) 袖下缝长度：袖窿最低点到袖口之间袖下缝的长度；

f) 总肩宽：由肩袖缝的交叉点摊平横量的宽度；

g) 胸宽：扣好钮扣或拉上拉链，前后身摊平，沿袖窿底缝横量的宽度(即胸围之半的宽度)；

h) 袖宽：过摆缝与袖缝的交点、与袖长垂直处的袖宽；

i) 袖口宽。

7.2.2 裤类服装

测量部位如下：

a) 前裆：从腰缝到腿内侧裆缝交点的前身长度，不包括腰头；

b) 后裆：从腰缝到腿内侧裆缝交点的后身长度，不包括腰头；

c) 裤腿长：从裆缝交点沿腿内侧到裤脚口的长度。如果是短裤，则为从一个裤口经裤裆到另一个裤口的长度；

d) 腰宽；

e) 裤口或裤脚口宽；

f) 膝部(中裆)宽：裆缝交点至裤脚口一半距离处的宽度(短裤不测)；

g) 横裆：从裆底处沿垂直于裤长的方向横量到裤侧边；

h) 裤长：由腰上口沿侧缝摊平垂直量至脚口。

7.2.3 连衫裤工作装，连衫裤装，工装裤，连体游泳衣

综合上衣类和裤类服装测量部位的规定进行测量，可对 7.2.1 做如下修改：

c) 前领下口的中心到裤裆接缝或到开门末端的长度；

d) 后领下口中心到裤裆接缝的长度。

7.2.4 裙子

测量部位如下：

a) 裙长：从裙腰缝到底边之间的长度，不包括腰头，在前身中心线和后身中心线测量；

b) 腰宽：裙腰处的腰宽；

c) 裙宽：裙上口之下，如有腰头则为腰缝之下，至少三对等距离点的宽度。

8 平面纺织制品

按照 7.1 的程序，测量如下部位：

a) 全长；

b) 全宽。

注 1：帷幔、窗帘等厚重装饰布悬挂后可能会伸长，洗涤后可能会收缩。尺寸变化一般不包括受张力产生的尺寸变化。

注 2：对于特殊的制品，例如成型床罩，可能需要对其他部位进行测量。

9 试样的处理和处理后的尺寸测量

采用 GB/T 8629、GB/T 8631、GB/T 19981、ISO 15797 或 FZ/T 20021 规定的程序对试样进行处理，然后按照第 6、7 或 8 章再次进行测量。

10 结果表示

按式(1)计算尺寸变化百分率：

$$D=\frac{x_t-x_0}{x_0}\times 100\% \quad \cdots\cdots(1)$$

式中：

D ——尺寸变化率，%；

x_0 ——试样的初始尺寸，单位为毫米(mm)；

x_t ——试样处理后的尺寸，单位为毫米(mm)。

分别记录每对标记点的测量值，并计算尺寸变化量相对于初始尺寸的百分数，尺寸变化率的平均值修约至 0.1%。使用"+"号表示伸长，使用"−"号表示收缩。

11 试验报告

试验报告应包括下述内容：

a) 试验按本标准(即 GB/T 8628—2013)进行；

b) 测试样品的描述、标识和尺寸；

c) 每个测量部位的描述；

d) 处理方法的描述；

e) 第 10 章计算的结果。

附 录 A
（资料性附录）
窄幅织物试样的标记

A.1 织物幅宽不足 500 mm 时，可按下述方法标记试样。

根据织物宽度，在每块试样的长度方向上做至少一对标记点，每对两个标记之间的间距不小于 350 mm。标记距试样边，长度方向不小于 50 mm，宽度方向不小于 35 mm，各对标记相互分开，使测量值能代表整个试样。宽度方向标记距离可根据试样宽度与有关方协议确定（参见图 A.1）。

单位为毫米

a） 幅宽＜70 mm 的织物试样测量点标记

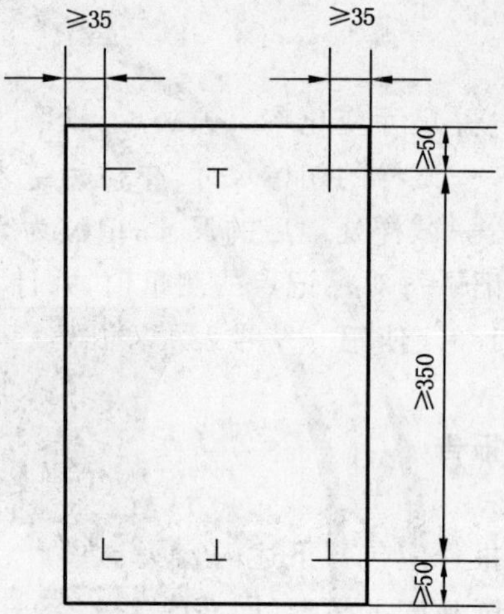

b） 幅宽 70 mm～250 mm 的织物试样测量点标记

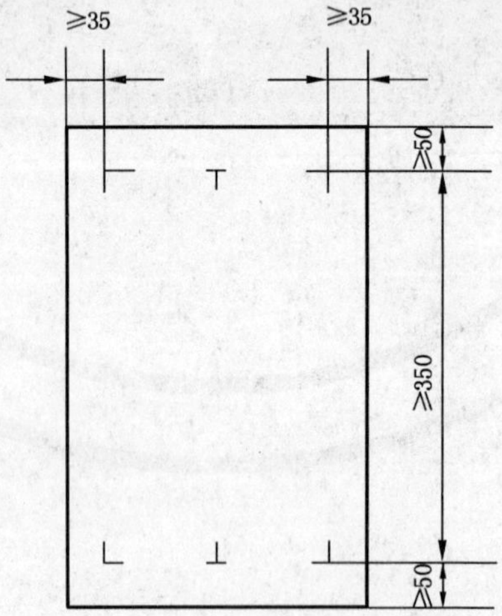

c） 幅宽 250 mm～500 mm 的织物试样测量点标记

图 A.1 窄幅织物的测量点标记

ICS 59.080.30
W 04

中华人民共和国国家标准

GB/T 8630—2013
代替 GB/T 8630—2002

纺织品　洗涤和干燥后尺寸变化的测定

Textiles—Determination of dimensional change in washing and drying

(ISO 5077:2007,MOD)

2013-12-17 发布　　2014-10-15 实施

中华人民共和国国家质量监督检验检疫总局
中国国家标准化管理委员会　发布

前　言

本标准按照 GB/T 1.1—2009 给出的规则起草。

本标准代替 GB/T 8630—2002《纺织品　洗涤和干燥后尺寸变化的测定》，与 GB/T 8630—2002 相比主要技术变化如下：

——修改了样品的建议数量(见 6.2，2002 年版的 6.2)；

——删除了附录“织物平均尺寸变化率的置信界限”(见 2002 年版的附录 A)。

本标准使用重新起草法修改采用 ISO 5077：2007《纺织品　洗涤和干燥后尺寸变化的测定》(英文版)。

本标准与 ISO 5077：2007 的主要差异如下：

——删除了国际标准的前言；

——规范性引用文件中的国际标准替换为相应的国家标准；

——增加了计算公式中尺寸变化率的代号 D(见 8.1)；

——将尺寸变化率平均值修约至 0.5％改为 0.1％。

本标准由中国纺织工业联合会提出。

本标准由全国纺织品标准化技术委员会基础标准分技术委员会(SAC/TC 209/SC 1)归口。

本标准起草单位：纺织工业标准化研究所、上海市纺织工业技术监督所、中山出入境检验检疫局。

本标准主要起草人：姜慧霞、陈小诚、王京力。

本标准所代替标准的历次版本发布情况为：

——GB/T 8630—1988、GB/T 8630—2002。

纺织品 洗涤和干燥后尺寸变化的测定

1 范围

本标准规定了纺织品经洗涤和干燥后尺寸变化的测定方法。

本标准适用于纺织织物、服装及其他纺织制品。

在纺织制品和易变形材料的情况下，对于试验结果的解释需考虑各种因素。

2 规范性引用文件

下列文件对于本文件的应用是必不可少的。凡是注日期的引用文件，仅注日期的版本适用于本文件。凡是不注日期的引用文件，其最新版本(包括所有的修改单)适用于本文件。

GB/T 6529 纺织品 调湿和试验用标准大气(GB/T 6529—2008,ISO 139:2005,MOD)

GB/T 8628 纺织品 测定尺寸变化的试验中织物试样和服装的准备、标记及测量(GB/T 8628—2013,ISO 3759:2011,MOD)

GB/T 8629 纺织品 试验用家庭洗涤和干燥程序(GB/T 8629—2001,eqv ISO 6330:2000)

3 原理

试样在洗涤和干燥前，在规定的标准大气中调湿并测量尺寸，试样洗涤和干燥后，再次调湿、测量其尺寸，并计算试样的尺寸变化率。

4 设备和试剂

按 GB/T 8628 和 GB/T 8629 的有关规定执行。

5 大气条件

按照 GB/T 6529 的规定对试样进行调湿和试验。

6 试样

6.1 试样的选取、尺寸、标记及测量按 GB/T 8628 的规定执行。

6.2 如有可能，每个样品试验 3 个试样。样品不足时，每个样品可试验 1 个或 2 个试样。

7 试验步骤

7.1 按照 GB/T 6529 和 GB/T 8628 规定的方法对试样调湿并测量尺寸，记录试样的初始长度和初始宽度。

7.2 按相关利益方的协商约定，使用 GB/T 8629 中规定的一种程序洗涤和干燥试样。

7.3 试样洗涤和干燥后，调湿试样，按照 GB/T 8628 规定的程序测量和计算试样的尺寸变化率。

8 结果表示

8.1 按 GB/T 8628 的规定，按式(1)分别计算试样长度方向和宽度方向上的尺寸变化率：

$$D=\frac{x_t-x_0}{x_0}\times 100\% \qquad \cdots\cdots(1)$$

式中：

D ——水洗尺寸变化率，%；

x_0——试样的初始尺寸，单位为毫米(mm)；

x_t——试样处理后的尺寸，单位为毫米(mm)。

分别记录每对标记点的测量值，并计算尺寸变化量相对于初始尺寸的百分数。

8.2 尺寸变化率的平均值修约至 0.1%。

8.3 以负号(－)表示尺寸减少(收缩)，以正号(＋)表示尺寸增大(伸长)。

9 试验报告

报告应包括下列内容：

a) 本标准的编号，即 GB/T 8630—2013；

b) 洗涤和干燥的试样的数量；

c) 所用的 GB/T 8629 的洗涤和干燥程序；

d) 对织物试样，报告长度方向(经向或直向)的平均尺寸变化率和宽度方向(纬向或横向)的平均尺寸变化率；

e) 被测服装的描述、标志和尺寸；

f) 对于服装，简要说明每件服装的每个测量部位，以及每个测量部位的平均尺寸变化率。

ICS 77.150.60
H 62

中华人民共和国国家标准

GB/T 8740—2013
代替 GB/T 8740—2005

铸造轴承合金锭

Casting bearing alloy ingots

2013-11-27 发布 2014-08-01 实施

中华人民共和国国家质量监督检验检疫总局
中国国家标准化管理委员会 发布

前言

本标准是按照GB/T 1.1—2009给出的规则起草的。

本标准代替GB/T 8740—2005《铸造轴承合金锭》。与GB/T 8740—2005相比，本标准主要变化如下：

——牌号由9个增加至11个。锡基合金增加SnSb9Cu7牌号；铅基合金增加PbSb16Sn16Cu2牌号。

——化学成分作了个别修改。SnSb11Cu6牌号中的铋由≤0.05%修改为≤0.08%；SnSb11Cu6牌号中的砷由≤0.05%修改为≤0.1%。

——在要求中删除了产品物理性能。同时在试验方法中删除了物理性能的测试方法。

——增加了产品的生产取样要求。

本标准中SnSb4Cu4、SnSb8Cu4两个牌号修改采用ASTMB23:2000(R2005)《巴氏轴承合金》标准中UNS-L13910、UNS-L13890两个牌号；SnSb8Cu8、PbSb16Sn1As1、PbSb15Sn10、PbSb15Sn5、PbSb10Sn6五个牌号等同采用ASTMB23:2000(R2005)《巴氏轴承合金》标准中UNS-L13840、UNS-L53620、UNS-L53585、UNS-L53565、UNS-L53346五个牌号；SnSb9Cu7、SnSb11Cu6、SnSb12Pb10Cu4三个牌号的杂质限量采用ASTMB23:2000(R2005)《巴氏轴承合金》标准中UNS-L13840的杂质限量、PbSb16Sn16Cu2的杂质限量采用ASTMB23:2000(R2005)《巴氏轴承合金》标准中UNS-L53346的杂质限量。与ASTMB32牌号对照表见附录A，对应牌号的物理性能测试数据见附录B。

本标准与ASTMB23:2000(R2005)《巴氏轴承合金》标准相比，有如下不同：

——SnSb4Cu4、SnSb8Cu4两个牌号中铁的限量由≤0.08%修改为≤0.06%；

——锡基增加SnSb9Cu7、SnSb11Cu6、SnSb12Pb10Cu4三个牌号，删除UNS-L13870(SnSb6Cu5)牌号；铅基增加PbSb16Sn16Cu2牌号；

本标准由全国有色金属标准化技术委员会(SAC/TC 243)归口。

本标准负责起草单位：云南锡业集团有限责任公司。

本标准参加起草单位：广西华锡集团股份有限公司、云南锡业锡材有限公司。

本标准主要起草人：白家强、李志红、汤粉兰、谭勇、刘宝权、罗佩珍、赵玲彦、赵永善。

本标准所代替的历次版本发布情况为：

——GB/T 8740—2005；

——GB/T 8740—1988。

铸造轴承合金锭

1 范围

本标准规定了铸造锡基、铅基轴承合金锭产品的要求、试验方法、检验规则及标志、包装、运输、贮存及质量证明书与合同(或订货单)内容。

本标准适用于锡、铅、锑、铜等金属作主原料,火法精炼生产的铸造锡基、铅基轴承合金锭。

2 规范性引用文件

下列文件对于本文件的应用是必不可少的。凡是注日期的引用文件,仅注日期的版本适用于本文件。凡是不注日期的引用文件,其最新版本(包括所有的修改单)适用于本文件。

GB/T 8170 数值修约规则与极限数值的表示和判定

YS/T 475(所有部分) 铸造轴承合金化学分析方法

3 要求

3.1 产品分类

铸造轴承合金按组成合金的主要成分分为两类共 11 个牌号,见表 1。

3.2 化学成分

3.2.1 铸造轴承合金锭的化学成分应符合表 1 的规定。

3.2.2 需方如对化学成分有特殊要求时,可由供需双方商议。

3.3 表面质量

铸造轴承合金锭表面应洁净,无熔渣、灰渣、毛刺、非金属夹杂物和明显分层。

3.4 锭形、锭重

铸造轴承合金锭按图 1 浇铸。每锭重量:锡基合金锭 2 kg±0.2 kg、铅基合金锭 3 kg±0.2 kg,特殊规格要求由供需双方协商确定。

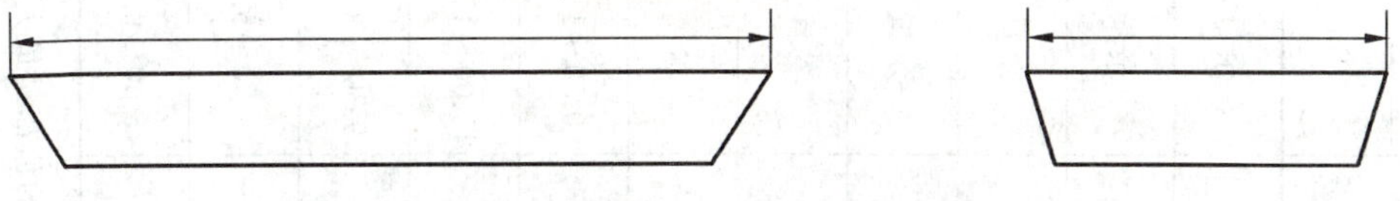

图 1 铸造轴承合金锭锭形图

4 试验方法

4.1 铸造轴承合金锭的化学成分仲裁分析方法按 YS/T 475 的规定进行。

4.2 铸造轴承合金锭如需要检测表 1 规定之外的元素,由供需双方协商确定分析方法。

4.3 铸造轴承合金锭的表面质量用目视检测。

4.4 铸造轴承合金锭单锭重量采用相应精度要求的测量设备进行测量。

表 1 铸造轴承合金锭牌号及化学成分

类别	牌号	化学成分/%									
		Sn	Pb	Sb	Cu	Fe	As	Bi	Zn	Al	Cd
锡基合金	SnSb4Cu4	余量	0.35	4.00～5.00	4.00～5.00	0.060	0.10	0.080	0.005 0	0.005 0	0.050
	SnSb8Cu4	余量	0.35	7.00～8.00	3.00～4.00	0.060	0.10	0.080	0.005 0	0.005 0	0.050
	SnSb8Cu8	余量	0.35	7.50～8.50	7.50～8.50	0.080	0.10	0.080	0.005 0	0.005 0	0.050
	SnSb9Cu7	余量	0.35	7.50～9.50	7.50～8.50	0.080	0.10	0.080	0.005 0	0.005 0	0.050
	SnSb11Cu6	余量	0.35	10.00～12.00	5.50～6.50	0.080	0.10	0.080	0.005 0	0.005 0	0.050
	SnSb12Pb10Cu4	余量	9.00～11.00	11.00～13.00	2.50～5.00	0.080	0.10	0.080	0.005 0	0.005 0	0.050
铅基合金	PbSb16Sn1As1	0.80～1.20	余量	14.50～17.50	0.6	0.10	0.80～1.40	0.10	0.005 0	0.005 0	0.050
	PbSb16Sn16Cu2	15.00～17.00	余量	15.00～17.00	1.50～2.00	0.10	0.25	0.10	0.005 0	0.005 0	0.050
	PbSb15Sn10	9.30～10.70	余量	14.00～16.00	0.50	0.10	0.30～0.60	0.10	0.005 0	0.005 0	0.050
	PbSb15Sn5	4.50～5.50	余量	14.00～16.00	0.50	0.10	0.30～0.60	0.10	0.005 0	0.005 0	0.050
	PbSb10Sn6	5.50～6.50	余量	9.50～10.50	0.50	0.10	0.25	0.10	0.005 0	0.005 0	0.050

注：表内没有标明范围的值都是最大值。

5 检验规则

5.1 检查和验收

5.1.1 铸造轴承合金锭应由供方技术监督部门进行检验，保证产品质量符合本标准或合同(或订货单)的规定，并填写质量证明书。

5.1.2 需方可对收到的产品进行质量检验，如检验结果与本标准或合同(或订货单)的规定不符，应在产品收到之日起 60 日内提出，由供需双方协商解决。如需仲裁，仲裁取样在需方由供需双方共同进行。

5.2 组批

铸造轴承合金锭应成批提交验收，每批应由相同原料和相同生产配料号生产的同一牌号的产品组成，每批重量不得超过 5 000 kg。

5.3 检验项目

每批产品应进行化学成分、外观质量和重量的检验。

5.4 铸造轴承合金锭取、制样方法

5.4.1 生产取样

供方在铸造轴承合金锭生产过程中可从浇铸前和浇铸末的均匀液态金属中取样用于化学成分分析，样量不少于 200 g。

5.4.2 仲裁取样和制备

5.4.2.1 化学成分的仲裁取制样，随机抽取箱数的 2% 箱，但最少不小于 3 箱，每箱中任取两条抽取样品，用锯取法分别锯取试样，锯取时清除合金锭表面的氧化层，锯速不得使锯屑氧化，不得使用润滑剂，锯取方法见图 2。

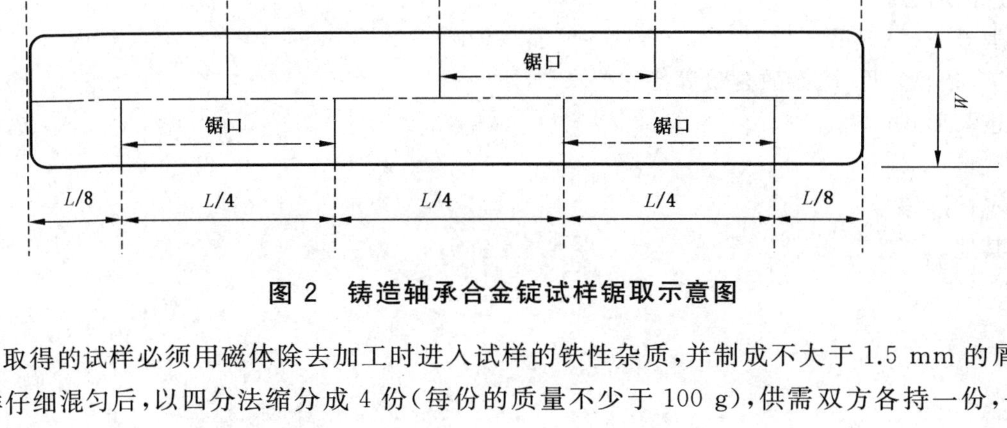

图 2 铸造轴承合金锭试样锯取示意图

5.4.2.2 取得的试样必须用磁体除去加工时进入试样的铁性杂质，并制成不大于 1.5 mm 的屑状，将所取的试样仔细混匀后，以四分法缩分成 4 份(每份的质量不少于 100 g)，供需双方各持一份，一份送仲

裁,其中一份留作备用。

5.5 检验结果判定

5.5.1 检验结果的数值修约和判定按 GB/T 8170 的规定进行。

5.5.2 化学成分仲裁分析结果与本标准或合同(或订货单)的规定不符时,按批判不合格。

5.5.3 表面质量及单锭重量与本标准或合同(或订货单)的规定不符时,按锭判不合格。

6 标志、包装、运输和贮存

6.1 标志

6.1.1 每锭(块)产品上应浇铸或打印上生产厂名称、商标。

6.1.2 合金锭包装成箱,箱上应注明供方名称、厂址、商标、产品名称和牌号、批号及净重。

6.2 包装、运输和贮存

6.2.1 采用木箱包装或纸箱包装后木托盘打托包装,并用钢带加固扎紧,需方对产品包装有特殊要求时,可由供需双方协商。

6.2.2 运输和贮存

运输和贮存时应防止雨淋、受潮、接触化学药品及散包。

6.3 质量证明书

每批产品都应附有质量证明书,其上注明:

a) 供方名称和商标、地址、电话、传真;
b) 产品名称和牌号;
c) 批号;
d) 净重和件数;
e) 分析检验结果和技术监督部门印记;
f) 本标准编号;
g) 出厂日期。

7 合同(或订货单)内容

本标准所列铸造轴承合金锭的合同(或订货单)应包括下列内容:

a) 产品名称;
b) 牌号;
c) 锭(条)形、尺寸、杂质含量等特殊要求;
d) 包装形式;
e) 数量;
f) 本标准编号;
g) 其他。

附 录 A
（资料性附录）
铸造轴承合金牌号对照表

我国GB/T 8740《铸造轴承合金锭》与ASTM B23《白色金属轴承合金(通称“巴比特合金”)标准规范》牌号对比见表A.1。

表 A.1 GB/T 8740 与 ASTM B 23:2000(R2005)牌号对照表

GB/T 8740 牌号	ASTM B 23:2000 牌号
SnSb4Cu4	UNS-L13910
SnSb8Cu4	UNS-L13890
SnSb8Cu8	UNS-L13840
SnSb9Cu7	无
SnSb11Cu6	无
SnSb12Pb10Cu4	无
PbSb16Sn1As1	UNS-L53620
PbSb16Sn16Cu2	无
PbSb15Sn10	UNS-L53585
PbSb15Sn5	UNS-L53565
PbSb10Sn6	UNS-L53346

附　录　B
（资料性附录）
锡基、铅基轴承合金物理性能

铸造锡基、铅基轴承合金主要用于制造涡轮、压缩机、电气机械和齿轮等普通轴承。物理性能的测试是以 ASTM B23:2000 标准附录中的方法作为参考进行验证性的试验，经验证测试，各牌号的合金锭的布氏硬度、抗压强度、屈服强度、抗拉强度等物理性能测试值与 ASTM B23:2000《巴氏轴承合金》标准附录中所列的试验结果基本相符。这些物理性能的结果因成分的变化、浇铸温度和浇铸方法的不同而存在一定的差值，个别情况甚至出现较大的偏差。表 B.1 所列为一组按标准配制、在一定的温度下浇铸的样品的物理性能测试数据。所有数据均根据试验，验证数据进行过修正。

表 B.1 的数据不是标准中的内容，只作为参考资料，供购买者选择使用轴承合金时作参考。

表 B.1　锡基、铅基轴承合金的成分和物理性能

类别	牌　号	浇铸温度/℃	验证测试							
			主要成分/%				布氏硬度	抗压强度/MPa	屈服强度/MPa	抗拉强度/MPa
			Sn	Pb	Sb	Cu				
锡基	SnSb4Cu4	440	90.83		4.62	4.46	19.3	107.8	32.2	64.3
	SnSb8Cu4	420	89.39		7.42	3.12	23.7	101.5	42.0	77.0
	SnSb8Cu8	490	83.36		8.26	7.96	27.6	141.8	52.0	94.0
	SnSb9Cu7	450	83.04		8.74	7.77	24.9	140.3	54.3	88.6
	SnSb11Cu6	420	82.58		10.81	6.05	28.0	145.2	54.5	87.0
	SnSb12Pb10Cu4	480	74.11	10.48	11.55	3.78	29.2	142.0	54.5	94.2
铅基	PbSb16Sn1As1	350	1.22	81.16	15.96		23.7	96.4	30.3	54.3
	PbSb15Sn10	340	10.11	74.12	15.07		26.8	138.9	29.2	66.4
	PbSb15Sn5	340	4.93	79.14	15.24		23.7	118.5	25.6	42.0
	PbSb10Sn6	450	6.10	83.55	10.24		18.8	110.0	25.8	71.9
	PbSb16Sn16Cu2	570	16.06	余量	15.85	2.00	23.8	134.5	42.7	58.0

注 1：布氏硬度的试验方法为 GB/T 231《金属材料　布氏硬度试验》；抗压强度的试验方法为 GB/T 7314《金属材料　室温压缩试验方法》、屈服强度、抗拉强度试验方法为 GB/T 228.1《金属材料　室温拉伸试验方法》。

注 2：布氏硬度、抗压强度、屈服强度、抗拉强度试验的室内温度 10 ℃～25 ℃。

注 3：供布氏硬度试验的试样是用生产铸锭的横截面切制为 15 mm 厚的试块。供抗压试验的试样是用铸造件加工为直径 13 mm、长 38 mm 的试块。供屈服强度和抗拉强度的试样是用铸造件机械加工为直径 10 mm，有效长度 100 mm 的条形试样。

注 4：布氏硬度值是使用一个直径 10 mm 的钢球和 500 kg 的负荷对试样施加 30 s 形成的 3 个压痕的平均值。

注 5：抗压强度值是形成试样长度 25%的变形所需的单位负荷。

注 6：屈服强度值是试样的一个确定测量长度的 0.125%变形时所需的单位负荷。

注 7：抗拉强度值是将试样拉断时所需的单位负荷。

ICS 77.150.99
H 64

中华人民共和国国家标准

GB/T 8766—2013
代替 GB/T 8766—2002

单水氢氧化锂

Lithium hydroxide monohydrate

2013-11-27 发布　　2014-08-01 实施

中华人民共和国国家质量监督检验检疫总局
中国国家标准化管理委员会　发布

前言

本标准按照GB/T 1.1—2009给出的规则起草。

本标准代替GB/T 8766—2002《单水氢氧化锂》。本标准与GB/T 8766—2002相比，主要技术变化如下：

——适用范围增加了以卤水为原料生产的单水氢氧化锂；

——降低了$LiOH \cdot H_2O$-1、$LiOH \cdot H_2O$-2两个牌号产品中Na+K杂质元素含量；

——降低了产品中盐酸不溶物、水不溶物等杂质元素含量；

——每袋净重25 kg±25 g改为每袋净重20 kg～1 000 kg；

——提高了产品中氯离子杂质元素含量。

本标准由全国有色金属标准化技术委员会(SAC/TC 243)归口。

本标准起草单位：新疆昊鑫锂盐开发有限公司、江西赣锋锂业股份有限公司、四川天齐锂业股份有限公司、四川省尼科国润新材料有限公司、海门容汇通用锂业有限公司、白银扎布耶锂业有限公司、陕西国能锂业有限公司。

本标准主要起草人：陈悦娣、闫春立、谢绍忠、金鹏、严显伟、李南平、彭秋华、龚志兴、李年生、莫子璇。

本标准所代替标准的历次版本发布情况为：

——GB/T 8766—1988、GB/T 8766—2002。

单水氢氧化锂

1 范围

本标准规定了单水氢氧化锂的要求、试验方法、检验规则及标志、包装、运输、贮存、质量证明书和合同(或订货单)内容。

本标准适用于以锂矿石或卤水为原料生产的单水氢氧化锂产品。

2 规范性引用文件

下列文件对于本文件的应用是必不可少的。凡是注日期的引用文件,仅注日期的版本适用于本文件。凡是不注日期的引用文件,其最新版本(包括所有的修改单)适用于本文件。

GB 190 危险货物包装标志

GB/T 191 包装储运图示标志

GB/T 6678—2003 化工产品采样总则

GB/T 11064(所有部分) 碳酸锂、单水氢氧化锂、氯化锂化学分析方法

3 要求

3.1 产品分类

单水氢氧化锂产品按化学成分分为4个牌号:$LiOH \cdot H_2O$-T1、$LiOH \cdot H_2O$-T2、$LiOH \cdot H_2O$-1、$LiOH \cdot H_2O$-2。

3.2 化学成分

单水氢氧化锂产品的化学成分应符合表1的规定。

表 1

牌号	化学成分(质量分数)/%									
	LiOH含量,不小于	杂质含量,不大于								
		Na	K	Fe	Ca	CO_3^{2-}	SO_4^{2-}	Cl^-	盐酸不溶物	水不溶物
$LiOH \cdot H_2O$-T1	56.5	0.002	0.001	0.000 8	0.015	0.50	0.010	0.002	0.002	0.003
$LiOH \cdot H_2O$-T2	56.5	0.008	0.002	0.000 8	0.020	0.55	0.015	0.005	0.003	0.005
$LiOH \cdot H_2O$-1	56.5	0.02		0.001 5	0.025	0.70	0.020	0.015	0.005	0.010
$LiOH \cdot H_2O$-2	56.5	0.05		0.002 0	0.025	0.70	0.030	0.030	0.005	0.010

3.3 外观质量

产品为白色结晶颗粒,具有流动性,无肉眼可见夹杂物。

4 试验方法

4.1 产品的化学成分检验按 GB/T 11064 的规定进行，水不溶物量的测定按附录 A 进行。

4.2 产品的外观质量检验采用目测检查。

5 检验规则

5.1 检查和验收

5.1.1 产品由供方质量监督部门进行检验，保证产品符合本标准(或订货合同)的规定，并填写产品质量证明书。

5.1.2 需方应对收到的产品按本标准(或订货合同)的规定进行检验，如检验结果与本标准(或订货合同)的规定不符时，应在收到产品之日起三个月内向供方提出，由供需双方协商解决。如需仲裁，仲裁取样在需方共同进行。

5.2 组批

单水氢氧化锂产品应成批提交验收，每批应由同一混合料组成。每批产品净重不大于 20 t。

5.3 检验项目

每批产品应进行化学成分和外观质量的检验。每批产品的质量一致性检验项目应符合表 2 的规定。

表 2 产品质量一致性检验项目

检验项目	取样位置	要求的章条号	试验方法章条号	检验类别
化学成分	袋的 2/3 处	3.2	4.1 附录 A	逐批检验
外观质量	袋的 2/3 处	3.3	4.2	逐批检验

5.4 取样

5.4.1 取样数量

按 GB/T 6678—2003 中 7.6 的规定进行取样。

5.4.2 取样方法

采用不锈钢管或硬聚氯乙烯取样器，取样管沿袋中心插至袋 2/3 处，所取样品混匀后用四分法缩分至约 200 g。

5.5 检验结果判定

5.5.1 产品的化学成分检验结果不合格时，则从同一批产品中加倍取样，对不合格项目进行重复检验，如仍有一个检验结果不合格时，则判该批为不合格。

5.5.2 产品的外观质量检验不合格时，则从同一批产品中加倍取样，对不合格项目进行重复检验，如仍有一个检验结果不合格时，则判该批为不合格。

6 标志、包装、运输、贮存及质量证明书

6.1 标志

产品包装袋上应标明：

a) 产品名称；

b) 执行标准；

c) 主含量；

d) 批号；

e) 净重、毛重；

f) 供方名称；

g) GB 190 中"腐蚀性物品"标志、GB/T 191 中"怕湿"标志。

6.2 包装

产品采用内衬塑料袋，外套塑料编织袋的包装方式，每袋净重 20 kg～1 000 kg.

6.3 运输

产品搬运时应防止包装袋破损，并注意防潮。

6.4 贮存

产品应贮存在干燥、无酸腐蚀气氛处。贮存期不宜超过半年。

6.5 质量证明书

每批产品应附有质量证明书，其上注明：

a) 供方名称、地址、电话及传真；

b) 产品名称；

c) 产品牌号；

d) 产品批号；

e) 净重和件数；

f) 各项分析检验结果及检验部门印记；

g) 检验日期。

7 合同(或订货单)内容

本标准所列产品的合同(或订货单)内应包括下列内容：

a) 产品名称；

b) 等级或牌号；

c) 净重和件数；

d) 包装要求；

e) 交货日期；

f) 本标准编号；

g) 合同(或订货单)编号；

h) 其他。

附　录　A
（规范性附录）
单水氢氧化锂水不溶物化学分析方法

A.1　范围

本方法规定了单水氢氧化锂水不溶物量的测定方法。

本方法适用于单水氢氧化锂中水不溶物量的测定，测定范围为0.002%～0.1%。

A.2　方法提要

试料用沸水溶解、冷却、过滤，将不溶物烘干后称重。

A.3　试剂

二次去离子水。

A.4　试样

单水氢氧化锂试样应装于塑料器皿中，真空密封贮存。

A.5　仪器、设备

天平、烘箱、4号玻璃砂板漏斗。

A.6　分析步骤

A.6.1　试料

称取20 g试样，精确至0.000 1 g。

A.6.2　测定次数

独立地进行两次测定，取其平均值。

A.6.3　测定

A.6.3.1　将试料(A.6.1)置于600 mL的塑料烧杯中，加入400 mL沸水，用塑料棒搅拌5 min，至试样完全溶解，冷却至室温。

A.6.3.2　用已恒量的4号砂板漏斗过滤溶液(A.6.3.1)，以热水洗涤烧杯3～4次，洗液置于漏斗中过滤，以热水洗涤滤渣7～8次，弃滤液，将玻璃砂板漏斗连同滤渣置于105 ℃～110 ℃的烘箱中烘至恒量。

A.7 分析结果的计算

水不溶物的质量分数按式(A.1)计算：

$$水不溶物=\frac{m_1-m_2}{m_0}\times 100\% \qquad \cdots\cdots(A.1)$$

式中：

m_1——玻璃砂板漏斗和不溶物的质量，单位为克(g)；

m_2——玻璃砂板漏斗的质量，单位为克(g)；

m_0——试料的质量，单位为克(g)。

所得结果应表示到小数点后三位，小于或等于0.01%时表示到小数点后四位。

A.8 允许差

实验室之间分析结果的差值应不大于表A.1所列允许差。

表 A.1 %

水不溶物的含量	允许差
0.002 0～0.010 0	0.001 5
>0.010～0.050	0.002
>0.050～0.100	0.010

ICS 77.150.30
H 62

中华人民共和国国家标准

GB/T 8891—2013
代替 GB/T 8891—2000

铜及铜合金散热管

Tube of copper and copper alloy for heat radiator

2013-12-17 发布　　2014-09-01 实施

中华人民共和国国家质量监督检验检疫总局
中国国家标准化管理委员会　发布

前　言

本标准按照 GB/T 1.1—2009 给出的规则起草。

本标准代替 GB/T 8891—2000《铜及铜合金散热扁管》。本标准与 GB/T 8891—2000 相比，主要变动如下：

——标准名称由《铜及铜合金散热扁管》改为《铜及铜合金散热管》；

——增加了圆、矩形散热管及相应规定；

——增加了 TU0、H90、H80、H68、HAs68-0.04、H65、H63 牌号。其中 TU0 为拉拔硬(H80)和轻拉(H55)态；H90、H80 为轻拉(H55)态；H68、HAs68-0.04、H65、H63 为轻软退火(O50)态；

——扁管的宽度由 16 mm～25 mm 修订为 15 mm～25 mm，厚度由 0.2 mm～0.7 mm 修订为 0.20 mm～0.80 mm，长度由 250 mm～1 500 mm 修订为 250 mm～4 000 mm；

——提高了管材外形尺寸的精度；

——断后伸长率由 $A_{11.3}$ 修订为 A；

——增加了轻拉(H55)状态管材的断后伸长率；

——删除附录 A。

本标准参照采用欧盟 EN 12449:2012《铜及铜合金　一般用途无缝圆管》标准，并结合我国实情进行的修订。

本标准由全国有色金属标准化技术委员会(SAC/TC 243)归口。

本标准负责起草单位：浙江省冶金研究院有限公司、江苏仓环铜业股份有限公司、浙江省冶金产品质量检验站有限公司。

本标准主要起草人：董朝晖、孔水龙、陈永刚、厉峰、赵亮、谷玉东、刘晓刚、潘君益、华杰。

本标准所代替标准的历次版本发布情况为：

——GB/T 8891—2000；

——GB/T 8891—1988。

铜及铜合金散热管

1 范围

本标准规定了铜及铜合金散热管(以下简称管材)的要求、试验方法、检验规则及标志、包装、运输、贮存、质量证明书和合同(或订货单)等内容。

本标准适用于坦克、汽车、机车、拖拉机等动力机械散热器用的铜及铜合金散热管。

2 规范性引用文件

下列文件对于本文件的应用是必不可少的。凡是注日期的引用文件,仅注日期的版本适用于本文件。凡是不注日期的引用文件,其最新版本(包括所有的修改单)适用于本文件。

GB/T 228.1—2010 金属材料 拉伸试验 第1部分:室温试验方法(ISO 6892-1:2009,MOD)

GB/T 2828.1 计数抽样检验程序 第1部分:按接收质量限(AQL)检索的逐批检验抽样计划

GB/T 5121(所有部分) 铜及铜合金化学分析方法

GB/T 5231 加工铜及铜合金化学成分和产品形状

GB/T 5248 铜及铜合金无缝管涡流探伤方法

GB/T 8888 重有色金属加工产品的包装、标志、运输和贮存

GB/T 10567.2 铜及铜合金加工材残余应力检验方法 氨熏试验法

GB/T 26303.1 铜及铜合金加工材外形尺寸检测方法 第1部分:管材

YS/T 482 铜及铜合金分析方法 光电发射光谱法

3 要求

3.1 产品分类

3.1.1 牌号、状态、规格

管材的牌号、状态、规格应符合表1的规定。

3.1.2 标记示例

产品标记按产品名称、标准编号、牌号、状态和规格的顺序表示。标记示例如下:

示例1:用TU0制造的,外径为15 mm,壁厚为0.50 mm,长度为517 mm的轻拉态(H55)普通级圆管标记为:

圆管 GB/T 8891-TU0 H55-ϕ15×0.50×517

示例2:用H95制造的,宽度为22 mm,高度为4.0 mm,壁厚为0.25 mm,长度为1 020 mm的拉拔硬态(H80)高精级扁管标记为:

扁管 GB/T 8891-H95 H80 高精-22×4.0×0.25×1 020

示例3:用H68制造的,长边为20 mm,短边为10 mm,壁厚为0.30 mm,长度为1 500 mm的轻软退火(O50)普通级矩形管标记为:

矩形管 GB/T 8891-H68 O50-20×10×0.30×1 500

表 1　管材的牌号、状态、规格

牌号	代号	状态	规格/mm			
			圆管 直径 D×壁厚 S	扁管 宽度 A×高度 B ×壁厚 S	矩形管 长边 A×短边 B ×壁厚 S	长度
TU0	T10130	拉拔硬 (H80)、 轻拉(H55)	(4～25) ×(0.20～2.00)	—	—	250～4 000
T2 H95	T11050 T21000	拉拔硬 (H80)	(10～50) ×(0.20～0.80)	(15～25) ×(1.9～6.0) ×(0.20～0.80)	(15～25) ×(5～12) ×(0.20～0.80)	
H90 H85 H80	T22000 T23000 T24000	轻拉(H55)				
H68 HAs68-0.04 H65 H63	T26300 T26330 T27000 T27300	轻软退火 (O50)				
HSn70-1	T45000	软化退火 (O60)				
注：经供需双方协商可供应其他牌号或规格的管材。						

3.2　化学成分

管材的化学成分应符合 GB/T 5231 中相应牌号的规定。

3.3　外形尺寸及允许偏差

3.3.1　管材的横截面示意图见图 1，其外形尺寸及允许偏差应符合表 2、表 3 和表 4 的规定。

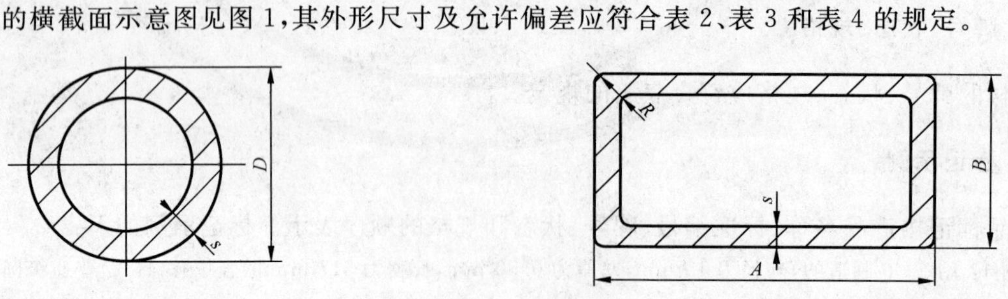

a)　圆管　　　　b)　矩形管

图 1　管材横截面示意图

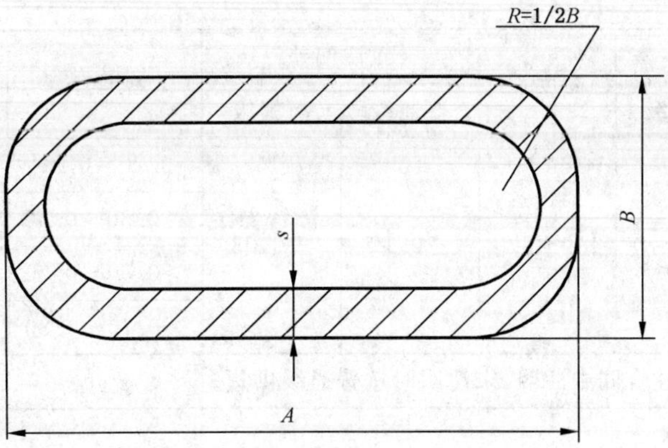

c) 扁管

图 1（续）

表 2 圆管的尺寸允许偏差

单位为毫米

外径 D	允许偏差		壁 厚	允许偏差	
	普通级	高精级		普通级	高精级
4～15	±0.06	±0.05	0.20～0.30	±0.03	±0.02
			>0.30～0.50	±0.04	±0.02
			>0.50～0.70	±0.05	±0.03
			>0.70～0.90	±0.06	±0.04
			>0.90～1.50	±0.07	±0.05
			>1.50～2.00	±0.08	±0.06
>15～25	±0.08	±0.06	0.20～0.30	±0.05	±0.03
			>0.30～0.50	±0.06	±0.04
			>0.50～0.70	±0.08	±0.06
			>0.70～0.90	±0.09	±0.07
			>0.90～1.50	±0.10	±0.08
			>1.50～2.00	±0.12	±0.10
>25～50	±0.12	±0.08	0.20～0.30	±0.06	±0.04
			>0.30～0.50	±0.08	±0.06
			>0.50～0.70	±0.09	±0.07
			>0.70～0.80	±0.10	±0.08

注 1：按高精级订货时应在合同中注明，未注明时按普通级供货。

注 2：外径允许偏差包括圆度允许偏差。

表 3　扁管的尺寸允许偏差

单位为毫米

宽度 A	允许偏差		高度 B	允许偏差		壁厚 S	允许偏差	
	普通级	高精级		普通级	高精级		普通级	高精级
15～25	±0.12	±0.08	1.9～6.0	±0.12	±0.08	0.20～0.30	±0.03	±0.02
						>0.30～0.50	±0.04	±0.02
						>0.50～0.70	±0.05	±0.03
						>0.70～0.80	±0.06	±0.04
注：按高精级订货时应在合同中注明，未注明时按普通级供货。								

表 4　矩形管的尺寸允许偏差

单位为毫米

长边 A	允许偏差		短边 B	允许偏差		壁厚 S	允许偏差	
	普通级	高精级		普通级	高精级		普通级	高精级
15～25	±0.12	±0.08	5～12	±0.12	±0.08	0.20～0.30	±0.03	±0.02
						>0.30～0.50	±0.04	±0.02
						>0.50～0.70	±0.05	±0.03
						>0.70～0.80	±0.06	±0.04
注：按高精级订货时应在合同中注明，未注明时按普通级供货。								

3.3.2　管材的长度及允许偏差应符合表 5 的规定。

表 5　管材的长度及允许偏差

单位为毫米

长　度	允许偏差，不大于
≤1 000	+2
>1 000～2 000	+3
>2 000～4 000	+5

3.3.3　管材的直度应符合表 6、表 7 的规定。

表 6　圆管的直度

单位为毫米

长　度	直度，不大于
≤400	全长 1.5
>400～600	全长 3.0
>600～1 000	全长 4.0
>1 000～4 000	每米 5.0

表 7 扁(矩形)管的直度

单位为毫米

长 度	直度,不大于	
	正向(A)	侧向(B)
≤400	全长 1.5	全长 0.6
>400～600	全长 3.0	全长 1.4
>600～1 000	全长 4.0	全长 1.8
>1 000～4 000	每米 5.0	每米 2.4

3.3.4 扁(矩形)管的扭拧度应符合表 8 的规定。

表 8 扁(矩形)管的扭拧度

单位为毫米

长 度	扭拧度,不大于
≤400	全长 0.4
>400～600	全长 0.6
>600～1 000	全长 1.2
>1 000～4 000	每米 1.8

3.3.5 管材的端部应锯切平整,无毛刺。端面切斜度应符合表 9、表 10 的规定。

表 9 圆管的切斜度

单位为毫米

外 径	切斜度,不大于
≤16	0.4
>16	外径的 2.5%

表 10 扁(矩形)管的切斜度

单位为毫米

扁管宽度(矩形管长边)	切斜度,不大于
≤6.0	0.4
>6.0	扁管宽度(矩形管长边)的 2.5%

3.4 力学性能

管材的纵向室温力学性能应符合表 11 的规定。

表 11 管材的力学性能

牌号	状态	抗拉强度 R_m,不小于 MPa	断后伸长率 A,不小于 %
T2	拉拔硬(H80)	295	—
TU0	轻拉(H55)	250	20
	拉拔硬(H80)	295	—
H95	拉拔硬(H80)	320	—
H90	轻拉(H55)	300	18
H85	轻拉(H55)	310	18
H80	轻拉(H55)	320	25
H68、HAs68-0.01、H65、H63	轻软退火(O50)	350	25
HSn70-1	软化退火(O60)	295	40

3.5 气压试验

管材进行气压试验时,不应有渗漏现象。

3.6 涡流探伤

需方有要求并在合同中注明时,供方应进行涡流探伤试验,其人工标准缺陷(钻孔直径)应符合 GB/T 5248 的规定。

3.7 残余应力

需方有要求并在合同中注明时,拉拔硬(H80)和轻拉(H55)态黄铜管材应进行消除残余应力退火,残余应力试验后管材不应出现裂纹。

3.8 表面质量

3.8.1 管材内外表面应光滑、清洁,不应有裂缝、针孔、起皮、气泡、夹杂和绿锈。

3.8.2 管材表面允许有轻微的、局部的、不使管材外形和壁厚超出允许偏差的划伤、凹坑、斑点等缺陷。

4 试验方法

4.1 管材的化学成分分析方法

管材的化学成分分析按 GB/T 5121、YS/T 482 的规定进行,仲裁时,按 GB/T 5121 的规定进行。

4.2 管材的外形尺寸检验方法

管材的外形尺寸检验按 GB/T 26303.1 的规定进行。

4.3 管材的力学性能试验方法

管材的纵向室温拉伸试验方法按 GB/T 228.1—2010 的规定进行，拉伸试验试样按表 12 选取。

表 12 管材拉伸试样

外径或扁管宽度(矩形管长边)/mm	壁厚/mm	GB/T 228.1—2010 中的附录	GB/T 228.1—2010 中的表	GB/T 228.1—2010 中的试样号
≤30	≤8	E	E.2	S7
>30～50	≤2	E	E.1 或 E.2	S1 或 S7

4.4 管材的气压试验

管材气压试验时，应与具有压力的气源保持连接，试验的空气压力为 0.4 MPa，管材完全浸入水中，压力保持 60 s，管材应无气泡出现。

4.5 管材的涡流探伤试验

管材涡流探伤试验方法按 GB/T 5248 的规定进行。

4.6 管材的残余应力试验

管材的残余应力试验方法按 GB/T 10567.2 的规定执行。

4.7 管材的表面质量

管材的表面质量用目视方法检验。

5 检验规则

5.1 检查和验收

5.1.1 管材应由供方技术监督部门进行检验，保证产品质量符合本标准及合同(或订货单)的规定，并填写质量证明书。

5.1.2 需方对收到的产品应按本标准及合同(或订货单)的规定进行检验，如检验结果与本标准及合同(或订货单)的规定不符时，应以书面形式向供方提出，由供需双方协商解决。属于表面质量及尺寸偏差的异议，应在收到产品之日起一个月内提出；属于其他性能的异议，应在收到产品之日起三个月内提出。如需仲裁，仲裁取样应由供需双方共同进行。

5.2 组批

管材应成批提交验收，每批应由同一牌号、状态和规格组成。每批质量应不大于 2 000 kg。

5.3 检验项目

5.3.1 每批管材应进行化学成分、外形尺寸、力学性能、气压试验和表面质量的检验。

5.3.2 当需方有要求时，管材应进行涡流探伤和残余应力的检验。

5.4 取样

管材取样应符合表13的规定。

表13 取样规定

检验项目	取样规定	要求的章条号	试验方法的章条号
化学成分	1个试样/熔次(供方),1个试样/批(需方)	3.2	4.1
外形尺寸[a]	按照GB/T 2828.1中一般检验水平Ⅱ取样或供需双方协商	3.3	4.2
力学性能	任取2根/批,1个试样/根	3.4	4.3
气压试验	逐根	3.5	4.4
涡流探伤	逐根	3.6	4.5
残余应力	任取2根/批,每根取1个长150 mm的试样	3.7	4.6
表面质量[a]	按照GB/T 2828.1中一般检验水平Ⅱ取样或供需双方协商	3.8	4.7

[a] 接收质量限AQL=2.5。

5.5 检验结果的判定

5.5.1 化学成分不合格时,判该批管材不合格。

5.5.2 管材的外形尺寸和表面质量不合格时,按根判不合格。每批中不合格件数超出接收质量限时判该批不合格,或由供方逐根检验,合格者交货。

5.5.3 气压试验和涡流探伤试验不合格时,判单根管材不合格。

5.5.4 力学性能和残余应力的试验结果中有试样不合格时,应从该批管材(包括原检验不合格的那根管材或该不合格试样代表的那根管材)另取双倍数量的试样进行重复试验,重复试验结果全部合格,则判整批管材合格。若重复试验结果仍有试样不合格,则判该批管材不合格,或由供方逐根检验,合格者交货。

6 标志、包装、运输、贮存和质量证明书

管材的标志、包装、运输、贮存和质量证明书应符合GB/T 8888的规定。

7 合同(或订货单)内容

订购本标准所列材料的合同(或订货单)内应包括下列内容:

a) 产品名称;

b) 牌号;

c) 状态;

d) 规格;

e) 尺寸精度等级;

f) 涡流探伤(有要求时);

g) 残余应力试验(有要求时)；

h) 质量或根数；

i) 本标准编号；

j) 其他。

ICS 29.220
K 82

中华人民共和国国家标准

GB/T 8897.1—2013
代替 GB/T 8897.1—2008

原电池　第1部分：总则

Primary batteries—Part 1：General

(IEC 60086-1：2011，MOD)

2013-11-12 发布　　2014-05-01 实施

中华人民共和国国家质量监督检验检疫总局
中国国家标准化管理委员会　发布

前　言

GB/T(GB)8897《原电池》分为以下5个部分：

——GB/T 8897.1《原电池　第1部分：总则》；

——GB/T 8897.2《原电池　第2部分：外形尺寸和电性能要求》；

——GB/T 8897.3《原电池　第3部分：手表电池》；

——GB 8897.4《原电池　第4部分：锂电池的安全要求》；

——GB 8897.5《原电池　第5部分：水溶液电解质电池的安全要求》。

本部分为GB/T 8897的第1部分。

本部分按照GB/T 1.1—2009给出的规则起草。

本部分代替GB/T 8897.1—2008《原电池　第1部分：总则》。

本部分与GB/T 8897.1—2008相比，主要变化如下：

——修改、增加了若干术语及其定义；

——修改了部分电化学体系的最大开路电压值：锌-二氧化锰、碱性锌-二氧化锰和碱性锌-空气电化学体系的最大开路电压分别由1.725 V、1.65 V和1.68 V修改为1.73 V、1.68 V和1.59 V；

——锂-二氧化硫电化学体系（"W"体系）的标称电压和最大开路电压分别由2.8 V和3.0 V修改为2.9 V和3.05 V；

——锂-二硫化铁电化学体系（"F"体系）的最大开路电压由1.83 V修改为1.9 V；

——修改了电池放电和贮存的环境要求：相对湿度由(60±15)%修改为(55±20)%；"P"体系由(60±10)%修改为(55±10)%；

——表3中增加了对锂－硫酰氯电化学体系（"Y"体系）的标准化；

——附录A电池标准化指南中增加了对电化学体系标准化新工作提案的要求。

本部分修改采用IEC 60086-1：2011《原电池 第1部分：总则》。

本部分与IEC 60086-1：2011的主要技术性差异如下：

——锂-二氧化硫电化学体系（"W"体系）的标称电压由3.0 V修改为2.9 V；

——锂-二硫化铁电化学体系（"F"体系）的最大开路电压由1.83 V修改为1.9 V；

——在4.1.6标志中增加了含汞量、执行标准编号等内容，以符合我国相关法规的要求。

本部分由中国轻工业联合会提出。

本部分由全国原电池标准化技术委员会(SAC/TC 176)归口。

本部分起草单位：福建南平南孚电池有限公司、轻工业化学电源研究所（国家化学电源产品质量监督检验中心）、广州市虎头电池集团有限公司、中银（宁波）电池有限公司、广东正龙股份有限公司、浙江野马电池有限公司、常州达立电池有限公司、嘉善宇河电池有限公司、广州宝洁有限公司、力佳电源科技（深圳）有限公司。

本部分主要起草人：林佩云、张清顺、刘煦、忻乾康、李晓伟、黄伟杰、陈水标、童武勃、律永成、陈木永、王建。

本部分所代替标准的历次版本发布情况如下：

——GB/T 8897—1988、GB/T 8897—1996、GB/T 8897.1—2003、GB/T 8897.1—2008。

原电池　第1部分:总则

1　范围

GB/T 8897的本部分规定了原电池的电化学体系、尺寸、命名法、极端结构、标志、检验方法、性能、安全和环境等方面的要求,还规定了作为原电池分类工具的电化学体系的体系字母、电极、电解质、标称电压和最大开路电压。

本部分适用于确保不同制造商生产的电池具有标准化的形状、配合和功能,能互换。

注:符合附录A的电池方可进入或保留在GB/T 8897《原电池》系列标准中。

2　规范性引用文件

下列文件对于本文件的应用是必不可少的。凡是注日期的引用文件,仅注日期的版本适用于本文件。凡是不注日期的引用文件,其最新版本(包括所有的修改单)适用于本文件。

GB/T 8897.2—2013　原电池　第2部分:外形尺寸和电性能要求(IEC 60086-2:2011,MOD)

GB/T 8897.3—2013　原电池　第3部分:手表电池(IEC 60086-3:2011,MOD)

GB 8897.4—2008　原电池　第4部分:锂电池的安全要求(IEC 60086-4:2007,IDT)

GB 8897.5—2013　原电池　第5部分:水溶液电解质电池的安全要求(IEC 60086-5:2011,IDT)

ISO 3951(所有部分)　计量抽样检验程序(Sampling procedures)

IEC 60410　计数抽样检验的设计和程序(Sampling plans and procedures for inspection by attributes)

ISO/IEC　指南　第1部分:技术工作程序(Directives—Part 1: Procedures for the technical work)

3　术语和定义

下列术语和定义适用于本文件。

3.1

应用检验　application test

模拟电池某种实际应用的检验。

3.2

电池　battery

装配有使用所必需的装置(如外壳、极端、标志及保护装置)的一个或多个单体电池。

3.3

扣式电池　button battery

外形符合GB/T 8897.2—2013中的图3和图4,总高度小于直径的小圆形电池。

3.4

[单体]电池　cell

直接把化学能转变成电能的一种电源,是由电极、电解质、容器、极端、通常还有隔离层组成的基本功能单元。

3.5

闭路电压 closed-circuit voltage;CCV

电池在放电时正负两极端间的电压。

3.6

圆柱形电池 cylindrical cell or battery

总高度等于或大于直径的圆柱体形状的电池或单体电池。

3.7

(原电池的)放电 discharge(of a primary battery)

电池向外电路输出电流的过程。

3.8

干(原)电池 dry(primary)battery

其电解液不能流动的原电池。

3.9

直流等效内阻 effective internal resistance - DC method

任何电化学电池的直流内阻由下式定义:

$$R_i(\Omega)=\frac{\Delta U(\mathrm{V})}{\Delta i(\mathrm{A})}$$

3.10

终止电压 end-point voltage;EV

规定的电池放电终止时的闭路电压。

3.11

泄漏 leakage

电解质、气体或其他物质从电池内意外逸出。

3.12

最小平均放电时间 minimum average duration;MAD

样品电池应符合的最小的平均放电时间。

注:按规定的方法或标准进行放电检验,以证明电池符合其适用的标准。

3.13

(原电池的)标称电压 nominal voltage(of a primary battery)

V_n

用以标识某种电池或电化学体系的适当的电压的近似值。

3.14

开路电压 open-circuit voltage;OCV

电池停止放电时正负两极端间的电压。

3.15

原电池 primary (cell or battery)

按不可以充电设计的电池。

3.16

圆形电池 round (cell or battery)

横截面为圆形的电池或单体电池。

3.17

(原电池的)放电量 service output(of a primary battery)

电池在规定的放电条件下的放电时间、容量或能量输出。

3.18

放电量检验　service output test

用以测定电池放电量的检验。

注：在下列情况下可规定做放电量检验，例如：

a）应用检验过于复杂，难以重复进行；

b）应用检验的放电时间不适用于例行检验。

3.19

小电池　small battery

能完全放进图1所示的截去顶端的圆柱体内的电池或单体电池。

单位为毫米

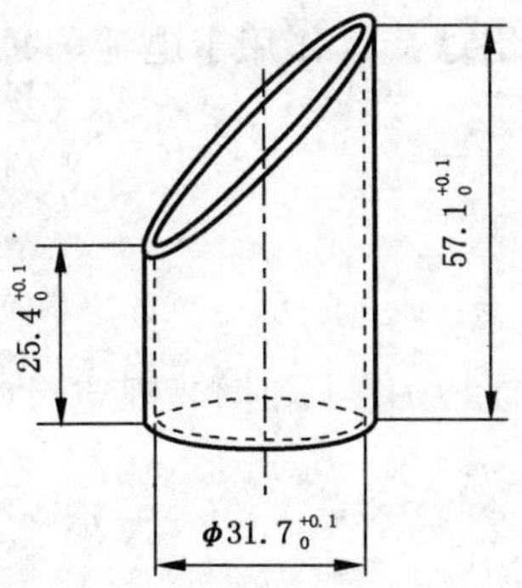

图1　小电池量规(内壁尺寸)

3.20

贮存寿命　storage life

规定条件下电池的贮存时间。在该贮存期结束时，电池仍具有规定的放电量。

3.21

(原电池的)极端　terminals (of a primary battery)

电池的导电部件，用以实现电池与外部导体的电连接。

4　要求

4.1　通则

4.1.1　设计

原电池主要在民用市场上销售，近几年来，原电池在电化学性能和结构上更加完善，例如，提高了容量和放电能力，不断满足以电池作电源的新型用电器具技术发展的需求。

在设计原电池时，应该考虑上述需求，特别要注意电池尺寸的一致性和稳定性、电池的外形和电性能，同时确保电池在正常使用和可预见的误用条件下的安全性。

有关电器具设计的信息见附录B。

4.1.2　电池尺寸

各型号电池的尺寸在GB/T 8897.2和GB/T 8897.3中给出。

4.1.3 极端

4.1.3.1 通则

极端应符合 GB/T 8897.2—2013 中第 6 章的规定。

极端的外形应设计成能确保电池在任何时候都能形成并保持良好的电接触。

极端应由具有适当导电性和抗腐蚀性的材料制成。

4.1.3.2 抗接触压力

在 GB/T 8897.2 电池技术要求中提到的抗接触压力是指：

将 10 N 的力通过直径为 1 mm 的钢球持续作用于电池的每个接触面的中央 10 s，不应出现可能导致妨碍电池正常工作的明显变形。

注：例外情况见 GB/T 8897.3。

4.1.3.3 帽与底座型极端

此类极端用于按 GB/T 8897.2—2013 中图 1 和图 2 规定尺寸的电池，电池的圆柱面与正、负极端相绝缘。

4.1.3.4 帽与外壳型极端

此类极端用于按 GB/T 8897.2—2013 中图 3 和图 4 规定尺寸的电池，电池的圆柱面构成电池正极端的一部分。

4.1.3.5 螺栓型极端

此类接触件由金属螺杆和金属螺母组合而成，或由金属螺杆和绝缘的金属螺母组合而成。

4.1.3.6 平面接触型极端

此类接触件为基本扁平的金属面，用适合的接触机构压在其上形成电接触。

4.1.3.7 平面弹簧或螺旋弹簧型极端

由金属片或绕制成螺旋状的金属线构成，其形状能形成压力接触。

4.1.3.8 插座型极端

由金属接触件组件安装在绝缘的壳体或固定件中构成，与之配套的插头可插入其中。

4.1.3.9 子母扣型极端

4.1.3.9.1 通则

由作为正极端的无弹性的子扣和作为负极端的有弹性的母扣组成。

该极端应由合适的金属制成，使其与外电路相应部件连接时能形成良好的电接触。

4.1.3.9.2 子母扣间距

子扣和母扣间的中心距见表 1。子扣总是作为电池的正极，母扣总是作为负极。

表 1　子母扣间距

标称电压 V	标准型 mm	小型 mm
9	35±0.4	12.7±0.25

4.1.3.9.3　无弹性的子扣

子扣(见图 2)的尺寸要求见表 2,未规定的尺寸不受限制。应选择适当的形状使子扣尺寸符合规定的要求。

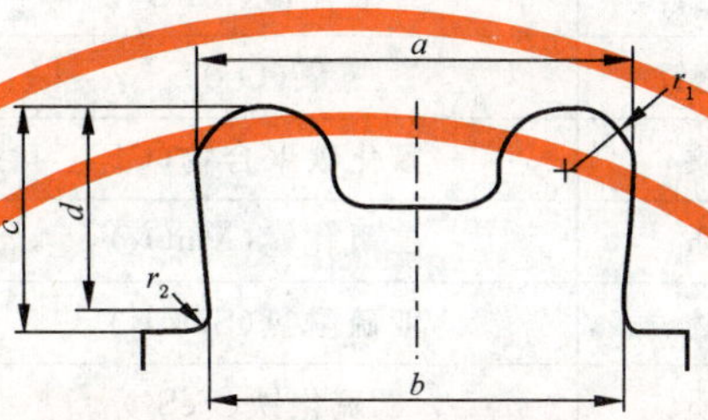

图 2　子扣

表 2　子扣连接件

尺寸	标准型 mm	小型 mm
a	7.16±0.05	5.72±0.05
b	$6.65^{+0.07}_{-0.05}$	5.38±0.05
c	3.20±0.1	3.00±0.1
d	2.67±0.05	2.54±0.05
r_1	$0.61^{+0.05}_{-0.08}$	$0.9^{+0.1}_{-0.3}$
r_2	$0.4^{+0.3}_{0}$	$0.3^{+0.2}_{0}$

4.1.3.9.4　有弹性的母扣

对子母扣的弹性部分(母扣)的尺寸不作规定,母扣应具有的性质是:

a)　适当的弹性,以确保与标准化子扣的配合良好;

b)　能保持良好的电接触。

4.1.3.10　导线

导线应当是带绝缘层的单股或多股可弯曲的镀锡铜导线。导线的绝缘层可以是棉质编织层或合适的塑料,正极端导线的外套应为红色,负极端为黑色。

4.1.3.11　其他类型的弹簧式接触件或弹簧夹

当不能准确知道外电路上的相应连接件是何种状态时,电池通常采用此类接触件。此类接触件应由黄铜弹簧片或具有相似性质的其他材料制成。

4.1.4 分类(电化学体系)

原电池按其电化学体系分类。

除了“锌-氯化铵、氯化锌-二氧化锰”体系外，每一个体系用一个字母来表示。

迄今为止已标准化了的电化学体系见表3。

表3 已标准化的电化学体系

字母	负极	电解质	正极	标称电压 V	最大开路电压 V
无字母	锌(Zn)	氯化铵，氯化锌	二氧化锰(MnO_2)	1.5	1.73
A	锌(Zn)	氯化铵，氯化锌	氧(O_2)	1.4	1.55
B	锂(Li)	有机电解质	一氟化碳聚合物$(CF)_x$	3.0	3.7
C	锂(Li)	有机电解质	二氧化锰(MnO_2)	3.0	3.7
E	锂(Li)	非水无机物	亚硫酰氯($SOCl_2$)	3.6	3.9
F	锂(Li)	有机电解质	二硫化铁(FeS_2)	1.5	1.9
G	锂(Li)	有机电解质	氧化铜(Ⅱ)(CuO)	1.5	2.3
L	锌(Zn)	碱金属氢氧化物	二氧化锰(MnO_2)	1.5	1.68
P	锌(Zn)	碱金属氢氧化物	氧(O_2)	1.4	1.59
S	锌(Zn)	碱金属氢氧化物	氧化银(Ag_2O)	1.55	1.63
W	锂(Li)	有机电解质	二氧化硫(SO_2)	2.9	3.05
Y	锂(Li)	非水无机物	硫酰氯(SO_2Cl_2)	3.9	4.1
Z	锌(Zn)	碱金属氢氧化物	羟基氧化镍(NiOOH)	1.5	1.78

注1：标称电压值是不可检测的，仅供参考。

注2：最大开路电压(3.14)按5.5和6.8.1的规定测量。

注3：当表示一个电化学体系时，一般先列出负极，再列出正极，比如锂-二硫化铁。

4.1.5 型号

原电池的型号是根据原电池的外形尺寸参数、电化学体系以及必要时再加上修饰符来确定的。

型号体系(命名法)详见附录C。

4.1.6 标志

4.1.6.1 通则

除小电池(见4.1.6.2)外，每个电池上均应标明以下内容：

a) 型号；

b) 生产时间(年和月)和保质期，或建议的使用期的截止期限；

c) 正极极端的极性(＋)；

d) 标称电压；

e) 制造厂或供应商的名称和地址；

f) 商标；

g) 执行标准编号；

h) 安全使用注意事项(警示说明)。

i) 含汞量("低汞"或"无汞")(适用时);

标志的位置见表4。

注：应标我国的电池型号(即IEC型号)。如需加标其他国家或地区的俗称,可参见GB/T 8897.2—2013中附录D。

4.1.6.2 小电池的标志

a) 小电池主要是GB/T 8897.2—2013中的第三类和第四类电池。小电池的表面太小,无法标上4.1.6.1的所有内容,对于这类电池,4.1.6.1 a) 型号和4.1.6.1 c) 极性应标在电池上;4.1.6.1中的其他标志可标在电池的直接包装(销售包装)上而不标在电池上。

b) 对于P-体系电池,4.1.6.1 a) 型号可标在电池、密封条或包装上;4.1.6.1 c) 极性可标在电池的密封条上和/或电池上,4.1.6.1中的其他标志可标在电池的直接包装(销售包装)上而不标在电池上。

c) 应有防止误吞小电池的注意事项。见GB 8897.4—2008的7.2 m)和9.2以及GB 8897.5—2013中7.11)和9.2。

表4 标志要求

标志	电池 (除小电池外)	小电池	
			P体系电池
a) 型号	A	A	C
b) 生产时间(年和月)和保质期,或建议的使用期的截止期限	A	B	B
c) 正极端的极性(+)	A	A	D
d) 标称电压	A	B	B
e) 制造厂或供应商的名称和地址	A	B	B
f) 商标	A	B	B
g) 执行标准编号	A	B	B
h) 安全使用注意事项(警示说明)	A	B[a]	B[a]
i) 含汞量("低汞"或"无汞")(适用时)	A	B	B
A：应标在电池上。 B：可标在电池的直接包装(销售包装)上而不标在电池上。 C：可标在电池、密封条或直接包装(销售包装)上。 D：可标在电池的密封条上和/或电池上。			
[a] 应有防止误吞小电池的注意事项。见GB 8897.4—2008中7.2 m)和9.2以及GB 8897.5—2013的7.11)和9.2。			

4.1.6.3 关于废电池处理方法的标志

废电池处理方法的标志应符合我国法规的要求。

4.1.7 电池电压的可互换性

目前在《原电池》系列标准中已经标准化了的原电池可按其标准放电电压U_s[1)]分类。对于一个新的

1) 标准放电电压U_s是根据可检验性的原理而引用的。标称电压和最大开路电压不符合这个要求。

电池体系，按下式确定其电压的可互换性：

$$n\times 0.85\ U_r\leqslant m\times U_s\leqslant n\times 1.15\ U_r$$

式中：

n——以参考电压 U_r 为依据的串联单体电池数；

m——以标准放电电压 U_s 为依据的串联单体电池数；

目前，已经确定了符合上述公式的两个电压范围，是通过参考电压 U_r，即相应的电压范围的中点电压来确定的。

电压范围 1，$U_r=1.4$ V：即标准放电电压 $m\times U_s$ 等于或者介于 $n\times 1.19$(V)到 $n\times 1.61$(V)之间的电池。

电压范围 2，$U_r=3.2$ V：即标准放电电压 $m\times U_s$ 等于或者介于 $n\times 2.72$ (V)到 $n\times 3.68$(V)之间的电池。

标准放电电压的定义、相应的值及其确定方法参见附录 F。

注：对于由一个单体电池组成的电池，以及由多个相同电压范围的单体电池组成的电池，其 m 和 n 是相等的；而对于由多个不同电压范围的单体电池组成的电池组，其 m 和 n 值则不同于那些已标准化了的电池组。

电压范围 1 包含迄今已标准化的、标称电压为 1.5 V 左右的电池，即"无字母"体系、"A"、"F"、"G"、"L"、"P"、"S"和"Z"体系的电池。

电压范围 2 包含迄今已标准化的标称电压为 3 V 左右的电池，即"B"、"C"和"E" 体系的电池。

因为电压范围 1 和电压范围 2 的电池具有明显不同的放电电压，所以它们的外形应设计成不可互换的。在对一个新的电化学体系标准化之前，应根据附录 F 给出的方法确定其标准放电电压，以判定它的电压可互换性。

警示：若不能符合这一要求，会给电池使用者带来安全方面的危害，如起火，爆炸，漏液和/或损坏器具。此要求从安全角度和使用角度来说都是必要的。

4.2 性能

4.2.1 放电性能

原电池的放电性能要求在 GB/T 8897.2 和 GB/T 8897.3 中规定。

4.2.2 尺寸稳定性

电池在本部分规定的标准条件下检验时，其尺寸应始终符合 GB/T 8897.2 和 GB/T 8897.3 中的相关规定。

注 1：B、C、G、L、P 和 S 体系的扣式电池，如果放电低于终止电压，会出现高度增加 0.25 mm 的情况。

注 2：连续放电时，C 和 B 体系的某些扣式电池的高度可能会减小。

4.2.3 泄漏

在本部分规定的标准条件下贮存和放电时，电池不应出现泄漏。

4.2.4 开路电压极限值

电池的最大开路电压应不超过表 3 中给出的值。

4.2.5 放电量

电池初始期和贮存期的放电时间应符合 GB/T 8897.2 的要求。

4.2.6 安全性

设计原电池时，应考虑 GB 8897.4 和 GB 8897.5 中所述的电池在指定使用和可预见的误用条件下的安全要求。

5 性能检验

5.1 通则

消费品性能测试标准方法(SMMP)的制定，参见附录 G。

5.2 放电检验

5.2.1 通则

本部分中的放电检验分为两类：

——应用检验；

——放电量检验。

两种检验的放电负荷电阻都应符合 6.4 中的规定。

负荷电阻和检验条件按以下方法确定：

5.2.2 应用检验

5.2.2.1 通则

应用检验的方法按以下步骤确定：

a) 由电器具工作时的平均工作电压和平均电流计算出等效电阻；

b) 从所有测得的电器具的数据中得出实用终止电压和等效电阻值；

c) 规定这一数据的中值作为放电试验的电阻值和终止电压；

d) 如果测得的数据集中成两组或分散成更多组，则需再做一次以上的试验；

e) 根据电器具每周的总使用时间来确定每天放电时间。

每天放电时间应选择 6.5 中的规定值，且最接近于每周总使用时间的七分之一。

注 1：尽管在特定的情况下，采用恒电流或恒功率的检验方法更能代表实际的应用情况，但选择采用恒电阻的检验方法却可简化设计并确保检测设备其可靠性。

在将来，出现负荷条件交替变化的情况将不可避免；随着技术的发展，出现某种类型的电器具的负载特性随时间而变化的情况亦将不可避免。

要精确测定电器具的实用终止电压并非总是可能的，所确定的放电条件不过是所选择的一种折衷的方法，用来代表具有广泛分散特性的某一类电器具。

尽管有这些局限性，但按上述方法确定的应用检验的方法仍然是评价用于某类电器具的电池性能的最佳的方法。

注 2：为了减少应用检验的项目数，所规定的这些检验应当代表市售该型号电池 80%的实际用途。

5.2.2.2 多个负载的应用检验

除另有规定外，具有多个负载的应用检验，在一个检验循环里，应按从最重负载到最轻负载的顺序检验。

5.2.3 放电量检验

进行放电量检验,应选择阻值适当的负荷电阻,使放电时间大约为 30 d。

如果在所要求的时间内不能获得电池的全部容量,则应选择 6.4 中阻值更高的负荷电阻,以便延长放电时间,但延长的时间应尽可能短。

5.3 放电性能/最小平均放电时间的符合性检验

为了检验电池放电性能的符合性,可选择 GB/T 8897.2 中规定的任何应用检验或放电量检验。

检验应按如下步骤进行:

a) 检验 9 个电池;

b) 不排除任何结果计算平均值;

c) 如果平均值大于或等于规定值,而且放电时间小于规定值之 80%的电池数不大于 1,则电池的放电量符合要求;

d) 如果平均值小于规定值和(或)小于规定值之 80%的电池数大于 1,则另取 9 个样品电池再做检验并计算平均值;

e) 如果第二次检测的平均值大于或等于规定值,而且放电时间小于规定值之 80%的电池数不大于 1,则电池的放电量符合要求;

f) 如果第二次检验的平均值小于规定值和(或)小于规定值之 80%的电池数大于 1,则认为电池的放电量不符合要求,并且不允许再进行检验。

注:原电池的放电性能在 GB/T 8897.2 中规定。

5.4 最小平均放电时间规定值的计算方法

见附录 D。

5.5 开路电压检验

用 6.8.1 规定的电压测量仪表测量电池的开路电压。

5.6 电池尺寸测量

用 6.8.2 规定的量具测量电池的尺寸。

5.7 泄漏和变形检验

电池在规定的环境条件下进行放电检验之后,以相同的方法继续放电,直到电池的闭路电压首次降至低于其标称电压之 40%。电池应满足 4.1.3、4.2.2 和 4.2.3 的要求。

注:手表电池应按 GB/T 8897.3—2013 中第 8 章的规定目视检验泄漏情况。

6 性能检验的条件

6.1 放电前环境条件

除非另有规定,电池应在表 5 规定的条件下进行放电前贮存和放电检验。表中的放电条件又称为标准条件。

表 5 放电前贮存及放电检验条件

检验类型	贮存条件			放电条件	
	温度 ℃	相对湿度[d] %	贮存时间	温度 ℃	相对湿度[d] %
初始期放电检验	20±2[a]	55±20	最长为生产后 60 d	20±2	55±20
贮存期放电检验	20±2[a]	55±20	贮存期限（至少 12 个月）	20±2	55±20
高温贮存后放电检验[b]	45±2[c]	55±20	13 周	20±2	55±20

[a] 短时间内，贮存温度可偏离上述要求但不可超过 20℃±5℃。

[b] 当要求作高温贮存检验时进行该项检验，电池性能要求由供需双方商定。

[c] 打开电池包装贮存。

[d] “P”体系电池的相对湿度为(55±10)%。

6.2 贮存后放电检验的开始

贮存结束至开始放电检验的时间不应超过 14 d，在此期间电池应在 20℃±2℃和 55%±20% RH（“P”体系电池为 55%±10% RH）的环境中保存。

高温贮存结束后，电池至少应在上述环境中放置 1 d 再开始放电检验，以使电池和环境温湿度达到平衡。

6.3 放电检验的条件

电池应按 GB/T 8897.2 的规定进行放电，直至电池的闭路电压首次低于规定的终止电压。放电量可用放电时间、安时或瓦时来表示。

当 GB/T 8897.2 规定了一种以上的放电检验时，电池应满足所有的放电检验要求方可判为符合本部分。

6.4 负荷电阻

负荷电阻(包括外电路所有部分)的阻值应为 GB/T 8897.2 中规定的值，阻值与规定值之间的误差应不大于±0.5%。

拟定新的检验项目时，负荷电阻的阻值应尽可能是表 6 所列阻值之一，包括它们的十进位倍数和约数。

表 6 新检验项目的负荷电阻

单位为欧姆

1.00	1.10	1.20	1.30	1.50	1.60	1.80	2.00
2.20	2.40	2.70	3.00	3.30	3.60	3.90	4.30
4.70	5.10	5.60	6.20	6.80	7.50	8.20	9.10

6.5 每天放电时间

每天放电时间按 GB/T 8897.2 的规定。

拟定新的检验项目时，每天的放电时间应尽可能采用表 7 所列的时间之一。

表 7　新项目的每天放电时间

1 min	5 min	10 min	30 min	1 h
2 h	4 h	12 h	24 h(连续放电)	—

必要时，每天的放电时间可在 GB/T 8897.2 中另行规定。

6.6　检验条件允许偏差

除非另有规定，允许偏差应符合表 8 的规定。

表 8　检验条件允许偏差

参数	允许偏差	
温度	± 2 ℃	
负荷	± 0.5 %	
电压	± 0.5 %	
相对湿度	± 20 % （"P" 体系为 ± 10 %）	
时间	放电时间 t_d	允许偏差
	$0 < t_d \leqslant 2$ s	± 5 %
	2 s $< t_d \leqslant 100$ s	± 0.1 s
	$t_d > 100$ s	± 0.1 %

6.7　"P"体系电池的激活

从电池激活到开始进行电性能测量，至少应间隔 10 min 时间。

6.8　测量仪器和器具

6.8.1　电压测量

测量电压的仪器准确度应不低于 0.25%，精密度应不低于最后一位有效数值的 50%，内阻应不小于 1 MΩ。

6.8.2　尺寸测量

测量器具的准确度应不低于 0.25%，精密度应不低于最后一位有效数值的 50%。

7　抽样和质量保证

7.1　通则

由供需双方商定抽样方案或产品质量指数。当双方无协议时，可选用 7.1 和/或 7.2 的方案。

7.2 抽样

7.2.1 计数抽样检验

需要进行计数抽样检验时，应按 IEC 60410 的规定选择抽样方案，规定检验项目和可接收质量水平(AQL)(同型号的电池至少检验 3 只)。

7.2.2 计量抽样检验

需要进行计量抽样检验时，应按 ISO 3951 的规定选择抽样方案，规定检验项目、样本大小和可接收质量水平(AQL)。

7.3 产品质量指数

7.3.1 通则

建议使用以下指数之一作为评价和保证产品质量的方法。

7.3.2 能力指数(C_p)

C_p 是表征过程能力的一个指数。它说明了在样本过程标准差为 σ' 范围内允许偏差有多大。定义为 C_p= (USL－LSL) / 过程宽度，式中的过程宽度用 $6\bar{R}/d_2$ 表示。如果 $C_p \geqslant 1$ 并趋中，则表明该过程产品符合要求。但是当 $C_p=1$ 时，有 $2\,700\times10^{-6}$ 件不合格。

注：USL 为上规格限；LSL 为下规格限；$\bar{R}$ 为过程宽度的平均值；d_2 为与 $\bar{R}$ 相关的公共统计系数。

7.3.3 能力指数(C_{pk})

C_{pk}是另一个表征过程能力的指数，它说明了过程是否符合允许的偏差以及过程是否以目标值为中心。

和 C_p 一样，它是在假定样本来自一个稳定的过程且误差是随机变量的前提下，在样品变量范围为 $\bar{R}/d_2$ 时测得的。由控制图可知 $\sigma'=\bar{R}/d_2$。

$$C_{pk}是\frac{USL-\bar{X}}{3\sigma'}或\frac{\bar{X}-LSL}{3\sigma'}两者之中较小之值。$$

7.3.4 性能指数(P_p)

P_p 是一个过程性能指数，它说明了在系统的总误差范围内的允许偏差有多大。它是系统实际性能的测定，因为所有的误差来源都包含在 σ'_T 中。σ'_T 是通过将所有的观察数据作为一个大的样本计算得出的。P_p 定义为(USL－LSL)/$6\sigma'_T$。

7.3.5 性能指数(P_{pk})

P_{pk}是另一个过程性能指数。它和 P_p 一样，也是对系统实际性能的测定。但它又和 C_{pk}一样，说明了过程的趋中程度。

$$P_{pk}是\frac{USL-\bar{X}}{3\sigma'_T}或\frac{\bar{X}-LSL}{3\sigma'_T}两者之中较小之值。$$

式中的 σ'_T 包含了系统所有的误差来源。

8 电池包装

电池包装、运输、贮存、使用和处理的实用规程见附录 E。

附 录 A
（规范性附录）
电池标准化指南

符合下列要求的电池或电化学体系方可进入或保留在 GB/T 8897《原电池》系列标准中：

a) 电池或同类电化学体系的电池批量生产；

b) 电池或同类电化学体系的电池在世界上几个市场有售；

c) 当前至少有两家独立的制造厂生产该电池，其专利权所有者应符合 ISO/IEC 指南 第 1 部分 2.14 中涉及专利的相关条款的要求；

d) 电池至少在两个不同的国家生产，或者电池由其他独立的国际制造商购买并以它们公司的商标销售。

对任何新的电池或电化学体系进行标准化时，新工作提案应包含表 A.1 中的内容。

表 A.1 对新的电池或电化学体系标准化时应包含的内容

电池	电化学体系
符合上述 a)～d)项的声明	符合上述 a)和 b)项的声明
型号和电化学体系	推荐的型号字母
尺寸(包括附图)	负极
放电条件	正极
最小平均放电时间	标称电压
	最大开路电压
	电解质

附 录 B
（规范性附录）
电器具的设计

B.1 技术联系

建议生产以电池作电源的电器具公司与电池行业保持紧密联系，从设计开始就应考虑现有的各种电池的性能。只要有可能，应尽量选择 GB/T 8897.2 以及我国的其他原电池国家标准和行业标准中已有型号的电池。电器具上应永久性标明能提供最佳性能的电池的型号和类型。

B.2 电池舱

电池舱应当方便好用，使电池能很方便地装入又不容易掉出来。设计电池舱及其正负极接触件的结构和尺寸时，应当使符合本部分的电池可以装入。即使有的国家标准或电池制造厂规定的电池公差比本部分要小，电器具的设计者也决不能忽视本部分规定的公差。

设计电池舱负极接触件的结构时应注意允许电池负极端有凹进。

供儿童使用的电器具的电池舱应坚固耐敲击。

应清楚标明所用电池的类型、正确的极性排列和装入的方向。

利用电池正极（+）和负极（—）极端形状和尺寸的不同来设计电池舱，防止电池倒置。与电池正负极接触的连接件的形状应明显不同，以避免装入电池时出错。

电池舱应与电路绝缘，且应位于适当的位置，使受损坏和受伤害的风险降至最低限度。只有电池的极端才能和电路形成物理接触。在选择极端接触件的材料和结构时，应确保在使用条件下，极端接触件能与电池形成并保持有效的电接触，即使是使用本部分允许的极限尺寸的电池也应如此。电池的极端和电器具的接触件应使用性能相似、低电阻值的材料。

不主张电池舱采用并联形式连接电池，因为在并联状况下，如果有电池装反就会具备充电条件。

使用“A”或“P”体系的空气去极化电池作为电源的器具，须有适当的空气入口。“A”体系电池在正常工作时最好处于直立位置。符合 GB/T 8897.2 中图 4 的“P”体系电池，其正极电接触件应当安排在电池的侧面，这样才不会堵住空气入口。

尽管电池的耐漏性能有了很大的改善，但泄漏偶尔还会发生。当无法将电池舱与器具完全隔开时，应将电池舱安排在适合的位置，使器具受损的可能性降到最小。

电池舱上应永久而清晰地标明电池的正确朝向。引起麻烦的最常见原因之一，就是一组电池中有一个电池倒置，可能导致电池泄漏、爆炸、着火。为了把这种危害性降到最小程度，电池舱应设计成一旦有电池倒置就不能形成电路。

电路只能与电池的电接触面相连接，不能与电池的任何其他部分形成物理接触。

强烈建议电器具的设计者们在设计电器具时参阅 GB 8897.4 和 GB 8897.5，对安全性作全面的考虑。

B.3 截止电压

为了防止因电池反极而造成泄漏，电器具的截止电压不应低于电池生产厂的推荐值。

附 录 C
（规范性附录）
电池的型号体系（命名法）

该电池型号体系（命名法）尽可能明确地表征电池的外形尺寸、形状、电化学体系和标称电压，必要时还包括极端类型、放电能力及特性。

本附录分为两部分：

C.1 1990 年 10 月以前使用的型号体系（命名法）；

C.2 1990 年 10 月以后及现在和将来使用的型号体系（命名法）。

C.1 1990 年 10 月前使用的电池型号体系

C.1.1 通则

本条款适用于 1990 年 10 月前已经标准化的所有电池，这些电池仍保留原来的型号。

C.1.2 单体电池

单体电池的型号用一个大写字母后跟一个数字来表示。字母 R、F、S 分别表示圆形、扁平形（叠层结构）和方形的单体电池。这个字母与其后的数字[2)]一起表示电池的标称尺寸。

对于由一个单体电池（cell）构成的电池（battery），表 C.1、表 C.2 和表 C.3 列出的是电池（battery）的最大尺寸而不是单体电池（cell）的标称尺寸。需要注意的是，表 C.1、表 C.2 和表 C.3 中不包含电化学体系的信息（无字母体系除外）或其他修饰符。电化学体系信息及其他信息见随后的 C.1.2、C.1.3 和 C.1.4。表 C.1、表 C.2 和表 C.3 仅提供单个的单体电池（cell）或单个的电池（battery）的外形尺寸代码。

表 C.1 圆形单体电池和电池的外形型号和尺寸

单位为毫米

外形型号	单体电池（cell）的标称尺寸		电池（battery）的最大尺寸	
	直径	高度	直径	高度
R06	10	22	—	—
R03	—	—	10.5	44.5
R01	—	—	12.0	14.7
R0	11	19	—	—
R1	—	—	12.0	30.2
R3	13.5	25	—	—
R4	13.5	38	—	—
R6	—	—	14.5	50.5
R9	—	—	16.0	6.2
R10	—	—	21.8	37.3

2) 在开始采用该命名体系时，数字是按大小顺序排列的，但是由于有些型号已被删除或者在采用此有序的体系之前就已使用了不同的编号方法，使数字有空缺。

表 C.1（续）

单位为毫米

外形型号	单体电池(cell)的标称尺寸		电池(battery)的最大尺寸	
	直径	高度	直径	高度
R12	—	—	21.5	60.0
R14	—	—	26.2	50.0
R15	24	70	—	—
R17	25.5	17	—	—
R18	25.5	83	—	—
R19	32	17	—	—
R20	—	—	34.2	61.5
R22	32	75	—	—
R25	32	91	—	—
R26	32	105	—	—
R27	32	150	—	—
R40	—	—	67.0	172.0
R41	—	—	7.9	3.6
R42	—	—	11.6	3.6
R43	—	—	11.6	4.2
R44	—	—	11.6	5.4
R45	9.5	3.6	—	—
R48	—	—	7.9	5.4
R50	—	—	16.4	16.8
R51	16.5	50.0	—	—
R52	—	—	16.4	11.4
R53	—	—	23.2	6.1
R54	—	—	11.6	3.05
R55	—	—	11.6	2.1
R56	—	—	11.6	2.6
R57	—	—	9.5	2.7
R58	—	—	7.9	2.1
R59	—	—	7.9	2.6
R60	—	—	6.8	2.15
R61	7.8	39	—	—
R62	—	—	5.8	1.65
R63	—	—	5.8	2.15
R64	—	—	5.8	2.70
R65	—	—	6.8	1.65
R66	—	—	6.8	2.60
R67	—	—	7.9	1.65
R68	—	—	9.5	1.65
R69	—	—	9.5	2.10
R70	—	—	5.8	3.6

注：电池的完整尺寸在 GB/T 8897.2 和 GB/T 8897.3 中给出。

表 C.2　扁平形单体电池的外形型号和标称尺寸

单位为毫米

外形型号	直径	长度	宽度	厚度
F15		14.5	14.5	3.0
F16		14.5	14.5	4.5
F20		24	13.5	2.8
F22		24	13.5	6.0
F24	23	—	—	6.0
F25		23	23	6.0
F30		32	21	3.3
F40		32	21	5.3
F50		32	32	3.6
F70		43	43	5.6
F80		43	43	6.4
F90		43	43	7.9
F92		54	37	5.5
F95		54	38	7.9
F100		60	45	10.4
注：电池的完整尺寸在 GB/T 8897.2 中给出。				

表 C.3　方形单体电池和电池的外形型号和尺寸

单位为毫米

外形型号	单体电池(cell)的标称尺寸			电池(battery)的最大尺寸		
	长	宽	高	长	宽	高
S4	—	—	—	57.0	57.0	125.0
S6	57	57	150	—	—	—
S8	—	—	—	85.0	85.0	200.0
S10	95	95	180	—	—	—
注：电池的完整尺寸在 GB/T 8897.2 中给出。						

某些在 GB/T 8897.2 中不使用的，但在其他国家的标准中使用的单体电池的尺寸也列在以上各表中。

C.1.3　电化学体系

除了锌-氯化铵、氯化锌-二氧化锰体系外，在字母 R、F、S 之前再加上一个字母表示电化学体系，这些字母见表 3。

C.1.4 电池

如果一个电池由一个单体电池构成,电池就使用这个单体电池的型号。

如果一个电池由一个以上的单体电池串联而成,则在单体电池的型号前加上串联的单体电池的个数。

如果单体电池并联相连,则在该单体电池的型号之后加上连字符"-",再加上并联的单体电池的个数。

如果一个电池包含几个部分,则每个部分分别命名,各型号之间用斜线("/")隔开。

C.1.5 修饰符

为了明确表征电池的类型,通过在电池基本型号后另加字母 X 或 Y 来区分其变型,表示电池的排列或极端的差异;在电池基本型号后另加字母 P 或 S 表示不同的电性能特征。

C.1.6 示例

R20　由一个 R20 尺寸的锌-氯化铵、氯化锌-二氧化锰体系的单体电池构成的电池。

LR20　由一个 R20 尺寸的锌-碱金属氢氧化物-二氧化锰体系的单体电池构成的电池。

3R12　由三个 R12 尺寸的锌-氯化铵、氯化锌-二氧化锰体系的单体电池串联组成的电池。

4R25X　由四个 R25 尺寸的锌-氯化铵、氯化锌-二氧化锰体系的单体电池串联组成的电池、电池的极端为螺旋状弹簧接触件。

C.2 1990 年 10 月后使用的电池型号体系

C.2.1 通则

本条款适用于 1990 年 10 月后标准化的所有电池。

该型号体系(命名法)的基本原则是通过电池型号来表达电池的基本概念。对所有电池,包括圆形(R)和非圆形(P)的,均用表征圆柱体的直径和高度来表示。

本条款适用于由一个单体电池构成的电池和由多个单体电池串联和/或并联构成的电池。

例如:最大直径为 11.6 mm,最大高度为 5.4 mm 的电池,其外形尺寸型号为 R1154,在这个型号的前面再加上表示电池电化学体系的字母代码。

C.2.2 圆形电池

C.2.2.1 直径和高度小于 100 mm 的圆形电池

C.2.2.1.1 通则

直径和高度小于 100 mm 的圆形电池的型号命名方法见图 C.1。

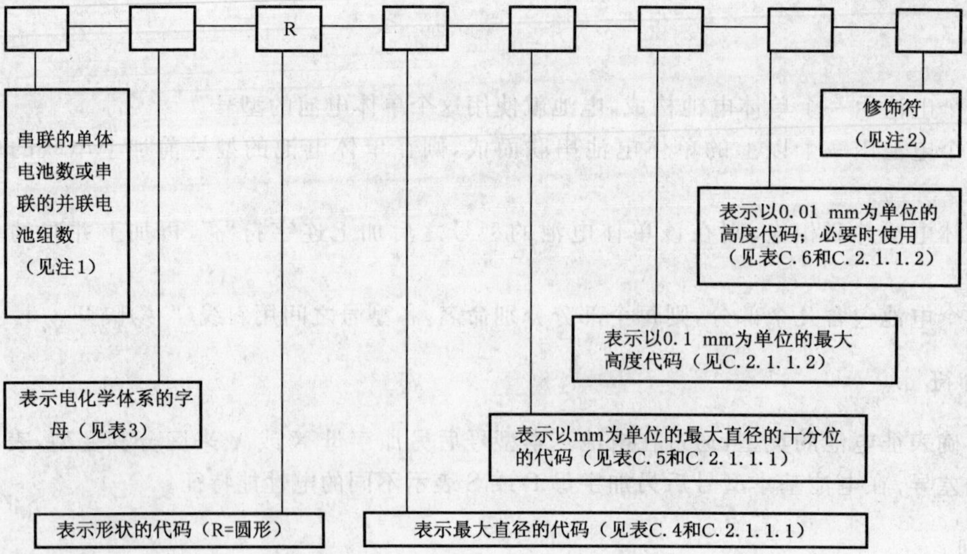

注1：并联连接的单体电池数或电池组数不注明。

注2：修饰符用来表示特殊极端结构、负载能力和其他特性。

图 C.1 直径和高度小于 100 mm 的圆形电池的型号体系

C.2.2.1.2 确定直径代码的方法

直径代码由最大直径确定。直径代码为：

a) 推荐直径的代码按表 C.4 确定；

b) 非推荐直径的代码按表 C.5 确定。

表 C.4 推荐直径的直径代码

单位为毫米

代码	推荐最大直径	代码	推荐最大直径
4	4.8	20	20.0
5	5.8	21	21.0
6	6.8	22	22.0
7	7.9	23	23.0
8	8.5	24	24.5
9	9.5	25	25.0
10	10.0	26	26.2
11	11.6	28	28.0
12	12.5	30	30.0
13	13.0	32	32.0
14	14.5	34	34.2
15	15.0	36	36.0
16	16.0	38	38.0
17	17.0	40	40.0
18	18.0	41	41.0
19	19.0	67	67.0

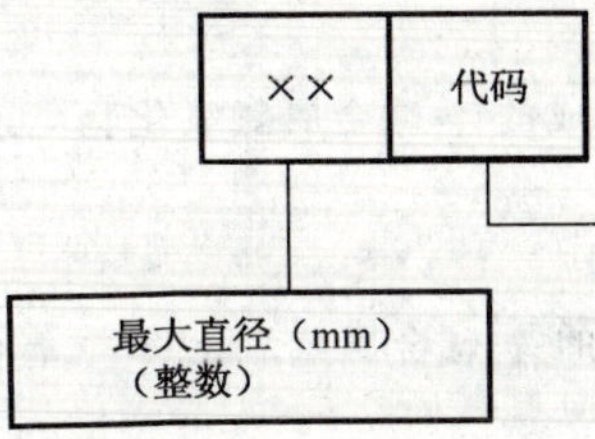

最大直径的十分位	代码
0.0	A
0.1	B
0.2	C
0.3	D
0.4	E
0.5	G
0.6	H
0.7	J
0.8	K
0.9	L

图 C.2　非推荐直径的直径代码

C.2.2.1.3　确定高度代码的方法

高度代码是数字，以十分之一毫米为单位的电池最大高度的整数部分来表示(如最大高度为3.2 mm，表示为32)。最大高度规定如下：

a）平面接触型极端的电池，其最大高度是包括极端在内的总高度。

b）其他极端类型的电池，其最大高度为不包括极端在内的总高度(即从电池的台肩部到台肩部的距离)。

如果需要说明高度中毫米百分位部分，可按图 C.3 用一个代码来表示。

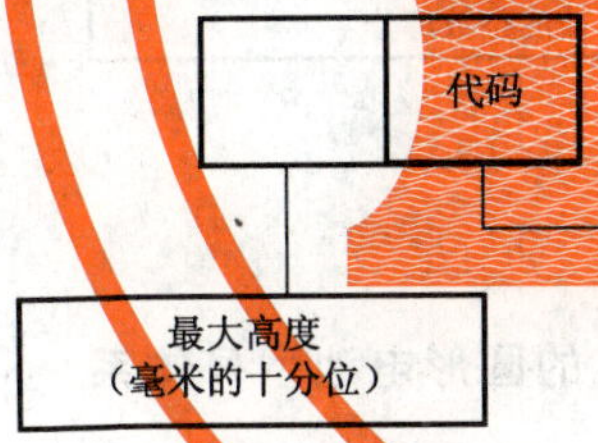

高度（mm）的百分位	代码
0.00	A
0.01	B
0.02	C
0.03	D
0.04	E
0.05	G
0.06	H
0.07	J
0.08	K
0.09	L

注：百分位的代码仅在必要时才用。

示例 1：

LR1154　由一个圆形单体电池或由一组并联连接的圆形单体电池构成的锌-碱金属氢氧化物-二氧化锰体系的电池，最大直径为 11.6 mm(表 C.4)，最大高度为 5.4 mm。

图 C.3　表示高度(mm)的百分位代码

示例 2：

LR27A116　由一个圆形单体电池或由一组并联连接的圆形单体电池构成的锌-碱金属氢氧化物-二氧化锰体系的电池，最大直径为 27 mm(图 C.2)，最大高度为 11.6 mm。

示例 3：

LR2616J　由一个圆形单体电池或由一组并联连接的圆形单体电池构成的锌-碱金属氢氧化物-二氧化锰体系的电池，最大直径为 26.2 mm(表 C.4)，最大高度 1.67 mm(图 C.3)。

图 C.3(续)

C.2.2.2　直径和/或高度为 100 mm 或超过 100 mm 的圆形电池

C.2.2.2.1　通则

直径和/或高度为 100 mm 或超过 100 mm 的圆形电池的型号命名方法见图 C.4。

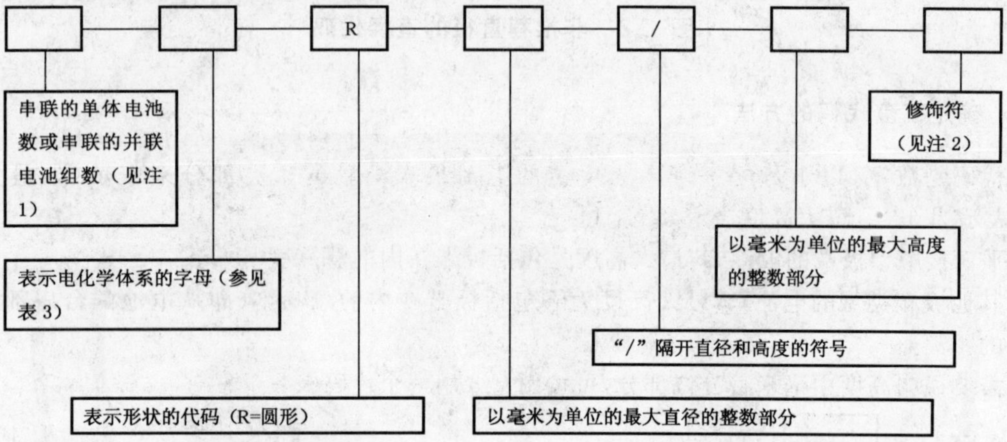

注 1：并联的单体电池或电池组数不注明。

注 2：修饰符用来表示特殊极端结构、负载能力和其他特性。

图 C.4　直径和/或高度为 100 mm 或超过 100 mm 的圆形电池型号体系

C.2.2.2.2　确定直径代码的方法

直径代码由最大直径确定。

直径代码是以毫米表示的电池最大直径的整数部分。

C.2.2.2.3　确定高度代码的方法

高度代码是以毫米表示的电池最大高度的整数部分。

最大高度规定如下：

a)　平面接触型极端的电池(如 GB/T 8897.2—2013 中图 1～图 4 所示电池)，其最大高度是包括极端在内的高度。

b)　其他极端类型的电池，其最大高度为不包括极端在内的总高度(即从电池台肩部到台肩部的距离)。

示例：

5R184/177：由 5 个单体电池或由 5 个并联电池组串联构成的锌-氯化铵、氯化锌-二氧化锰体系的圆形电池，直径为 184.0 mm，电池台肩部到台肩部的总高度为 177.0 mm。

C.2.3 非圆形电池

C.2.3.1 通则

非圆形电池的型号如下命名：

假想一个圆柱形外壳，包围着电池除极端之外的整个表面(极端伸出该假想电池壳体)。

按电池的最大长度(l)和宽度(w)尺寸计算对角线，即假想圆柱的直径。

用圆柱体的以毫米为单位的直径整数部分和以毫米为单位的最大高度整数部分来命名电池的型号。

最大高度规定如下：

a) 平面接触型极端的电池，最大高度为包括极端在内的总高度。

b) 对于其他类型极端的电池，最大高度为不包括极端在内的总高度(即从电池台肩部到台肩部的距离)。

注：当电池不同的面上有两个或两个以上的极端伸出时，适用于电压最高的那个极端。

C.2.3.2 尺寸小于 100 mm 的非圆形电池

尺寸小于 100 mm 的非圆形电池的型号命名方法见图 C.5。

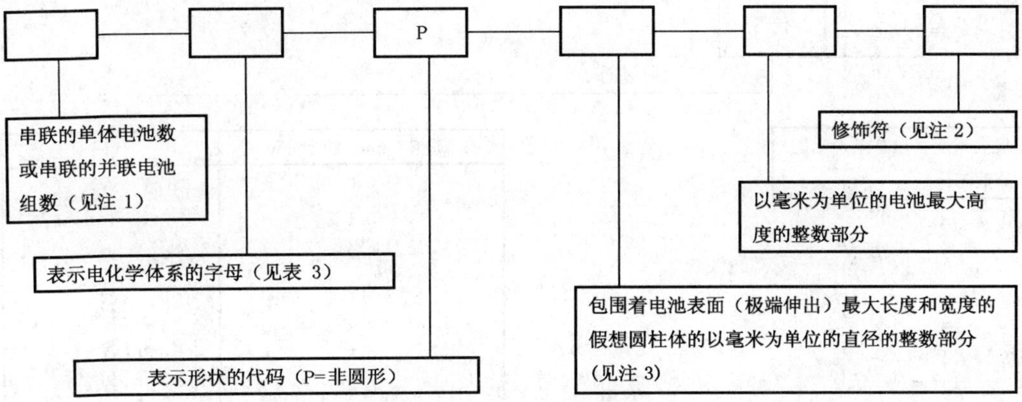

注 1：并联的单体电池数或电池组数不注明。

注 2：修饰符用来表示特殊极端结构、负载能力以及其他特性。

注 3：当需用毫米的十分位来区别高度时，采用表 C.5 中的字母代码。

示例：

6LP3146：由锌-碱金属氢氧化物-二氧化锰体系的 6 个单体电池或 6 个并联的电池组相串联构成的电池，其最大长度为 26.5 mm，最大宽度为 17.5 mm，最大高度为 46.4 mm。该电池表面(l 和 w)的直径的整数部分可按下式计算：

$$\sqrt{l^2+w^2}=31.8\ \text{mm};\qquad \text{整数部分为 31}$$

图 C.5 尺寸小于 100 mm 的非圆形电池的型号体系

C.2.3.3 尺寸为 100 mm 或超过 100 mm 的非圆形电池

尺寸为 100 mm 或超过 100 mm 的非圆形电池的型号命名方法见图 C.6。

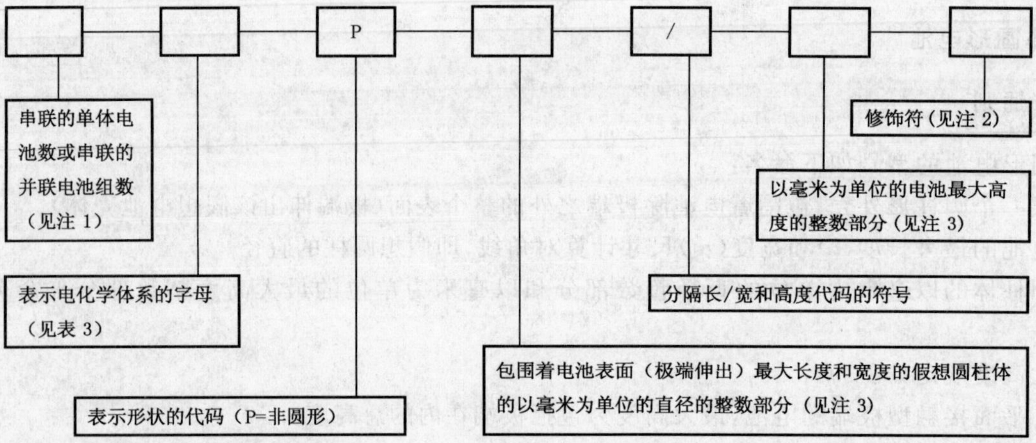

注 1：并联的单体电池数或电池组数不注明。

注 2：修饰符用来表示特殊极端结构、负载能力以及其他特性。

注 3：当需用毫米的十分位来区别高度时，采用图 C.7 中的字母代码。

图 C.6　尺寸为 100 mm 或超过 100 mm 的非圆形电池的型号体系

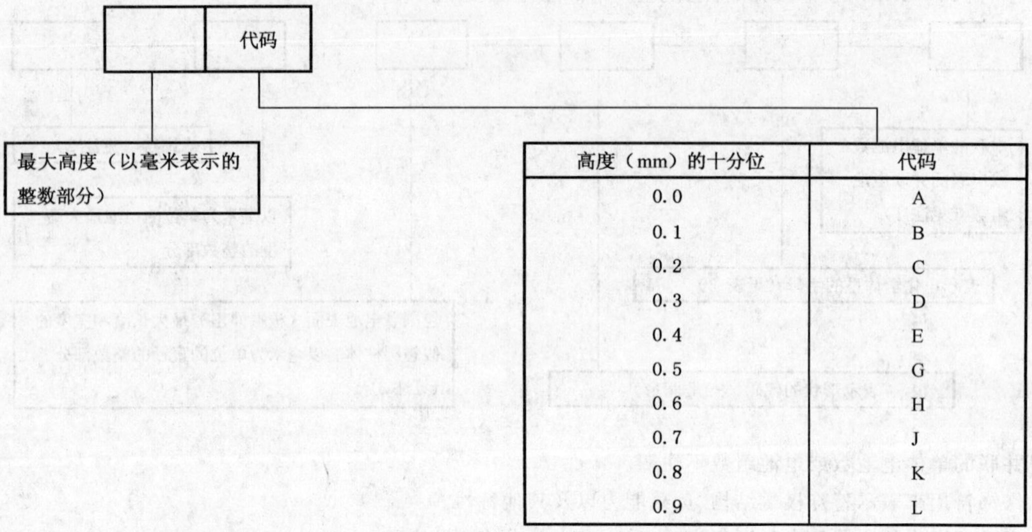

高度（mm）的十分位	代码
0.0	A
0.1	B
0.2	C
0.3	D
0.4	E
0.5	G
0.6	H
0.7	J
0.8	K
0.9	L

注：毫米的十分位代码仅在必需时用。

示例：

6P222/162：由锌-氯化锌、氯化铵-二氧化锰体系的 6 个单体电池或 6 个并联电池组串联构成的电池，其最大长度 192 mm，最大宽度 113 mm，最大高度 162 mm。

图 C.7　表示高度(mm)的十分位代码

C.2.4　型号重复

万一出现两种或多种电池的假想包围圆柱同时具有相同的直径和高度，那么第二种电池的命名方法是在相同的电池型号后面加上“－1”，其余类推。

按 C.2 命名的圆形电池的型号和尺寸见表 C.5。

表 C.5　按 C.2 命名的圆形电池的型号和尺寸

单位为毫米

外形型号	电池(battery)最大尺寸/mm	
	直径	高度
R772	7.9	7.2
R1025	10.0	2.5
R1216	12.5	1.6
R1220	12.5	2.0
R1225	12.5	2.5
R1616	16.0	1.6
R1620	16.0	2.0
R2012	20.0	1.2
R2016	20.0	1.6
R2020	20.0	2.0
R2025	20.0	2.5
R2032	20.0	3.2
R2320	23.0	2.0
R2325	23.0	2.5
R2330	23.0	3.0
R2354	23.0	5.4
R2420	24.5	2.0
R2425	24.5	2.5
R2430	24.5	3.0
R2450	24.5	5.0
R3032	30.0	3.2
R11108	11.6	10.8
2R13252	13.0	25.2
R12A604	12.0	60.4
R14250	14.5	25.0
R15H270	15.6	27.0
R17335	17.0	33.5
R17345	17.0	34.5
R17450	17.0	45.0
注：电池的完整尺寸在 GB/T 8897.2 和 GB/T 8897.3 中给出。		

表 C.6　按 C.2 命名的非圆形电池的型号和尺寸

单位为毫米

外形型号	原来的型号	电池最大尺寸		
		长	宽	高
2P3845	2R5	34.0	17.0	45.0
2P4036	R－P2	35.0	19.5	36.0

注 1：由于这两种型号早在电池标准化之前就已经使用和认可，所以电池实际使用的型号仍为 2R5 和 R-P2。

注 2：电池的完整尺寸在 GB/T 8897.2 中给出。

附　录　D
（规范性附录）
电池最小平均放电时间指标的计算方法

按以下方法计算电池的"最小平均放电时间"值：

a)　准备好随机选取的至少 10 周的放电数据；

b)　计算每组中九个样品电池的放电时间 X 的平均放电值 $\overline{X}$；

注：如果在一组中有 X 值超出 3σ 的，则在计算 $\overline{X}$ 时剔除这些值。

c)　计算各组平均值 $\overline{X}$ 的平均值 $\overline{\overline{X}}$ 和 $\sigma_{\overline{X}}$；

最小平均放电时间由各个国家提出：

$$A:\overline{\overline{X}}-3\sigma_{\overline{X}}$$

$$B:\overline{\overline{X}}\times 0.85$$

计算 A 的值和 B 的值，取两者中较大者确定为"最小平均放电时间"值。

附 录 E
（规范性附录）
原电池的包装、运输、贮存、使用和处理的实用规则

E.1 通则

原电池用户的高满意度源自电池生产、配送和使用过程中良好习惯和做法所产生的总效果。

本规则概括地阐述一些好的实践经验，以建议的形式提供给电池生产厂、批发商和用户。

E.2 包装

包装应恰当，以避免电池在运输、装卸和堆放过程中损坏。应选择适当的包装材料和包装设计，防止电池发生意外导电、极端腐蚀、受潮。

E.3 运输和装卸

应尽量使电池少受冲击和振动。例如不应从卡车上将电池箱抛下堆放处；不应将电池箱堆放得过高而超过底部箱子的承荷限度；应保护电池不受恶劣天气的影响。

E.4 存放和库存周转

存放区应清洁、凉爽、干燥、通风，不受气候的影响。

正常存放时，温度应在＋10 ℃～＋25 ℃，不可超过＋30 ℃。应避免长时间处于极端湿度（相对湿度高于 95％和低于 40％），因为这种湿度对于电池和包装都有害。因此，电池不应存放在散热器或锅炉旁，也不应直接置于阳光下。

虽然在室温下电池的贮存寿命比较长，但在采取了特殊的预防措施后，存放在更低温度下（－10 ℃～＋10 ℃或低于－10 ℃的深度冷藏），贮存寿命可进一步改善。电池应密封在特殊保护包装中（如密封塑料袋之类），在温度回升至室温过程中仍应保留此包装，以保护电池避免受冷凝水影响。快速回升温度是有害的。

冷藏后恢复至室温的电池应尽快使用。

如果电池生产厂认为合适的话，电池可以安放在电器具中或放在包装中存放。

电池堆放高度显然取决于包装箱的强度。一般规定，纸质包装箱的堆放高度不应超过 1.5 m，木箱不应超过 3 m。

上述建议也适用于电池在长途运输中的存放条件。因此，电池应存放在远离船舶发动机的地方，夏季不应长期滞留在不通风的金属棚车（集装箱）内。

生产出的电池应立即发送，由批发售中心周转到用户，可实行按顺序周转（先入库的电池先出库）。贮存区和陈列区应当规划好并在包装上作好标记。

E.5 销售点的陈列

打开电池包装后，应注意避免电池损伤和电接触，例如，不应将电池乱堆在一起。

供出售的电池不可长时间暴露于阳光直射的橱窗中。

电池生产厂应提供足够的信息，使零售商能正确地为用户选配电池，为新购置的电器具首次选配电池时尤为重要。

测量仪表不能对不同牌号或不同厂家生产的好电池的性能进行可靠的比较，但是确实能检测出电池的严重缺陷。

E.6 选购、使用和处理

E.6.1 购买

应购买最适合于预期用途的、尺寸和类型合适的电池。许多电池生产厂提供各种尺寸的多种类型的电池。在销售点和电器具上应有说明或标明该器具最适用的电池类型。

当不能获得指定牌号、尺寸和类型的电池时，可根据表明电化学体系和尺寸的电池型号来选择替代电池。电池标签上应标明型号，还应清楚标明电压、生产商或供货商的名称或商标、生产时间（年和月）和保质期，或建议的使用期的截止期限；以及电池的极性（“＋”和“－”）等。对于某些电池，上述信息中的一部分可标注在包装上（见 4.1.6.2）。

E.6.2 安装

在电池装入电器具的电池舱之前，应检查电池和电器具的接触部件是否清洁、电池极性方向是否正确。必要时用湿布擦净，待干燥后再装入电池。

装电池时，极性（“＋”和“－”）方向的正确性极为重要。应仔细阅读电器具的说明书（电器具应附有说明书），使用说明书推荐的电池；否则有可能发生电器具故障，电器具和/或电池的损坏。

E.6.3 使用

勿在严酷的条件下使用电器具，比如将电器具放在散热器旁或置于停放在阳光下的汽车里等。

及时地将电池从已不能正常工作的电器具或长期不用的电器具（如摄像机、照相闪光灯等）中取出是有益的。

确保在电器具使用后关闭电源。

电池应贮存在阴凉、干燥以及避免阳光直射的地方。

E.6.4 更换

应同时更换一组电池中所有的电池，新购电池不应和已部分耗电的电池混用，不同电化学体系、类型或牌号的电池不要混用；无视这些警告会使一组电池中的一些电池在使用中处于过放电状态，从而增加漏液的可能性。

E.6.5 处理

在不违背我国相关法规的情况下，原电池可作为公共垃圾处理。

锂原电池处理的注意事项详见 GB 8897.4。

水溶液电解质原电池处理的注意事项详见 GB 8897.5。

附 录 F
（资料性附录）
标准放电电压——定义和确定方法

F.1 定义

对于一个给定的电化学体系，其标准放电电压 U_s 是特定的。它是与电池大小和内部结构无关的特性电压，仅与电池的电荷迁移反应有关。标准放电电压 U_s 用式(F.1)定义。

$$U_s = \frac{C_s}{t_s} \times R_s \qquad \text{(F.1)}$$

式中：

U_s——标准放电电压；

C_s——标准放电容量；

t_s——标准放电时间；

R_s——标准放电电阻。

F.2 确定方法

F.2.1 总则：*C*/*R* 图

通过 C/R 图(其中 C 为电池的放电容量，R 为放电电阻)来确定放电电压 U_d。见图 F.1，它表示了在正常情况下的放电容量 C 对放电电阻 R_d[3] 的关系曲线，即 $C(R_d)/C_p$ 为 R_d 的函数。R_d 值较小时，$C(R_d)$值也较小，反之亦然。随着 R_d 逐渐增大，放电容量 $C(R_d)$也逐渐增大，直至最终达到一个平台，此时 $C(R_d)$成为常数[4]，如式(F.2)：

$$C_p = 常数 \qquad \text{(F.2)}$$

这意味着 $C(R_d)/C_p=1$，如图 F.1 中的水平线所示。它进而表明容量 $C=f\ (R_d)$和终止电压 U_c 有关：U_c 值越大，放电过程中不能获得的那部分——ΔC 也越大。

在平台区，容量 C 和 R_d 无关。

放电电压由式(F.3)确定。

$$U_d = \frac{C_d}{t_d} R_d \qquad \text{(F.3)}$$

式(F.3)中 C_d/t_d 的比值代表在给定的终止电压 U_c＝常数的条件下，电池通过放电电阻 R_d 放电时的平均电流 i(平均)。这一关系可写作式(F.4)：

$$C_d = i(平均) \times t_d \qquad \text{(F.4)}$$

当 $R_d=R_s$(标准放电电阻)时，式(F.3)变为式(F.1)，相应的式(F.4)变为式(F.5)：

$$C_s = i(平均) \times t_s \qquad \text{(F.5)}$$

i(平均)和 t_s 的确定方法见 F.2.3 和图 F.2。

---

3) 下标 d 表示该电阻有别于 R_s，见式(F.1)。

4) 由于电池内部的自放电，当放电时间非常长时，C_p 有可能降低。对于高自放电的电池(如每月高达 10%或以上)，这种现象更为显著。

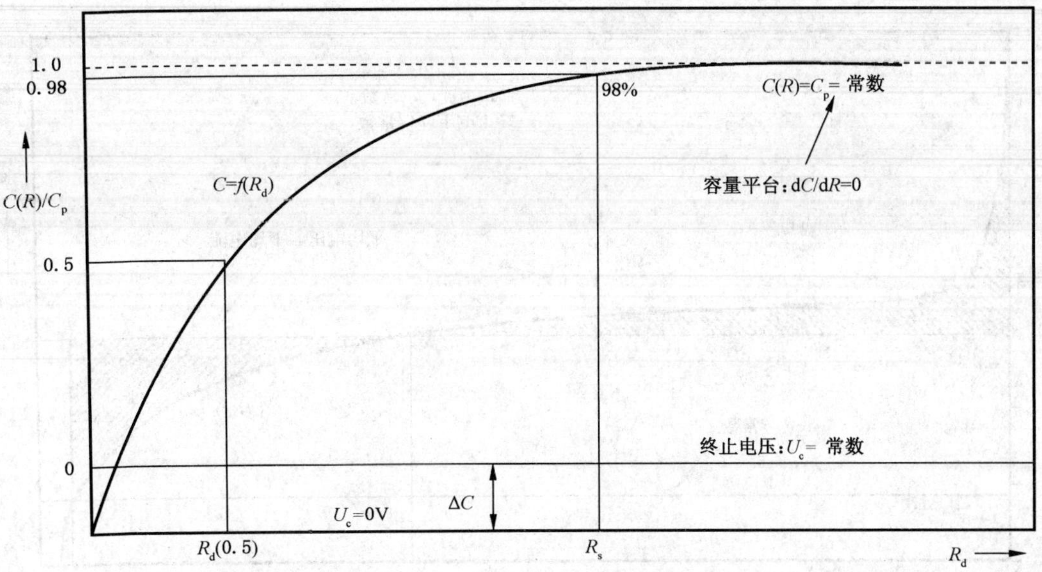

图 F.1　标准 C/R 图（示意图）

F.2.2　标准放电电阻 R_s 的确定

U_s 的确定最好是通过能获得 100％放电量的放电电阻 R_d 来实现。但是这种放电的放电时间会很长。为减少时间，可通过式（F.6）得到的 U_s 的一个不错的近似值。

$$C_s(R_s)=0.98C_p \qquad \cdots\cdots\cdots\cdots\cdots\cdots\cdots\cdots\cdots (F.6)$$

这个公式表明：用获得的 98％的放电量来确定标准放电电压 U_s 已具有足够的准确度，即让电池通过标准放电电阻 R_s 来放电。由于 $R_s \leqslant R_d$，U_s 实际为常数，所以系数为 0.98 或更大并不重要。在这种条件下，准确获得 98％的放电量并非十分重要。

F.2.3　标准放电量 C_s 和标准放电时间 t_s 的确定

图 F.2 是一个电池的放电曲线图。

图 F.2 标出放电曲线之下的面积 A_1 和放电曲线之上的面积 A_2。

$$A_1=A_2 \qquad \cdots\cdots\cdots\cdots\cdots\cdots\cdots\cdots\cdots (F.7)$$

时的电流为平均放电电流 i（平均）。式（F.7）所描述的条件并非是放电中点（如图 F.2 所示）。放电时间 t_d 由图中 $U(R,t)=U_c$ 处的交点确定。放电容量由式（F.8）求出：

$$C_d=i(\text{平均})\times t_d \qquad \cdots\cdots\cdots\cdots\cdots\cdots\cdots\cdots\cdots (F.8)$$

当 $R_d=R_s$ 时，放电容量为标准放电量 C_s，式（F.8）变为式（F.9）：

$$C_s=i(\text{平均})\times t_s \qquad \cdots\cdots\cdots\cdots\cdots\cdots\cdots\cdots\cdots (F.9)$$

这种通过实验来确定标准放电容量 C_s 和标准放电时间 t_s 的方法，在确定标准放电电压时也用到［见式（F.1）］。

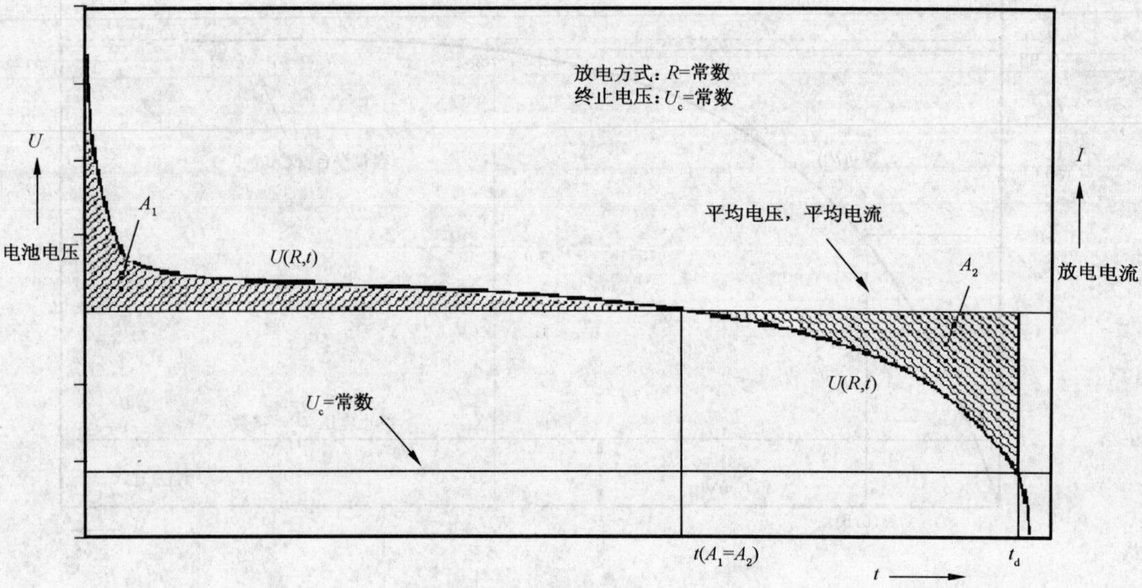

图 F.2 标准放电电压(示意图)

F.3 实验条件和试验结果

实验制作 C/R 图时，建议使用 10 个独立的放电结果。每个放电结果为 9 只电池的放电平均值，这些数据将均匀分布在 C/R 图中所期望的范围。建议第一个放电值落在图 F.1 中的大约 $0.5C_p$ 处，最后一个实验值落在大约 $R_d \approx 2 \times R_s$ 处。所有的数据合起来用如图 F.1 的一个 C/R 曲线来表示。由此图在大约 98% C_p处可确定 R_d 值。获得 98%放电容量时的标准放电电压 U_s 比获得 100%放电容量时的标准放电电压偏低 50 mV。这个毫伏范围内的电压差只是所研究体系的电荷迁移反应所造成的。

按照 F.2.3 确定 C_s 和 t_s 时，采用的终止电压与 GB/T 8897.2 的规定的一致：

电压范围 1：U_c＝0.9 V；　　　　电压范围 2：U_c＝2.0 V

表 F.1 给出的经实验测出的标准放电电压 U_s(SDV)仅供感兴趣的专家核对其重现性。

表 F.1 不同体系的标准放电电压

体系字母	—	C	E	F	L	S	Z
标准放电电压 U_s/V	1.30	2.90	3.50	1.48	1.30	1.55	1.56

对 A、B、G、P、W 和 Y 体系的 U_s 的测定正在研究之中。P 体系是个特例，因为它的 U_s 值与氧气还原的催化剂类型有关。由于 P 体系是一个对大气开放的体系，环境湿度以及体系激活后吸收的 CO_2 也会产生附加影响。对于 P 体系，其 U_s 值可达 1.37 V。

附　录　G
（资料性附录）
消费品性能检验标准方法(SMMP)的制定

注：本附录引自 ISO/IEC 指南 36:1982《消费品性能检验标准方法(SMMP)的制定》(1998 年废止)。

G.1　引言

对消费者有益的消费品性能信息是建立在具有重现性的产品性能检验标准方法基础上的(即检验方法测得的结果与产品在实际应用中的性能具有明显的关系，检验方法也是提供给消费者，让消费者了解产品性能特征的信息的基础)。

规定检验方法时，应尽可能考虑检测设备、费用和时间等条件的限制。

G.2　性能特性

在制定一个 SMMP(性能检验标准方法)时，首先要尽可能完整地列出在 G.1 中提到的产品特征。

注：在列出产品特征时，应考虑选取消费者在决定购买时最注重的产品特性。

G.3　制定检验方法的准则

对所列出的每种特性应提出检验方法并且应考虑以下各点：

a)　按规定方法检验的结果应尽可能与消费者对产品的实际使用结果一致；

b)　检验方法必须客观，能得出有意义且可重现的检验结果；

c)　应从最有益于消费者的立场出发制定检验方法的细节，应考虑产品价值和测试费用的比例；

d)　当需要采用快速检验程序，或采用仅与产品的实际使用有间接关系的检验方法时，技术委员会应提供必要的指导，对检验结果与产品的常规使用的关系做出正确解释。

参 考 文 献

［1］ GB/T 2900.41—2008 电工术语 原电池和蓄电池[IEC 60050(482):2003,IDT]

ICS 29.220.10
K 82

中华人民共和国国家标准

GB/T 8897.2—2013
代替 GB/T 8897.2—2008

原电池 第2部分:外形尺寸和电性能要求

Primary batteries—Part 2:Physical and electrical specifications

(IEC 60086-2:2011,MOD)

2013-11-12 发布 2014-05-01 实施

中华人民共和国国家质量监督检验检疫总局
中国国家标准化管理委员会 发布

前　言

GB/T(GB)8897《原电池》分为以下5个部分：

——GB/T 8897.1《原电池　第1部分：总则》；

——GB/T 8897.2《原电池　第2部分：外形尺寸和电性能要求》；

——GB/T 8897.3《原电池　第3部分：手表电池》；

——GB 8897.4《原电池　第4部分：锂电池的安全要求》；

——GB 8897.5《原电池　第5部分：水溶液电解质电池的安全要求》。

本部分为GB/T 8897的第2部分。

本部分按照GB/T 1.1—2009给出的规则起草。

本部分代替GB/T 8897.2—2008《原电池　第2部分：外形尺寸和电性能要求》。

本部分与GB/T 8897.2—2008相比，主要变化如下：

——增加了若干术语，修改了部分术语的定义；

——删除了BR-P2、2R10、CR12A604、SR56、5AR40、S4、BR2020电池，增加了6LP3146电池；

——修改了部分电池的外形尺寸和电性能检验的项目、方法和技术要求；

——修改了锌-二氧化锰电池、碱性锌-二氧化锰电池和碱性锌-空气电池的最大开路电压值；

——修改电池尺寸图；

——删除了P体系(锌-空气)助听器电池的电阻负载放电检验；

——增加了附录D“电池通俗型号”。

本部分修改采用IEC 60086-2:2011《原电池　第2部分：外形尺寸和电性能要求》。

本部分与IEC 60086-2:2011相比更为严格。

附录F给出了本部分与IEC 60086-2:2011的技术性差异及其原因的一览表，以供参考。

本部分由中国轻工业联合会提出。

本部分由全国原电池标准化技术委员会(SAC/TC 176)归口。

本部分起草单位：中银(宁波)电池有限公司、轻工业化学电源研究所(国家化学电源产品质量监督检验中心)、广州市虎头电池集团有限公司、福建南平南孚电池有限公司、四川长虹新能源科技有限公司、常州达立电池有限公司、浙江野马电池有限公司、广东正龙股份有限公司、嘉善宇河电池有限公司、嘉兴市高能电池厂、嘉兴恒威电池有限公司、广州宝洁有限公司、重庆电池总厂、力佳电源科技(深圳)有限公司、东莞高力电池有限公司。

本部分主要起草人：陈国标、林佩云、邱仕洲、黄星平、李晓伟、王胜兵、童武勃、陈水标、黄伟杰、律永成、吴敏吉、卢燕芳、陈木永、白强、王建、方春。

本部分所代替标准的历次版本发布情况如下：

——GB/T 7112—1986、GB/T 7112—1994、GB/T 7112—1998；

——GB 8897.2—2005、GB /T 8897.2—2008。

原电池　第2部分:外形尺寸和电性能要求

1　范围

本部分规定了电池的外形尺寸、放电检验条件、放电性能要求、检验规则、检验方法、抽样和质量保证、标志。

本部分适用于所有电化学体系已标准化了的原电池。

2　规范性引用文件

下列文件对于本文件的应用是必不可少的。凡是注日期的引用文件,仅注日期的版本适用于本文件。凡是不注日期的引用文件,其最新版本(包括所有的修改单)适用于本文件。

GB/T 1182—2008　产品几何技术规范(GPS)　几何公差　形状、方向、位置和跳动公差标注(ISO 1101:2004,IDT)

GB/T 8897.1—2013　原电池　第1部分:总则(IEC 60086-1:2011,MOD)

3　术语和定义、符号和缩略语

下列术语和定义、符号和缩略语适用于本文件。

3.1　术语和定义

3.1.1

应用检验　application test

模拟电池的某种实际应用的检验。

3.1.2

终止电压　end-point voltage;EV

规定的电池放电终止时的闭路电压。

3.1.3

最小平均放电时间　minimum average duration;MAD

样品电池应符合的最小的平均放电时间。

注:按规定的方法进行放电检验,以证明电池符合其适用的标准。

3.1.4

标称电压　nominal voltage

V_n

用以标识某种电池或电化学体系的适当的电压的近似值。

3.1.5

闭路电压　closed-circuit voltage;CCV

电池在放电时正负两极端间的电压。

3.1.6

开路电压　open-circuit voltage;OCV

电池停止放电时正负两极端间的电压。

3.1.7

原电池 primary(cell or battery)

按不可以充电设计的电池。

3.1.8

圆形电池 round(cell or battery)

横截面为圆形的电池或单体电池。

3.1.9

(原电池的)放电量 service output(of a primary battery)

电池在规定的放电条件下的放电时间、容量或能量输出。

3.1.10

放电量检验 service output test

用以测定电池放电量的检验。

注:在下列情况下可规定做放电量检验,例如:

a) 应用检验过于复杂,难以重复进行;

b) 应用检验的放电时间不适用于例行检验。

3.1.11

贮存寿命 storage life

规定条件下电池的贮存时间。在该贮存期结束时,电池仍具有规定的放电量。

3.1.12

(原电池的)极端 terminals(of a primary battery)

电池的导电部件,用以实现电池与外部导体的电连接。

3.2 符号和缩略语

EV 终止电压

MAD 最小平均放电时间

OCV 开路电压

R 负载电阻

V_n 原电池的标称电压

max 最大值

min 最小值

4 电池尺寸符号

用来表示电池尺寸的符号是:

h_1:电池的最大总高度;

h_2:正、负极接触面之间的最小距离;

h_3:正极接触面凸起的最小值;

h_4:负极接触面的最大凹进值;

h_5:负极接触面凸起的最小值;

d_1:电池的最大和最小直径;

d_2:正极接触面的最小直径;

d_3:在规定的凸起高度内,正极接触面的最大直径;

d_4:负极接触面的最小直径;

d_5:在规定的凸起高度内,负极接触面的最大直径;

d_6:负极接触面的最小外径;

d_7:负极接触面的最大内径;

ΦP:正极接触件的同心度。

形状如图 1a)所示的电池,允许由尺寸 d_6 和 d_7 所确定的负极接触面有凹进。如果将电池首尾相接串联放置,使之相互电接触,并且接触间隔为单个电池的接触间隔的整数倍,必须满足下列条件:

$$d_6 > d_3$$

$$d_2 > d_7$$

$$h_3 > h_4$$

5 电池技术要求分类表的构成说明

5.1 按电池的外形分类列表。

5.2 在每一类中,具有相同外形但属于不同电化学体系的电池列在一起,按序排列。

5.3 电池按标称电压大小升序排列。标称电压相同的,按体积大小升序排列。

5.4 每组电池共用一张外形图。

5.5 同组电池的型号、标称电压、尺寸、放电条件、最小平均放电时间和应用归纳在一张表中。

5.6 当一张外形图只代表一种型号的电池时,电池的尺寸直接标在图上。

5.7 电池分成以下几类:

a) 第一类:圆柱形电池(图 1)
R1、R03、R6P、R6S、R14P、R14S、R20P、R20S
LR8D425、LR1、LR03、LR6、LR14、LR20

b) 第二类:圆柱形电池(图 2)
CR14250、CR15H270、CR17345、CR17450、BR17335

c) 第三类:圆形电池(图 3)
LR9、LR53、CR11108

d) 第四类:圆形电池(图 4)
PR70、PR41、PR48、PR44
LR41、LR55、LR54、LR43、LR44
SR62、SR63、SR65、SR64、SR60、SR67、SR66、SR58、SR68、SR59、SR69、SR41、SR57、SR55、SR48、SR54、SR42、SR43、SR44
CR1025、CR1216、CR1220、CR1616、CR2012、CR1620、CR2016、CR2025、CR2320、CR2032、CR2330、CR2430、CR2354、CR3032、CR2450
BR1225、BR2016、BR2320、BR2325、BR3032

e) 第五类:其他杂类圆柱形电池
R40
4LR44
2CR13252
4SR44

f) 第六类:杂类非圆柱形电池
3R12P、3R12S、3LR12
4LR61

CR-P2

2CR5

2EP3863

4R25X、4LR25X

4R25Y

4R25-2、4LR25-2

6AS4

6AS6

6F22、6LR61、6LP3146

6F100

5.8 图 1、图 2、图 3 和图 4 的圆形电池图由相应的原始图缩小或放大制成，其他图由示意图缩小或放大制成。

这两种方法制成的图均表示了相应电池的形状，电池的尺寸在各表中给出。

可参见附录 A、B 和 C 以便于查找各种型号的电池。

6 外形尺寸和电性能要求

6.1 第一类电池

6.1.1 第一类电池——外形尺寸和电性能要求

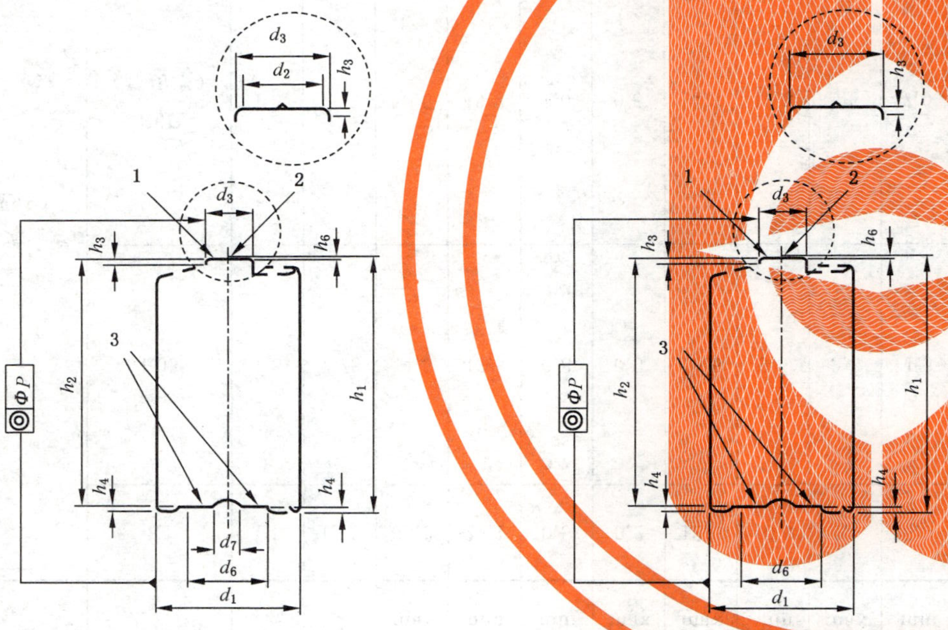

a)　　b)

图 1 第一类电池尺寸图

符合此外形和电性能要求的电池如下：

型　　号
R1、R03、R6P、R6S、R14P、R14S、R20P、R20S LR8D425、LR1、LR03、LR6、LR14、LR20

尺寸定义见第 4 章。

圆柱表面与正负极端接触件绝缘。

极端：扁平帽与底座型。

一般规定见 GB/T 8897.1。

图 1a)：负极接触面的整个表面可以不是平面。

图 1b)：负极接触面的整个表面应基本是平面。

当负极接触面是电池的最低部位时，“h_1”和“h_2”都应从该面量起，因此，“h_4”为零。

尺寸“ΦP”应按 GB/T 1182 测量。

虚线部分的外形未规定。

说明：

1——正极接触件；

2——尖顶可有可无（有尖顶的电池，“h_6”最大值为 0.4 mm）；

3——负极接触件区。

6.1.1.1 第一类电池——R1、R03、R6P、R6S 电池

电化学体系代号	型号	标称电压 V	最大开路电压 V	尺寸 mm									放电条件			最小平均放电时间[a]（初始期）	应用
				h_1	h_2	h_3	h_4	d_1		d_3	d_6	ΦP	电阻 Ω	每天放电时间	终止电压 V		
				max	min	min	max	max	min	max	min	max					
无（见注）	R1	1.5	1.73	30.2	29.1	0.5	0.2	12.0	10.9	4.0	5.0	0.5	300	12 h	0.9	76 h	助听器
													5.1	5 min	0.9	40 min	手电筒
	R03	1.5	1.73	44.5	43.3	0.8	0.5	10.5	9.5	3.8	4.3	0.4	5.1	[b]	0.9	50 min	手电筒
													10	1 h	0.9	1.5 h	数字音响
													75	4 h	0.9	20 h	收音机/时钟
													24	15 s/min 8 h/d	1.0	4 h	遥控
	R6P（高功率）	1.5	1.73	50.5	49.2	1.0	0.5	14.5	13.5	5.5	7.0	0.5	43	4 h	0.9	27 h	收音机/时钟
													3.9	1 h	0.8	65 min	马达/玩具
													10	1 h	0.9	4.1 h	磁带录音机
													24	15 s/min, 8 h/d	1.0	11 h	遥控
													1.8	[c]	0.9	75 次	脉冲检验
	R6S（普通）	1.5	1.73	50.5	49.2	1.0	0.5	14.5	13.5	5.5	7.0	0.5	43	4 h	0.9	22 h	收音机/时钟

注：电池贮存期至少为 12 个月，贮存期电池的放电指标为初始期最小平均放电时间的 80%。

[a] 标准条件（见 GB/T 8897.1—2013 中表 5 的初始期放电检验）。

[b] 每小时的前 4 min 放电，每天 8 h。

[c] 放电 15 s，停放 45 s，每天 24 h。

6.1.1.2 **第一类电池——R14P、R14S 电池**

电化学体系代号	型号	标称电压 V	最大开路电压 V	尺寸 mm									放电条件			最小平均放电时间[a]（初始期）	应用
				h_1	h_2	h_3	h_4	d_1		d_3	d_6	ΦP	电阻 Ω	每天放电时间	终止电压 V		
				max	min	min	max	max	min	max	min	max					
无（见注）	R14P（高功率）	1.5	1.73	50.0	48.6	1.5	0.9	26.2	24.9	7.5	13.0	1.0	3.9	[b]	0.9	270 min	手电筒
													20	4 h	0.9	28 h	收音机
													3.9	1 h	0.8	4 h	玩具
	R14S（普通）	1.5	1.73	50.0	48.6	1.5	0.9	26.2	24.9	7.5	13.0	1.0	3.9	[b]	0.9	120 min	手电筒
													20	4 h	0.9	15 h	收音机
													3.9	1 h	0.8	1.5 h	玩具

注：电池贮存期至少为 12 个月，贮存期电池的放电指标为初始期最小平均放电时间的 80%。

[a] 标准条件（见 GB/T 8897.1—2013 中表 5 的初始期放电检验）。

[b] 每小时的前 4 min 放电，每天 8 h。

6.1.1.3 **第一类电池——R20P、R20S、LR8D425、LR1 电池**

电化学体系代号	型号	标称电压 V	最大开路电压 V	尺寸 mm									放电条件			最小平均放电时间[a]（初始期）	应用
				h_1	h_2	h_3	h_4	d_1		d_3	d_6	ΦP	电阻 Ω	每天放电时间	终止电压 V		
				max	min	min	max	max	min	max	min	max					
无（见注 1）	R20P（高功率）	1.5	1.73	61.5	59.5	1.5	1.0	34.2	32.3	9.5	18.0	1.0	2.2	[b]	0.9	320 min	手电筒
													10	4 h	0.9	33 h	收音机
													2.2	1 h	0.8	5.5 h	玩具

6.1.1.3（续）

电化学体系代号	型号	标称电压 V	最大开路电压 V	尺寸 mm h_1	h_2	h_3	h_4	d_1		d_3	d_6	ΦP	放电条件 电阻 Ω	每天放电时间	终止电压 V	最小平均放电时间[a]（初始期）	应用
				max	min	min	max	max	min	max	min	max					
无（见注 1）	R20S（普通）	1.5	1.73	61.5	59.5	1.5	1.0	34.2	32.3	9.5	18.0	1.0	2.2	[b]	0.9	150 min	手电筒
													10	4 h	0.9	18 h	收音机
													2.2	1 h	0.8	2.5 h	玩具
L（见注 2）	LR8D425	1.5	1.68	42.5	41.5	0.7	0.1	8.3	7.7	3.8	2.3[c]	0.1	5.1	5 min	0.9	90 min	照明
													75	1 h	1.1	22 h	激光指示棒
													75	1 h	0.9	27 h	放电量检验
	LR1	1.5	1.68	30.2	29.1	0.5	0.2	12.0	10.9	4.0	5.0	0.5	300	12 h	0.9	130 h	助听器
													5.1	5 min	0.9	94 min	手电筒
													背景负载：3 000 脉冲负载：10	24 h 5 s/h[d]	0.9	888 h	寻呼机

注 1：电池贮存期至少为 12 个月，贮存期电池的放电指标为初始期最小平均放电时间的 80 %。

注 2：电池贮存期至少为 12 个月，贮存期电池的放电指标为初始期最小平均放电时间的 90 %。

[a] 标准条件（见 GB/T 8897.1—2013 中表 5 的初始期放电检验）。

[b] 每小时的前 4 min 放电，每天 8 h。

[c] 由于结构原因，该电池不符合 $d_6 > d_3$ 的要求。

[d] 10 Ω 的脉冲负载是有效负载，它应单独加载在电池上，而不是并联或串联在 3 000 Ω 的背景负载上。见下图。

示例：

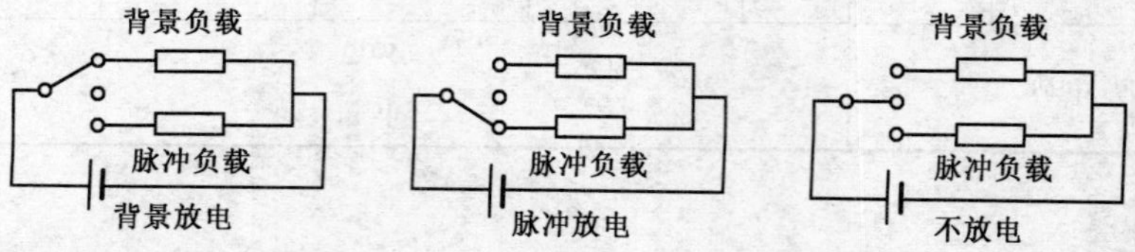

6.1.1.4 **第一类电池——LR03、LR6、LR14、LR20 电池**

电化学体系代号	型号	标称电压 V	最大开路电压 V	尺寸 mm h_1 max	h_2 min	h_3 min	h_4 max	d_1 max	d_1 min	d_3 max	d_6 min	ΦP max	放电条件 电阻 Ω	每天放电时间	终止电压 V	最小平均放电时间[a]（初始期）	应用
L（见注）	LR03	1.5	1.68	44.5	43.5	0.8	0.5	10.5	9.8	3.8	4.3	0.25	5.1	[b]	0.9	145 min	手电筒
													24	15 s/min,8 h/d	1.0	14.5 h	遥控
													5.1	1 h	0.8	2 h	玩具
													75	4 h	0.9	50 h	收音机/时钟
													电流 600 mA	[c]	0.9	170 次	照相闪光灯
													电流 100 mA	1 h	0.9	7 h	数字音响
	LR6	1.5	1.68	50.5	49.5	1.0	0.5	14.5	13.7	5.5	7.0	0.25	43	4 h	0.9	65 h	收音机/时钟
													3.9	1 h	0.8	5 h	马达/玩具
													电流 100 mA	1 h	0.9	15 h	数字音响
													电流 250 mA	1 h	0.9	5 h	CD/电子游戏机
													电流 1 000 mA	[c]	0.9	220 次	照相闪光灯
													功率 1 500 mW 650 mW 0 mW	5 min[d] 55 min	1.05	40 次	数码相机
													24	15 s/min,8 h/d	1.0	33 h	遥控
													3.3	4 min/h,8 h/d	0.9	190 min	手电筒

6.1.1.4(续)

电化学体系代号	型号	标称电压 V	最大开路电压 V	尺寸 mm h_1 max	h_2 min	h_3 min	h_4 max	d_1 max	d_1 min	d_3 max	d_6 min	ΦP max	放电条件 电阻 Ω	每天放电时间	终止电压 V	最小平均放电时间[a]（初始期）	应用
L（见注）	LR14	1.5	1.68	50.0	48.6	1.5	0.9	26.2	24.9	7.5	13.0	1.0	3.9	[b]	0.9	800 min	手电筒
													电流 400 mA	2 h	0.9	8 h	便携式立体声音响
													20	4 h	0.9	80 h	收音机
													3.9	1 h	0.8	14 h	玩具
	LR20	1.5	1.68	61.5	59.5	1.5	1.0	34.2	32.3	9.5	18.0	1.0	电流 600 mA	2 h	0.9	11 h	便携式立体声音响
													10	4 h	0.9	85 h	收音机
													2.2	1 h	0.8	16 h	玩具
													1.5	4 min/15 min，8 h/d	0.9	520 min	手电筒

注：电池贮存期至少为 12 个月，贮存期电池的放电指标为初始期最小平均放电时间的 90 %。

[a] 标准条件(见 GB/T 8897.1—2013 中表 5 的初始期放电检验)。

[b] 每小时的前 4 min 放电，每天 8 h。

[c] 放电 10 s，停放 50 s，每天 1 h。

[d] 1 500 mW 放电 2 s，650 mW 放电 28 s，重复 10 次后停放 55 min；如此重复至终止电压 1.05 V。

6.2 第二类电池

6.2.1 第二类电池——外形尺寸和电性能要求

6.2.1.1 第二类电池——CR14250、CR15H270、CR17345、CR17450、BR17335 电池

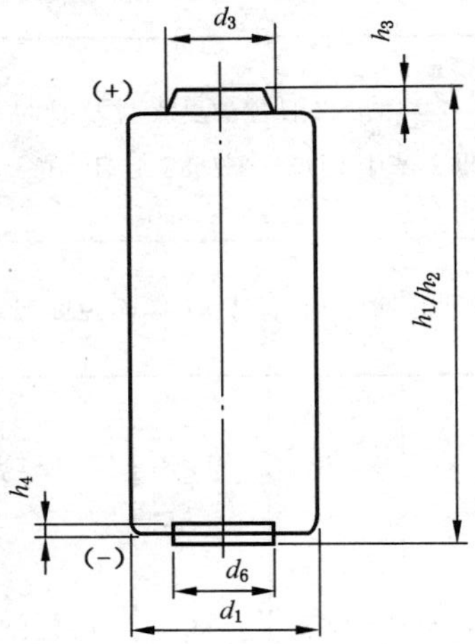

图 2 第二类电池尺寸图

尺寸定义见第 4 章。

圆柱表面与正负极端接触件绝缘。

极端类型：扁平帽与底座型。

一般规定见 GB/T 8897.1。

电化学体系代号	型号	标称电压 V	最大开路电压 V	尺寸 mm									放电条件			最小平均放电时间[a]（初始期）	应用
				h_1/h_2		h_3	h_4		d_1		d_3	d_6	电阻 Ω	每天放电时间	终止电压 V		
				max	min	min	max	min	max	min	max	min					
C（见注）	CR14250	3.0	3.7	25.0	23.5	0.4	—	—	14.5	13.5	8.0	5.0	3	24 h	2.0	750 h	放电量检验
	CR15H270	3.0	3.7	27.0[b]	26.0[b]	0.6	0.4	0.05	15.6	15.0	7.0	8.5	0.2	24 h	2.0	48 h	放电量检验
													电流 900 mA	放电 3 s，停放 27 s，每天 24 h	1.55	840 次	照相

6.2.1.1(续)

电化学体系代号	型号	标称电压 V	最大开路电压 V	尺寸 mm									放电条件			最小平均放电时间[a]（初始期）	应用
				h_1/h_2		h_3	h_4		d_1		d_3	d_6	电阻 Ω	每天放电时间	终止电压 V		
				max	min	min	max	min	max	min	max	min					
C（见注）	CR17345	3.0	3.7	34.5	33.5	1.0	0.9	0.5	17.0	16.0	9.6	11.0	0.1	24 h	2.0	40 h	放电量检验
													电流 900 mA	放电 3 s，停放 27 s，每天 24 h	1.55	1 400 次	照相
	CR17450	3.0	3.7	45.0	43.5	0.4	—	—	17.0	16.0	8.0	5.0	1	24 h	2.0	710 h	放电量检验
B（见注）	BR17335	3.0	3.7	33.5	32.0	0.1	—	—	17.0	16.0	8.0	5.0	1	24 h	1.8	380 h	放电量检验

注：电池贮存期至少为 12 个月，贮存期电池的放电指标为初始期最小平均放电时间的 98%。

[a] 标准条件（见 GB/T 8897.1—2013 中表 5 的初始期放电检验）。

[b] 尺寸 h_1/h_2 应在标签重叠处测量。

6.3 第三类电池

6.3.1 第三类电池——外形尺寸和电性能要求

6.3.1.1 第三类电池——LR9、LR53、CR11108 电池

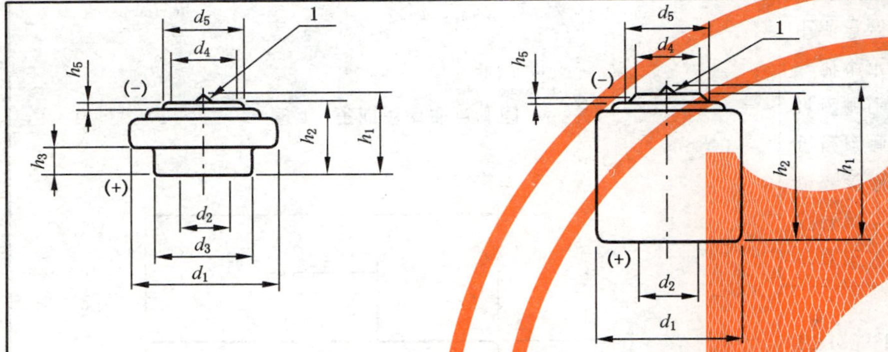

a)　　　　b)

尺寸定义见第 4 章。
圆柱表面与正极端相连。
极端类型：扁平帽与外壳型。
一般规定见 GB/T 8897.1。
电池的其他部分不应高于正极接触面。
标志：按 GB/T 8897.1—2013 中 4.1.6.2。
1——尖顶可有可无。

图 3　第三类电池尺寸图

电化学体系代号	型号	标称电压 V	最大开路电压 V	尺寸 mm h_1 max	h_2 min	h_3 min	h_5 min	d_1 max	d_1 min	d_2 min	d_3 max	d_4 min	d_5 max	放电条件 电阻 Ω	每天放电时间	终止电压 V	最小平均放电时间[a]（初始期）	应用
L（见注 1）	LR9	1.5	1.68	6.2	5.6	2.0	0.2	16.0	15.2	10.0	13.5	10.0	12.5	390	24 h	0.9	48 h	放电量检验
	LR53	1.5	1.68	6.1	5.4	2.1	0.2	23.2	22.6	18.7	20.9	15.3	21.0	470	24 h	0.9	50 h	放电量检验
C（见注 2）	CR11108	3.0	3.7	10.8	10.4	—	0.2	11.6	11.4	9.0	—	3.0	9.0	15 000	24 h	2.0	620 h	放电量检验

注 1：电池贮存期至少为 12 个月，贮存期电池的放电指标为初始期最小平均放电时间的 90%。

注 2：电池贮存期至少为 12 个月，贮存期电池的放电指标为初始期最小平均放电时间的 98%。

[a] 标准条件（见 GB/T 8897.1—2013 中表 5 的初始期放电检验）。

6.4 第四类电池

6.4.1 第四类电池——外形尺寸和电性能要求

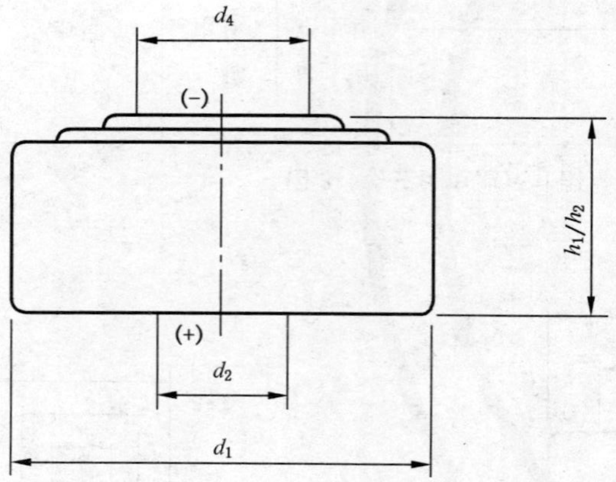

图 4 第四类电池尺寸图

符合此外形和电性能要求的电池如下：

型号
PR70、PR41、PR48、PR44 LR41、LR55、LR54、LR43、LR44 SR62、SR63、SR65、SR64、SR60、SR67、SR66、SR58、SR68、SR59、SR69、SR41、SR57、SR55、SR48、SR54、SR42、SR43、SR44 CR1025、CR1216、CR1220、CR1616、CR2012、CR1620、CR2016、CR2025、CR2320、CR2032、CR2330、CR2430、CR2354、CR3032、CR2450 BR1225、BR2016、BR2320、BR2325、BR3032

尺寸定义见第 4 章。

圆柱表面与正极端相连，正极接触应在电池侧面形成，也可在电池底部形成。

极端类型：扁平帽与外壳型。

负极接触面必须凸起。

抗接触压力见 GB/T 8897.1—2013 中 4.1.3.2。

一般规定见 GB/T 8897.1。

电池总高度与正负接触面间距之差不应超过 0.1 mm。

电池的任何部分不应凸出于正极接触面。

标志参见 GB/T 8897.1—2013 中 4.1.6.2。

6.4.1.1 第四类电池——PR70、PR41、PR48、PR44 电池

电化学体系代号	型号	标称电压 V	最大开路电压 V	尺寸 mm						放电条件			最小平均放电时间[a]（初始期）	应用
				h_1/h_2		d_1		d_2	d_4	电流	每天放电时间	终止电压 V		
				max	min	max	min	min	min					
P（见注）	PR70[b,c]	1.4	1.59	3.60	3.30	5.80	5.65	—	—	背景负载:0.7 mA 脉冲负载:3 mA	[d,e]	1.05	85 h	标准助听器
										背景负载:1 mA 脉冲负载:5 mA	[d,e]	1.05	50 h	高功率助听器
	PR41[b,c]	1.4	1.59	3.60	3.30	7.90	7.70	3.80	3.00	背景负载:1.2 mA 脉冲负载:5 mA	[d,e]	1.05	95 h	标准助听器
										背景负载:2 mA 脉冲负载:10 mA	[d,e]	1.05	55 h	高功率助听器
	PR48[b,c]	1.4	1.59	5.40	5.05	7.90	7.70	3.80	3.00	背景负载:2 mA 脉冲负载:6 mA	[d,e]	1.05	82 h	标准助听器
										背景负载:3 mA 脉冲负载:12 mA	[d,e]	1.05	55 h	高功率助听器
	PR44[b,c]	1.4	1.59	5.40	5.05	11.60	11.30	3.80	3.80	背景负载:5 mA 脉冲负载:15 mA	[d,e]	1.05	69 h	标准助听器
										背景负载:8 mA 脉冲负载:24 mA	[d,e]	1.05	45 h	高功率助听器

注：电池贮存期至少为 12 个月，贮存期电池的放电指标为初始期最小平均放电时间的 95%。

[a] 标准条件（见 GB/T 8897.1—2013 中表 5 的初始期放电检验）。

[b] 电池激活到电性能测量之间至少间隔 10 min。

[c] 用电器具设计者应将正极接触置于电池侧面，以免堵住"P"体系电池的空气入口。

[d] 脉冲负载是有效负载，它应单独加载在电池上，而不是并联或串联在背景负载上。见下图。

[e] 加载大电流 100 ms，加载小电流 119 min 59 s 900 ms，循环重复，每天 12 h。

示例：

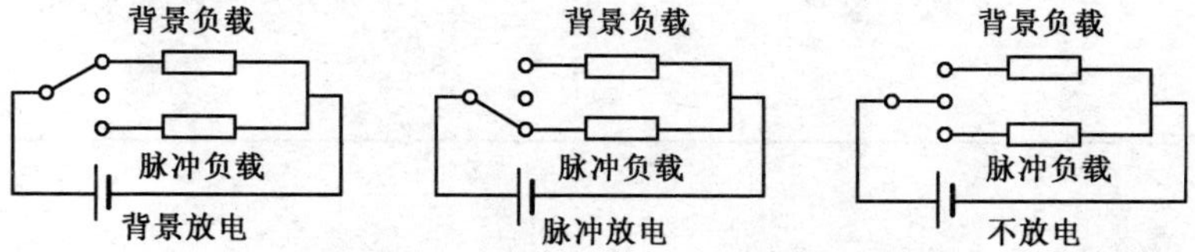

6.4.1.1（续）

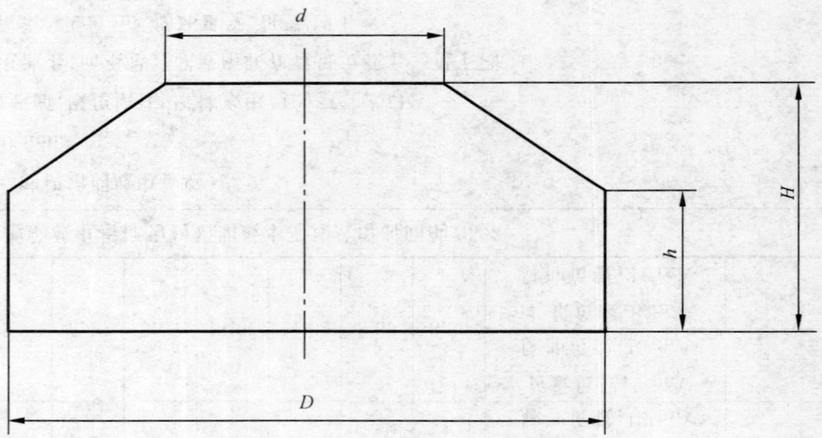

图5　P体系电池量规图

本表中规定的电池应能自由通过外形如上图的量规，量规的尺寸如下：

电化学体系代号	型号	量规尺寸 mm							
		D		*d*		*H*		*h*	
		max	min	max	min	max	min	max	min
P	PR70	5.814	5.805	4.652	4.643	3.612	3.604	3.031	3.023
	PR41	7.914	7.905	6.314	6.305	3.612	3.604	2.808	2.802
	PR48	7.914	7.905	6.314	6.305	5.412	5.404	4.612	4.604
	PR44	11.617	11.606	9.614	9.605	5.412	5.404	4.412	4.404

6.4.1.1（续）

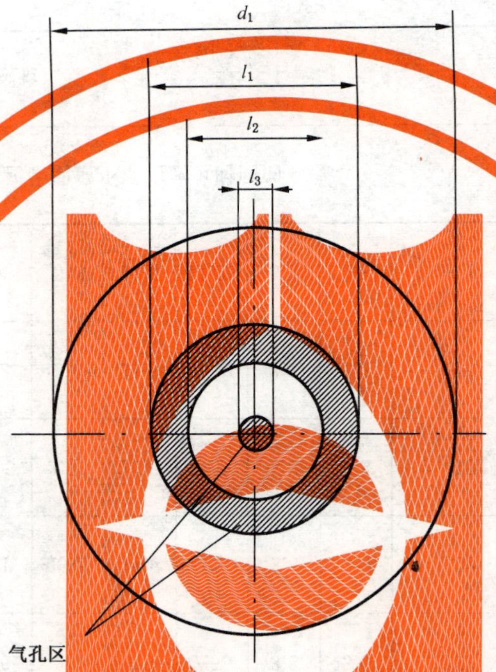

图 6　气孔位置尺寸图

型号	d_1		l_{1max}	l_{2min}	l_{3max}
	max	min			
PR70	5.80	5.65	—	—	2.00
PR41	7.90	7.70	3.70	2.30	1.00
PR48	7.90	7.70	3.70	2.30	1.00
PR44	11.60	11.30	5.80	3.80	1.00

6.4.1.2 **第四类电池——LR41、LR55、LR54、LR43、LR44 电池**

电化学体系代号	型号	标称电压 V	最大开路电压 V	尺寸 mm						放电条件			最小平均放电时间[a]（初始期）	应用
				h_1/h_2		d_1		d_2	d_4	电阻 kΩ	每天放电时间	终止电压 V		
				max	min	max	min	min	min					
L（见注）	LR41	1.5	1.68	3.6	3.3	7.9	7.55	3.8	3.0	22	24 h	1.2	300 h	放电量检验
	LR55	1.5	1.68	2.1	1.85	11.6	11.25	3.8	3.8	22	24 h	1.2	275 h	放电量检验
	LR54	1.5	1.68	3.05	2.75	11.6	11.25	3.8	3.8	15	24 h	1.2	350 h	放电量检验
	LR43	1.5	1.68	4.2	3.8	11.6	11.25	3.8	3.8	10	24 h	1.2	359 h	放电量检验
	LR44	1.5	1.68	5.4	5.0	11.6	11.25	3.8	3.8	6.8	24 h	1.2	340 h	放电量检验

注：电池贮存期至少为 12 个月，贮存期电池的放电指标为初始期最小平均放电时间的 90%。

[a] 标准条件(见 GB/T 8897.1—2013 中表 5 的初始期放电检验)。

6.4.1.3 第四类电池——SR62、SR63、SR65、SR64、SR60、SR67、SR66、SR58、SR68、SR59、SR69、SR41、SR57、SR55、SR48、SR54、SR42、SR43、SR44 电池

电化学体系代号	型号	标称电压 V	最大开路电压 V	尺寸 mm						放电条件			最小平均放电时间[a]（初始期）	应用
				h_1/h_2		d_1		d_2	d_4	电阻 kΩ	每天放电时间	终止电压 V		
				max	min	max	min	min	min					
S（见注）	SR62	1.55	1.63	1.65	1.45	5.8	5.55	3.8	2.5	82	24 h	1.2	390 h	放电量检验
	SR63	1.55	1.63	2.15	1.9	5.8	5.55	3.8	2.5	68	24 h	1.2	560 h	放电量检验
	SR65	1.55	1.63	1.65	1.45	6.8	6.6	—	3.0	100	24 h	1.2	810 h	放电量检验
	SR64	1.55	1.63	2.7	2.4	5.8	5.55	3.8	2.5	56	24 h	1.2	540 h	放电量检验
	SR60	1.55	1.63	2.15	1.9	6.8	6.5	3.8	3.0	68	24 h	1.2	685 h	放电量检验
	SR67	1.55	1.63	1.65	1.45	7.9	7.65	—	3.0	68	24 h	1.2	820 h	放电量检验
	SR66	1.55	1.63	2.6	2.4	6.8	6.6	—	3.0	47	24 h	1.2	680 h	放电量检验
	SR58	1.55	1.63	2.1	1.85	7.9	7.55	3.8	3.0	47	24 h	1.2	518 h	放电量检验
	SR68	1.55	1.63	1.65	1.45	9.5	9.25	—	3.8	47	24 h	1.2	680 h	放电量检验
	SR59	1.55	1.63	2.6	2.3	7.9	7.55	3.8	3.0	33	24 h	1.2	530 h	放电量检验
	SR69	1.55	1.63	2.1	1.85	9.5	9.25	—	3.8	33	24 h	1.2	663 h	放电量检验
	SR41	1.55	1.63	3.6	3.3	7.9	7.55	3.8	3.0	22	24 h	1.2	450 h	放电量检验
	SR57	1.55	1.63	2.7	2.4	9.5	9.15	3.8	3.8	22	24 h	1.2	500 h	放电量检验
	SR55	1.55	1.63	2.1	1.85	11.6	11.25	3.8	3.8	22	24 h	1.2	450 h	放电量检验

6.4.1.3(续)

电化学体系代号	型号	标称电压 V	最大开路电压 V	尺寸 mm h_1/h_2 max	h_1/h_2 min	d_1 max	d_1 min	d_2 min	d_4 min	放电条件 电阻 kΩ	每天放电时间	终止电压 V	最小平均放电时间[a]（初始期）	应用
S（见注）	SR48	1.55	1.63	5.4	5.0	7.9	7.55	3.8	3.0	1.5	12 h	0.9	40 h	助听器
										15	24 h	1.2	580 h	放电量检验
	SR54	1.55	1.63	3.05	2.75	11.6	11.25	3.8	3.8	15	24 h	1.2	580 h	放电量检验
	SR42	1.55	1.63	3.6	3.3	11.6	11.25	3.8	3.8	15	24 h	1.2	670 h	放电量检验
	SR43	1.55	1.63	4.2	3.8	11.6	11.25	3.8	3.8	10	24 h	1.2	620 h	放电量检验
	SR44	1.55	1.63	5.4	5.0	11.6	11.25	3.8	3.8	6.8	24 h	1.2	620 h	放电量检验
										背景负载：5.6 脉冲负载：0.039	[b,d]	0.9	450 h	[c]

注：电池贮存期至少为 12 个月，贮存期电池的放电指标为初始期最小平均放电时间的 90%。

[a] 标准条件（见 GB/T 8897.1—2013 中表 5 的初始期放电检验）。

[b] 每天 24 h，外加 39 Ω 放电，每 6 s 放电 1 s，每天 5 min。

[c] 自动摄影机的加速应用检验。

[d] 脉冲负载是有效负载，它应单独加载在电池上，而不是并联或串联在背景负载上。见下图。

示例：

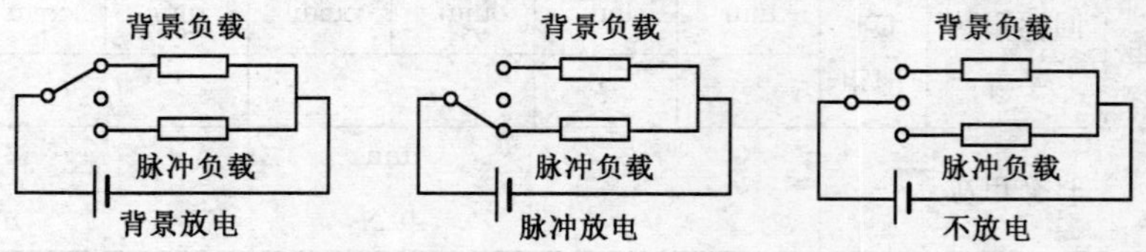

6.4.1.4 **第四类电池——CR1025、CR1216、CR1220、CR1616、CR2012、CR1620、CR2016、CR2025、CR2320、CR2032、CR2330、CR2430、CR2354、CR3032、CR2450 电池**

电化学体系代号	型号	标称电压 V	最大开路电压 V	尺寸 mm						放电条件			最小平均放电时间[a]（初始期）	应用
				h_1/h_2		d_1		d_2	d_4	电阻 kΩ	每天放电时间	终止电压 V		
				max	min	max	min	min	min					
C（见注）	CR1025	3.0	3.7	2.5	2.2	10.0	9.7	—	3.0	68	24 h	2.0	630 h	放电量检验
	CR1216	3.0	3.7	1.6	1.4	12.5	12.2	—	4.0	62	24 h	2.0	480 h	放电量检验
	CR1220	3.0	3.7	2.0	1.8	12.5	12.2	—	4.0	62	24 h	2.0	700 h	放电量检验
	CR1616	3.0	3.7	1.6	1.4	16.0	15.7	—	5.0	30	24 h	2.0	480 h	放电量检验
	CR2012	3.0	3.7	1.2	1.0	20.0	19.7	—	8.0	30	24 h	2.0	530 h	放电量检验
	CR1620	3.0	3.7	2.0	1.8	16.0	15.7	—	5.0	47	24 h	2.0	900 h	放电量检验
	CR2016	3.0	3.7	1.6	1.4	20.0	19.7	—	8.0	30	24 h	2.0	675 h	放电量检验
	CR2025	3.0	3.7	2.5	2.2	20.0	19.7	—	8.0	15	24 h	2.0	540 h	放电量检验
	CR2320	3.0	3.7	2.0	1.8	23.0	22.6	—	8.0	15	24 h	2.0	590 h	放电量检验
	CR2032	3.0	3.7	3.2	2.9	20.0	19.7	—	8.0	15	24 h	2.0	920 h	放电量检验
	CR2330	3.0	3.7	3.0	2.7	23.0	22.6	—	8.0	15	24 h	2.0	1 320 h	放电量检验
	CR2430	3.0	3.7	3.0	2.7	24.5	24.2	—	8.0	15	24 h	2.0	1 300 h	放电量检验
	CR2354	3.0	3.7	5.4	5.1	23.0	22.6	—	8.0	7.5	24 h	2.0	1 260 h	放电量检验
	CR3032	3.0	3.7	3.2	2.9	30.0	29.6	—	8.0	7.5	24 h	2.0	1 250 h	放电量检验
	CR2450	3.0	3.7	5.0	4.6	24.5	24.2	—	8.0	7.5	24 h	2.0	1 200 h	放电量检验

注：电池贮存期至少为 12 个月，贮存期电池的放电指标为初始期最小平均放电时间的 98%。

[a] 标准条件（见 GB/T 8897.1—2013 中表 5 的初始期放电检验）。

6.4.1.5 第四类电池——BR1225、BR2016、BR2320、BR2325、BR3032 电池

电化学体系代号	型号	标称电压 V	最大开路电压 V	尺寸 mm						放电条件			最小平均放电时间[a]（初始期）	应用
				h_1/h_2		d_1		d_2	d_4	电阻 kΩ	每天放电时间	终止电压 V		
				max	min	max	min	min	min					
B（见注）	BR1225	3.0	3.7	2.5	2.2	12.5	12.2	—	4.0	30	24 h	2.0	395 h	放电量检验
	BR2016	3.0	3.7	1.6	1.4	20.0	19.7	—	8.0	30	24 h	2.0	636 h	放电量检验
	BR2320	3.0	3.7	2.0	1.8	23.0	22.6	—	8.0	15	24 h	2.0	468 h	放电量检验
	BR2325	3.0	3.7	2.5	2.2	23.0	22.6	—	8.0	15	24 h	2.0	696 h	放电量检验
	BR3032	3.0	3.7	3.2	2.9	30.0	29.6	—	8.0	7.5	24 h	2.0	1 310 h	放电量检验

注：电池贮存期至少为 12 个月，贮存期电池的放电指标为初始期最小平均放电时间的 98%。

[a] 标准条件（见 GB/T 8897.1—2013 中表 5 的初始期放电检验）。

6.5 第五类电池

6.5.1 第五类电池——外形尺寸和电性能要求

6.5.1.1 第五类电池——R40 电池

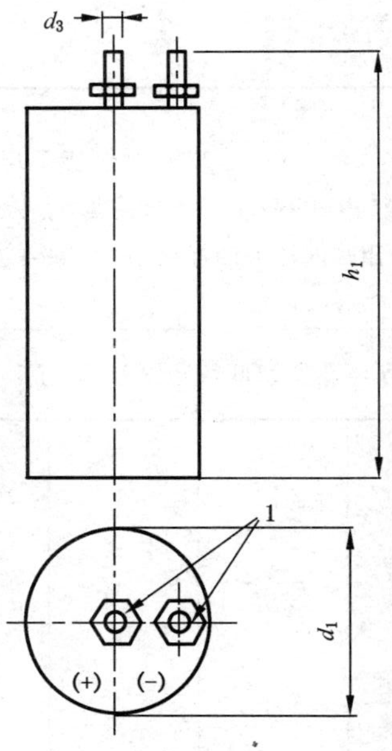

图 7 R40 电池尺寸图

极端类型:螺栓极端。

一般规定见 GB/T 8897.1。

1——金属螺母。

6.5.1.1（续）

电化学体系代号	型号	标称电压 V	最大开路电压 V	尺寸 mm			放电条件			最小平均放电时间[a]（初始期）	应用
				h_1	d_1	d_3	电阻 Ω	每天放电时间	终止电压 V		
				max	max	max					
无（见注）	R40	1.5	1.73	172	67	4.2	6.8	[b]	0.93	200 d	工业设备 1
							2.7	[c]	0.85	60 h	工业设备 2
							10	24 h	0.85	280 h	工业设备 3
							51	24 h	0.9	80 d	电围栏控制器

注：电池贮存期至少为 12 个月，贮存期电池的放电指标为初始期最小平均放电时间的 80%。

[a] 标准条件（见 GB/T 8897.1—2013 中表 5 的初始期放电检验）。

[b] 每天放电 10 h，每周前 6 d 中，每小时的前 4 min 放电；第 7 d，每 2 h 的前 4 min 放电。

[c] 放电 1 h，停放 6 h，再放电 1 h，停放 16 h。

6.5.1.2 第五类电池——4LR44、2CR13252、4SR44 电池

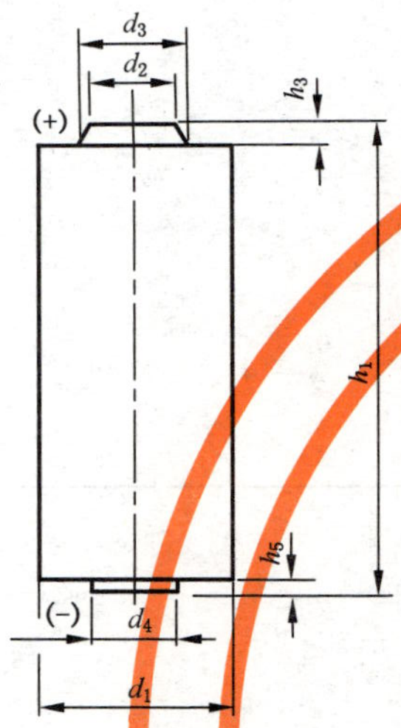

图 8 4LR44、2CR13252、4SR44 电池尺寸图

圆柱表面应与正负极接触面绝缘。

极端类型：平面极端。

一般规定见 GB/T 8897.1。

电化学体系代号	型号	标称电压 V	最大开路电压 V	尺寸 mm h_1 max	h_1 min	h_3 min	h_5 max	h_5 min	d_1 max	d_1 min	d_2 min	d_3 max	d_4 min	放电条件 电阻 kΩ	每天放电时间	终止电压 V	最小平均放电时间[a]（初始期）	应用
L（见注 1）	4LR44	6.0	6.72	25.2	23.9	0.7	0.40	0.05	13	12	5.0	6.5	5.0	背景负载 27 脉冲负载 0.160	b,e	3.6	310 h	c
														27	24 h	3.6	420 h	放电量检验
														0.1	d	3.6	950 次	脉冲检验
C(见注 2)	2CR13252	6.0	7.4	25.2	23.9	0.7	0.40	0.05	13	12	5.0	6.5	5.0	30	24 h	4.0	620 h	放电量检验
S（见注 1）	4SR44	6.2	6.52	25.2	23.9	0.7	0.40	0.05	13	12	5.0	6.5	5.0	背景负载 27 脉冲负载 0.160	b,e	3.6	570 h	c
														27	24 h	3.6	620 h	放电量检验
														0.1	d	3.6	1 000 次	脉冲检验

注 1：电池贮存期至少为 12 个月，贮存期电池的放电指标为初始期最小平均放电时间的 90%。

注 2：电池贮存期至少为 12 个月，贮存期电池的放电指标为初始期最小平均放电时间的 98%。

6.5.1.2(续)

[a] 标准条件(见 GB/T 8897.1—2013 中表 5 的初始期放电检验)。

[b] 每天 24 h,外加 160 Ω 放电,每 6 s 放电 1 s,每天 5 min。

[c] 自动摄影机的加速应用检验。

[d] 每天 24 h,放电 2 s,停放 1 s。

[e] 脉冲负载是有效负载,它应单独加载在电池上,而不是并联或串联在背景负载上,见下图。

示例:

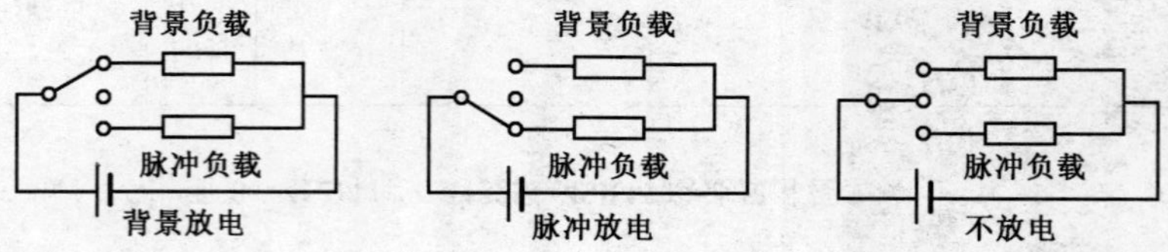

6.6 第六类电池

6.6.1 第六类电池——外形尺寸和电性能要求

6.6.1.1 第六类电池——3R12P、3R12S、3LR12 电池

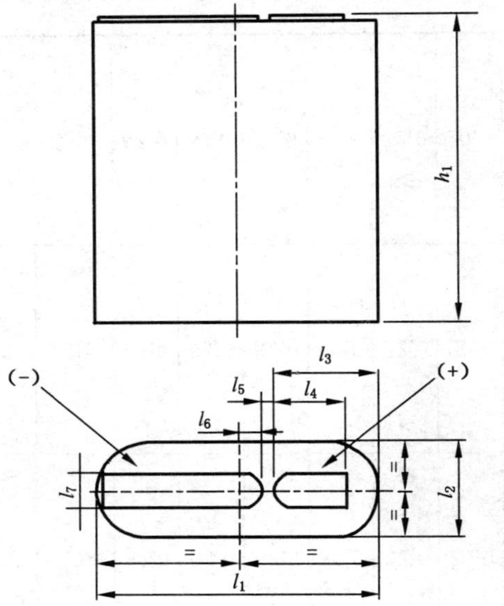

图 9 3R12P、3R12S、3LR12 电池尺寸图

极端类型:弹簧夹。

一般规定见 GB/T 8897.1。

6.6.1.1（续）

电化学体系代号	型号	标称电压 V	最大开路电压 V	尺寸 mm																放电条件			最小平均放电时间[a]（初始期）	应用
				h_1		l_1		l_2		l_3		l_4		l_5		l_6		l_7		电阻 Ω	每天放电时间	终止电压 V		
				max	min	max	min	max	min	max	min	max	min	max	min	max	min	max	min					
无（见注 1）	3R12P（高功率）	4.5	5.19	67.0	63.0	62.0	60.0	22.0	20.0	—	23.0	—	16.0	—	1.0	—	3.0	7.0	6.0	20	1 h	2.7	5.5 h	手电筒
																				220	4 h	2.7	96 h	收音机
	3R12S（普通）	4.5	5.19	67.0	63.0	62.0	60.0	22.0	20.0	—	23.0	—	16.0	—	1.0	—	3.0	7.0	6.0	20	1 h	2.7	3.5 h	手电筒
																				220	4 h	2.7	96 h	收音机
L（见注 2）	3LR12	4.5	5.04	67.0	63.0	62.0	60.0	22.0	20.0	—	23.0	—	16.0	—	1.0	—	3.0	7.0	6.0	20	1 h	2.7	12 h	手电筒
																				220	4 h	2.7	300 h	收音机

注 1：电池贮存期至少为 12 个月，贮存期电池的放电指标为初始期最小平均放电时间的 80%。

注 2：电池贮存期至少为 12 个月，贮存期电池的放电指标为初始期最小平均放电时间的 90%。

[a] 标准条件（见 GB/T 8897.1—2013 中表 5 的初始期放电检验）。

6.6.1.2 第六类电池——4LR61电池

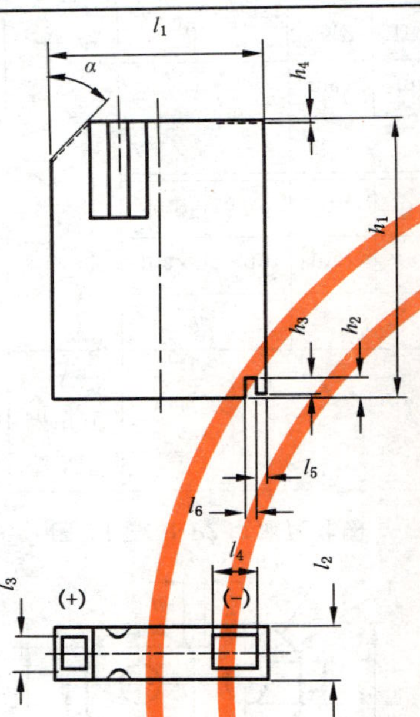

图 10 4LR61电池尺寸图

极端类型：平面接触。

一般规定见 GB/T 8897.1。

<table>
<tr><th rowspan="2">电化学体系代号</th><th rowspan="2">型号</th><th rowspan="2">标称电压
V</th><th rowspan="2">最大开路电压
V</th><th colspan="12" rowspan="2">尺寸
mm</th><th colspan="3">放电条件</th><th rowspan="2">最小平均放电时间[a]（初始期）</th><th rowspan="2">应用</th></tr>
<tr><th>电阻
kΩ</th><th>每天放电时间</th><th>终止电压
V</th></tr>
<tr><td rowspan="6">L
（见注）</td><td rowspan="6">4LR61</td><td rowspan="6">6.0</td><td rowspan="6">6.72</td><td colspan="2">h_1</td><td colspan="2">h_2</td><td colspan="2">h_3</td><td colspan="2">h_4</td><td colspan="2">l_1</td><td colspan="2">l_2</td><td rowspan="3">0.33</td><td rowspan="3">24 h</td><td rowspan="3">3.6</td><td rowspan="3">24 h</td><td rowspan="3">电子设备</td></tr>
<tr><td>max</td><td>min</td><td>max</td><td>min</td><td>max</td><td>min</td><td>max</td><td>min</td><td>max</td><td>min</td><td>max</td><td>min</td></tr>
<tr><td>48.5</td><td>47.0</td><td>2.7</td><td>2.2</td><td>2.3</td><td>1.8</td><td>0.8</td><td>0.3</td><td>35.6</td><td>35.0</td><td>9.2</td><td>8.7</td></tr>
<tr><td colspan="2">l_3</td><td colspan="2">l_4</td><td colspan="2">l_5</td><td colspan="2">l_6</td><td colspan="2">α</td><td colspan="2" rowspan="3"></td><td rowspan="3">6.8</td><td rowspan="3">24 h</td><td rowspan="3">3.6</td><td rowspan="3">700 h</td><td rowspan="3">放电量检验</td></tr>
<tr><td>max</td><td>min</td><td>max</td><td>min</td><td>max</td><td>min</td><td>max</td><td>min</td><td colspan="2">—</td></tr>
<tr><td>6.5</td><td>6.0</td><td>8.0</td><td>6.5</td><td>1.5</td><td>1.0</td><td>2.5</td><td>2.0</td><td colspan="2">45°</td></tr>
</table>

注：电池贮存期至少为12个月，贮存期电池的放电指标为初始期最小平均放电时间的90%。

[a] 标准条件（见 GB/T 8897.1—2013 中表5的初始期放电检验）。

6.6.1.3 第六类电池——CR-P2 电池

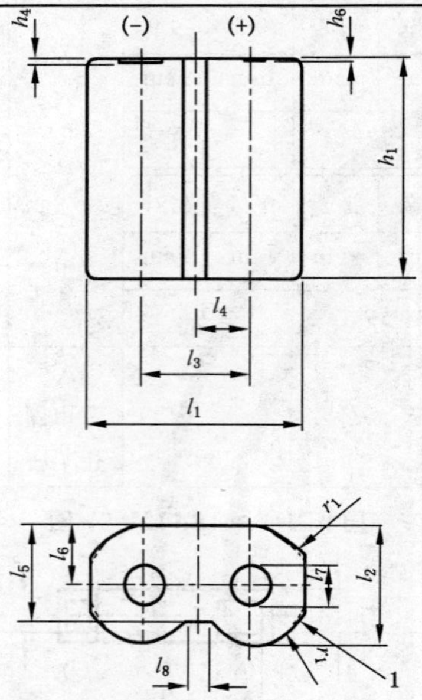

图 11 CR-P2 电池尺寸图

极端类型：平面凹进接触。

一般规定见 GB/T 8897.1。

1——也可以是圆边。

<table>
<tr><th rowspan="2">电化学
体系代号</th><th rowspan="2">型号</th><th rowspan="2">标称
电压
V</th><th rowspan="2">最大开
路电压
V</th><th colspan="12" rowspan="2">尺寸
mm</th><th colspan="3">放电条件</th><th rowspan="2">最小平均
放电时间[a]
（初始期）</th><th rowspan="2">应用</th></tr>
<tr><th>电阻
kΩ</th><th>每天放
电时间</th><th>终止
电压
V</th></tr>
<tr><td rowspan="6">C
（见注）</td><td rowspan="6">CR-P2</td><td rowspan="6">6.0</td><td rowspan="6">7.4</td><td colspan="2">h_1</td><td colspan="2">h_4</td><td colspan="2">h_6</td><td colspan="2">l_1</td><td colspan="2">l_2</td><td colspan="2">l_3</td><td rowspan="3">200</td><td rowspan="3">24 h</td><td rowspan="3">4.0</td><td rowspan="3">40 h</td><td rowspan="3">放电量
检验</td></tr>
<tr><td>max</td><td>min</td><td>max</td><td>min</td><td>max</td><td>min</td><td>max</td><td>min</td><td>max</td><td>min</td><td colspan="2">—</td></tr>
<tr><td>36.0</td><td>34.5</td><td>1.5</td><td>0.7</td><td>1.0</td><td>0.1</td><td>35.0</td><td>32.5</td><td>19.5</td><td>18.5</td><td colspan="2">16.8</td></tr>
<tr><td colspan="2">l_4</td><td colspan="2">l_5</td><td colspan="2">l_6</td><td colspan="2">l_7</td><td colspan="2">l_8</td><td colspan="2">r_1</td><td rowspan="3">电流
900
mA</td><td rowspan="3">放电 3 s，
停放 27 s，
24 h/d</td><td rowspan="3">3.1</td><td rowspan="3">1 400 次</td><td rowspan="3">照机检验</td></tr>
<tr><td colspan="2">—</td><td>max</td><td>min</td><td>max</td><td>min</td><td>max</td><td>min</td><td>max</td><td>min</td><td>max</td><td>min</td></tr>
<tr><td colspan="2">8.4</td><td>16.2</td><td>15.3</td><td>9.8</td><td>9.2</td><td>8.7</td><td>7.5</td><td>—</td><td>1.3</td><td>10.0</td><td>7.4</td></tr>
</table>

注：电池贮存期至少为 12 个月，贮存期电池的放电指标为初始期最小平均放电时间的 98%。

[a] 标准条件（见 GB/T 8897.1—2013 中表 5 的初始期放电检验）。

6.6.1.4 第六类电池——2CR5 电池

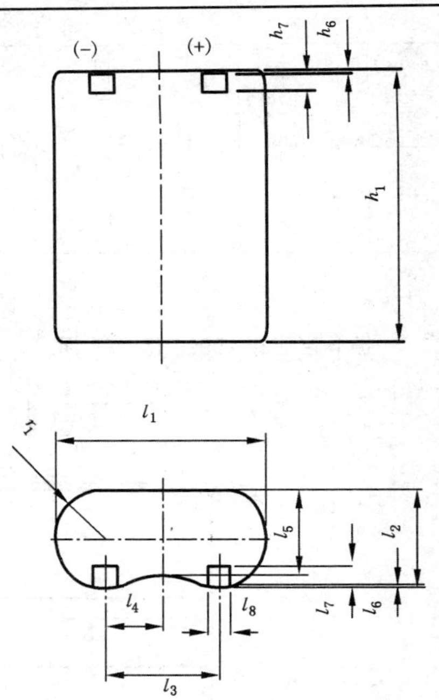

图 12 2CR5 电池尺寸图

极端类型：平面接触。

一般规定见 GB/T 8897.1。

<table>
<tr><td rowspan="2">电化学体系代号</td><td rowspan="2">型号</td><td rowspan="2">标称电压
V</td><td rowspan="2">最大开路电压
V</td><td colspan="12" rowspan="2">尺寸
mm</td><td colspan="3">放电条件</td><td rowspan="2">最小平均放电时间[a]
（初始期）</td><td rowspan="2">应用</td></tr>
<tr><td>电阻
Ω</td><td>每天放电时间</td><td>终止电压
V</td></tr>
<tr><td rowspan="6">C
（见注）</td><td rowspan="6">2CR5</td><td rowspan="6">6.0</td><td rowspan="6">7.4</td><td colspan="2">h_1</td><td colspan="2">h_6</td><td colspan="2">h_7</td><td colspan="2">l_1</td><td colspan="2">l_2</td><td colspan="2">l_3</td><td rowspan="3">200</td><td rowspan="3">24 h</td><td rowspan="3">4.0</td><td rowspan="3">40 h</td><td rowspan="3">放电量检验</td></tr>
<tr><td>max</td><td>min</td><td>max</td><td>min</td><td>max</td><td>min</td><td>max</td><td>min</td><td>max</td><td>min</td><td colspan="2">—</td></tr>
<tr><td>45.0</td><td>43.0</td><td>0.9</td><td>0.1</td><td>4.5</td><td>3.5</td><td>34.0</td><td>32.5</td><td>17.0</td><td>16.0</td><td colspan="2">16.0</td></tr>
<tr><td colspan="2">l_4</td><td colspan="2">l_5</td><td colspan="2">l_6</td><td colspan="2">l_7</td><td colspan="2">l_8</td><td colspan="2">r_1</td><td rowspan="3">电流
900 mA</td><td rowspan="3">放电 3 s
停放 27 s
24 h/d</td><td rowspan="3">3.1</td><td rowspan="3">1 400 次</td><td rowspan="3">照相检验</td></tr>
<tr><td colspan="2">—</td><td>max</td><td>min</td><td>max</td><td>min</td><td>max</td><td>min</td><td>max</td><td>min</td><td>max</td><td>min</td></tr>
<tr><td colspan="2">8.0</td><td>15.5</td><td>—</td><td>1.0</td><td>0.2</td><td>4.5</td><td>3.5</td><td>4.6</td><td>3.5</td><td>9.0</td><td>8.0</td></tr>
</table>

注：电池贮存期至少为 12 个月，贮存期电池的放电指标为初始期最小平均放电时间的 98%。

[a] 标准条件（见 GB/T 8897.1—2013 中表 5 的初始期放电检验）。

6.6.1.5 第六类电池——2EP3863 电池

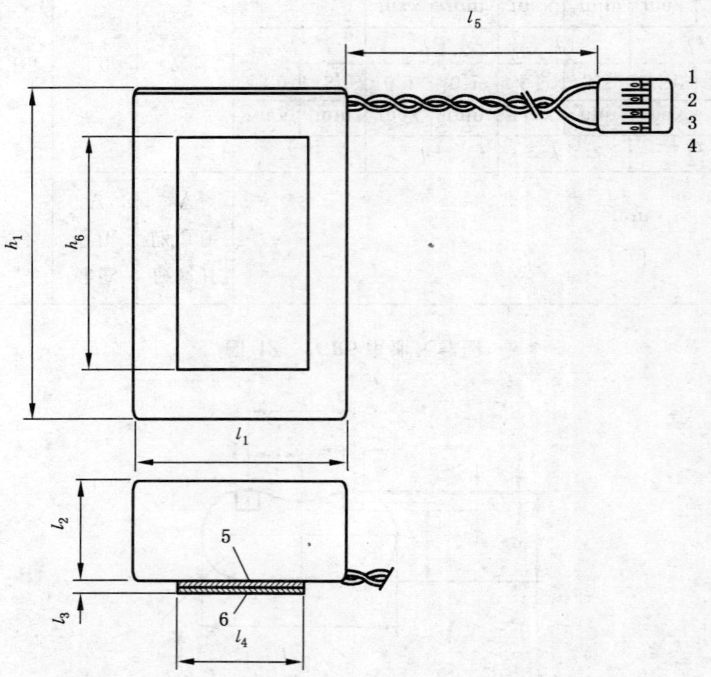

图 13 2EP3863 电池尺寸图

极端类型：两股可弯曲的导线与连接器相接。

正极：红色；

负极：黑色。

一般规定见 GB/T 8897.1。

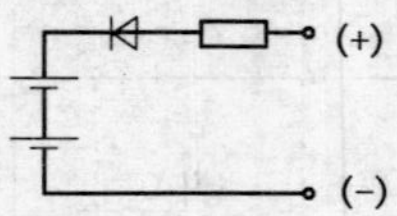

内部电路

四孔连接器：

1——负极端；

2——空脚；

3——极性键；

4——正极端。

特点：双金属触头，镍镀金。

配合参数：

——针距：2.54 mm；

——针粗：0.64 mm(方形或圆形针)；

——标称针长：5.84 mm。

紧固件：5——环孔；

6——钩扣：密度为(75～85)个/cm^2。

电化学体系代号	型号	标称电压 V	最大开路电压 V	尺寸 mm								放电条件			最小平均放电时间[a]（初始期）	应用
				h_1		h_6	l_1	l_2	l_3	l_4	l_5	电阻 kΩ	每天放电时间	终止电压 V		
				max	min	min	max	max	—	min	min					
E	2EP3863	6.0	7.8	58.5	55.0	30	38.5	20.5	3	15	190	3.3	24 h	3.0	650 h	放电量检验

[a] 标准条件(见 GB/T 8897.1—2013 中表 5 的初始期放电检验)。

6.6.1.6 **第六类电池——4R25X、4LR25X 电池**

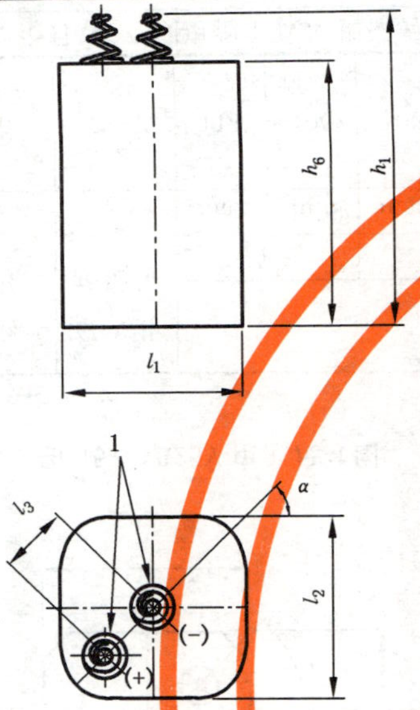

图 14 4R25X、4LR25X 电池尺寸图

极端类型：至少绕了 3 圈的螺旋弹簧极端，可压至离电池盒平面 3 mm 以内。

此电池有圆角和斜角两种，应能自由通过直径为 82.6 mm 量规。

一般规定见 GB/T 8897.1。

1——线绕螺旋弹簧极端。

电化学体系代号	型号	标称电压 V	最大开路电压 V	尺寸 mm											放电条件			最小平均放电时间[a]（初始期）	应用
				h_1		h_6		l_1		l_2		l_3		α	电阻 Ω	每天放电时间	终止电压 V		
				max	min	max	min	max	min	max	min	max	min	—					
无（见注 1）	4R25X	6.0	6.92	115	108	102	97	67	65	67	65	27	23	45°	8.2	30 min	3.6	350 min	手电筒(1)
															9.1	[b]	3.6	270 min	手电筒(2)
															110	12 h	3.6	155 h	道路警灯
L（见注 2）	4LR25X	6.0	6.72	115	108	102	97	67	65	67	65	27	23	45°	8.2	30 min	3.6	900 min	手电筒(1)
															9.1	[b]	3.6	1 020 min	手电筒(2)
															110	12 h	3.6	310 h	道路警灯

注 1：电池贮存期至少为 12 个月，贮存期电池的放电指标为初始期最小平均放电时间的 80%。

注 2：电池贮存期至少为 12 个月，贮存期电池的放电指标为初始期最小平均放电时间的 90%。

[a] 标准条件（见 GB/T 8897.1—2013 中表 5 的初始期放电检验）。

[b] 每小时的前 30 min 放电，每天 8 h。

6.6.1.7 第六类电池——4R25Y 电池

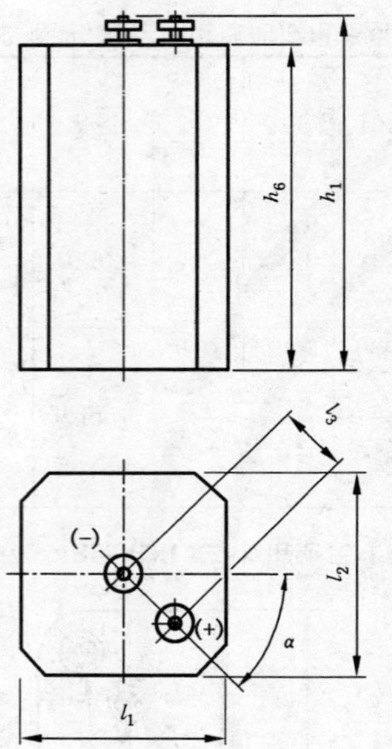

图 15 4R25Y 电池尺寸图

极端类型:螺栓极端(绝缘螺母或金属螺母)。

极端螺栓最大直径为 3.5 mm。

此电池有斜角和圆角两种,应能自由通过直径为 82.6 mm 量规。

一般规定见 GB/T 8897.1。

电化学体系代号	型号	标称电压 V	最大开路电压 V	尺寸 mm											放电条件			最小平均放电时间[a](初始期)	应用
				h_1		h_6		l_1		l_2		l_3		α	电阻	每天放电时间	终止电压		
				max	min	max	min	max	min	max	min	max	min	—	Ω		V		
无(见注)	4R25Y	6.0	6.92	114	106	102	97	67	65	67	65	25	22	45°	8.2	30 min	3.6	350 min	手电筒(1)
															9.1	[b]	3.6	270 min	手电筒(2)
															110	12 h	3.6	155 h	道路警灯

注:电池贮存期至少为 12 个月,贮存期电池的放电指标为初始期最小平均放电时间的 80%。

[a] 标准条件(见 GB/T 8897.1—2013 中表 5 的初始期放电检验)。

[b] 每小时的前 30 min 放电,每天 8 h。

6.6.1.8 **第六类电池——4R25-2、4LR25-2 电池**

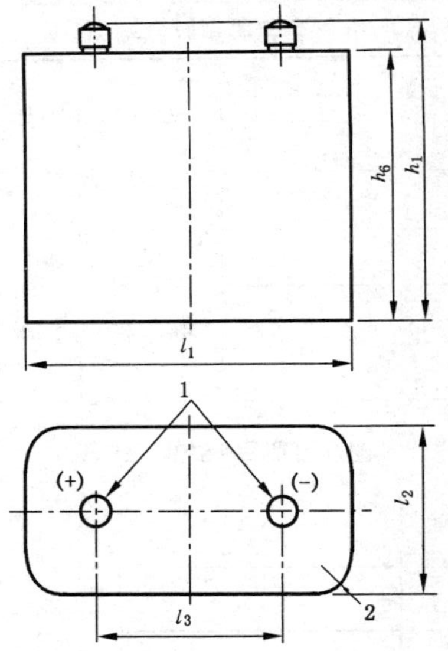

图 16 4R25-2、4LR25-2 电池尺寸图

极端类型:螺栓极端(绝缘螺母)。
极端螺栓最大直径为 4.2 mm。
极端支承面的最小直径为 6.3 mm。
一般规定见 GB/T 8897.1。

1——绝缘螺母。

电化学体系代号	型号	标称电压 V	最大开路电压 V	尺寸 mm											放电条件			最小平均放电时间[a](初始期)	应用
				h_1		h_6		l_1		l_2		l_3		r	电阻 Ω	每天放电时间	终止电压 V		
				max	min	max	min	max	min	max	min	max	min	min					
无(见注 1)	4R25-2	6.0	6.92	127	—	114.0	109.5	136.5	132.5	73.0	69.0	77.0	75.2	14.0	8.2	30 min	3.6	900 min	手电筒(1)
															9.1	[b]	3.6	696 min	手电筒(2)
															110	12 h	3.6	200 h	道路警灯
L(见注 2)	4LR25-2	6.0	6.72	127	—	114.0	109.5	136.5	132.5	73.0	69.0	77.0	75.4	14.0	8.2	30 min	3.6	1 800 min	手电筒(1)
															9.1	[b]	3.6	2 040 min	手电筒(2)
															110	12 h	3.6	620 h	道路警灯

注 1:电池贮存期至少为 12 个月,贮存期电池的放电指标为初始期最小平均放电时间的 80%。

注 2:电池贮存期至少为 12 个月,贮存期电池的放电指标为初始期最小平均放电时间的 90%。

[a] 标准条件(见 GB/T 8897.1—2013 中表 5 的初始期放电检验)。

[b] 每小时的前 30 min 放电,每天 8 h。

6.6.1.9 第六类电池——6AS4 电池

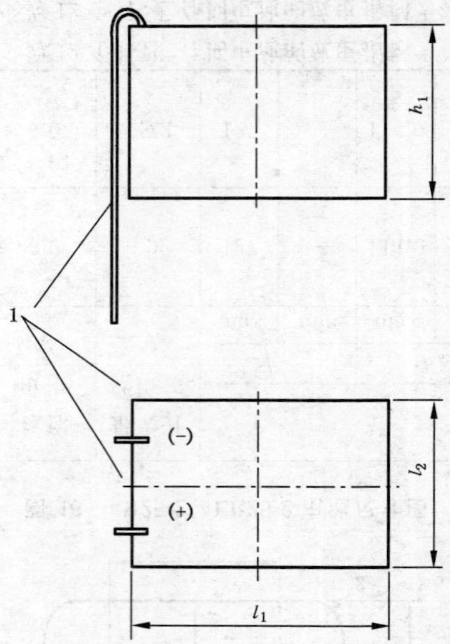

图 17 6AS4 电池尺寸图

极端类型：导线

极端连线最小自由长度为 200 mm。

一般规定见 GB/T 8897.1。

1——导线。

电化学体系代号	型号	标称电压 V	最大开路电压 V	尺寸 mm			放电条件			最小平均放电时间[a]（初始期）	应用
				h_1 max	l_1 max	l_2 max	电阻 Ω	每天放电时间	终止电压 V		
A（见注）	6AS4[b]	8.4	9.30	114	168	113	300	24 h	5.4	80 d	电围栏控制器

注：电池贮存期至少为 12 个月，贮存期电池的放电指标为初始期最小平均放电时间的 80%。

[a] 标准条件（见 GB/T 8897.1—2013 中表 5 的初始期放电检验）。

[b] 电器具设计者应注意确保“A”体系电池的空气入口通畅。

6.6.1.10　第六类电池——6AS6 电池

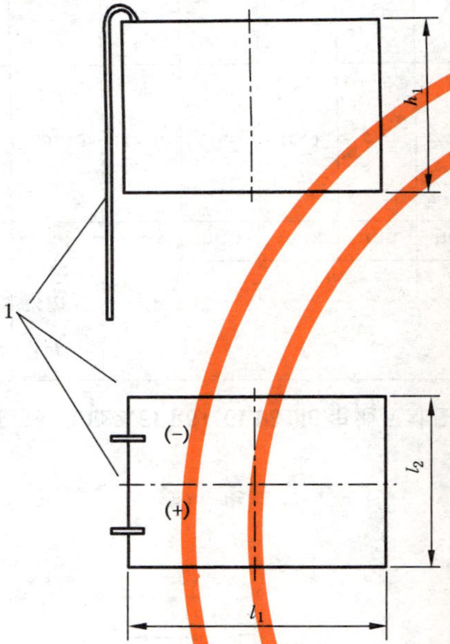

图 18　6AS6 电池尺寸图

极端类型:导线

极端连线最小自由长度为 200 mm。

连线末端可与专用极端相接。

一般规定见 GB/T 8897.1。

1——导线。

电化学体系代号	型号	标称电压 V	最大开路电压 V	尺寸 mm h_1 max	尺寸 mm l_1 max	尺寸 mm l_2 max	放电条件 电阻 Ω	放电条件 每天放电时间	放电条件 终止电压 V	最小平均放电时间[a]（初始期）	应用
A（见注）	6AS6[b]	8.4	9.30	162	192	128	300	24 h	5.4	120 d	电围栏控制器

注：电池贮存期至少为 12 个月,贮存期电池的放电指标为初始期最小平均放电时间的 80%。

[a] 标准条件(见 GB/T 8897.1—2013 中表 5 的初始期放电检验)。

[b] 电器具设计者应注意确保“A”体系电池的空气入口通畅。

6.6.1.11 第六类电池——6F22、6LR61、6LP3146 电池

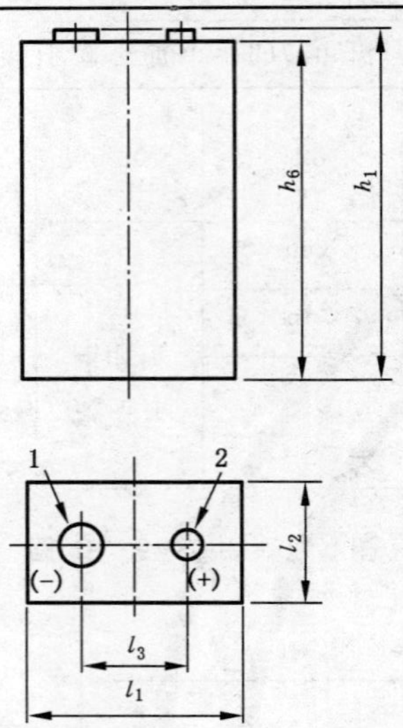

a) 电池

极端类型:小型子母扣

一般规定见 GB/T 8897.1。

1——母扣;

2——子扣。

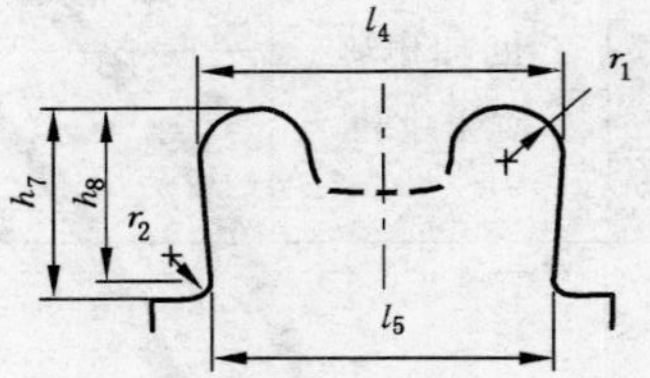

b) 子扣

尺寸 mm											
h_7		h_8		l_4		l_5		r_1		r_2	
max	min	max	min	max	min	max	min	max	min	max	min
3.10	2.90	2.59	2.49	5.77	5.67	5.43	5.33	1.0	0.6	0.5	0.3

图 19 6F22、6LR61、6LP3146 电池尺寸图

电化学体系代号	型号	标称电压 V	最大开路电压 V	尺寸 mm h_1 max	h_1 min	h_6 max	h_6 min	l_1 max	l_1 min	l_2 max	l_2 min	l_3 max	l_3 min	放电条件 电阻 Ω	每天放电时间	终止电压 V	最小平均放电时间[a](初始期)	应用
无(见注 1)	6F22	9.0	10.38	48.5	46.5	46.4	—	26.5	24.5	17.5	15.5	12.95	12.45	620	2 h	5.4	26 h	时钟收音机
														背景负载 10 000 脉冲负载 620	24 h 1 s/h[b]	7.5	8 d	烟雾探测器[c]
														270	1 h	5.4	8 h	玩具
L(见注 2)	6LR61	9.0	10.08	48.5	46.5	46.4	—	26.5	24.5	17.5	15.5	12.95	12.45	620	2 h	5.4	33 h	时钟收音机
														背景负载 10 000 脉冲负载 620	24 h 1 s/h[b]	7.5	16 d	烟雾探测器[c]
														270	1 h	5.4	12 h	玩具

6.6.1.11（续）

电化学体系代号	型号	标称电压 V	最大开路电压 V	尺寸 mm										放电条件			最小平均放电时间[a]（初始期）	应用
				h_1		h_6		l_1		l_2		l_3		电阻 Ω	每天放电时间	终止电压 V		
				max	min	max	min	max	min	max	min	max	min					
L（见注 2）	6LP3146	9.0	10.08	48.5	46.5	46.4	—	26.5	24.5	17.5	15.5	12.95	12.45	620	2 h	5.4	33 h	时钟收音机
														背景负载 10 000 脉冲负载 620	24 h，1 s/h[b]	7.5	16 d	烟雾探测器[c]
														270	1 h	5.4	12 h	玩具

注 1：电池贮存期至少为 12 个月，贮存期电池的放电指标为初始期最小平均放电时间的 80%。

注 2：电池贮存期至少为 12 个月，贮存期电池的放电指标为初始期最小平均放电时间的 90%。

[a] 标准条件（见 GB/T 8897.1—2013 中表 5 的初始期放电检验）。

[b] 脉冲负载是有效负载，它应单独加载在电池上，而不是并联或串联在背景负载上。见示例：

[c] 这是一项加速检验。

示例：

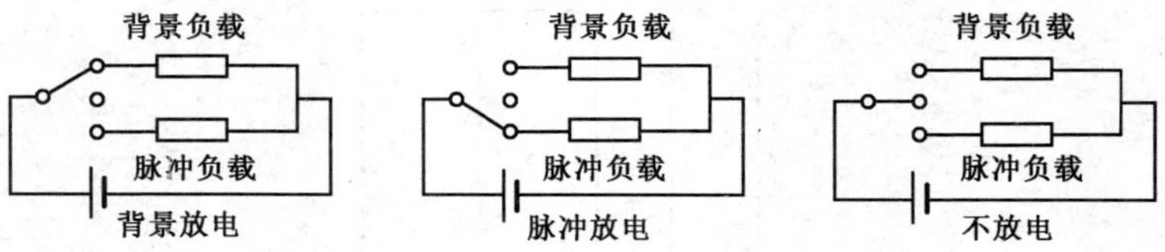

6.6.1.12 第六类电池——6F100 电池

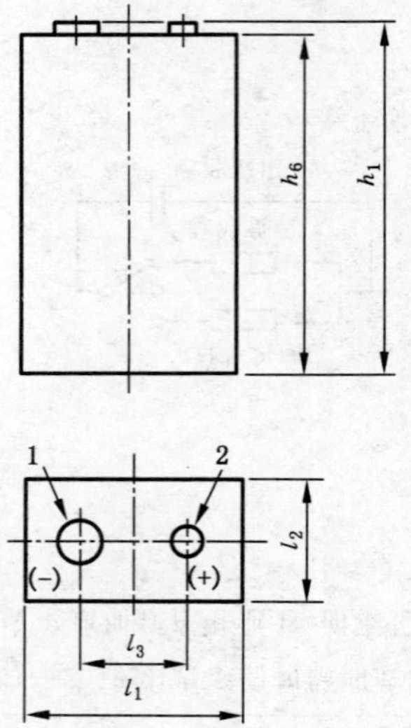

a) 电池

极端类型:标准子母扣。

一般规定见 GB/T 8897.1。

1——母扣;

2——子扣。

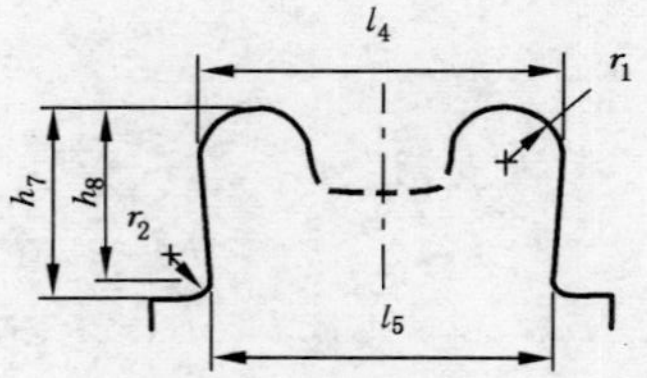

b) 子扣

尺寸 mm											
h_7		h_8		l_4		l_5		r_1		r_2	
max	min	max	min	max	min	max	min	max	min	max	min
3.30	3.10	2.72	2.62	7.21	7.11	6.72	6.60	0.66	0.53	0.7	0.4

图 20 6F100 电池尺寸图

电化学体系代号	型号	标称电压 V	最大开路电压 V	尺寸 mm										放电条件			最小平均放电时间[a]（初始期）	应用
				h_1		h_6		l_1		l_2		l_3		电阻 Ω	每天放电时间	终止电压 V		
				max	min	max	min	max	min	max	min	max	min					
无（见注）	6F100	9.0	10.38	81	78	77.9	—	66	63	52	50	35.4	34.6	240	4 h	5.4	126 h	收音机

注：电池贮存期至少为 12 个月，贮存期电池的放电指标为初始期最小平均放电时间的 80%。

[a] 标准条件（见 GB/T 8897.1—2013 中表 5 的初始期放电检验）。

7 检验方法

7.1 外观

目视检验。

7.2 尺寸

按 GB/T 8897.1—2013 中 5.6。

7.3 开路电压

按 GB/T 8897.1—2013 中 5.5。

7.4 极端抗接触压力

按 GB/T 8897.1—2013 中 4.1.3.2

7.5 放电性能(MAD 的符合性)

按 GB/T 8897.1—2013 中 5.3。

7.6 泄漏与变形

按 GB/T 8897.1—2013 中 5.7。

8 抽样和质量保证

按 GB/T 8897.1—2013 中 7。当供需双方无协议时,可按附录 E 执行。

9 标志

按 GB/T 8897.1—2013 中 4.1.6。

附 录 A
（资料性附录）
按应用检验分类的电池分类表

表 A.1～表 A.21 列出了本部分中有相同应用检验的所有电池。

表中，电池按标称电压升序排列，标称电压相同时，按体积大小升序排列。

表 A.1 道路警灯

型号	标称电压 V
4R25X	6.0
4LR25X	6.0
4R25Y	6.0
4R25-2	6.0
4LR25-2	6.0

表 A.2 工业设备

型号	标称电压 V
R40	1.5

表 A.3 电围栏控制器

型号	标称电压 V
R40	1.5
6AS4	8.4
6AS6	8.4

表 A.4 收音机

型号	标称电压 V
R14P	1.5
R14S	1.5
LR14	1.5
R20P	1.5
R20S	1.5
LR20	1.5
3R12P	4.5
3R12S	4.5
3LR12	4.5
6F100	9.0

表 A.5 收音机/时钟

型号	标称电压 V
R03	1.5
LR03	1.5
R6P	1.5
R6S	1.5
LR6	1.5
6F22	9.0
6LR61	9.0
6LP3146	9.0

表 A.6 电子设备

型号	标称电压 V
4LR61	6.0

表 A.7 寻呼机

型号	标称电压 V
LR1	1.5

表 A.8 助听器

型号	标称电压 V
R1	1.5
LR1	1.5
PR41	1.4
PR44	1.4
PR48	1.4
PR70	1.4
SR48	1.55

表 A.9 照相机

型号	标称电压 V
CR15H270	3.0
CR17345	3.0
CR-P2	6.0
2CR5	6.0

表 A.10 手电筒

型号	标称电压 V
LR8D425	1.5
R1	1.5
LR1	1.5
R03	1.5
LR03	1.5
LR6	1.5
R14P	1.5
R14S	1.5
LR14	1.5
R20P	1.5
R20S	1.5
LR20	1.5
3R12P	4.5
3R12S	4.5
3LR12	4.5
4R25X	6.0
4LR25X	6.0
4R25Y	6.0
4R25-2	6.0
4LR25-2	6.0

表 A.11 烟雾探测器

型号	标称电压 V
6F22	9.0
6LR61	9.0
6LP3146	9.0

表 A.12　玩具(马达)

型　　号	标　称　电　压 V
LR03	1.5
R6P	1.5
LR6	1.5
R14P	1.5
R14S	1.5
LR14	1.5
R20P	1.5
R20S	1.5
LR20	1.5
6F22	9.0
6LR61	9.0
6LP3146	9.0

表 A.13　遥控器

型　　号	标　称　电　压 V
R03	1.5
LR03	1.5
R6P	1.5
LR6	1.5

表 A.14　数字音响

型　　号	标　称　电　压 V
R03	1.5
LR03	1.5
LR6	1.5

表 A.15　照相机闪光灯

型　　号	标　称　电　压 V
LR03	1.5
LR6	1.5

表 A.16 激光指示棒

型号	标称电压 V
LR8D425	1.5

表 A.17 便携式立体声音响

型号	标称电压 V
LR14	1.5
LR20	1.5

表 A.18 CD/电子游戏机

型号	标称电压 V
LR6	1.5

表 A.19 数字照相机

型号	标称电压 V
LR6	1.5

表 A.20 自动摄影机

型号	标称电压 V
SR44	1.55
4LR44	6.0
4SR44	6.2

表 A.21 磁带录音机

型号	标称电压 V
R6P	1.5

附 录 B
（资料性附录）
相互对照索引

具有相同外形尺寸的电池也可属于不同的电化学体系。

表 B.1～表 B.6 对不同电化学体系的外形尺寸上可互换的电池给出比较。

电池按类列表，同一类电池分别按其电化学体系和外形尺寸分类。

电池按标称电压大小升序排列，标称电压相同的按体积大小升序排列。

表 B.1 第一类电池

外形如图 1a)和图 1b)的圆形电池	
按电化学体系分类	按外形尺寸分类
R1、R03、R6P、R6S、R14P、R14S、R20P、R20S LR8D425、LR1、LR03、LR6、LR14、LR20	LR8D425 R1、LR1 R03、LR03 R6P、R6S、LR6 R14P、R14S、LR14 R20P、R20S、LR20

表 B.2 第二类电池

外形如图 2 的圆形电池	
按电化学体系分类	按外形尺寸分类
CR14250、CR15H270、CR17345、CR17450 BR17335	CR14250 CR15H270 BR17335 CR17345 CR17450

表 B.3 第三类电池

外形如图 3 的圆形电池	
按电化学体系分类	按外形尺寸分类
LR9、LR53 CR11108	CR11108[图 3b)] LR9[图 3a)] LR53 [图 3a)]

表 B.4　第四类电池

外形如图 4 的圆形电池	
按电化学体系分类	按外形尺寸分类
PR70、PR41、PR48、PR44 LR41、LR55、LR54、LR43、LR44 SR62、SR63、SR65、SR64、SR60、SR67、SR66、SR58、SR68、SR59、SR69、SR41、SR57、SR55、SR48、SR54、SR42、SR43、SR44 CR1025、CR1216、CR1220、CR1616、CR2012、CR1620、CR2016、CR2025、CR2320、CR2032、CR2330、CR2430、CR2354、CR3032、CR2450 BR1225、BR2016、BR2325、BR3032	SR62 SR63 SR65 SR64 SR60 SR67 SR66 PR70 SR58 SR68 SR59 SR69 PR41、LR41、SR41 SR57 CR1025 CR1216 LR55、SR55 CR1220 PR48、SR48 BR1225 CR1616 LR54、SR54 CR2012 SR42 CR1620 LR43、SR43 CR2016、BR2016 PR44、LR44、SR44 CR2025 CR2320、BR2320 CR2032 BR2325 CR2330 CR2430 CR2354 CR3032、BR3032 CR2450

表 B.5 第五类电池

其他杂类圆形电池	
按电化学体系分类	按外形尺寸分类
R40 4LR44 2CR13252 4SR44	4LR44、2CR13252、4SR44 R40

表 B.6 第六类电池

杂类非圆形电池	
按电化学体系分类	按外形尺寸分类
3R12P、3R12S、4R25X、4R25Y、4R25-2、6F22、6F100 3LR12、4LR61、4LR25X、4LR25-2、6LR61、6LP3146 6AS4、6AS6 CR-P2、2CR5 2EP3863	4LR61 6F22、6LR61 CR-P2 2CR5 2EP3863 3R12P、3R12S、3LR12 6F100 4R25X、4LR25X 4R25Y 4R25-2、4LR25-2 6AS4 6AS6

附 录 C
（资料性附录）
索 引

本索引提供了特定的电池与其外形尺寸及应用检验和放电容量检验等技术要求所处页码之间的对应关系（见表C.1）。

在本索引中，电池按其型号中字母之后的数字部分升序排列，如果数值相同，则按其字母的顺序排列，若两种电池按这两个规则仍不能明确区分，则再以其型号中字母部分之前的数字升序排列。

表C.1 索引

附 录 D
(资料性附录)
通俗型号

电池的IEC型号即中国型号与其他国家或地区的电池通俗型号对照见表D.1。

表D.1 索引

IEC/中国型号	通俗型号	IEC/中国型号	通俗型号	IEC/中国型号	通俗型号
LR1	N	LR41	192	6F100	
R1	N	PR41	312	CR15H270	CR2
CR-P2	223	SR41	384、392	LR8D425	AAAA
LR03	AAA	SR42	344、350、387	CR1025	1025
R03	AAA	LR43	186	CR1216	1216
6AS4		SR43	301、386	CR1220	1220
2CR5	245	LR44	A76	BR1225	
6AS6		4LR44		CR1616	1616
LR6	AA	PR44	675	CR1620	1620
R6P	AA	SR44	303、357	CR2012	2012
R6S	AA	4SR44		BR2016	
LR9		PR48	13	CR2016	2016
3LR12		SR48	309、393	CR2025	2025
3R12P		LR53		CR2032	2032
3R12S		LR54	189、LR1130	BR2320	
LR14	C	SR54	389、390、SR1130	CR2320	2320
R14P	C	LR55	191	BR2325	
R14S	C	SR55	381、391	CR2330	2330
LR20	D	SR57	395、399、SR927	CR2354	2354
R20P	D	SR58	361、362、SR721	CR2430	2430
R20S	D	SR59	396、397、SR726	CR2450	2450
6F22	9V	SR60	363、364、SR621	BR3032	
6LR61	9V	4LR61	J	CR3032	3032
6LP3146	9V、6LF22	SR62	SR516	2EP3863	
4LR25X	Lantern	SR63	379、SR521	CR11108	1/3 N
4LR25-2	Lantern	SR64	SR527	2CR13252	2CR-1/3N、28L
4R25X	Lantern	SR65	SR616	CR14250	CR-1/2AA
4R25Y	Lantern	SR66	376、377、SR626	BR17335	BR-2/3A
4R25-2	Lantern	SR67	SR716	CR17345	123、CR123A
R40		SR68	373、SR916	CR17450	CR-A
		SR69	370、371、SR921		
		PR70	10、536、PR536		

注：在通俗型号后加标"W"字母的电池，表示可应用于手表，此类电池应符合GB/T 8897.3规定的更详细的尺寸和检验要求。

示例：SR626W、SR626SW。

附 录 E
（规范性附录）
检验规则

E.1 交收检验

按 GB/T 8897.1—2013 中 7.1.1 或 7.1.2 进行。

E.2 型式检验

型式检验按表 E.1。

表 E.1 型式检验

<table>
<tr><th>序号</th><th>检验项目</th><th>检验方法</th><th>技术要求</th><th>样本大小 n</th><th colspan="2">允许不合格电池数</th></tr>
<tr><td>1</td><td>外观</td><td>7.1</td><td>清洁、无漏液、无锈蚀、标志清晰</td><td>20</td><td colspan="2">0</td></tr>
<tr><td>2</td><td>尺寸
直径、总高度(圆柱形电池)
长、宽、高(非圆柱形电池)</td><td>7.2</td><td>6</td><td>20</td><td colspan="2">1</td></tr>
<tr><td>3</td><td>开路电压</td><td>7.3</td><td>6</td><td>20</td><td colspan="2">0</td></tr>
<tr><td>4</td><td>极端抗接触压力[a]</td><td>7.4</td><td>GB/T 8897.1—2013 中 4.1.3.2</td><td>20</td><td colspan="2">0</td></tr>
<tr><td>5</td><td>放电性能(MAD 符合性)</td><td>6；7.5[b]</td><td>6</td><td rowspan="3">N×9
(N：本标准规定的放电检验项目数)</td><td colspan="2">按 GB/T 8897.1—2013 中 5.3[c]</td></tr>
<tr><td rowspan="2">6</td><td rowspan="2">泄漏和变形</td><td rowspan="2">7.6</td><td rowspan="2">GB/T 8897.1—2013 中 4.2.2 和 4.2.3</td><td>泄漏</td><td>0</td></tr>
<tr><td>变形</td><td>$n<20$ 时，0
$20<n<40$ 时，1
$n>40$ 时，2</td></tr>
</table>

[a] 该项目仅适用于第四类电池。

[b] 放电条件按 GB/T 8897.1—2013 中 6.1、6.2 和 6.3。

[c] 电池必须满足所有放电检验要求方可判为符合本部分(见 GB/T 8897.1—2013 中 6.3)。

附 录 F
（资料性附录）
本部分与 IEC 60086-2 的技术性差异及其原因

本部分与 IEC 60086-2 的技术性差异及其原因见表 F.1。

本部分与 IEC 60086-2 在电池最小平均放电时间(MAD)指标上的差异见表 F.2。

表 F.1 本部分与 IEC 60086-2 的技术性差异及其原因

本部分章条号	技术性差异	原因
1;7;8	增加了检验方法及抽样和质量保证	目的是列出在 GB/T 8897.1 中规定的相应检验方法及抽样和质量保证的条款号，以方便标准使用者对应查找
1;附录 E	增加了检验规则	IEC 60086 未规定具体的检验或验收规则，为适合我国的国情，保证电池质量，维护消费者利益，本部分增加了附录 E 检验规则
7	提高了一些电池的最小平均放电时间指标(MAD)(详见表 F.2)	我国这些电池的实际放电时间已大大高于 IEC 60086-2 中的指标

表 F.2 本部分与 IEC 60086-2 在电池最小平均放电时间(MAD)指标上的差异

型号	放电条件			初始期 最小平均放电时间 MAD		应用
	电阻 Ω	每天放电时间	终止电压 V	IEC 60086-2	本部分	
R1	5.1	5 min	0.9	30 min	40 min	手电筒
R6P	10	1 h	0.9	4.0 h	4.1 h	磁带录音机
	1.8	放电 15 s，停放 45 s，每天 24 h	0.9	60 次	75 次	脉冲检验
R20S	2.2	每小时的前 4 min 放电，每天 8 h	0.9	100 min	150 min	手电筒
	2.2	1 h	0.8	2 h	2.5 h	玩具
LR03	5.1	每小时的前 4 min 放电，每天 8 h	0.9	130 min	145 min	手电筒
	75	4 h	0.9	44 h	50 h	收音机/时钟
LR6	43	4 h	0.9	60 h	65 h	收音机/时钟
6F22	620	2 h	5.4	24 h	26 h	时钟收音机
	270	1 h	5.4	7 h	8.0 h	玩具

ICS 29.220.10
K 82

中华人民共和国国家标准

GB/T 8897.3—2013
代替 GB/T 8897.3—2006

原电池 第3部分:手表电池

Primary batteries—Part 3: Watch batteries

(IEC 60086-3:2011,MOD)

2013-10-10 发布 2014-05-01 实施

中华人民共和国国家质量监督检验检疫总局
中国国家标准化管理委员会 发布

前　言

《原电池》系列标准分为以下5个部分：

——GB/T 8897.1《原电池　第1部分：总则》；

——GB/T 8897.2《原电池　第2部分：外形尺寸和电性能要求》；

——GB/T 8897.3《原电池　第3部分：手表电池》；

——GB 8897.4《原电池　第4部分：锂电池的安全要求》；

——GB 8897.5《原电池　第5部分：水溶液电解质电池的安全要求》。

本部分为《原电池》的第3部分。

本部分按照GB/T 1.1—2009给出的规则起草。

本部分代替GB/T 8897.3—2006《原电池　第3部分：手表电池》。

本部分修改采用IEC 60086-3：2011《原电池　第3部分：手表电池》。

本部分与IEC 60086-3：2011的差异是：

——在表8中增加了在GB/T 8897.2中以旧命名法命名的相应电池的尺寸代码，以便用户对照使用；

——标志要求略不同，以符合我国相关技术法规和标准的要求；

——增加了附录B检验规则，供用户选择使用。

本部分与GB/T 8897.3—2006相比，主要变化如下：

——修改了电池尺寸图；

——删除了G电化学体系（锂-氧化铜体系）；

——修改了电路原理图；

——表8中新增了416、421、1632、2032和2430型号的电池，删除了2420和2425型号的电池；

——增加了电池漏液程度的图示；

——型式检验增加了检验项目：外形、抗机械压力、变形。

本部分由中国轻工业联合会提出。

本部分由全国原电池标准化技术委员会（SAC/TC 176）归口。

本部分起草单位：轻工业化学电源研究所（国家化学电源产品质量监督检验中心）、广东正龙股份有限公司、力佳电源科技（深圳）有限公司、常州达立电池有限公司。

本部分主要起草人：林佩云、黄伟杰、王建、童武勃。

本部分所替代标准的历次版本发布情况如下：

GB/T 7168—1987、GB/T 7168—1996、GB/T 8897.3—2006。

IEC 引言

IEC 60086-3 由 IEC/TC 35 和 ISO/TC 114 联合工作共同制定，IEC 60086 的本部分提供了手表用原电池的特殊技术要求和有关信息，其目的是确保电池和手表能够实现最佳匹配，从而使原电池使用者、手表设计者和电池生产者受益。

今后将持续地对本部分进行详尽的复审，以确保该标准始终能跟上电池和手表技术的发展。

注：电池安全性信息参见 GB 8897.4/IEC 60086-4 和 GB 8897.5/IEC 60086-5。

原电池　第3部分:手表电池

1　范围

本部分规定了手表用原电池的尺寸、型号命名、检验方法、要求及检验规则。

本部分适用于多种检验方法时,制造商在出示电池的电性能和(或)其他性能数据时应说明采用何种检验方法。

2　规范性引用文件

下列文件对于本文件的应用是必不可少的。凡是注日期的引用文件,仅注日期的版本适用于本文件。凡是不注日期的引用文件,其最新版本(包括所有的修改单)适用于本文件。

GB/T 8897.1—2013　原电池　第1部分:总则(IEC 60086-1:2011,MOD)

GB/T 8897.2—2013　原电池　第2部分:外形尺寸和电性能要求(IEC 60086-2:2011,MOD)

GB 8897.4—2008　原电池　第4部分:锂电池的安全要求(IEC 60086-4:2007,IDT)

GB 8897.5—2013　原电池　第5部分:水溶液电解质电池的安全要求(IEC 60086-5:2011,IDT)

ISO 2859(所有部分)　计数抽样检验程序(Sampling procedures for inspection by attributes)

ISO 3951(所有部分)　计量抽样检验程序(Sampling procedures for inspection by variables)

IEC 60410　计数抽样计划和检验程序(Sampling plans and procedures for inspection by attributes)

3　术语和定义

GB/T 8897.1 界定的以及下列术语和定义适用于本文件。

3.1

容抗　capacitive reactance

内阻的一个组成部分,在加上负载的最初几秒内会导致一个电压降。

3.2

容量　capacity

在规定的放电条件下电池所能输出的电荷(电量)。

注:电荷SI单位是库仑(1 C=1 A·s),但实际上容量通常用安时(A·h)表示。

3.3

新电池　fresh battery

生产出来未超过60 d的未放过电的电池。

3.4

欧姆降　ohmic drop

在加上负载的一瞬间由内阻一个组成部分导致的电压降。

4　外形尺寸和物理性能要求

4.1　电池尺寸、符号及尺寸代码

手表用电池的尺寸和公差应符合图1、表1和表2的要求。电池尺寸按7.1检验。

图 1 中表示电池外形的符号与 GB/T 8897.2—2013 中第 4 章一致。

单位为毫米

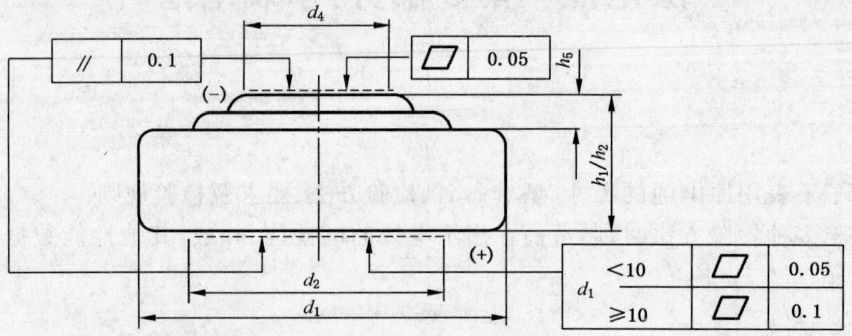

说明：

h_1——电池的最大总高度；

h_2——正、负极接触面之间的最小距离；

h_5——负极接触面凸起的最小值；

d_1——电池的最大和最小直径；

d_2——正极接触面的最小直径；

d_4——负极接触面的最小直径。

注：该字符的编制方法与《原电池》系列标准协调一致。

图 1 尺寸图

4.2 极端

负极接触端(−)：负极接触端(尺寸 d_4)应该符合表 1 和表 2 的要求。此规定不适用于负极端为“双台阶式”的电池。

正极接触端(+)：电池的圆柱体表面应当与正极端相连。正极接触端应在电池的侧面，但也可以在电池的底部。

4.3 负极极端的突出部分(h_5)

尺寸 h_5 应该符合下列要求：

当 $h_1/h_2 \leqslant 1.65$ 时，$h_5 \geqslant 0.02$；

当 $1.65 < h_1/h_2 < 2.5$ 时，$h_5 \geqslant 0.06$；

当 $h_1/h_2 \geqslant 2.5$ 时，$h_5 \geqslant 0.08$

注：负极接触端应为电池的最高点。

4.4 负极极端的形状

负极的立体空间要求：应当在 45°角以内(见图 2)。

不同高度(h_1/h_2)的电池，其 l_1 的最小值见表 3。

单位为毫米

表 1 尺寸及代码

直径			d_4	高度 h_1/h_2														
				代码[a]														
代码[a]	d_1	公差		10	12	14	16	20	21	25	26	27	30	31	32	36	42	54
				公差														
				0 −0.10	0 −0.15	0 −0.15	0 −0.18	0 −0.20	0 −0.20	0 −0.20	0 −0.20	0 −0.20	0 −0.25	0 −0.25	0 −0.25	0 −0.25	0 −0.25	0 −0.25
4	4.8	0 −0.15					1.65		2.15									
5	5.8	0 −0.15	2.6	1.05	1.25	1.45	1.65		2.15			2.70						
6	6.8	0 −0.15	3.0	1.05	1.25	1.45	1.65		2.15		2.60							
7	7.9	0 −0.15	3.5	1.05	1.25	1.45	1.65		2.10		2.60			3.10		3.60		5.40
9	9.5	0 −0.15	4.5	1.05	1.25	1.45	1.65	2.05				2.70				3.60		
11	11.6	0 −0.20	6.0	1.05	1.25	1.45	1.65	2.05			2.60		3.05			3.60	4.20	5.40
12	12.5	0 −0.25	4.0		1.20		1.60	2.00		2.50								

注：基于公差重叠的原理，表中空格处无法进行标准化。

[a] 见附录 A。

表 2 尺寸及代码

直径			d_4	高度 h_1/h_2					
				代码[a]					
代码[a]	d_1	公差		12	16	20	25	30	32
				公差					
				0 −0.20[b]	0 −0.20[b]	0 −0.25[b]	0 −0.30[b]	0 −0.30[b]	0 −0.30[b]
16	16	0 −0.25	5.0	1.20	1.60	2.0	2.50		
20	20	0 −0.25	8.0	1.20	1.60	2.0	2.50		3.20
23	23	0 −0.30	8.0	1.20	1.60	2.0	2.50		
24	24.5	0 −0.30	8.0	1.20	1.60			3.00	

注：基于公差重叠的原理，表中空格处无法进行标准化。

[a] 见附录 A。

[b] 该公差今后将会减小。

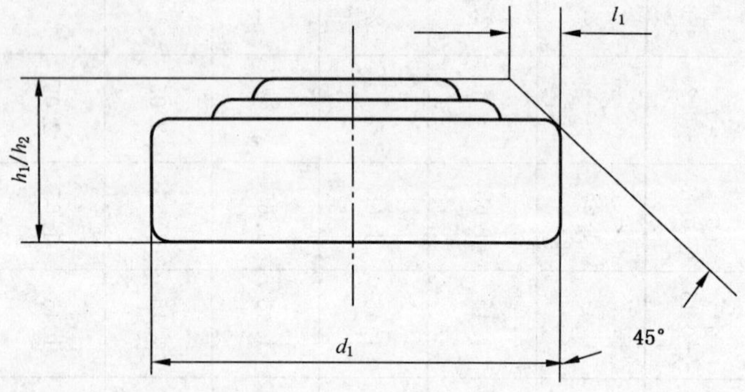

图 2 负极极端的形状

表 3 l_1 的最小值

单位为毫米

h_1/h_2	$l_{1\ min.}$
$1 < h_1/h_2 \leqslant 1.90$	0.20
$1.90 < h_1/h_2 \leqslant 3.10$	0.35
$3.60 \leqslant h_1/h_2 \leqslant 4.20$	0.70
$5.40 \leqslant h_1/h_2$	0.90

4.5 抗接触压力

通过一直径为 1 mm 的钢珠，施加表 4 规定的力 F 于正、负极接触区中心 10 s，不应产生有损电池正常功能的变形，即经此项检验之后，电池应能通过第 7 章所规定的各项检验。

表 4 不同尺寸的电池应施加的力 F

电池尺寸		力
d_1/mm	h_1/h_2/mm	F/N
<7.9	<3.0	5
	≥3.0	10
≥7.9	<3.0	10
	≥3.0	10

4.6 变形

电池尺寸应始终符合相关规定，包括放电到达终止电压的时候。

注 1：如果电池放电至低于终止电压，B、C、L 和 S 体系电池的高度可增加达 0.25 mm。

注 2：连续放电时，B 和 C 体系电池的高度有可能减小。

4.7 泄漏

未放过电的电池以及有要求时按 7.2.6 检验过的电池应按 7.3 进行检验，其可接受的不合格数由供需双方商定。

4.8 标志

4.8.1 总则

电池的型号和极性应标在电池上。其他标志可标在包装上：

a) 按附录 A 命名的型号；

b) 生产时间(年和月)和保质期，或建议的使用期的截止期限；

生产时间(年和月)可用代码表示。该代码由年份的最后一位数和表明月份的一个数字组成。10 月、11 月和 12 月分别用字母 O、Y 和 Z 表示。

示例：41:2014 年 1 月；4Y:2014 年 11 月。

c) 正极端的极性(+)；

d) 标称电压；

e) 制造厂或供应商的名称、商标和地址；

f) 执行标准编号；

g) 含汞量(适用时)；

h) 安全使用注意事项；

i) 防止误吞电池的警示。详见 GB 8897.4—2008 中 7.2m) 和 9.2 以及 GB 8897.5—2013 中 7.1.1 和 9.2。

注 1：电池标志不应妨碍电接触。

注 2：电池型号应按附录 A 的命名标注。如需加标电池俗称，可参见 GB/T 8897.2—2013 中附录 D。

注 3：扣式电池的汞含量不大于 0.005 mg/g 时，标明“无汞”；汞含量大于 0.005 mg/g、不大于 20 mg/g 时，应标明“汞含量≤20 mg/g”或“Hg≤20 mg/g”。参见 GB 24428—2009 中 9。

4.8.2 处理

电池处理方法的标志应符合当地法规的要求。

5 电性能要求

5.1 电化学体系、标称电压、终止电压和开路电压

有关电化学体系、标称电压、终止电压和开路电压的要求见表5。

表5 已标准化的电化学体系

体系字母代码	负极	电解质	正极	标称电压 V_n/V	终止电压 EV/V	开路电压 U_{OC} 或 OCV/V	
						最大值	最小值
B	锂(Li)	有机电解质	一氟化碳 (CF)x	3.0	2.0	3.70	3.00
C	锂(Li)	有机电解质	二氧化锰 (MnO_2)	3.0	2.0	3.70	3.00
L	锌(Zn)	碱金属氢氧化物	二氧化锰 (MnO_2)	1.5	1.0	1.68	1.50
S	锌(Zn)	碱金属氢氧化物	氧化银 (Ag_2O)	1.55	1.2	1.63	1.57

5.2 闭路电压 U_{cc}(CCV)、内阻和阻抗

闭路电压和内阻按7.2测定。交流阻抗用LCR三用表(电感、电容、电阻测量计)测定。

极限值由供需双方商定。

5.3 容量

应按7.2.6进行持续约30 d连续放电检验,由供需双方商定对容量的要求。

5.4 容量保持率

容量保持率是指在给定的放电条件下测定的同一批样品电池在20 ℃±2 ℃和相对湿度45%~75%下贮存12个月后的容量与其新电池容量之比。

容量保持率由供需双方商定,按7.2.6进行检测。电池贮存12个月后的容量保持率至少应为90%。

6 抽样与质量保证

6.1 总则

所采用的抽样方案或产品质量指数由供需双方商定,当双方无协议时,建议采用6.2和(或)6.3的方案,若供需双方同意也可采用附录B的方案。

6.2 抽样

6.2.1 计数抽样检验

需要进行计数抽样检验时，所选择的抽样方案应符合 IEC 60410 和(或)ISO 2859 的规定，要规定检验项目和接收质量限(AQL)(同型号的电池至少检验 3 只)。

6.2.2 计量抽样检验

需要进行计量抽样检验时，所选择的抽样方案应符合 ISO 3951 的规定，要规定检验项目、样本大小和接收质量限(AQL)。

6.3 产品质量指数

可考虑采用 GB/T 8897.1 产品质量指数中一个指数。

7 检验方法

7.1 外形和尺寸

7.1.1 外形要求

负极接触件的外形适宜采用光学投影法或采用如图 3 所示的开口量规进行检查。

测量方法应由供需双方商定。

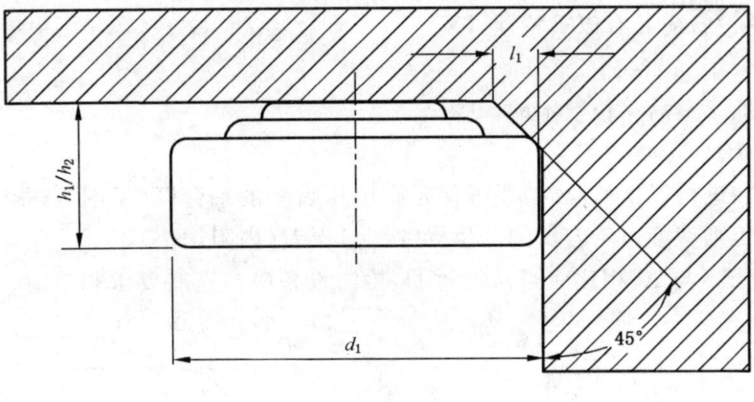

图 3 外形要求

7.2 电性能

7.2.1 环境条件

除非另有规定，样品电池应在 20 ℃±2 ℃的温度和 45%～75%的相对湿度下进行检验。

电池有可能在低温下使用，因此建议应进行 0 ℃±2 ℃和－10 ℃±2 ℃下的补充检验。

7.2.2 等效电路-等效内阻-直流法

任何电子元件的电阻都是通过计算该元件两端的电压降 ΔU 和流过该元件并导致电压降的电流变量 Δi 的比值来确定的，$R=\Delta U/\Delta i$。

注：类似地，任何电化学电池的直流内阻按式(1)确定：

$$R_i(\Omega)=\frac{\Delta U(\mathrm{V})}{\Delta i(\mathrm{A})} \qquad \cdots\cdots(1)$$

直流内阻用图 4 的瞬间电压示意图来说明：

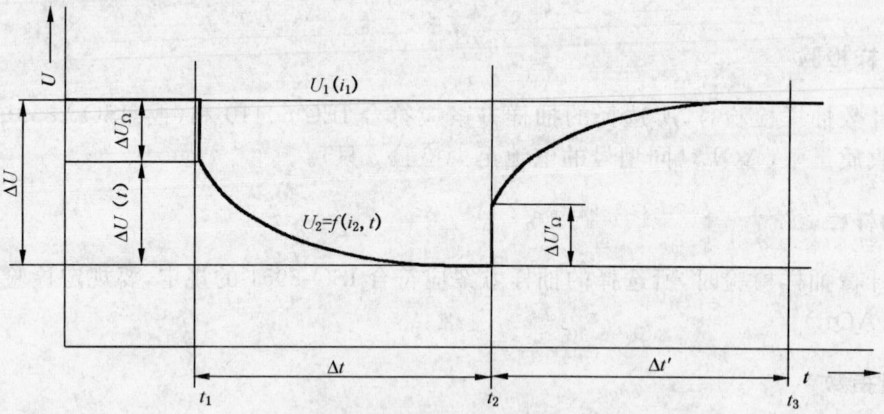

图 4　瞬间电压示意图

由图中可见，构成 ΔU 的两部分电压降性质不同，如式(2)所示：

$$\Delta U = \Delta U_\Omega + \Delta U(t) \qquad \cdots\cdots(2)$$

第一部分欧姆降 ΔU_Ω($t=t_1$ 时)与时间无关，它是由电流的增加 Δi 而引起的，其关系式为：

$$\Delta U_\Omega = \Delta i \times R_\Omega \qquad \cdots\cdots(3)$$

式中 R_Ω 是纯欧姆电阻。第二部分 $\Delta U(t)$ 与时间有关，是由电化学因素(容抗)引起的。

7.2.3　设备

用于电压检测的设备应具有以下特性：

——准确度：不低于 0.25%；

——精密度：不低于最后一位数字的 50%；

——内阻：≥1 MΩ；

——测量时机：在进行以下检验时，要确保是在电压瞬变的平台区(见图 5)进行闭路电压的测量是很重要的，否则就会由于容抗的产生导致测量误差(内阻偏小)。

测量所需的时间 $\Delta t'$ 与 Δt 相比应当是短暂的，检测设备应与这些要求相适应。

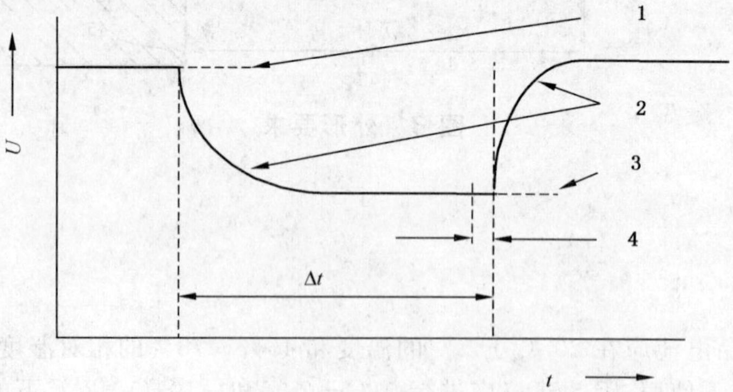

说明：

1——开路电压 U_{oc}(OCV)；

2——容抗的影响；

3——闭路电压 U_{cc}(CCV)；

4——$\Delta t'$(测量 U_{cc} 的时间)。

图 5　曲线：$U=f(t)$

7.2.4 开路电压 U_{oc}(OCV)和闭路电压 U_{cc}(CCV)的测量

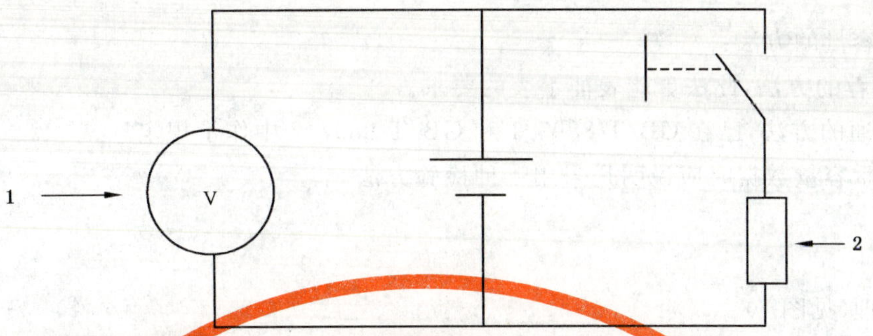

说明：

1——读出 U_{cc}/U_{oc}；

2——R_m，为测量电阻。

图 6 电路原理

首先测量开路电压 U_{oc}：进行测量时将开关断开；

接着测量闭路电压 U_{cc}：进行测量时闭合开关，使被测电池与负载 R_m 相连，持续时间为 Δt。Δt 见表 6。

表 6 闭路电压 U_{cc}(CCV)的测量方法

检测方法	电解质为 KOH 的电池[a]		所有其他电池	
	R_m/Ω	Δt/s	R_m/Ω	Δt/ms
A[b]	150±0.75	1±0.05	1 500±7.5	10±0.5
B[c]	150±0.75	0.5～2.0	470±2.35	500～2 000
C[d]	200±1.0	5±0.25	2 000±10	7.8±0.39

注：R_m 应包括被测量电池连接线的电阻以及开关的接触电阻。

[a] 该电池适用于需要有高峰值电流输出的应用。

[b] 方法 A(推荐的检验方法)：需要专用测试仪器。

[c] 方法 B：无方法 A 的测试仪器时使用。

[d] 方法 C：只有在供需双方同意下才使用。

7.2.5 内阻 R_i 的计算

内阻按式(4)计算：

$$R_i = \frac{U_{oc} - U_{cc}}{U_{cc}/R_m} \quad \cdots\cdots(4)$$

注：U_{cc}/R_m 表示通过放电电阻 R_m 输出的电流(见 7.2.4)。

7.2.6 容量的测定

7.2.6.1 总则

有两种测定容量的方法：

方法 A 是推荐的方法，此法更能表征手表的要求。

方法 B 是普通的方法，已在 GB/T 8897.1 和 GB/T 8897.2 中作了规定。

生产商在出示容量数据时应说明是采用哪种检验方法。

7.2.6.2 方法 A

a) 电路原理(见图 7)

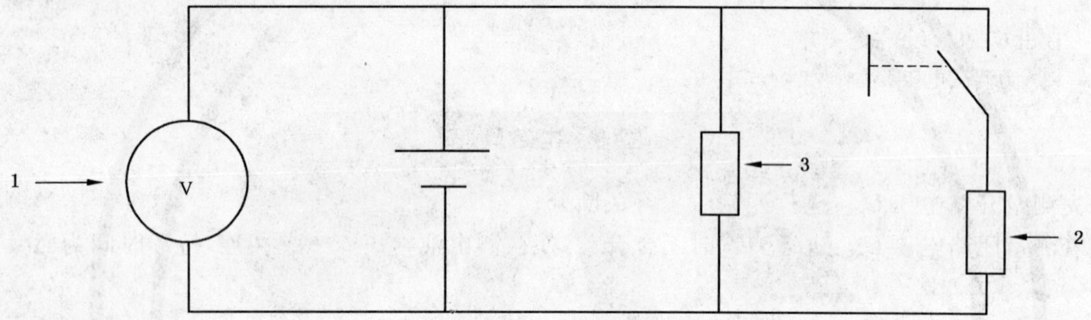

说明：

1——读出 U_{cc}/U_{oc}；

2——R_m 为测量电阻；

3——R_d 为连续放电电阻。

图 7 方法 A 的电路原理

b) 检验程序

进行放电时间约为 30 d 的恒电阻放电检验，其负载电阻 R_d 的值(在表 8 中规定)应包括外电路所有的电阻，准确度应在±0.5%以内。

c) 容量的确定

一旦电池固定性地连接上 R_d，每天至少要测量一次开路电压 U'_{oc} 和闭路电压 U_{cc}，直至 U_{cc} 首次低于终止电压。终止电压在表 5 作了规定。

1) 首先测量 U'_{oc}：由于 R_d 大大高于 R_m，U'_{oc} 约等于 U_{oc}。进行测量时开关断开。

2) 接着测量 U_{cc}：将被测电池与 R_m 相连，在表 7 规定的时间 Δt 内开关合上。

表 7 测量 U_{cc}(CCV)的方法 A

电解质为 KOH 的电池		所有其他电池	
R_m/Ω	Δt/s	R_m/Ω	Δt/ms
150±0.75	1±0.05	1 500±7.5	10±0.5

注 1：负载电阻(包括外电路各个部分的电阻)应符合表 7 和表 8 的规定。

3) 容量 C 的计算：电池容量为各部分容量 C_p 之和。在每次测量后 C_p 按式(5)计算：

$$C_p=\frac{U'_{oc}\times t_i}{R_d} \qquad \cdots\cdots(5)$$

式中：

t_i——两次测量的间隔时间。

$$C=\sum C_p$$

注 2：建议在放电末期每天测量若干次以便获得足够的准确度。

7.2.6.3 方法 B

a) 电路原理(见图 8)

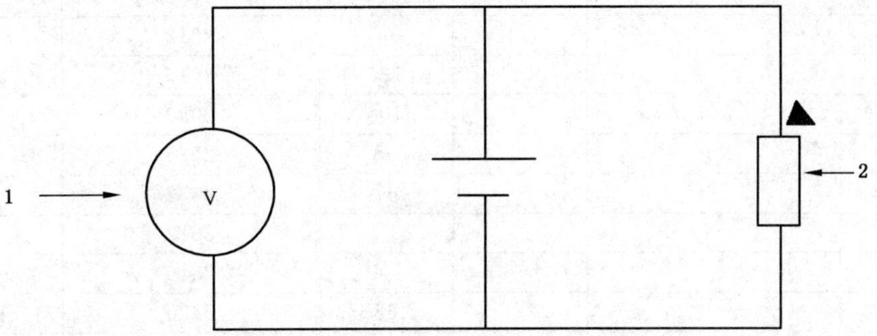

说明：

1——读出 U_{cc}/U_{oc}；

2——R_d，为连续放电电阻。

图 8 方法 B 的电路原理

b) 检验程序：按 7.2.6.2b)。

c) 容量的确定：当被测电池的闭路电压首次降低到表 5 规定的终止电压时，计算时间 t 并定义为放电时间(使用寿命)。

容量按式(6)计算：

$$C=\frac{U_{cc}(\text{平均})}{R_d}t \qquad \cdots\cdots(6)$$

式中：

C ——容量；

U_{cc}(平均)——在放电时间(0～t)内 U_{cc} 的平均电压值；

t ——放电时间(使用寿命)。

表 8 放电电阻值

尺寸代码		电化学体系代码		尺寸代码	电化学体系代码	
		L	S		C	B
GB/T 8897.3—2013	GB/T 8897.2—2013	放电电阻 kΩ		GB/T 8897.3—2013 GB/T 8897.2—2013	放电电阻 kΩ	
416				1212		
421				1216		
510				1220	62	
512				1225		
514				1612		
516	R62		150	1616		
521	R63		100	1620	47	
527	R64		68	1625		
610				1632		
612				2012		
614			120	2016	30	
616	R65		100	2020	30	
621	R60		68	2025	15	
626	R66		47	2032		
710				2312		
712			100	2316		
714			68	2320	15	
716	R67		68	2325		
721	R58		47	2412		
726	R59		33	2416		
731			27	2430		
736	R41		22			
754	R48		15			
910						
912						
914						
916	R68		47			
920			33			
927	R57		22			
936	R45		15			
1110						
1112						
1114						
1116			39			
1120			22			
1126	R56		15			
1130	R54		15			
1136	R42		15			
1142	R43		10			
1154	R44		6.8			

注：空白处未填入的放电电阻值尚在研究中。

7.2.7 按方法 A 放电时内阻 R_i 的计算(选择项,可做可不做)

按 7.2.6 的程序每次测量 U'_{oc} 和 U_{cc} 之后,可采用式(7)计算电池的内阻。

$$R_i = \frac{U'_{oc} - U_{cc}}{U_{cc}/R_m} \quad \cdots\cdots(7)$$

7.3 耐漏液性能

7.3.1 预置条件及预检验

电池在进行 7.3.2 和 7.3.3 的检验之前先按第 8 章进行外观检验。

电池在进行 7.3.2.1 和 7.3.2.2 的检验之前,应分别在规定的温度下(40 ℃和 45 ℃)预置 2 h,以避免在高湿度下形成冷凝。

7.3.2 高温高湿检验

7.3.2.1 推荐的检验方法

电池应在表 9 规定的条件下贮存。

表 9 推荐的检验方法的贮存条件

温度 ℃	相对湿度 %	检验时间 d
40±2	90～95	30 或 90
注: 进行快速例行质量控制检验时,检验时间可为 30 d,而对新的电池进行质量鉴定检验时,检验时间应为 90 d。		

7.3.2.2 供选择的检验方法

经供需双方同意可选择表 10 的检验条件。

表 10 供选择的检验方法的贮存条件

温度 ℃	相对湿度 %	检验时间 d
45±2	90～95	20 或 60
注: 进行快速例行质量控制检验时,检验时间可为 20 d,而对新的电池进行质量鉴定检验定时,检验时间应为 60 d。		

7.3.3 温度循环检验

电池应按图 9 的规定进行 150 次温度循环检验。

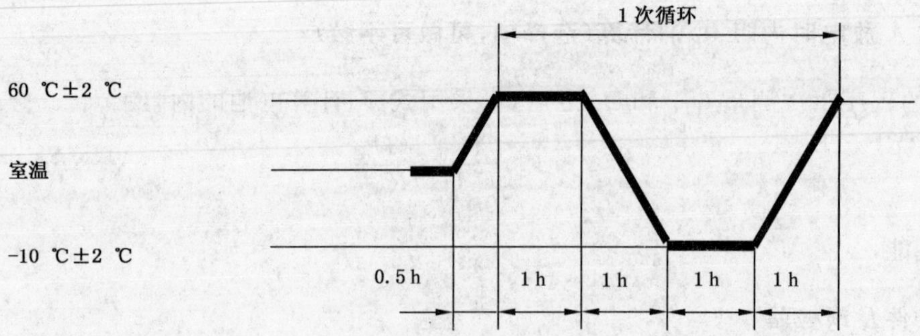

图 9　温度循环检验

相对湿度在室温下应为 50%～60%，随后它将随着温度的变化而变化。

8　外观检查及合格条件

8.1　预置条件

电池在进行外观检查之前或在进行了第 7 章所规定的检验之后，要在室温及相对湿度为 45%～70%下至少存放 24 h。

注 1：应在电解质结晶后观察漏液，必要时电池存放时间可超过 24 h。

注 2：此项检查适用于未使用过的电池、使用过的电池、或已做过不同检验的电池。

8.2　放大倍率

外观检查应在 10 x 或 15 x 的放大倍率下进行，要检出轻微的漏液需要 15 x 的放大倍率。

8.3　照明

进行外观检查时，被检电池表面的漫射白光的照度为 900 lx～1 100 lx。

8.4　漏液程度及分类

漏液程度及分类见表 11。

表 11　漏液程度及分类

漏液程度		图示	定义
类别	等级		
盐析	S1	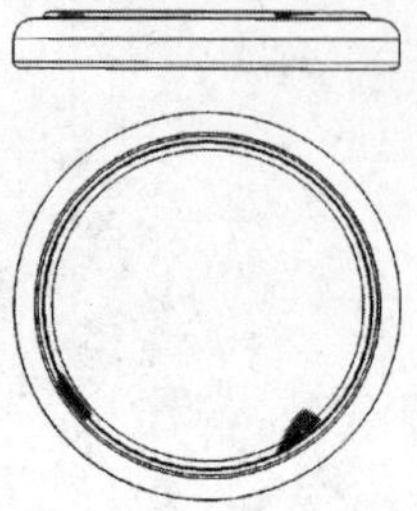	用肉眼无法看出的，需在 15 x 的放大倍率下能看出的在密封圈附近很少量的漏液，其影响范围应小于密封圈周长的 10%

表 11（续）

漏液程度		图示	定义
类别	等级		
盐析	S2	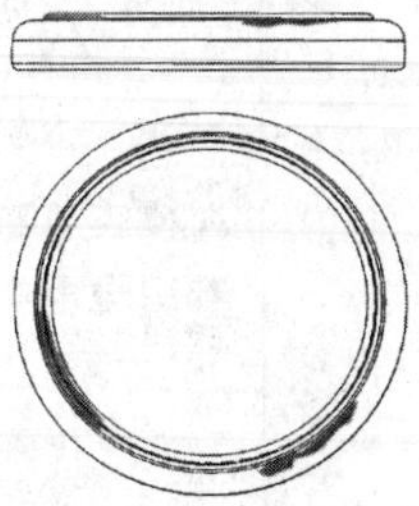	肉眼可看出的在密封圈附近的轻微漏液。在15 x的放大倍率下，可以看出漏液的影响范围超过密封圈周长的10％
	S3	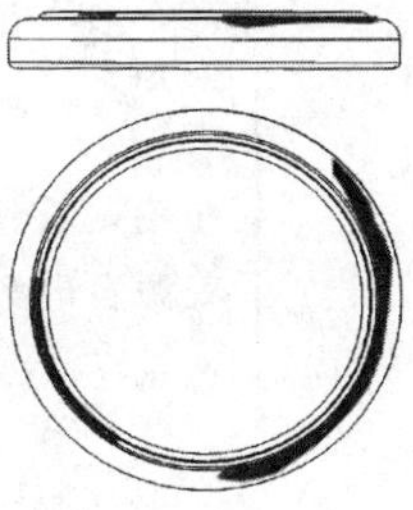	肉眼可看出在密封圈两侧有漏液扩散形成的污斑，但污斑未扩展到负极接触面
污斑	C1	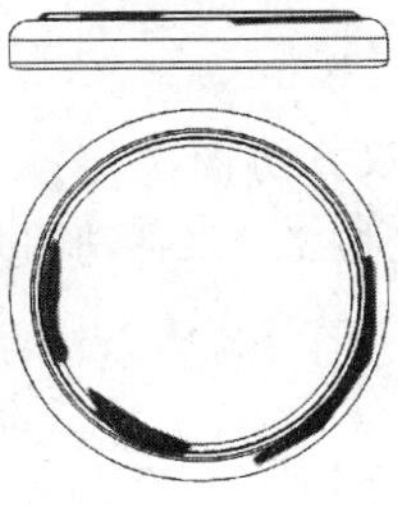	在密封圈两侧有漏液扩散形成的污斑，但污斑未扩展到负极接触面的中心部分
	C2	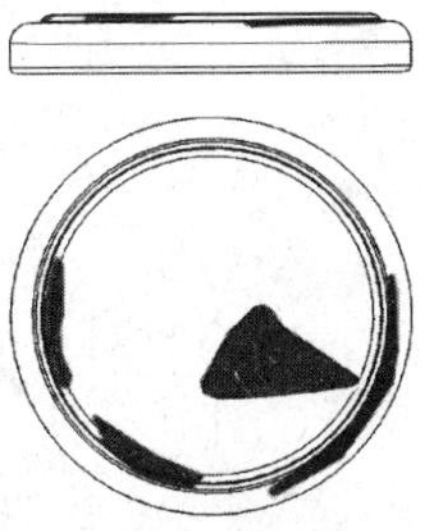	漏液扩散形成的污斑已扩展到负极接触面的中心部分

表 11（续）

漏液程度		图示	定义
类别	等级		
漏液	L1	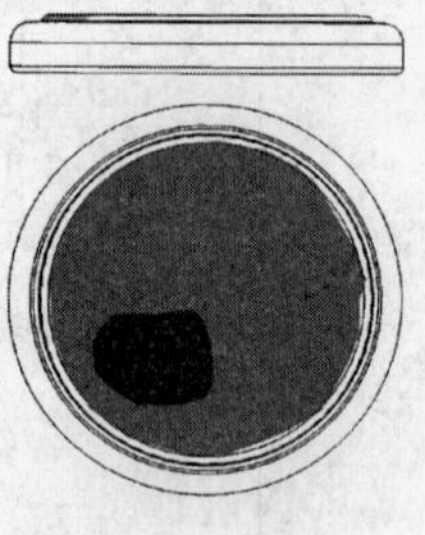	在覆盖着整个负极接触面的污斑上部分堆积着源自电解质的液体结晶形成的聚集物
	L2		在覆盖着整个负极接触面的污斑上全部堆积着源自电解质的液体结晶形成的聚集物

8.5 可接收合格条件

漏液程度的可接收水平和不合格数的比例由供需双方协商决定。

漏液程度超过 S1 的新电池不能提交质量鉴定。已按 7.3.2 检验过的电池，其可接收指标可适当放宽。若有必要外观检查可规定用照片作参考。

附　录　A
（规范性附录）
型号命名

以遵循本部分为目的而生产的手表电池应按如下所示命名型号，即用一个体系字母代码和其他数字和代码来命名，字母 W 则表示执行 GB/T 8897.3 或 IEC 60086-3。

示例：

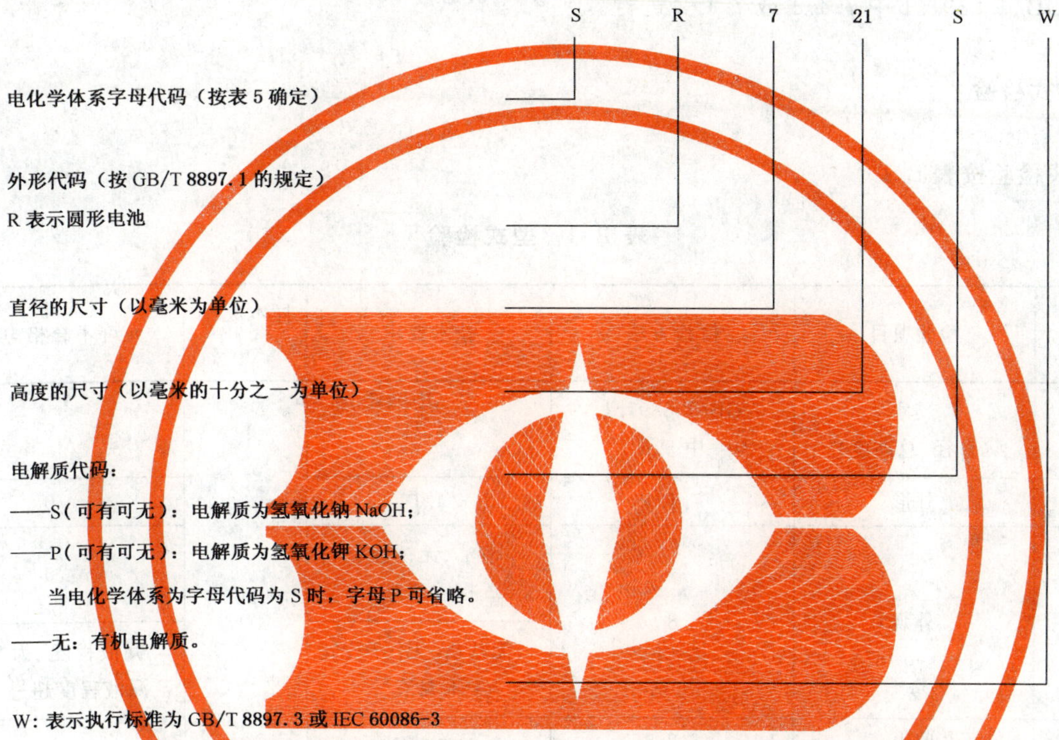

附　录　B
（规范性附录）
检验规则

B.1　交收检验

按 GB/T 8897.1 中 7.1.1 或 7.1.2 进行。

B.2　型式检验

型式检验按表 B.1。

表 B.1　型式检验

<table>
<tr><th>序号</th><th>检验项目</th><th>检验方法</th><th>技术要求</th><th>样本大小
n</th><th>允许不合格电池数</th></tr>
<tr><td>1</td><td>尺寸
（直径、总高度）</td><td>GB/T 8897.1
中 5.6</td><td>4.1</td><td rowspan="6">20</td><td>0</td></tr>
<tr><td>2</td><td>外形</td><td>7.1.1</td><td>4.1</td><td>0</td></tr>
<tr><td rowspan="2">3</td><td rowspan="2">外观</td><td rowspan="2">8</td><td>清洁、无锈蚀、
标志清晰</td><td>0</td></tr>
<tr><td>无盐析、无污斑、
不漏液</td><td>漏液程度[c] 为 S1:1
漏液程度超过 S1:0</td></tr>
<tr><td>4</td><td>开路电压</td><td>7.2.4</td><td>5.1</td><td>0</td></tr>
<tr><td>5</td><td>抗接触压力</td><td>4.5</td><td>4.5</td><td>0</td></tr>
<tr><td>6</td><td>耐漏液性能</td><td>7.3.1;
7.3.2.1</td><td>无盐析、无污斑、
不漏液</td><td>20</td><td>漏液程度[d] 为 S1:2
漏液程度超过 S1:0</td></tr>
<tr><td>7</td><td>容量或放电时间</td><td>7.2.6.2</td><td>GB/T 8897.2 中 6.4.1[b]</td><td rowspan="2">9</td><td>按 GB/T 8897.1 中 5.3</td></tr>
<tr><td>8</td><td>变形
（直径、总高度）</td><td>GB/T 8897.1
中 5.6</td><td>4.6</td><td>0</td></tr>
<tr><td>9</td><td>容量保持率</td><td>7.2.6.2[a]</td><td>5.4</td><td>9</td><td>按 GB/T 8897.1 中 5.3</td></tr>
<tr><td colspan="6">[a] 电池在标准条件下贮存 12 月后进行放电量检验；
[b] 放电时间要求按 GB/T 8897.2—2013 中 6.4.1,容量要求由供需双方协商确定；
[c] 漏液程度分类见表 11。</td></tr>
</table>

参 考 文 献

［1］ IEC 60068-2-78：2001 环境检验 第 2-78 部分：检验 检验 Cab：潮湿热，稳定态（IEC 60068-2-78：2001，Environmental testing—Part 2-78：Tests—Test Cab：Damp heat，steady state）

［2］ ISO 8601：2004 数据参数和交换格式 信息交换 日期与时间的表达（ISO 8601：2004，Data elements and interchange formats—Information interchange—Representation of dates and times）

ICS 29.220.10
K 82

中华人民共和国国家标准

GB 8897.5—2013/IEC 60086-5:2011
代替 GB 8897.5—2006

原电池　第5部分：水溶液电解质电池的安全要求

Primary batteries—Part 5:Safety of batteries with aqueous electrolyte

(IEC 60086-5:2011,IDT)

2013-10-10 发布　　2015-01-01 实施

中华人民共和国国家质量监督检验检疫总局
中国国家标准化管理委员会　发布

前　言

本部分的全部技术内容为强制性。

GB/T(GB) 8897《原电池》标准分为 5 个部分：

——GB/T 8897.1《原电池　第 1 部分：总则》；

——GB 8897.2《原电池　第 2 部分：外形尺寸和电性能要求》；

——GB/T 8897.3《原电池　第 3 部分：手表电池》；

——GB 8897.4《原电池　第 4 部分：锂电池的安全要求》；

——GB 8897.5《原电池　第 5 部分：水溶液电解质电池的安全要求》。

本部分为 GB(/T) 8897 的第 5 部分。

本部分按照 GB/T 1.1—2009 给出的规则起草。

本部分代替 GB 8897.5—2006《原电池　第 5 部分：水溶液电解质电池的安全要求》。

本部分等同采用 IEC 60086-5:2011《原电池　第 5 部分：水溶液电解质电池的安全要求》。

本部分与 GB 8897.5—2006 相比，主要变化如下：

——修改了电池术语和定义；

——等同采用 IEC 60086-5:2011，圆柱形锌-二氧化锰电池须进行试验 D 项目；

——增加了对矩形单体电池的检验要求(表 1)；

——电池各项安全检验均增加了"不着火"的要求；

——修改了对电池标志的要求；

——增加了附录 C(资料性附录)　安全警示图。

与本部分中规范性引用的国际文件有一致性对应关系的我国文件如下：

——GB/T 8897.1—2013　原电池　第 1 部分：总则(IEC 60086-1:2011，MOD)

——GB/T 8897.2—2013　原电池　第 2 部分：外形尺寸和电性能要求(IEC 60086-2:2011，MOD)

本部分由中国轻工业联合会提出。

本部分由全国原电池标准化技术委员会(SAC/TC 176)归口。

本部分起草单位：广州市虎头电池集团有限公司、轻工业化学电源研究所(国家化学电源产品质量监督检测中心)、福建南平南孚电池有限公司、中银(宁波)电池有限公司、浙江野马电池有限公司、四川长虹新能源科技有限公司、广东正龙股份有限公司、常州达立电池有限公司、嘉善宇河电池有限公司、宁波豪生电池有限公司、力佳电源科技(深圳)有限公司。

本部分主要起草人：林佩云、邱仕洲、张清顺、谢红卫、陈水标、王胜兵、黄伟杰、童武勃、律永成、徐雅敏、王建。

本部分所代替标准的历次版本发布情况如下：

——GB 8897.5—2006。

IEC 引言

安全的概念与保护人民生命财产不受损害密切相关。IEC 60086-5 规定的水溶液电解质原电池的安全性能要求和检验方法，是依据 ISO/IEC 导则并参考了所有适用的国家标准和国际标准而制定的。本部分还包含了关于包装、使用、仓储和运输方面的信息以及供电器具设计人员参考的关于电池舱设计的指南。

安全是避免伤害风险和要求产品性能满足其他要求之间的一种平衡。不可能有绝对的安全，即使是安全度最高的产品，也只能是相对的安全。因此，要在风险性评估和安全判断的基础上来确定产品的安全性。

由于安全会引起不同的问题，因此不可能提出一整套适用于各种情况的严密防范措施和建议。但是，当明智地以"适合时采用"为基点时，本部分将是一个合理适用的安全标准。

原电池　第5部分：水溶液电解质电池的安全要求

1　范围

本部分规定了水溶液电解质原电池的安全性能要求和检验方法。

本部分适用于以保证电池在正常使用以及在可以预见到的误用情况下安全使用。

2　规范性引用文件

下列文件对于本文件的应用是必不可少的。凡是注日期的引用文件，仅注日期的版本适用于本文件。凡是不注日期的引用文件，其最新版本（包括所有的修改单）适用于本文件。

IEC 60086-1:2011　原电池　第1部分：总则（Primary batteries—Part 1:Gerneral）

IEC 60086-2:2011　原电池　第2部分：外形尺寸和电性能要求（Primary batteries—Part 2:Physical and electrical specifications）

IEC 60068-2-6　环境试验　第2-6部分：试验Fc　振动（正弦）[Environmental testing—Part 2-6:Tests—Test Fc:Vibrations(sinusoidal)]

IEC 60068-2-27　环境试验　第2-27部分：试验Ea　冲击（Environmental testing—Part 2-27:Tests—Test Ea and guidance:Shock）

IEC 60068-2-31　环境试验　第2-31部分：试验Ec　粗暴装卸冲击（主要用于设备型样品）（IEC 60068-2-31,Environmental testing—Part 2-31:Tests—Test Ec:Rough handling shocks,primarily for equipment-type specimens）

3　术语和定义

IEC 60086-1:2011 界定的以及下列术语和定义适用于本文件。

3.1

电池　battery

装配有使用所必需的装置（如外壳、极端、标志及保护装置）的一个或多个单体电池。

3.2

扣式电池　button battery

小型的圆形电池，其总高度尺寸小于直径尺寸；电池外型符合 IEC 60086-2:2011 的图3和图4。

3.3

[单体]电池　cell

直接把化学能转变成电能的一种电源，是由电极、电解质、容器、极端、通常还有隔离层组成的基本功能单元。

3.4

圆柱形电池　cylindrical(cell or battery)

总高度等于或大于直径的圆柱形状的电池或单体电池。

3.5

电池爆炸　battery explosion

从电池的任何部位瞬间喷射出固体物质距离电池 25 cm 之外。

3.6

伤害　harm

对人体健康的损伤。

3.7

危险　hazard

伤害的潜在源。

3.8

指定使用　intended use

按供方提供的信息使用产品、过程和服务。

3.9

泄漏　leakage

电解质、气体或其他物质从电池内意外逸出。

3.10

标称电压　nominal voltage

V_n（符号）

用以标识某种电池或电化学体系的适当的电压的近似值。

3.11

原电池　primary cell or battery

按不可以充电设计的电池。

3.12

矩形电池　prismatic cell or battery

各面成直角的平行六面体形状的单体电池或电池。

3.13

保护装置　protective device

诸如保险丝、二极管或其他电气或电子的限流器，用来阻断电路中的电流。

3.14

可以预见到的误用　reasonably foreseeable misuse

可以预见到的，人们因行为习惯而不按供方的要求使用产品、过程和服务。

3.15

风险　risk

发生伤害的可能性及严重程度。

3.16

圆形电池　round cell or battery

横截面为圆形的电池或单体电池。

3.17

安全　safety

没有不可接受的风险。

3.18

未放电的　undischarged

原电池放电深度为0%时的荷电状态。

3.19

泄放　venting

设计的有意释放电池内部过大压力的一种方式，以防止发生爆炸。

4　安全要求

4.1　设计

4.1.1　总则

电池应设计成在正常(指定)的条件下使用时安全无危险性。

4.1.2　泄放

所有的电池都应安装释放压力的功能部件，或者其结构应设计成当电池内部压力超过防爆值时能释放过大的压力。如果必须将多个单体电池封装在一个外壳内，则所使用的密封剂和密封方法应不会导致电池在正常工作时发生过热或影响压力释放部件的工作。

应选择适当的电池外壳材料和/或最终的装配设计，使得当有一个或多个单体电池发生泄放时，电池外壳本身不会发生危险。

4.1.3　绝缘电阻

在500 V～600 V电压下，电池上外露的金属表面之间(不包括电接触面和任一个极端)的绝缘电阻应不小于5 MΩ。

4.2　质量计划

生产厂应制定质量计划，规定在生产过程中对材料、零配件、单体电池和成品电池的检验程序，并在生产电池的整个过程中加以实施。

5　抽样

5.1　总则

按经认可的统计方法在产品批中抽取样品。

5.2　型式鉴定抽样

型式鉴定抽样数按图1。

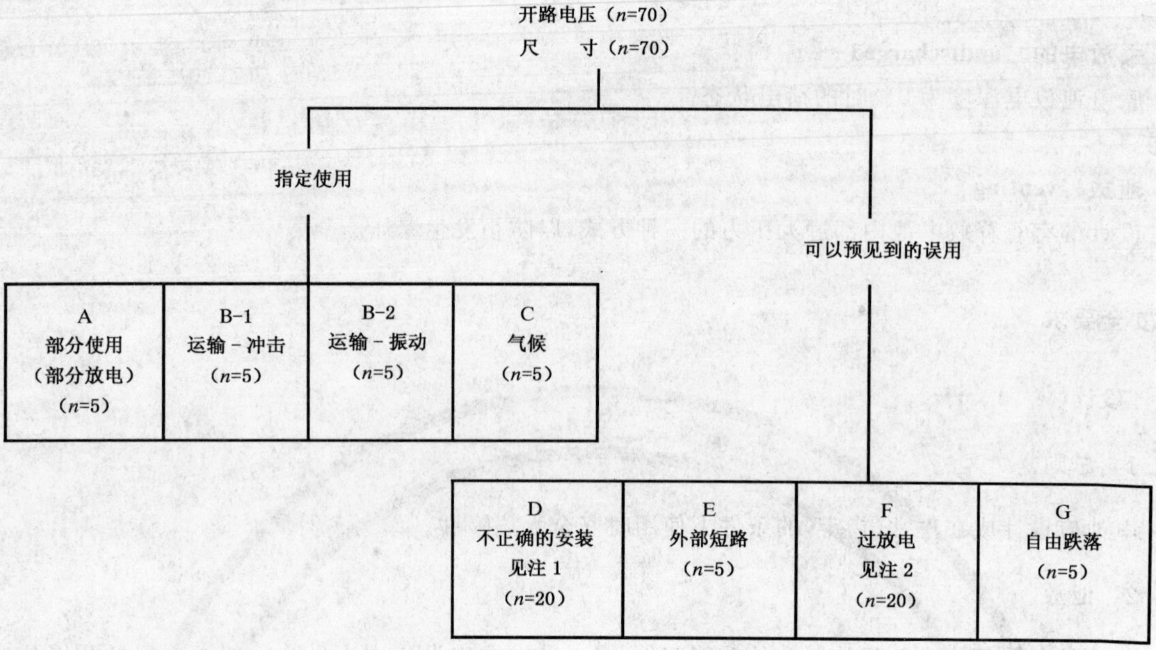

注1：4个电池串联，其中一个反向连接（共5组）。

注2：4个电池串联，其中一个是放过电的（共5组）。

图1　型式鉴定检验抽样及所需样品数

6　检验和要求

6.1　总则

6.1.1　适用的安全检验项目

适用的安全检验项目见表1。

表2和表6中的检验项目模拟电池在指定使用和可以预见到的误用时可能遇到的情形。

表1　检验项目

体系字母代号	负极	电解质	正极	单体电池的标称电压 V	外形	检验项目 A	B-1 B-2	C	D	E	F	G
—	锌 (Zn)	氯化铵、氯化锌	二氧化锰 (MnO_2)	1.5	R	√	√	√	√	√	√	√
					B	NR						
					Pr	√	√	√	√	√	√	√
					M	√	√	√	NR	√	√	√
A	锌 (Zn)	氯化铵、氯化锌	氧气 (O_2)	1.4	R	√	√	√	NR	√	√	√
					B	NR						
					Pr	√	√	√	√	√	√	√
					M	√	√	√	NR	√	√	√

表 1（续）

体系字母代号	负极	电解质	正极	单体电池的标称电压 V	外形	检验项目						
						A	B-1 B-2	C	D	E	F	G
L	锌 (Zn)	碱金属氢氧化物	二氧化锰 (MnO_2)	1.5	R	√	√	√	√	√	√	√
					B	√	√	√	NR	√	NR	√
					Pr	√	√	√	√	√	√	√
					M	√	√	√	NR	√	NR	√
P	锌 (Zn)	碱金属氢氧化物	氧气 (O_2)	1.4	R	NR						
					B	NR	√	√	NR	√	NR	√
					Pr	√	√	√	√	√	√	√
					M	NR						
S	锌 (Zn)	碱金属氢氧化物	氧化银 (Ag_2O)	1.55	R	√	√	√	NR	√	NR	√
					B	√	√	√	NR	√	NR	√
					Pr	√	√	√	√	√	√	√
					M	NR						

检验项目代号：

A：部分使用(部分放电)后存放

B-1：运输-冲击

B-2：运输-振动

C：气候-温度循环

D：不正确安装

E：外部短路

F：过放电

G：自由跌落

其他代号说明：

R：圆柱形电池(见 3.4)

B：扣式电池(见 3.2)

Pr：矩形单体电池(见 3.12)

M：含多个单体电池的电池

√：要求做检验

NR：不要求做检验

注： 容量低于 250 mA·h 的 L 体系和 S 体系的扣式单体电池或电池以及容量低于 700 mA·h 的 P 体系扣式单体电池或电池免做任何检验。

6.1.2 安全警示

警示：

在检验过程中如果不采取适当的防护措施，则有可能造成人身伤害。

在拟定这些检验方法时，是假定检验已采取了适当的防护措施，由有经验、有资格的技术人员来进行的。

6.1.3 环境温度

除非另有规定，检验应在(20±5)℃下进行。

6.2 指定使用

6.2.1 指定使用的检验项目及要求

指定使用的检验项目及要求见表2。

表2 指定使用的检验项目及要求

检验项目		所模拟的指定使用	要求
电性能检验	A	电池部分使用(部分放电)后贮存	不泄漏 不着火 不爆炸
环境检验	B-1	运输-冲击	不泄漏 不着火 不爆炸
	B-2	运输-振动	不泄漏 不着火 不爆炸
气候-温度环境	C	气候-温度循环	不着火 不爆炸

6.2.2 指定使用检验方法

6.2.2.1 检验A:电池部分使用(部分放电)后贮存

a) 目的

该项检验模拟已装入电器具的电池在关掉电器具后已部分放电的情形。这些电池可能会长时间地放在电器具内或者从电器具中取出后长时间的存放。

b) 检验方法

将未经放电的电池样品按IEC 60086-2:2011中规定的该型号电池负载电阻最小的放电方式放电,放电时间为最小平均放电时间(MAD)的50%,放电后再在45 ℃±5 ℃下贮存30 d。

c) 要求

电池在检验过程中应不泄漏、不着火、不爆炸。

6.2.2.2 检验B-1:运输-冲击

a) 目的

该检验模拟装有电池的电器具不小心被跌落的情形。检验条件在IEC 60068-2-27作了一般性规定。

b) 检验方法

未放电电池进行如下检验。

按表3规定的条件和表4规定的步骤进行检验。

冲击脉冲:施加于电池的冲击脉冲要求如下:

第1步 记录电池的开路电压。

第2步~第4步 按表3规定和表4的步骤进行冲击检验。

第 5 步　电池搁置 1 h。

第 6 步　记录检验结果。

c)　要求

电池在检验过程中应不泄漏、不着火、不爆炸。

表 3　冲击脉冲

加速度		波形
最初 3 ms 最小平均加速度	最大加速度	
$75g_n$	$125g_n \sim 175g_n$	半正弦
注：$g_n = 9.806\ 65\ m/s^2$。		

表 4　检验步骤

步骤	搁置时间	电池取向	冲击次数	目视检验时段
1	—	—	—	检验前
2	—	见注	1 次	—
3	—	见注	1 次	—
4	—	见注	1 次	—
5	1 h	—	—	—
6	—	—	—	检验后
注：在电池互相垂直的 3 个方向上各冲击一次。				

6.2.2.3　检验 B-2：运输-振动

a)　目的

该检验模拟运输中的振动，检验条件在 IEC 60068-2-6 中作了一般性规定。

b)　检验方法

未放电电池进行如下检验。

按下列条件及表 5 中的步骤进行检验。

振动——对电池施加振幅为 0.8 mm，最大总振幅为 1.6 mm 的简谐运动。频率变化 1 Hz/min，频率范围 10 Hz～55 Hz。电池分别承受相互垂直的 3 个方向的振动，每个方向往(10 Hz～55 Hz)、返(55 Hz～10 Hz)振动(90±5)min。

表 5　检验步骤

步骤	搁置时间	电池取向	振动时间	目视检验时段
1	—	—	—	检验前
2	—	见注	每次(90±5)min	—
3	—	见注	每次(90±5)min	—
4	—	见注	每次(90±5)min	—
5	1 h	—	—	—
6	—	—	—	检验后
注：在电池互相垂直的 3 个方向上各振动一次。				

第 1 步　记录电池的开路电压。

第 2 步～第 4 步　按表 5 的步骤和 6.2.2.3 的规定进行振动检验。

第 5 步　电池搁置 1 h。

第 6 步　记录检验结果。

c)　要求

电池在检验过程中应不泄漏、不着火、不爆炸。

6.2.2.4　检验 C：气候-温度循环

a)　目的

该检验用来评估经过温度循环后有可能被削弱的电池的整体密封性能。

b)　检验方法

未放电电池按以下方法进行检验。

温度循环步骤(见下 1)至 7)和/或图 2)：

1)　置电池于检验舱内，在 30 min(t_1)内将检验舱温度升至 70 ℃±5 ℃；
2)　保持在此温度下 4 h(t_2)；
3)　在 30 min(t_1)内将检验舱温度降至 20 ℃ ±5℃，并保持在此温度下 2 h(t_3)；
4)　在 30 min(t_1)内将检验舱温度降至－20 ℃±5 ℃，并保持在此温度下 4 h(t_2)；
5)　在 30 min(t_1)内将检验舱温度升至 20 ℃±5 ℃；
6)　重复以上步骤继续进行另 9 个循环；
7)　经上述 10 个循环后，再存放 7 d 后进行检验。

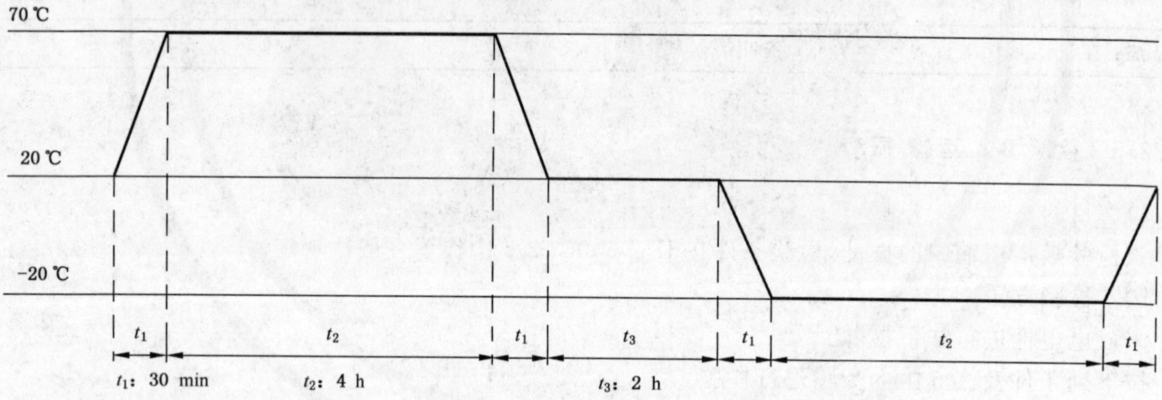

图 2　温度循环步骤

c)　要求

电池在检验过程中应不着火、不爆炸。

6.3　可以预见到的误用

6.3.1　可预见误用的检验和要求(见表 6)

表 6　可预见误用的检验和要求

检验项目		所模拟的误用	要求
电性能检验	D	不正确的安装	不着火 不爆炸[a]

表 6（续）

检验项目		所模拟的误用	要求
电性能检验	E	外部短路	不着火 不爆炸
	F	过放电	不着火 不爆炸
环境检验	G	自由跌落	不着火 不爆炸

[a] 见 6.3.2.1 b)的注 2。

6.3.2 可预见误用的检验方法

6.3.2.1 检验 D:不正确的安装

a） 目的

该检验模拟一组(4 个电池串联)电池中有一个电池反向连接的情形。

b） 检验方法

如图 3 所示,4 个相同商标、型号和来源的未放电电池串联连接,其中一个电池(B1)反向连接,接通该回路 24 h 或至电池外壳温度降至环境温度。

电路中相互连接的电阻应不大于 0.1 Ω。

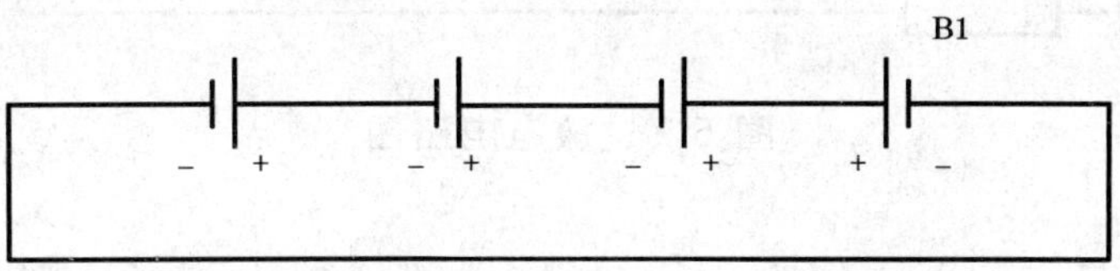

图 3 不正确的安装(4 个电池串联)电路图

注 1：图 3 的回路模拟一种典型的误用情况。

注 2：原电池不可被充电,然而当 3 个或多个串联的电池中有一个电池反向安装时,这个反向的电池就处于被充电的状况。虽然圆柱形电池已设计成能释放内部过高的压力,但是在某些情况下仍有可能发生爆炸。所以应该清晰明了地提醒使用者要根据电池的极性(＋和－)正确装入电池,以避免造成伤害(见 9.1i))。

c） 要求

电池在检验过程中应不着火、不爆炸(见 6.3.2.1 b)的注 2)。

6.3.2.2 检验 E:外部短路

a） 目的

该检验模拟电池在日常使用时可能发生的外部短路。

b） 检验方法

未放电电池按图 4 连接。接通该回路 24 h 或至电池外壳温度降至环境温度。

电路中的连接电阻应不大于 0.1 Ω。

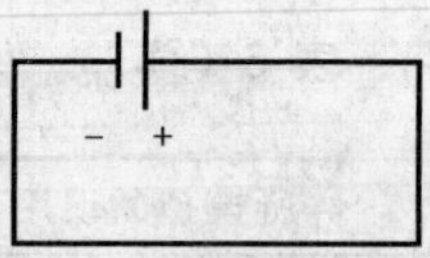

图 4 外部短路电路图

c) 要求

电池在检验过程中应不着火、不爆炸。

6.3.2.3 检验 F:过放电

a) 目的

该检验模拟 1 个已放电的电池与另外 3 个未放电电池串联的情形。

b) 检验方法

一个未放电电池(C1)按 IEC 60086-2:2011 规定的(以时间单位表示的)MAD 值最高的那项应用检验或放电量检验的条件放电,直至负荷电压降至 $n\times0.6$ V(n 为该电池中的单体电池数),然后将该放过电的电池(C1)和 3 个相同商标、型号和来源的未放电电池按图 5 所示串联连接。接通回路直至总的负荷电压降至 $4\times(n\times0.6$ V)。

R1 的电阻值应约为 IEC 60086-2:2011 中规定的该电池电阻负载检验中的最小电阻阻值的 4 倍,并最终确定为最接近于 IEC 60086-1:2011 中 6.4 的某个阻值。

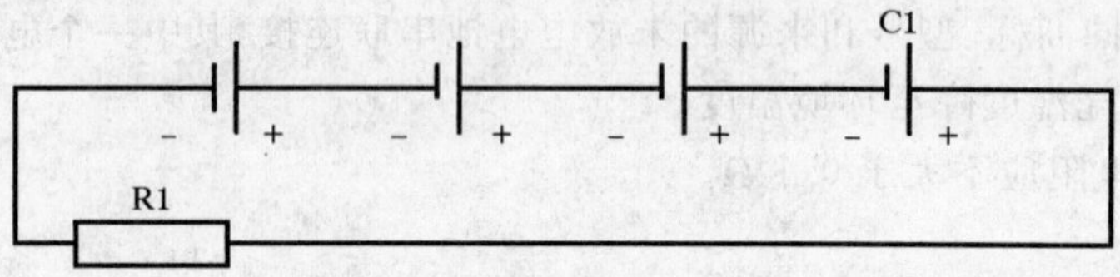

图 5 过放电电路图

c) 要求

电池在检验过程中应不着火、不爆炸。

6.3.2.4 检验 G:自由跌落

a) 目的

该检验模拟电池突然跌落的情形,检验条件依据 IEC 60086-2-31。

b) 检验步骤

未放电电池从 1 m 高度跌落在混凝土表面上,每个被测电池应跌落 6 次,矩形电池的 6 个面上各 1 次,圆形电池如图 6 所示在 3 个轴向上各两次,然后将被测电池放置 1 h。

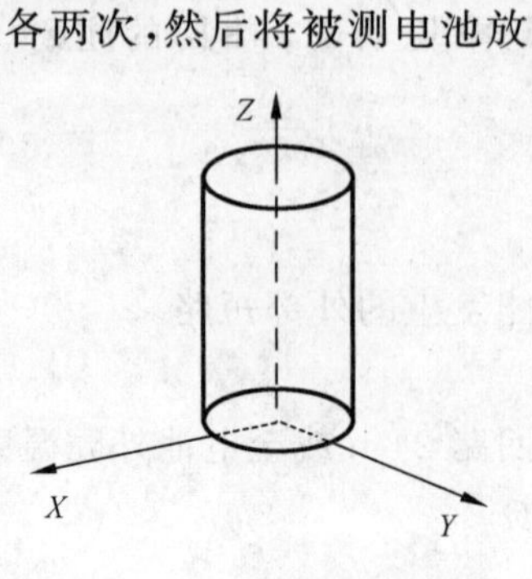

图 6 自由跌落的 *XYZ* 轴向

c) 要求

电池在检验过程中应不着火、不爆炸。

7 安全信息

7.1 使用电池安全注意事项

当正确使用时，水溶液电解质电池是一种安全可靠的电源。但是如果误用或滥用电池，则可能导致泄漏，在极端情况下还有可能爆炸和/或着火。

a) 应按电池及电器具上标明的极性标志(＋和－)正确地装入电池。不正确装入电器具的电池有可能被短路或充电，使电池温度迅速升高，导致泄放、泄漏、爆炸和人身伤害。

b) 不要使电池短路。当电池的正极(＋)和负极(－)直接连接时，电池就被短路了。例如，把电池和钥匙或硬币一起放在衣袋或手提包里，电池就可能被短路，从而有可能导致泄放、泄漏、爆炸和人身伤害。

c) 不要对电池充电。试图对不可充电的原电池充电会使电池内部产生气体和/或热量，导致泄放、泄漏、爆炸和人身伤害。

d) 不要强制电池放电。当电池被外电源强制放电时，电池的电压将被迫降至设计值以下并使电池内部产生气体，有可能导致泄放、泄漏、爆炸和人身伤害。

e) 不要将新旧电池或不同类型或牌号的电池混用。更换电池时，要用相同牌号、相同类型的新电池同时换掉所有的电池。当不同牌号或种类的电池一起使用，或新旧电池一起使用时，由于电池的电压或容量的不同，会使一些电池过放电而导致泄放、泄漏和爆炸，有可能造成人身伤害。

f) 应及时从电器具中取出电量已耗尽的电池并妥善处理。放过电的电池长时间留在电器具中有可能发生电解液泄漏而造成电器具损坏和/或人身伤害。

g) 不要加热电池。电池被加热后有可能发生泄放、泄漏和爆炸并导致人身伤害。

h) 不要直接焊接电池。当直接焊接电池时，电池有可能因受热而损坏，导致内部短路并引起泄放、泄漏和爆炸，可能导致人身伤害。

i) 不要拆卸电池。拆卸电池时与电池内的部件接触是有害的，可能会导致人身伤害或着火。

j) 不要破坏电池。不要对电池挤压、打孔或进行其他形式的破坏，如此滥用可导致泄放、泄漏、爆炸及人身伤害。

k) 不要用火处理电池。用火处理电池时，所产生的热量可导致电池爆炸和人身伤害。不要焚烧电池，除非被允许在可以控制的炉子里进行处理。

l) 电池应放在儿童拿不到的地方。易被儿童吞下的电池一定要放在儿童拿不到的地方，尤其是尺寸在吸入量规(见图7)限度范围以内的小电池。万一误吞电池应立即就医。

m) 无成人监督时不要让儿童更换电池。

n) 不要密封和/或改装电池。对电池进行密封或其他改装，可能导致电池的安全泄放装置被堵塞而引起爆炸和人身伤害，如果必须要对电池进行改装时应征求电池生产厂的意见。

o) 将不用的电池放在原包装内，远离易引起短路的金属物体。如果包装已经拆掉，不要把电池乱混在一起。去掉包装的电池可能会和金属物体混在一起，造成电池短路，从而引发泄放、泄漏、爆炸和人身伤害。避免发生短路的最好的方法之一是将不用的电池存放在原包装内。

p) 从预计将长时间不用的电器具中(紧急用途的电器具除外)取出电池。及时从已不能正常工作或估计较长时间不使用的电器具(如照相机、照相闪光灯等等)中取出电池是有益的。虽然现在市场上的大部分电池都带有保护性外套或采用其他容纳泄漏物的方式，但已部分放过电或电能已耗尽的电池比未用过的电池更易泄漏。

单位为毫米

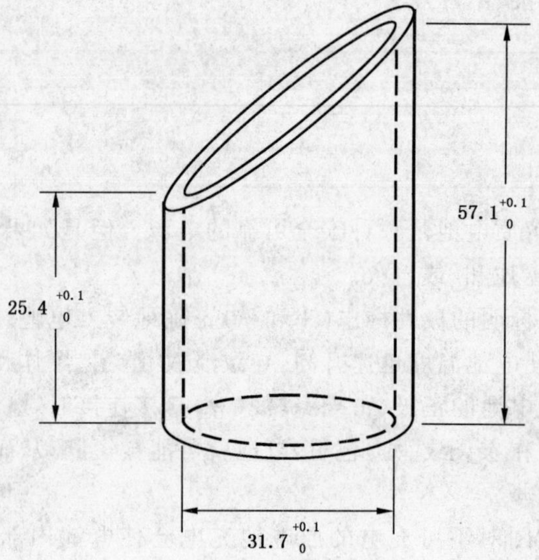

图7 吸入量规(内尺寸)

7.2 包装

应采用适当的包装,以避免电池在运输、装卸和堆放过程中损坏,应选择适当的包装材料和包装结构,防止电池意外导电、极端腐蚀,并有适当保护以免受环境影响。

7.3 箱装电池的装卸

粗暴装卸箱装电池会使电池受损,电性能下降,可能导致泄漏、爆炸或着火。

7.4 陈列和贮存

a) 电池应贮存在通风良好、阴凉干燥处。高温或高湿可能会损害电池性能或造成电池表面腐蚀。
b) 电池箱不应层层堆叠(或不应超过规定的高度)。如果过多的电池箱堆叠着,最底层箱中的电池有可能发生变形并导致泄漏。
c) 贮存在仓库或陈列在零售店中的电池不应当长时间暴露在阳光直射处或置于雨淋之处。电池受潮后其绝缘电阻减小,有可能发生自放电及锈蚀。
d) 不要将去掉包装的电池混堆在一起,以避免电池机械损伤或相互短路。当电池混堆在一起时,有可能受到机械损伤或由于外部短路引起过热,从而发生泄漏和/或爆炸。为避免发生危险,电池在使用前应保留在其包装内。
e) 其他信息详见附录A。

7.5 运输

在运输装载电池时,电池包装箱应稳妥叠放以防跌落。包装箱不能叠得太高,否则会压坏最底层的电池箱。要有抵御恶劣天气的防护措施。

7.6 处理

a) 不要拆卸电池;
b) 除使用可控制的炉子外,不要用火处理电池;

c) 在不违背当地法规的情况下，原电池可作为公共垃圾处理；

d) 对废电池有回收规定的地方，要考虑下列几点：

- 将收集的废电池存放在非导电的容器中。
- 将收集的废电池存放在通风良好的地方。因为有些用过的电池还有残余的电量，这些电池有可能被短路、充电或被强制放电并释放出氢气。如果收集电池的容器和存放处通风不良，氢气将会聚集，遇火源就会发生爆炸。
- 不要将收集的电池与其他物质或材料放在一起，因为有些用过的电池还有残余电量，这些电池有可能被短路、充电或被强制放电，由此产生的热量有可能引燃易燃的废物如油布、纸张或木头并引起火灾。
- 要注意保护废电池的极端，尤其是电压高的电池，以防止短路、充电和强制放电，例如可用绝缘带将电池的极端包起来。
- 不遵循这些建议有可能导致电池泄漏、着火和/或爆炸。

8 使用说明

a) 要始终正确地选择最合适的电池(尺寸和型号)用于某种指定的用途。随电器具提供的、可帮助人们正确选用电池的资料应妥善保存以供参考；

b) 同时更换一组电池中的所有电池；

c) 电池装入电器具前应清洁电池和电器具的电接触件；

d) 确保按极性(＋和－)正确装入电池；

e) 长时间不使用电器具时应取出电池；

f) 及时从电器具中取出电量已耗尽的电池。

9 标志

9.1 一般规则

除小电池(见 9.2)外，每个电池上均应标明以下内容：

a) 型号；

b) 生产时间(年和月)和保质期，或建议的使用期的截止期限；

c) 正极极端的极性(＋)；

d) 标称电压；

e) 制造厂或供应商的名称和地址；

f) 商标；

g) 执行标准编号；

h) 安全使用注意事项(警示说明)；

i) 含汞量(“低汞”或“无汞”)(适用时)。

标志的位置见表 7。

注：应标我国电池型号(即 IEC 型号)。如需加标其他国家或地区的俗称，可参见 IEC 60086-2:2011 的附录 D。

9.2 小电池的标志

a) 小电池主要是 IEC 60086-2:2011 中的第三类和第四类电池。小电池的表面太小，无法标上 9.1 的所有内容，对于这类电池，9.1 a)型号和 9.1 c)极性应标在电池上；9.1 中的其他标志可标在电池的直接包装(销售包装)上而不标在电池上。

b) 对于P-体系电池,9.1 a)型号可标在电池、密封条或包装上;9.1 c)极性可标在电池的密封条上和/或电池上,9.1中的其他标志可标在电池的直接包装(销售包装)上而不标在电池上。

c) 应有防止误吞小电池的注意事项(见7.1中l))。

表7 标志要求

标志	电池(除小电池外)	小电池	
			P体系电池
a) 型号	A	A	C
b) 生产时间(年和月)和保质期,或建议的使用期的截止期限	A	B	B
c) 正极端的极性(+)	A	A	D
d) 标称电压	A	B	B
e) 制造厂或供应商的名称和地址	A	B	B
f) 商标	A	B	B
g) 执行标准编号	A	B	B
h) 安全使用注意事项(警示说明)	A	B[a]	B[a]
i) 含汞量("低汞"或"无汞")(适用时)	A	B	B

A:应标在电池上;
B:可标在电池的直接包装(销售包装)上而不标在电池上;
C:可标在电池、密封条或直接包装(销售包装)上;
D:可标在电池的密封条上和/或电池上。

[a] 应有防止误吞小电池的注意事项(见7.1中l))。

附 录 A
（资料性附录）
关于7.4的附加信息

本附录的目的是概述一些好的实践经验，更确切地说，是根据经验告诉人们避免一些有害的做法。它以建议的形式告知电池生产厂、批发商、使用者以及电器具的设计者。

贮存及库存周转

a) 正常的贮存温度应在10 ℃～25 ℃之间，不应当超过30 ℃。应避免长时间处于极端湿度（相对湿度高于95%或低于40%）下，因为这样的湿度对电池和包装都有害。因此电池不应存放在散热器或锅炉等热源旁，也不应置于阳光直射处。

b) 尽管在室温下贮存的电池其寿命较长，但在采取了特殊预防措施后存放在较低的温度下，电池的贮存寿命会得以提高。电池应密封在专门的保护性包装中（如密封塑料袋之类），在电池温度回升至环境温度的过程中仍应保留此包装，以保护电池免受冷凝水的影响。快速升温是有害的。

c) 冷藏后恢复至室温的电池应尽快使用。

d) 如果电池生产厂认为合适的话，电池可以装在电器具或其包装内贮存。

e) 电池可堆放的高度取决于包装箱的强度。一般规定纸箱堆放高度不超过1.5 m，木箱不超过3 m。

f) 上述建议也适用于电池在长途运输中的存放条件，因此电池应存放在远离船舶发动机的地方；夏季不应当长时间地滞留在金属棚车（集装箱）内。

g) 生产出的电池应立即发送，通过配送中心周转到用户。可实行存货按次序周转（先进的货先发出），贮存区和陈列品应作适当的安排，并在包装上作适当的标记。

附 录 B
（资料性附录）
电池舱设计指南

B.1 背景

B.1.1 概述

以电池作电源的电器具技术的日益发展，促使原电池在化学和结构两方面趋于成熟，电池容量和放电能力得以提高。电池技术的不断发展进步以及人们对电池安全性和最佳性能两方面需求的认识，使之对所报导的电池故障大多数是由于消费者偶然误用导致电池滥用所造成的说法得以确认。

下列内容可以帮助以电池作电源的电器具设计者们大大减少或消除电池故障。

B.1.2 电池舱设计不佳导致电池故障

电池舱设计不良可导致电池反向装入或使电池短路。

B.1.3 由于电池反向引起的潜在危险

在由3个或更多的电池串联组成的电路中（见图B.1），如果有一个电池反向，就存在下列潜在的危险：

a） 该反向电池被充电；

注：充电电流受外电路/负载的限制。

b） 该反向电池内部产生气体；

c） 该反向电池发生泄放；

d） 该反向电池的电解质泄漏。

注：电池的电解质对人体组织是有害的。

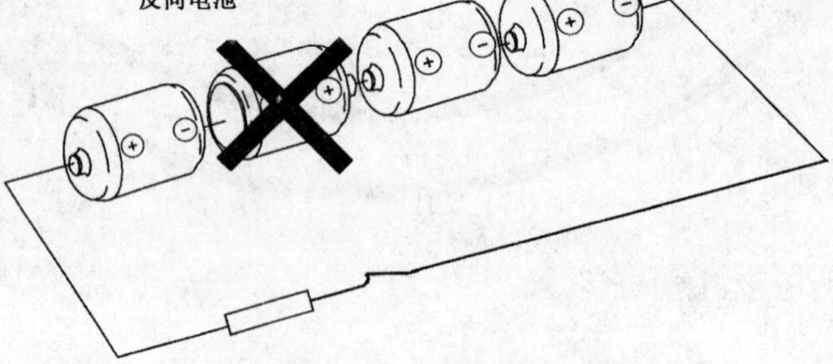

图B.1 示例：串联连接时有一个电池反向

B.1.4 由短路引起的潜在危险

a） 大电流通过导致热量产生；

b） 产生气体；

c） 发生泄放；

d) 电解质泄漏；

e) 产生的热量损坏绝缘的外包装(如造成外包装收缩)。

注：电池的电解质对人体组织有害，产生的热量有可能导致灼伤。

B.2 电器具设计指南

B.2.1 首先考虑的关键因素

该指南主要针对尺寸范围从R1到R20的圆柱形电池，所涉及到的电池体系一般是碱性锌-二氧化锰体系和碳锌体系。虽然这两个体系是可以互换的，但是这两个体系的电池决不能放在一起使用。

在电池舱设计的初期阶段，就应当注意到这两个体系下述的外形差异和允许的设计特征。

a) 碱性锌-二氧化锰电池的正极极端与电池外壳相连。

b) 碳锌电池的正极极端与电池外壳绝缘。

c) 这两种类型的电池都有绝缘的外包装，可以是纸、塑料或其他非导电的材料。外包装偶尔也可能是金属的(导电性的)，但此时它是与电池的基本单元相绝缘的。

d) 在设计构成电器具的负极接触件时，应当注意到有些电池的负极端可能是凹进去的(解释参见IEC 60086-1:2011中4.1.3)。因此为了确保能形成良好的电接触，电器具应避免采用完全扁平的接触件。

e) 无论在什么环境下，电池的连接件或电器具电路上的任何部分都不能和电池的外包装相接触。如果电池舱的设计允许发生上述情况，则要冒发生短路的风险。

注：例如，当装入电池时，用作负极连接件的螺旋状的(非圆柱形的)弹簧应当被均匀地压下而不是架在电池的外壳上。(不建议电器具与电池正极的接触采用弹簧连接件。)

B.2.2 其他要考虑的重要因素

a) 建议生产以电池作电源的电器具公司与电池行业保持密切的联系。在电器具设计之初就应考虑现有的各种电池的性能。只要有可能，就应选择IEC 60086-2中已有的电池类型。

b) 电池舱应设计成使电池易于装入而不易掉出。

c) 电池舱应设计成能防止幼儿易于接触到电池。

d) 尺寸不应当局限于某一电池厂的电池，否则当要更换装入不同来源的电池时就会有麻烦。在设计电池舱时应考虑到IEC 60086-2所规定的电池尺寸和公差；

e) 清晰地标明所用电池的类型、极性(＋和－)的正确排列及电池装入的方向。

f) 虽然电池的耐泄漏性能已得到极大改善，但偶尔仍会发生泄漏。如果电池舱无法与电器具完全隔开时，应将其置于适当的位置，使电器具因电池泄漏而损坏的可能性降至最小。

g) 电器具的电路应设计成当每个电池的电压降至0.7 V时，即串联电池的总电压降至$0.7\times n_s$时(n_s为串联连接的电池数)电器具就不能工作。低于此电压的电池继续放电会使电池内发生不利的化学反应而导致泄漏。

B.3 防止电池反向安装的措施

B.3.1 概述

为了解决由于电池反向安装而带来的问题，在电池舱的设计阶段就应当考虑要确保电池不会装错，或者即使装错也无法形成电接触。

B.3.2　正极接触件的设计

对于 R03、R1、R6、R14、R20 这些尺寸的电池，建议按图 B.2 和图 B.3 所示设计电池舱，同时还要采取措施防止电池在电池舱中不必要的移动。

注：电池的接触件应加以防护以防止发生短路。

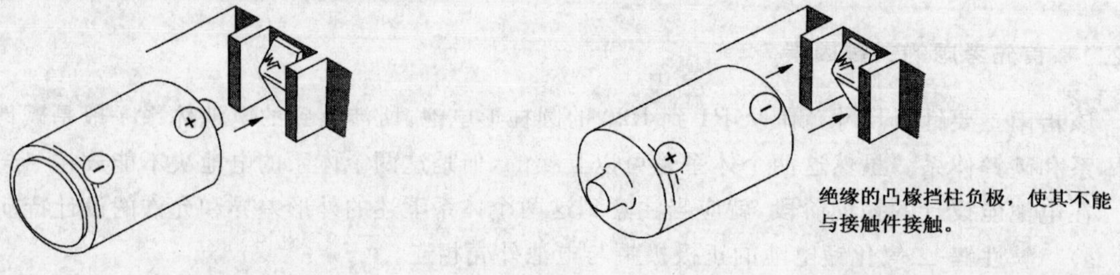

a)　电池正确装入　　　　b)　电池错误装入

图 B.2　正极接触件隐藏在凸椽之间

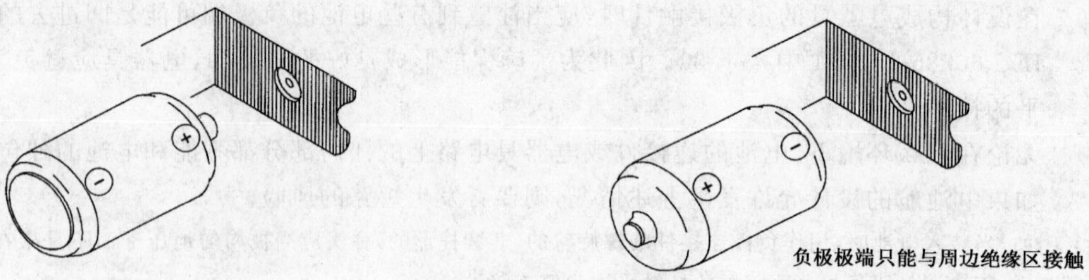

a)　电池正确装入　　　　b)　电池错误装入

图 B.3　正极接触件凹隐在周围的绝缘体中

B.3.3　负极接触件的设计

为 R03、R1、R6、R14 和 R20 尺寸的电池设计电池舱的建议见图 B.4。

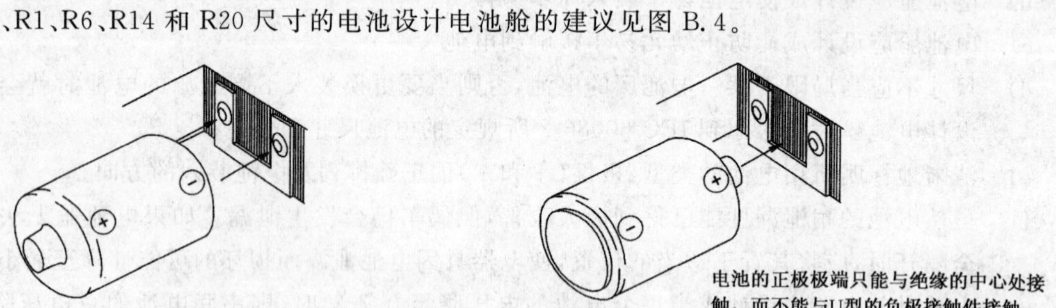

a)　电池正确装入　　　　b)　电池错误装入

图 B.4　U 型的负极接触件使得电池的正极不能与之形成接触

B.3.4　设计时应考虑电池的朝向

为了避免反向装入电池，建议所有的电池应朝向一致，图 B.5a)和图 B.5b)为两个示例。

图 B.5a)展示的是电池在电器具中安置的首选方式，而图 B.5b)是一个可选方式。

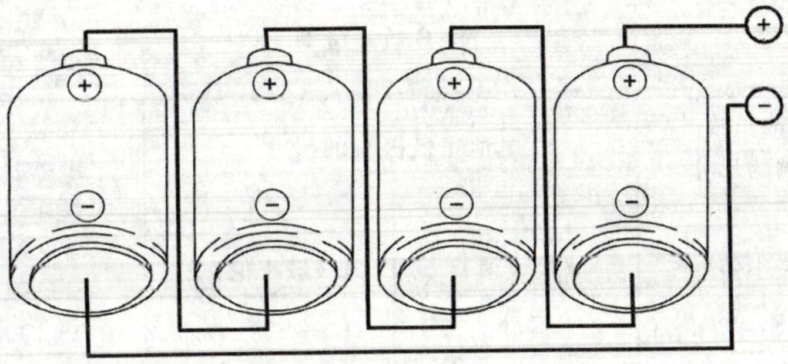

说明：正极接触保护应如图 B.2 或图 B.3 所示。

a)　首选的电池朝向

b)　可选的电池朝向

注 1：正极接触保护应如图 B.2 或图 B.3 所示，负极接触保护应如图 B.4 所示。

注 2：图 B.5b)的排列方式只能实际用于 R14 和 R20 尺寸的电池，因为其他尺寸电池的负极区(相应规范中的尺寸 C)较小。

图 B.5　电器具内电池排列的首选方式

B.3.5　尺寸

表 B.1 列出了有关电池极端尺寸的临界值和电器具正极接触件尺寸的推荐值。参照图 B.6 并依据表 B.1 所示的尺寸所设计的正极接触件，当电池反向装入、电池的负极极端遭遇电器具的正极接触件时，就会出现“安全断开”的情形，即不会形成电接触。

表 B.1　电池极端尺寸及图 B.6 所示的电器具正极接触件的推荐尺寸　　单位为毫米

相关电池	电池负极极端的尺寸	电池正极极端的尺寸		图 B.6 所示的电器具正极接触件的推荐尺寸	
	d_6[a]（最小值）	d_3[a]（最大值）	h_3[a]（最小值）	X	Y
R20,LR20	18.0	9.5	1.5	9.6～11.0	0.5～1.4
R14,LR14	13.0	7.5	1.5	7.6～9.0	0.5～1.4
R6,LR6	7.0	5.5	1.0	5.6～6.8	0.4～0.9

表 B.1（续）

单位为毫米

相关电池	电池负极极端的尺寸	电池正极极端的尺寸		图 B.6 所示的电器具正极接触件的推荐尺寸	
	d_6 [a]（最小值）	d_3 [a]（最大值）	h_3 [a]（最小值）	X	Y
R03,LR03	4.3	3.8	0.8	3.9～4.2	0.4～0.7
R1,LR1	5.0	4.0	0.5	4.1～4.9	0.1～0.4

[a] 参见 IEC 60086-2:2011。

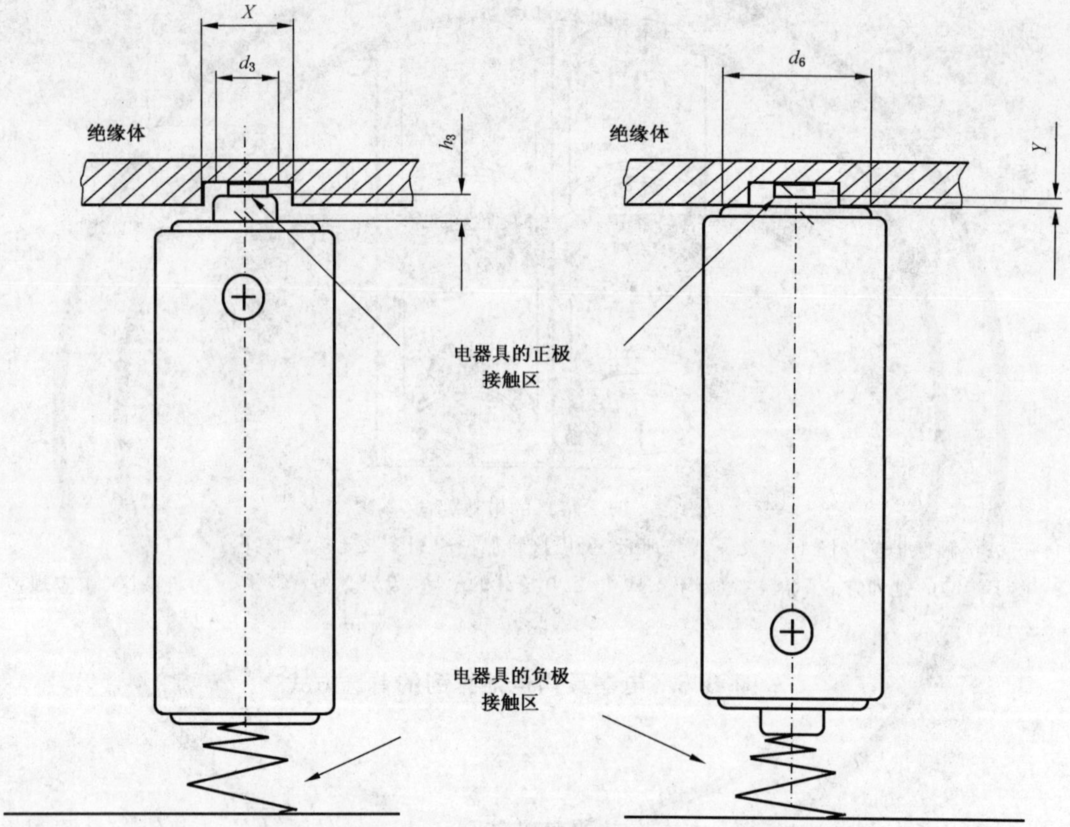

a) 正确装入电池　　b) 错误装入电池

注：电器具的正极接触件凹隐在周围的绝缘体中。

图 B.6 电器具正极接触件设计示例

该凹孔的直径应大于电池正极极端的直径(F)但应小于电池负极极端的直径(C)。图 B.6a)中电池的安装是正确的。在图 B.6b)中电池是反向安装的，在这种情况下，电池的负极极端只能与四周的绝缘体相接触，从而避免形成电接触。

图 B.6 中的字母符号的说明见下：

d_6：电池负极极端接触面的最小外径。

d_3：电池突起的正极极端的最大直径。

h_3：电池正极极端突起面的最小高度。

X：电器具正极接触件的凹孔的直径，X 应大于 d_3 但小于 d_6。

Y：电器具正极接触件的凹孔的深度，Y 应当小于 h_3。

B.4 防止电池短路的方法

B.4.1 防止因电池外包装套损坏而短路的方法

就碱性锌-二氧化锰电池而言，包着绝缘外套(见 B.2.1c))的钢壳具有和正极相同的电压。如果该层绝缘外套被电器具中导电线路的任何一处割裂或刺破的话，就可能发生如图 B.7 所示的短路(应当注意的是，如果电器具遭受物理性滥用，如受到非正常的振动、跌落等，上述的损伤则有可能进一步加重)。

注 1：由短路造成的各种潜在的危险见 B.1.3 中的说明。

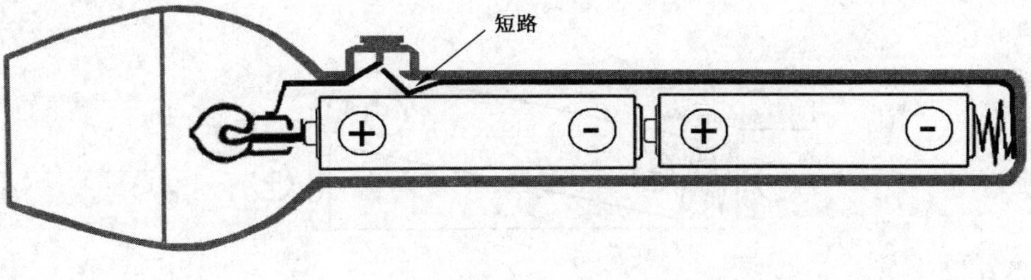

图 B.7 短路示例：开关刺穿绝缘外套

注 2：虽然图 B.7 所举的例子一般指碱性锌-二氧化锰电池体系，但在该附录中提到电池都是可以互换的(见 B.2.1)。

预防措施：如图 B.8 所示放置绝缘材料可以防止开关损坏电池外包装套。

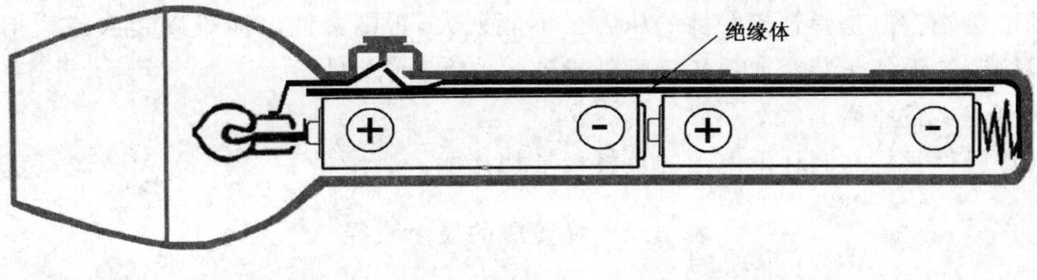

图 B.8 用绝缘方式防止短路的典型示例

为避免短路，电器具电路中的任何部分(包括用来固定电池接触件的可导电的铆钉和螺丝等)都不能和电池的外壳接触。

B.4.2 当采用弹簧卷作为接触件连接电池时防止电池外部短路的方法

如图 B.9 所示放置电池时(先放入正极端)，有可能使负极(—)弹簧接触件扭曲变形，继而在电池完全装入时(如图 B.10 所示)割破或刺穿电池的绝缘外包装套。

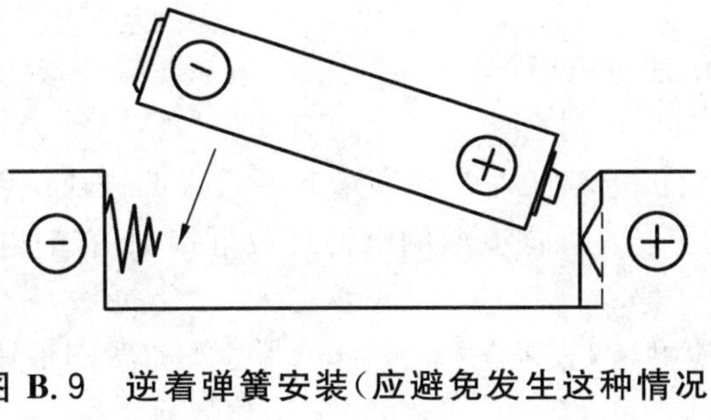

图 B.9 逆着弹簧安装(应避免发生这种情况)

a) 弹簧滑到外套之下并接触到金属外壳　　　　b) 外套被刺穿

图 B.10　弹簧扭曲变形的示例

预防措施:为了避免发生如图 B.10 所示的情形,建议电池舱的设计应使得当电池正确装入(负极先进)时能如图 B.11 所示的那样均匀地压住弹簧卷。图 B.11 中负极连接件上方的绝缘导板起到了能确保如此实施的作用。

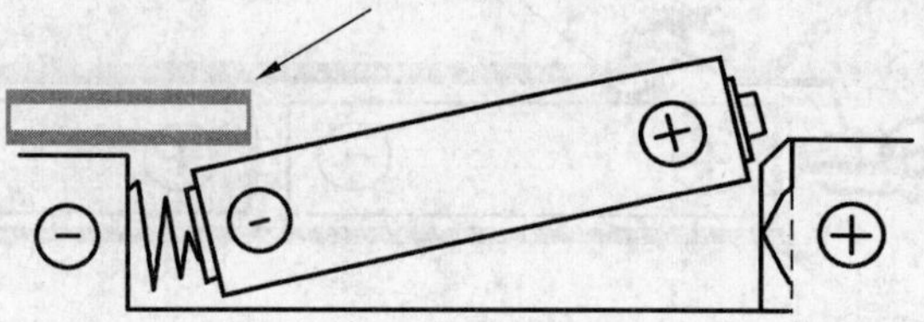

图 B.11　装入电池时的保护措施示例

弹簧卷的顶端(即最终与电池极端接触的部位)应当弯向弹簧卷的中心,使其尖锐的边缘不会碰到电池的外包装套。

弹簧线的直径应足够大,应符合表 B.2 的规定。弹簧接触件的压力应足够大,使电池能始终形成并保持良好的电接触。但是弹簧接触件的压力也不能太大,否则会使电池难以装入或取出。压力过大有可能割破或刺穿绝缘外包装套或损坏接触件导致短路和/或泄漏。

表 B.2 为弹簧线的推荐直径。

弹簧卷式接触件只能与圆柱形电池的负极极端相接触。

表 B.2　弹簧线的最小直径

电池类型		弹簧线最小直径 mm
R20	LR20	0.8
R14	LR14	0.8
R6	LR6	0.4
R03	LR03	0.4
R1	LR1	0.4

B.5　关于凹进型负极接触件的注意事项

IEC 60086-2 规定了电池负极极端从外包装套量起的最大凹进值。许多 R20、LR20、R14 和 LR14 电池的负极端是凹进去的。为了防止反向安装的电池形成电接触,有的电池在负极极端上涂了起保护作用的绝缘树脂。

注:上述的电池负极极端在形状和尺寸方面的特点应当在电器具负极接触件的设计之初就要予以考虑。三类常用接触件的相关注意事项见下。

a)　当采用弹簧卷作为电器具的负极接触件时,与电池接触的弹簧卷的直径应小于电池负极端接

触面的外径 d_6。

b) 当用金属片加工成形构成负极接触件时(见图 B.12),应当注意并参照表 B.3 所规定的尺寸 h_4 和 d_6。如图 B.12 所示,负极接触件上应当有一个突起或尖顶。该突起或尖顶要足够高,以适应电池极端上的任何一种凹进(尺寸 h_4)。无视此建议则可能会发生电池接触失败。

c) 当采用扁平的金属板作为电器具的负极接触件时,接触件上有一个或多个尖顶或突起是必要的,这样可以确保与电池形成接触。该突起应足够高,以适应电池负极极端上的任何一种凹进(尺寸 h_4),该突起应位于电池极端接触区(尺寸 d_6)内。

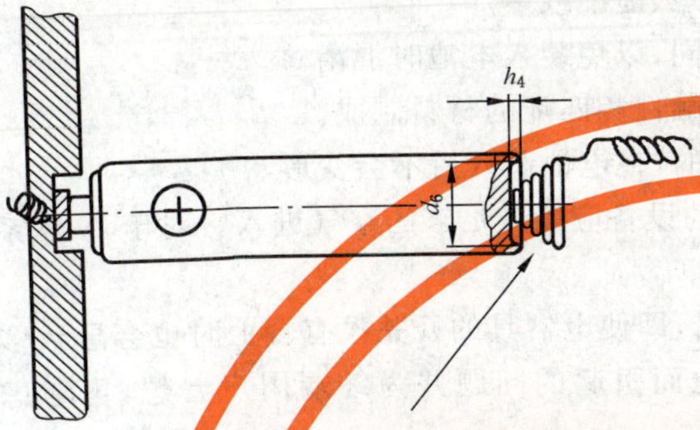

a) 弹簧卷

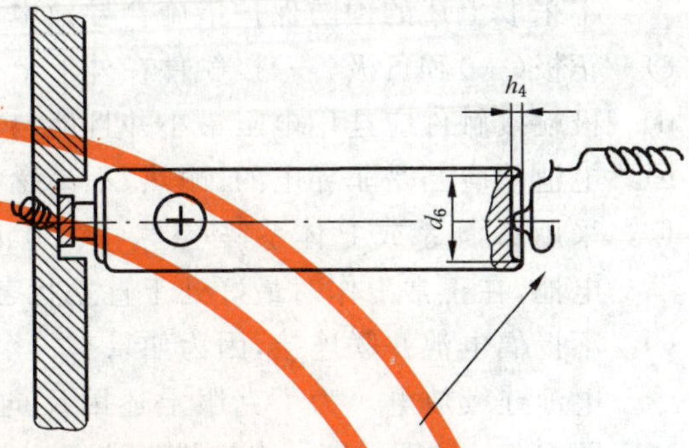

b) 平板式弹簧

图 B.12 负极接触件示例

表 B.3 电池负极极端的尺寸

单位为毫米

电池类型	电池负极极端的最大凹进值 h_4 [a]	电池负极极端接触面外径 d_6 [a]
R20、LR20	1.0	18.0
R14、LR14	0.9	13.0
R6、LR6	0.5	7.0
R03、LR03	0.5	4.3
R1、LR1	0.2	5.0

[a] 参见 IEC 60086-2。

必须强调的是,电池舱的尺寸不应当局限于某一电池厂的尺寸和公差,否则当更换装入不同来源的电池时就会有麻烦。

电池尺寸,尤其是正极极端和负极极端的尺寸,详见 IEC 60086-2:2011 中图 1a)和图 1b)及 IEC 60086-2:2011 中相关电池的规定。

B.6 防水的和不透气的电器具

使电池产生的氢气通过复合反应被消除或被允许逸出是很重要的,否则一个火星就有可能点燃残留的氢气/空气混合气体使电器具发生爆炸。在此类电器具的设计阶段就应当征询电池生产厂的意见。

B.7 在设计上要注意的其他事项

a) 只有电池的极端才能与电路形成物理接触。电池舱与电路之间应当是电绝缘的并且要妥善安排电池舱所处的位置,把由于电池泄漏可能造成的损坏和/或伤害的风险降至最低程度。

b) 许多电器具设计成可使用转换电源的(如电网电源加上电池电源),在原电池存储器上的应用上尤其是这样。在这种情况下,电器具的电路应设计成:

1) 能防止对原电池充电,或

2) 应加上保护原电池的元件,如二极管。这样,通过保护元件流经原电池的反向充电电流就不会超过电池生产厂的建议值。

应根据原电池的类型及电化学体系来选择合适的并且不易发生元件故障保护电路。建议电器具的设计者在设计原电池存储器保护电路时,听取电池生产厂的意见。

不采取上述的预防保护措施会导致电池寿命缩短、泄漏或爆炸。

c) 正极(+)和负极(—)接触件在外形上应明显不同,以免装入电池时混淆。

d) 极端接触件应选用电阻最小并且能与电池的接触件相匹配的材料制成。

e) 电池舱应当是非导电的、耐热、不易燃和易散热的,在电池装入后不会变形。

f) 采用A体系或P体系锌-空气(氧)电池作电源的设备应能让足够的空气进入。对于A体系的电池,在正常工作时最好处于直立状态。

g) 不提倡电池并联连接,因为如果有一个电池装错,即使电器具的开关没有合上时也会导致多个电池连续放电。为了克服上述因反向装入电池而引起的问题并为终端用户着想,可考虑按图B.5a)和图B.5b)来安排电池。

警告:在某些电池并联的电路中,其放电电流可能与一个电池短路时的情况相类似。

由并联电路中反向安装电池引起的潜在危险见B.1.3。

注:在极端情况下电池有可能发生爆炸。

h) 不推荐采用如图B.13所示的具有多种输出电压的电池串联连接的方式,因为已放电的那个部分有可能引起电压反向。

示例:在图B.13中,两个电池通过电阻R1放电,如果在它们放电之后开关转向R3电路,就有可能使这两个电池被强制放电。

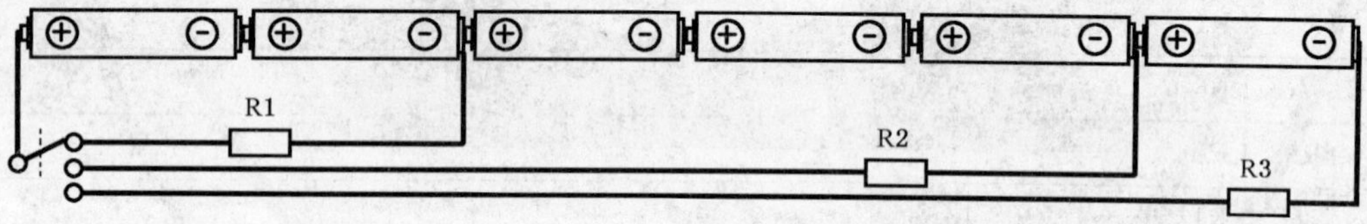

图B.13 具有分压性质的电池串联方式示例

强制放电导致电压反向的潜在危险:

1) 被强制放电的电池内部产生气体;

2) 发生泄放;

3) 电解质泄漏。

注:电池的电解质对人体组织是有害的。

附　录　C
（资料性附录）
安全警示图形标志

C.1　概述

本部分一直以来要求以文字形式声明电池的安全使用注意事项(警示说明),近年来,以图形形式作为产品安全信息的补充形式或可选形式成为了一种趋势。本附录的目的是:

1）　依据已长期使用的安全警示的文字内容建立并推荐统一的安全警示图形标志;
2）　使安全警示图形设计数量最小化;
3）　为使用安全警示图形标志替代文字传达产品安全警示声明打下基础。

C.2　安全图形

推荐的安全警示图形和警示说明见表 C.1。

表 C.1　安全警示图形

序号	安全警示图形	警示说明
1		不可充电
2		不可破坏电池
3		不可用火处理电池
4		不可错误方向装入电池
5		不可让儿童接触电池

表 C.1（续）

序号	安全警示图形	警示说明
6		不同类型或商标的电池不可混用
7		新旧电池不可混用
8		不可拆卸电池
9		不可让电池短路
10		正确方向装入电池

注：当图形印刷在有色或黑色背景上时，灰色的底纹能突显出白色的边界。

C.3 使用说明

安全警示图形使用说明如下：

a) 图形应整洁清晰；

b) 若允许使用彩色，色彩应不影响信息的显示。当使用彩色时，图形 10 的背景应为蓝色，其他图形的圆圈和斜杠应为红色；

c) 对于某种特定类型或商标的电池而言，不一定要同时使用所有的图形。特别是图形 4 和图形 10 是相似的意思，选其一即可。

参 考 文 献

[1] GB/T 8897.3—2013 原电池 第3部分:手表电池

[2] GB 8897.4—2008 原电池 第4部分:锂电池的安全要求

[3] ISO/IEC Guide 51:1999 *Safety aspects—Guidelines for their inclusion in standards*

[4] IEC 60050-482:2004 *International Electrotechenical Vocabulary—Part 482:Primary and secondary cells and batteries*

ICS 73.040
D 26

中华人民共和国国家标准

GB/T 8899—2013
代替 GB/T 8899—1998

煤的显微组分组和矿物测定方法

Determination of maceral group composition and minerals in coal

(ISO 7404-3:2009,Methods for the petrographic analysis of coals—Part 3:Method of determining maceral group composition,MOD)

2013-12-17 发布 2014-05-01 实施

中华人民共和国国家质量监督检验检疫总局
中国国家标准化管理委员会 发布

前言

本标准按照 GB/T 1.1—2009 给出的规则起草。

本标准代替 GB/T 8899—1998《煤的显微组分组和矿物测定方法》。与 GB/T 8899—1998 相比的主要变化如下：

——增加了“术语和定义”一章。

——删除了有关“半镜质组”的内容。

本标准使用重新起草法修改采用 ISO 7404-3:2009《煤岩分析方法　第 3 部分:显微组分组组成的测定方法》。

本标准与 ISO 7404-3:2009 相比在结构上有较多调整,附录 A 中列出了本标准与 ISO 7404-3:2009 的章条编号对照一览表。

本标准与 ISO 7404-3:2009 相比存在技术性差异,这些差异涉及的条款已通过在其外侧页边空白位置的垂直单线进行了标示,附录 B 中给出了相应技术性差异及其原因的一览表。

本标准与 ISO 7404-3:2009 相比还做了下列编辑性修改：

a) 用“本标准”代替“本国际标准”;

b) 用小数点“.”代替作为小数点的逗号“,”;

c) 删除国际标准的前言和引言。

本标准由中国煤炭工业协会提出。

本标准由全国煤炭标准化技术委员会(SAC/TC 42)归口。

本标准起草单位:中煤科工集团西安研究院。

本标准主要起草人:肖文钊、张秀仪、刘善德。

本标准所代替标准的历次版本发布情况为：

——GB/T 8899—1988、GB/T 8899—1998。

煤的显微组分组和矿物测定方法

1 范围

本标准规定了在反射偏光显微镜下测定煤的显微组分组(或显微组分)和矿物的体积分数的方法。

本标准适用于褐煤、烟煤和无烟煤制成的粉煤光片。

2 规范性引用文件

下列文件对于本文件的应用是必不可少的。凡是注日期的引用文件,仅注日期的版本适用于本文件。凡是不注日期的引用文件,其最新版本(包括所有的修改单)适用于本文件。

GB/T 12937 煤岩术语(GB/T 12937—2008,ISO 7404-1:1994,MOD)

GB/T 15588 烟煤显微组分分类

GB/T 16773 煤岩分析样品制备方法(GB/T 16773—2008,ISO 7404-2:1985,MOD)

3 术语和定义

GB/T 12937 界定的术语和定义适用于本标准。

4 方法提要

将粉煤光片置于反射偏光显微镜下,在单偏光或不完全正交偏光下,以能准确识别显微组分和矿物为基础,用数点法统计各种显微组分组和矿物的体积分数。

5 仪器和材料

5.1 反射偏光显微镜

在入射光路中应有蓝色滤光片。干物镜应为×20～×50,油浸物镜应为×25～×60,目镜应为×8～×12.5。目镜中应备有十字丝和测微尺。

反射偏光显微镜宜备有反射荧光装置。

5.2 载物台推动尺

在横向(X)和纵向(Y)上移动范围不应小于 25 mm,并能以等步长移动。

5.3 计数器

至少能分别记录 8 种成分的测点数;宜配备计算机计数,并编制相应的数据处理、报告输出等软件。

5.4 试样安装器材

载片、胶泥和整平器。

5.5 油浸液

应采用适合物镜要求的油浸液。在荧光条件下使用油浸物镜进行显微组分含量测定时，应选用无荧光油浸液。

6 煤样制备

粉煤光片的制备应符合 GB/T 16773 的规定。

7 测定步骤

7.1 在整平后的粉煤光片抛光面上滴上油浸液(见 5.5)，并置于反射偏光显微镜载物台上，聚焦、校正物镜中心，调节光源、孔径光圈和视域光圈，应使视域亮度适中、光线均匀、成像清晰。

注 1：若需测定矿物种类时，应在滴油浸液前按第 7 章的步骤在干物镜下测定显微组分组总量及矿物种类。

7.2 确定载物台推动尺(见 5.2)步长，应保证不少于 500 个有效测点均匀布满全片，点距一般以 0.4 mm～0.6 mm 为宜，行距应不小于点距。

7.3 从试样的一端开始，按预定的步长沿固定方向移动；并鉴定位于十字丝交点下的显微组分组或矿物，记入相应的计数键中，若遇胶结物、显微组分中的细胞空腔、空洞、裂隙以及无法辨认的微小颗粒时，作为无效点，不予统计。当一行统计结束时，以预定的行距沿固定方向移动一步，继续进行另一行的统计，直至测点布满全片为止。

注 2：对显微组分的识别，可在单偏光或不完全正交偏光下，根据油浸物镜下的反射色、反射力、结构、形态、突起、内反射等特征进行。

注 3：对褐煤和低阶烟煤，宜借助荧光特征区分壳质组和其他显微组分组。

注 4：对无烟煤，宜在正交或不完全正交偏光下转动载物台鉴定出镜质组、惰质组及其他可识别的成分后，再进行测定。

7.4 当十字丝落在不同成分的边界上时，应从右上象限开始，按顺时针的顺序选取首先充满象限角的显微组分或矿物为统计对象，如图 1。

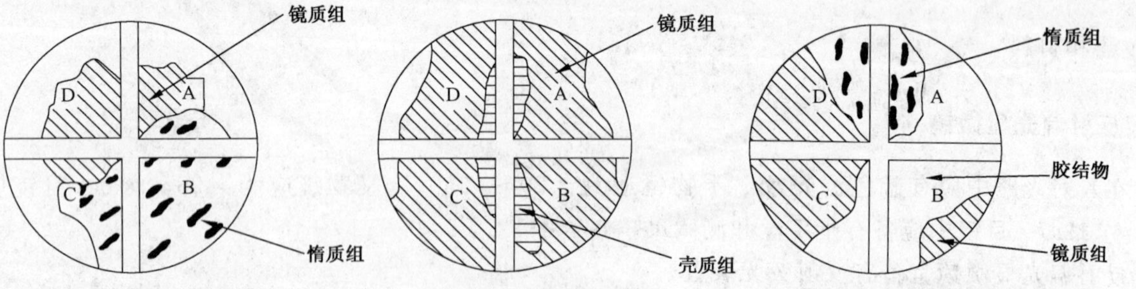

a) 应取 B 象限内惰质组　　b) 应取 C 象限内壳质组　　c) 应取 B 象限内胶结物(无效点)

注：为清晰起见，十字丝宽度已放大。

图 1 显微组分之间或显微组分与胶结物之间的边界情况

8 结果表述

8.1 显微组分组

以各种显微组分组和矿物的统计点数占总有效点数的百分数(视为体积分数)为最终测定结果，数值保留到小数点后一位。测定结果以如下几种形式报出：

——去矿物基：a.镜质组＋惰质组＋壳质组＝100%；

——含矿物基：b.镜质组＋惰质组＋壳质组＋矿物＝100%；

c.显微组分组总量＋黏土矿物＋硫化物矿物＋碳酸盐矿物＋氧化硅类矿物＋其他矿物＝100%；

——计算矿物质(*MM*)：d.镜质组＋惰质组＋壳质组＋矿物质(*MM*)－100%。

注1：b式中的矿物为显微组分组测定时，将矿物作为单独的一类统计而得。

注2：c式为干物镜下统计而得。

注3：d式为显微组分组测定时，不统计矿物，矿物质(*MM*，体积分数)含量按式(1)计算而得：

$$MM(\text{体积分数})=\frac{100[(1.08\,A_d+0.55\,S_{t,d})/2.8]}{[100-(1.08\,A_d+0.55\,S_{t,d})]/1.35+(1.08\,A_d+0.55\,S_{t,d})/2.8}\quad\cdots\cdots(1)$$

式中：

A_d ——干燥基灰分产率(质量分数)；

$S_{t,d}$ ——干燥基全硫含量(质量分数)；

注4：多项式 $1.08\,A_d+0.55\,S_{t,d}$ 为矿物质的质量分数。

注5：(1)式假定显微组分和矿物的相对密度分别为1.35和2.8。通过式(1)得到矿物(体积分数)含量后，再将显微组分组含量换算成含矿物基。

测定结果的报告格式见附录C。

8.2 显微组分

与8.1显微组分组的结果表述相似，但扩大到重要的显微组分。

9 精密度

精密度见表1。

表1 测定结果的精密度

某种成分的体积分数 P/%	重复性限/%	再现性限/%
$P\leqslant10$	2.0	3.0
$10<P\leqslant30$	3.0	4.5
$30<P\leqslant60$	4.0	6.0
$60<P\leqslant90$	4.5	6.8
$P>90$	4.0	6.0

注1：若某一成分的第一次测值为9.0%，第二次测值为12.0%，两次平均为10.5%，未超过表1中规定的3.0%的重复性限，应以平均值10.5%为最终结果报出。

注2：若某一成分的第一次测值为8.0%，第二次测值为11.0%，两次平均为9.5%，其差值为3.0%，已超过表1中规定的2.0%的重复性限，需测第三次，三次测值的极差若不大于表1重复性限的1.2倍，则取三次测值的平均值作为最终结果报出，否则应将所有测值全部作废，重新测定，直至测定结果满足上述要求为止。

附　录　A
（资料性附录）
本标准章条编号与 ISO 7404-3:2009 章条编号对照

表 A.1 中给出了本标准章条编号与 ISO 7404-3:2009 的章条编号对照一览表。

表 A.1　本标准章条编号与 ISO 7404-3:2009 章条编号对照表

本标准章条编号	ISO 7404-3:2009 国际标准章条编号
1	1
2	2
3	3
4	4
5.1	6.1
5.2	6.2
5.3	6.3
5.4	6.4
5.5	5
6	7
7	8
8.1	9.1
8.2	9.2
9	10
附录 A	—
附录 B	—
附录 C	11
—	附录 A

附 录 B
（资料性附录）
本标准与 ISO 7404-3:2009 技术性差异及其原因

表 B.1 中给出了本标准与 ISO 7404-3:2009 技术性差异及其原因的一览表。

表 B.1 本标准与 ISO 7404-3:2009 技术性差异及其原因

本标准的章条编号	技术性差异	原 因
2	删除了与“ISO 11760”对应的煤炭分类标准	本标准文本中未提到
7	删除了图 1 中的第一个小图（第一种情况）	与图名不符（不是边界情况）
9	提高了标准的技术要求（缩小了重现性限和再现性限）	国际标准对测点数的理解有误。国内煤岩工作者做了大量的实验，证明正常情况下我国煤岩测试均能达到此要求
附录 C	用附录 C 中的表述形式代替 ISO 7404-3:2009 中对测试报告的要求	该测试报告格式更符合我国实际情况
—	删除了 ISO 7404-3:2009 中的附录 A	GB/T 15588 中已有该内容。本标准直接引用

附　录　C
（资料性附录）
煤的显微组分组和矿物测定结果报告

煤的显微组分组和矿物的测定报告格式见表 C.1。

一般宜将去矿物基和含矿物基的各种显微组分组和矿物的体积分数同时报出。但含矿物基可根据需要选取表 C.1 中的(2)、(3)项之一。

表 C.1　煤的显微组分组和矿物测定结果报告(基本内容)

送样单位：　　　　　　　　　　　　　送样者：

样品编号	采样地点	去矿物基				含矿物基											
		(1)				(2)					(3)						
		镜质组 %	惰质组 %	壳质组 %	总测点数	镜质组 %	惰质组 %	壳质组 %	矿物 %	总测点数	显微组分组总量 %	黏土矿物 %	硫化物矿物 %	碳酸盐矿物 %	氧化硅矿物类 %	其他矿物 %	总测点数
X-17	某地 K_2 煤层	66.9	26.9	6.2	520	60.5	24.3	5.6	9.6	575	90.0	5.0	0.5	2.0	2.5		580
	……																

依据标准：GB/T 8899—2013　　　　　　　　审核者：__________
测定单位：__________　　　　　　　　测定者：__________
测定单位地址：__________　　　　　　测定日期：__________

ICS 25.220.10
A 29

中华人民共和国国家标准

GB/T 8923.4—2013/ISO 8501-4:2006

涂覆涂料前钢材表面处理　表面清洁度的目视评定　第4部分:与高压水喷射处理有关的初始表面状态、处理等级和闪锈等级

Preparation of steel substrates before application of paints and related products—Visual assessment of surface cleanliness—Part 4:Initial surface conditions, preparation grades and flash rust grades in connection with high-pressure water jetting

(ISO 8501-4:2006,IDT)

2013-07-19 发布　　2013-12-01 实施

中华人民共和国国家质量监督检验检疫总局
中国国家标准化管理委员会　发布

前　言

GB/T 8923《涂覆涂料前钢材表面处理　表面清洁度的目视评定》分为下列几部分：

——第1部分：未涂覆过的钢材表面和全面清除原有涂层后的钢材表面的锈蚀等级和处理等级；

——第2部分：已涂覆过的钢材表面局部清除原有涂层后的处理等级；

——第3部分：焊缝、边缘和其他区域的表面缺陷的处理等级；

——第4部分：与高压水喷射处理有关的初始表面状态、处理等级和闪锈等级。

本部分为GB/T 8923的第4部分。

本部分按照GB/T 1.1—2009给出的规则起草。

本部分使用翻译法等同采用ISO 8501-4:2006《涂覆涂料前钢材表面处理　表面清洁度的目视评定　第4部分：与高压水喷射处理有关的初始表面状态、处理等级和闪锈等级》。

与本部分中规范性引用的国际文件有一致性对应关系的我国文件如下：

——GB/T 8923.1—2011　涂覆涂料前钢材表面处理　表面清洁度的目视评定　第1部分：未涂覆过的钢材表面和全面清除原有涂层后的钢材表面的锈蚀等级和处理等级(ISO 8501-1:2007,IDT)

——GB/T 13288(所有部分)　涂覆涂料前钢材表面处理　喷射清理后的钢材表面粗糙度特性[ISO 8503(所有部分)]

——GB/T 18570(所有部分)　涂覆涂料前钢材表面处理　表面清洁度的评定试验[ISO 8502(所有部分)]

本部分由中国船舶工业集团公司提出。

本部分由全国涂料和颜料标准化技术委员会涂漆前金属表面处理及涂漆工艺分技术委员会(SAC/TC 5/SC 6)归口。

本部分起草单位：中国船舶工业综合技术经济研究院、中国船舶工业集团公司第十一研究所、江苏省东昌防腐工程有限公司、张家港顺昌化工有限公司。

本部分主要起草人：宋艳媛、傅建华、顾长春、顾丰平、裴磊。

涂覆涂料前钢材表面处理　表面清洁度的目视评定　第4部分:与高压水喷射处理有关的初始表面状态、处理等级和闪锈等级

1　范围

GB/T 8923 的本部分规定了高压水喷射清除或部分清除水溶性污染物、铁锈、已涂覆的涂层和外来杂质后的一系列钢材表面处理等级。各种等级通过文字叙述和典型样板照片共同定义。另外,本部分还规定了初始表面状态和清理后闪锈等级,也是通过文字叙述和典型样板照片共同定义。

注 1:外来杂质包括盐、污垢、尘、氧化皮、油、脂和海洋生物(例如海藻)。

本部分描述了与表面清洁状态有关的目视外观,多数情况下,足以满足使用要求,但是,对很可能暴露于诸如水浸泡和连续冷凝等严酷环境条件下的涂层,应考虑采用 ISO 8502 各部分规定的物理和化学方法对已经目视评定清洁的表面上可溶性盐和其他不可见污染物进行试验检测。

虽然通过进行高压水喷射处理不会产生粗糙的表面或引起现有粗糙度的显著变化,但表面粗糙度特性仍可参考 ISO 8503 的规定。

注 2:水的压力、水的体积、喷嘴设计、离开距离和移动速率是影响清除诸如水溶性污染物、铁锈和涂层等污染物清除效率的因素,清除效率也依赖于清洁过程中是否使用了清洁剂。如果使用,之后是需要用清洁水进行清洗的。

2　规范性引用文件

下列文件对于本文件的应用是必不可少的。凡是注日期的引用文件,仅注日期的版本适用于本文件。凡是不注日期的引用文件,其最新版本(包括所有的修改单)适用于本文件。

ISO 4628-3　色漆和清漆　涂层老化的评定　缺陷的数量和大小以及外观均衡变化程度的评定　第 3 部分:锈蚀等级的评定(Paints and varnishes—Evaluation of degradation of coatings—Designation of quantity and size of defects,and of intensity of uniform changes in appearance—Part 3:Assessment of degree of rusting)

ISO 8501-1　涂覆涂料前钢材表面处理　表面清洁度的目视评定　第 1 部分:未涂覆过的钢材表面和全面清除原有涂层后的钢材表面的锈蚀等级和处理等级(Preparation of steel substrates before application of paints and related products—Visual assessment of surface cleanliness—Part 1:Rust grades and preparation grades of uncoated steel substrates and of steel substrates after overall removal of previous coatings)

ISO 8502　涂覆涂料前钢材表面处理　表面清洁度的评定试验(Preparation of steel substrates before application of paints and related products—Tests for the assessment of surface cleanliness)

ISO 8503　涂覆涂料前钢材表面处理　喷射清理后的钢材表面粗糙度特性(Preparation of steel substrates before application of paints and related products—Surface roughness characteristics of blast-cleaned steel substrates)

3 术语和定义

下列术语和定义适用于本文件。

3.1

水喷射 water jetting(首选)

hydrojetting

aquajetting

water blast-cleaning(拒用)

hydroblasting(拒用)

aquablasting(拒用)

采用高速水流直接喷向钢材表面的一种表面清理方法。

3.1.1

高压水喷射 high-pressure water jetting

使用加压至 70 MPa 以上的水进行的水喷射。

注:使用高压的水喷射可从钢材表面清除疏松的氧化皮,但不会使底材产生表面粗糙度。

3.2

初始表面状态 initial surface condition

涂覆过的钢材表面由于锈蚀、起泡或剥落而引起的老化或损坏的可见外观。

3.3

处理等级 preparation grade

采用某种处理方法清除表面上污染物后的钢材表面可见外观。

3.4

闪锈等级 flash rust grade

钢材表面经过水喷射(见 3.1)后出现闪锈的可见外观。

4 初始表面状态

初始表面状态共分五种。

已经过磨料喷射清理后劣化的钢材表面初始状态分为 DC A、DC B 和 DC C 三种,DC A 和 DC B 为采用保护涂料体系涂装过的两种状态。

注:DC C 适用于以前涂覆过或没有涂覆过保护涂料体系的状态。

经过喷射清理和涂覆氧化铁预涂底漆(DP I)或硅酸锌底漆后劣化的钢材表面分为 DP I 和 DP Z 两种初始表面状态。

初始表面状态由表 1 给出的文字叙述和本部分提供的典型样板照片共同定义。

表 1 初始表面状态描述

DC A	涂层系统已经劣化到近似于 ISO 4628-3 等级 Ri3 图示范围的表面
DC B	涂层系统已经劣化到近似于 ISO 4628-3 等级 Ri4 图示范围的表面
DC C	涂覆过的表面已经劣化到 ISO 4628-3 等级 Ri5 图示的主要范围或完全劣化到 ISO 8501-1 锈蚀等级 C 的图示范围的表面
DP I	已经劣化的带有环氧氧化铁预涂(车间)底漆的表面
DP Z	已经劣化的带有硅酸锌预涂(车间)底漆的表面

5 处理等级

代表清理程度的处理等级共分三种，用符号 Wa 1、Wa 2 和 Wa 2½表示，由清理后的表面状态文字叙述和典型样板照片共同定义。

表面状态描述见表 2，典型样板照片见第 8 章。

照片上标有初始表面状态和处理等级的符号，例如：DC B Wa 2½。

注：本部分不意味着清洁度极限为 Wa 2½，要达到更高的清洁度可能涉及不成比例的增加时间。

表 2　清理后的表面状态描述

Wa 1	轻度的高压水喷射 在不放大的情况下观察时，表面应无可见的油、脂、疏松或有缺陷的涂层、疏松铁锈和其他外来杂质。任何残留污染物应随机分散和附着牢固
Wa 2	彻底的高压水喷射 在不放大的情况下观察时，表面应无可见的油、脂和污物以及大部分铁锈、原始涂层和其他外来杂质。任何残留污染物应随机分散，且可构成附着牢固的涂层、附着牢固的外来杂质和先前存在的铁锈斑点
Wa 2½	非常彻底的高压水喷射 在不放大的情况下观察时，表面应无任何可见的铁锈、油、脂、污物、原始涂层和除轻微痕迹外的任何其他外来杂质。原始涂层去掉之处可呈现色斑，在凹坑和侵蚀的钢材上的灰色、褐色或黑色可见色斑不可能通过进一步的水喷射去除

6 闪锈等级

闪锈等级共分三种，用符号为 L、M 和 H 表示，由涂覆涂料前钢材表面状态文字叙述和典型样板照片共同定义。

表面状态描述见表 3，典型样板照片见第 8 章。

表 3　三种闪锈等级的表面状态描述

L	轻度闪锈 在不放大的情况下观察时，表面显示少量黄色或褐色锈层且通过锈层可见钢材本体。锈(作为色斑可见)均匀分布或成片呈现，且附着牢固，用布轻擦无法轻易擦掉
M	中度闪锈 在不放大的情况下观察时，表面显示使原始钢材表面发暗的黄色或褐色锈层。锈层均匀分布或成片呈现，且较好附着，用布轻擦后布上显示轻微锈迹
H	重度闪锈 在不放大的情况下观察时，表面显示使原始钢材表面发暗的红黄色或褐色锈层，且疏松附着。锈层均匀分布或成片呈现，用布轻擦后布上显示明显锈迹

7 钢材表面目视评定程序

在良好的日光或良好的人工照明(经双方认可)条件下，凭借正常视力检查钢材表面，并与本部分提供的典型样板照片进行对比。比较时应结合表 1、表 2 或表 3 的文字叙述，将相应的照片尽量靠近待评定的钢材表面，并与其置于同一平面上。

对于初始表面状态，按表 1 中定义的状态，记录明显的最差的状态作为评定结果。

对于处理等级，按表 2 中定义的状态，记录与清理结果最为接近的等级作为评定结果。

处理等级的评定应在表面干燥且闪锈发生之前进行。

对于闪锈等级，按表 3 中定义的等级，记录与明显的闪锈最为接近的等级作为评定结果。

闪锈等级(如果存在)的评定应在涂料涂覆前立即进行。

8 照片

本部分附有与钢材表面相匹配的 23 张典型样板照片。

表示初始表面状态的照片有 5 张，每一张又对应 3 张不同处理等级的照片。另外，表示闪锈等级的照片有 3 张。

初始表面状态 DC A、DC B 和 DC C 涉及多层涂料体系，因此，水喷射处理后不同颜色的涂层就可显现出来。

初始表面状态和处理等级照片以 1∶1 尺寸反映了钢材表面状况。

每张照片上标有初始表面状态和处理等级的符号，例如：DC B Wa 2½。

图 1 给出了所有照片的布局顺序。

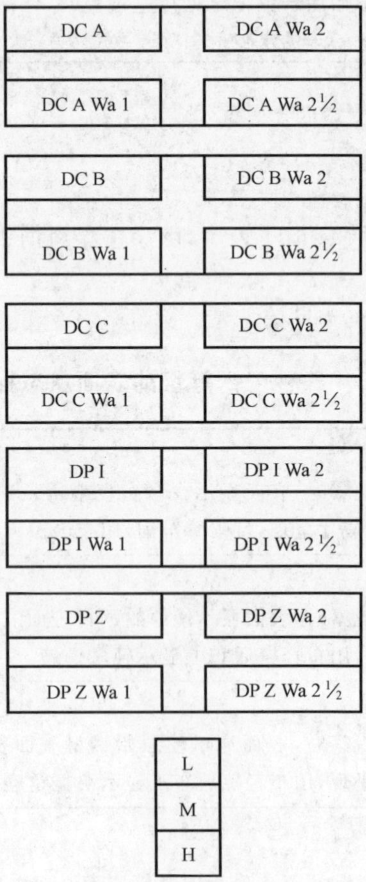

图 1　本部分所有典型样板照片的布局和顺序

DC A

DC A Wa1

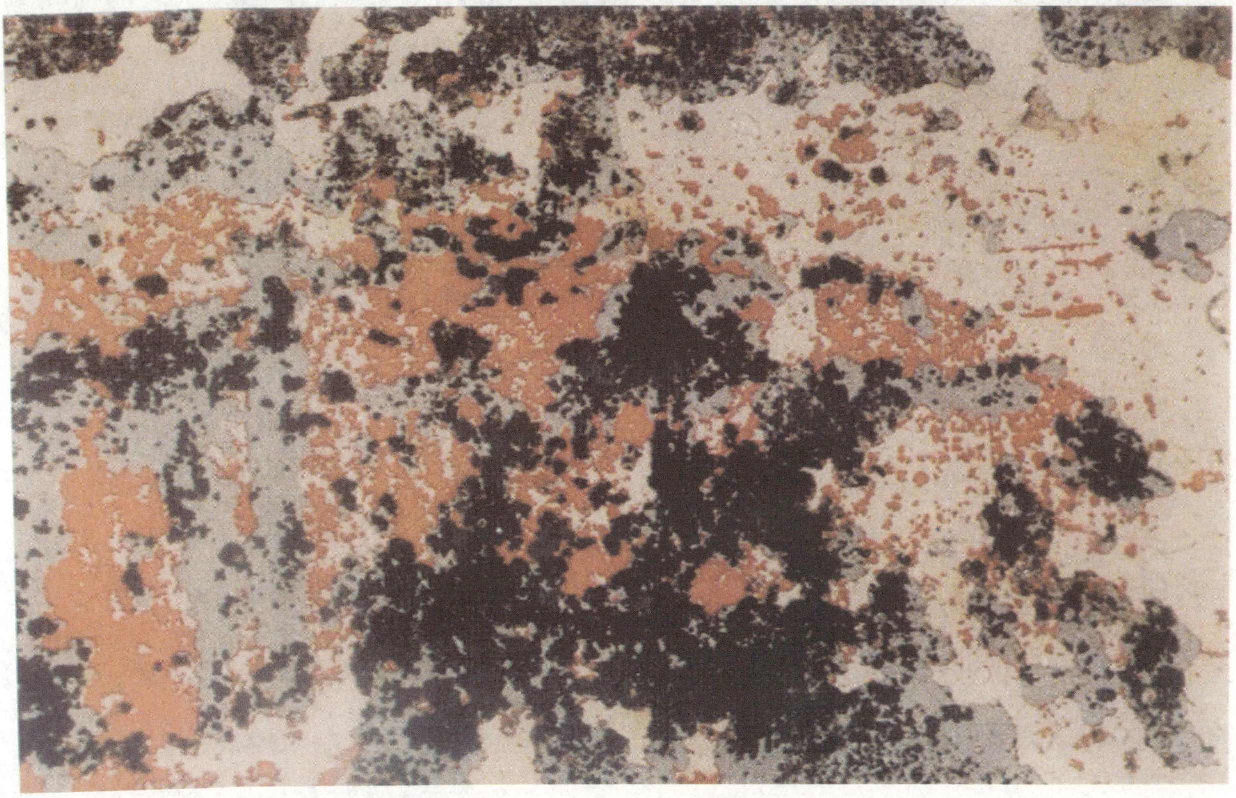

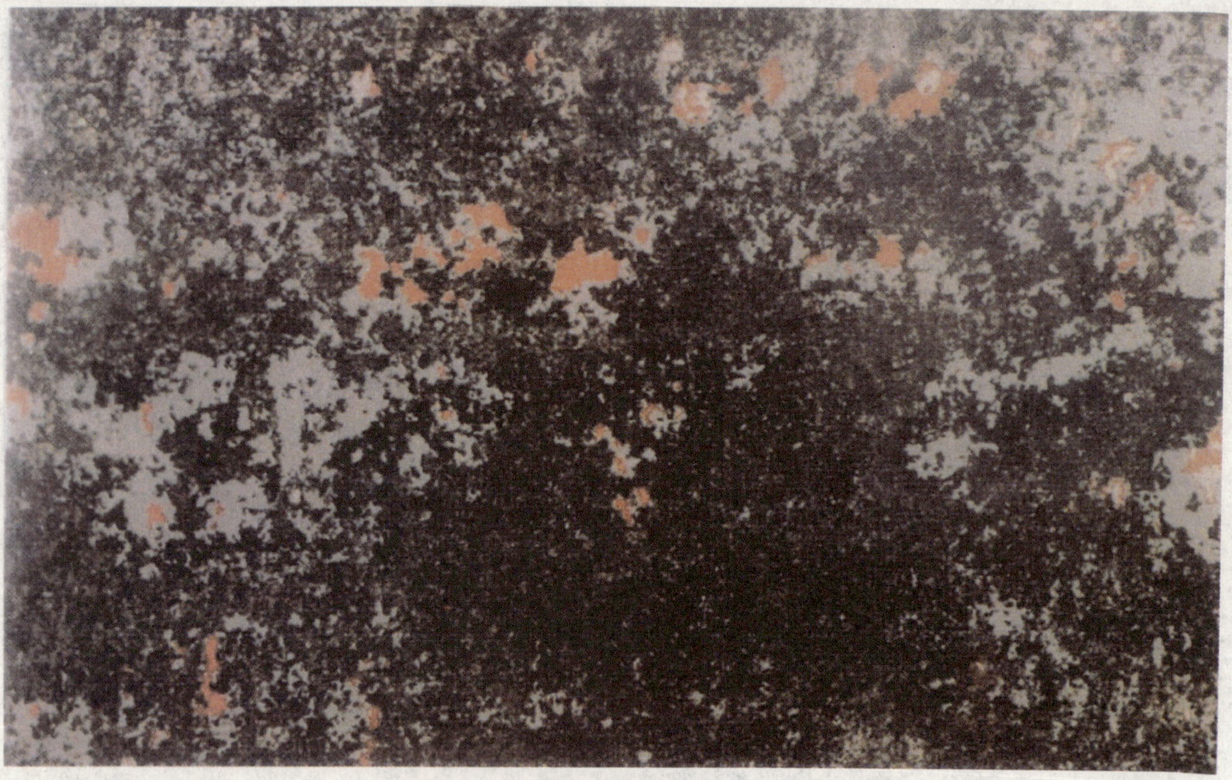

DC A Wa 2

DC A Wa 2½

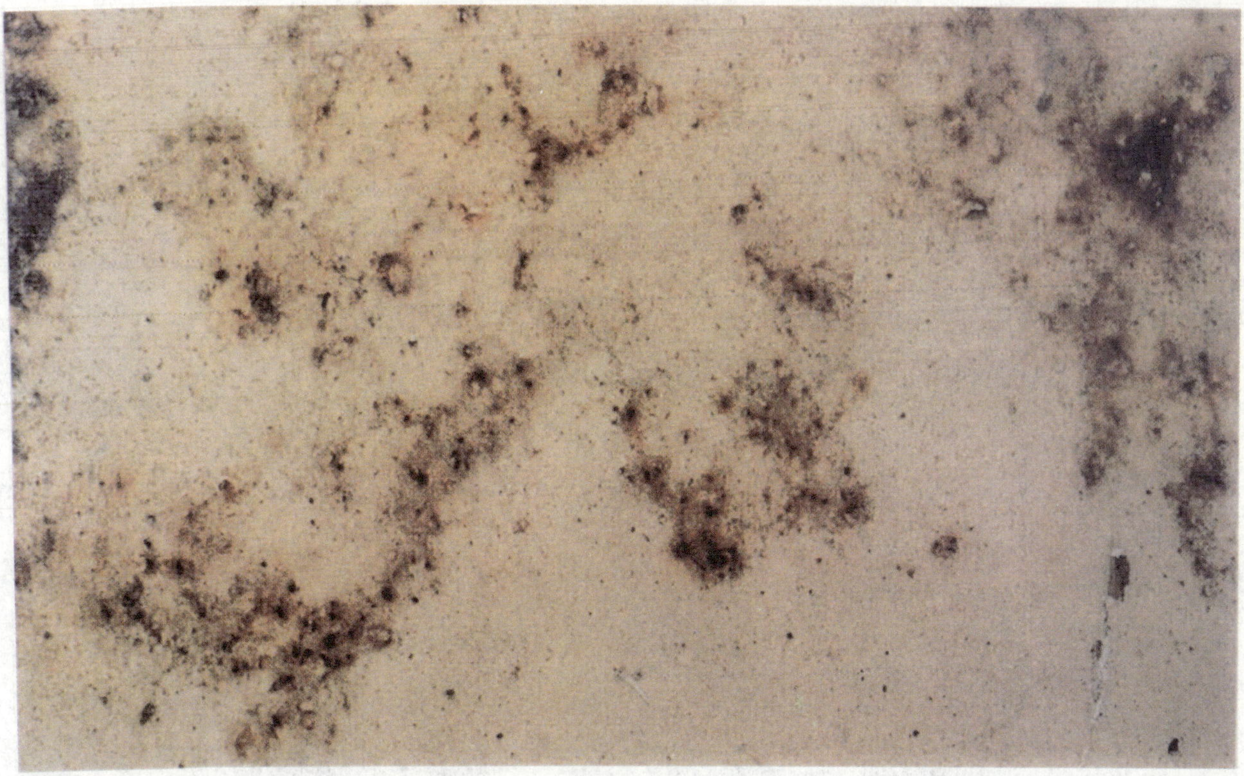

DC B

DC B Wa 1

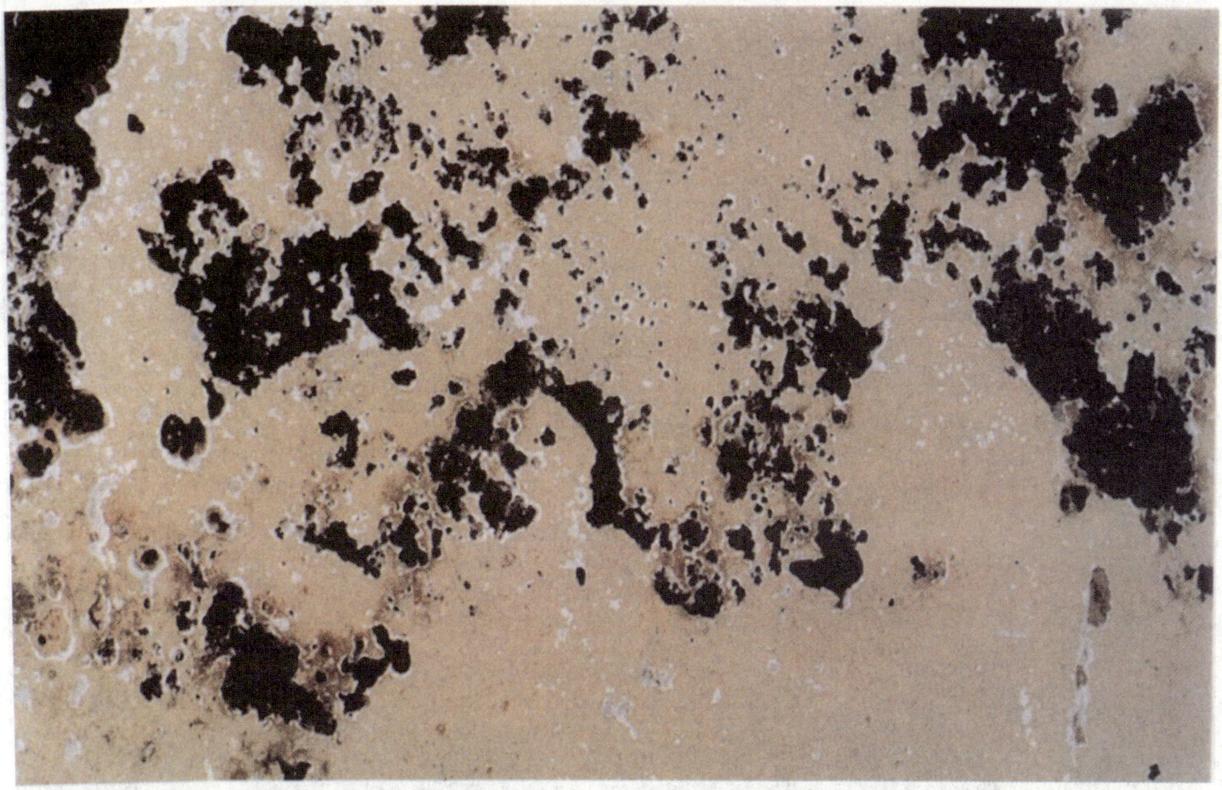

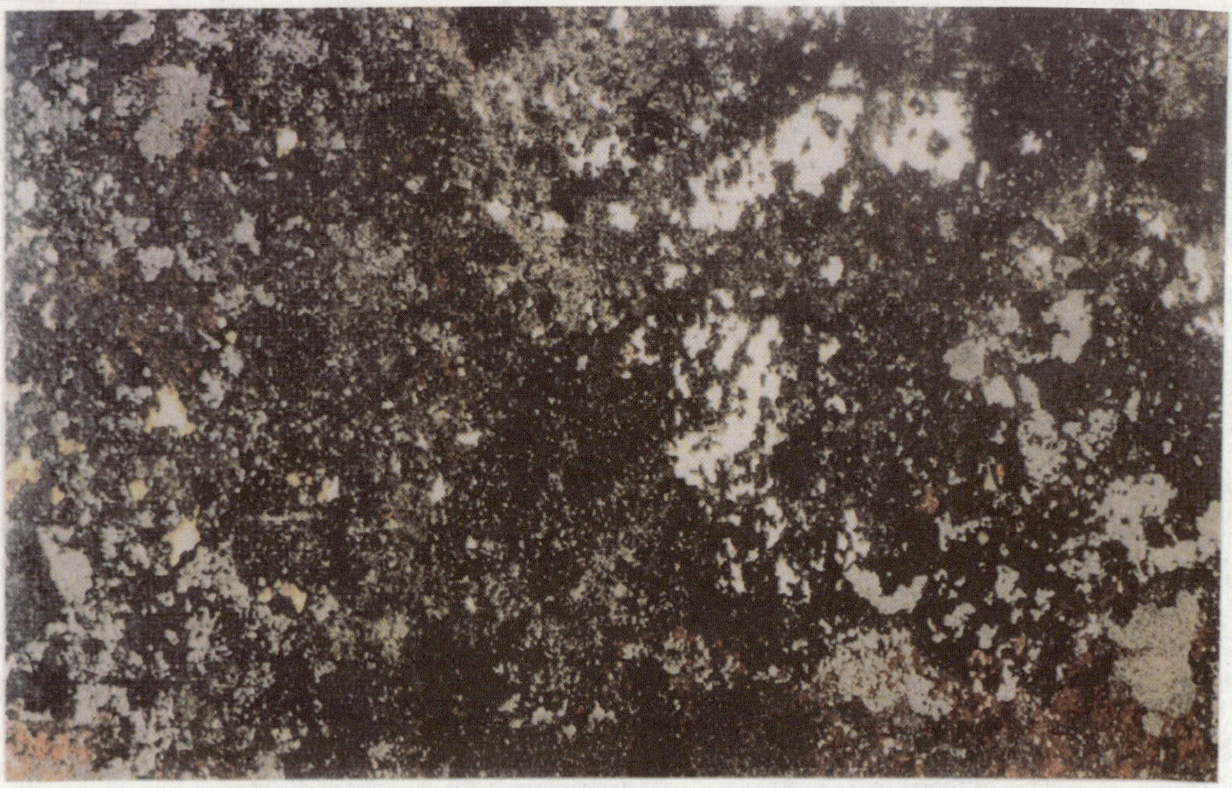

DC B Wa 2

DC B Wa 2½

DC C

DC C Wa 1

DC C Wa 2

DC C Wa 2½

DP I

DP I Wa 1

DP I Wa 2

DP I Wa 2½

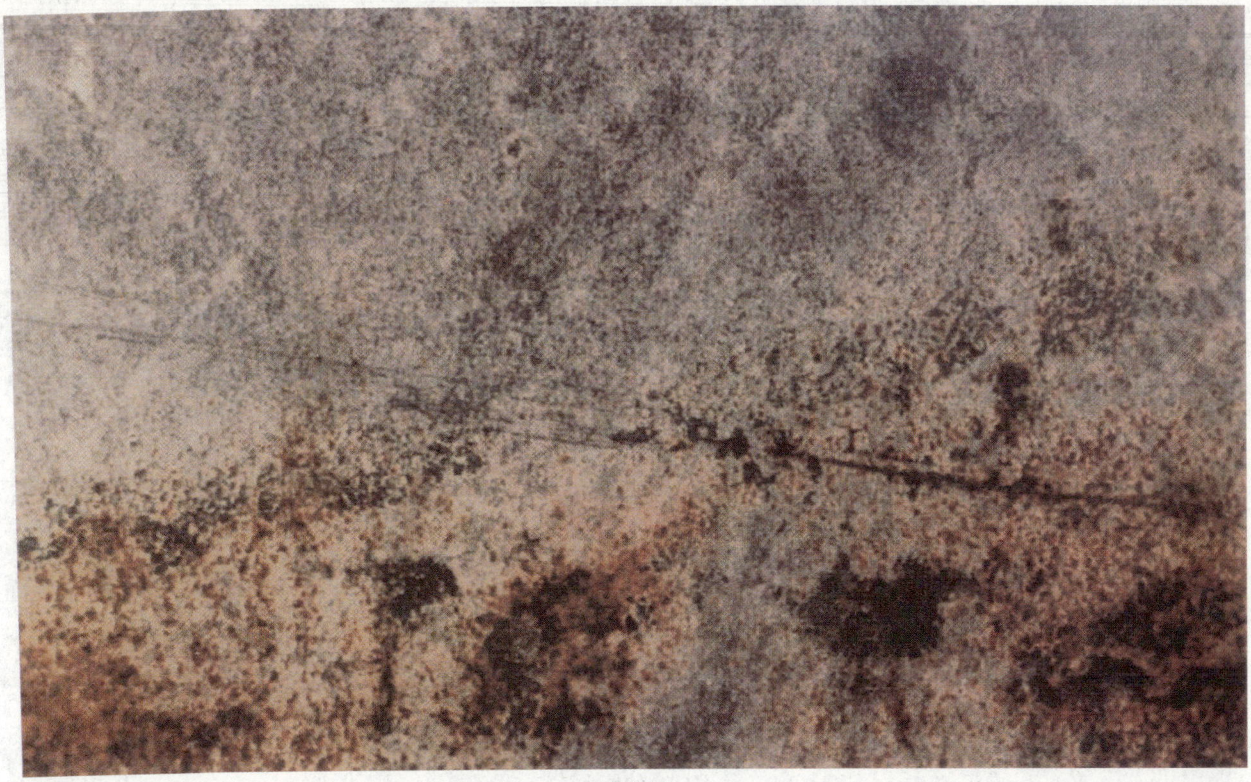

DP Z

DP Z Wa 1

DP Z Wa 2

DP Z Wa 2½

FR L

FR M

FR H

附　录　A
（资料性附录）
水清理指南

可以使用一定压力范围内的水及相应工艺方法完成用水进行的表面清理。其中的术语“水清理”和“水喷射”常用于描述和定义清理的工艺并且倾向于定义工艺本身。用法的差异可能导致压力界限的轻微变化。

在 70 MPa 以下，清理过程称之为水清理。NACE VIS 7/SSPC-VIS 4 标准给出了两种不同的水清理，即：

a)　低压水清理(LPWC)，压力小于 34 MPa(5 000 psi)时进行的清理；

b)　高压水清理(HPWC)，压力为 34 MPa～70 MPa(5 000 psi～10 000 psi)时进行的清理。

在 70 MPa 以上，清理过程通常称之为高压水喷射。在 200 MPa(300 000 psi)以上，一般称之为超高压水喷射。